縱橫阡陌

彰化與臺灣農業發展

楊明憲 著

目次

推薦序一

1723 年彰化建縣至今，經歷先人們，篳路藍縷，披荊斬棘，開拓了彰化這片樂土，造就今日彰化縣擁有超過 120 萬人口，是六都之外的第一大縣。且又因得天獨厚的地理位置，不僅受惠於濁水溪與大肚溪帶來的肥沃泥沙，更有臺灣最早的水利系統「八堡圳」，灌溉整個彰化平原，讓彰化成為物產豐饒、農漁畜產業發達的農業大縣。

在我擔任縣議員時期，就與時任彰化縣政府農業局長楊明憲教授相識。楊教授對於地方農業有深入研究，特別是藉由自身參與我國加入 WTO 的農業談判的經驗，熟悉各國局勢及國際農業現況，在其任內致力於推動彰化農業現代化轉型；每回與教授商討彰化農業發展，總能感受到他對故鄉的濃厚情感和期許。

今年欣逢建縣 300 年之際，感謝楊教授為彰化農業發展的過程出刊專書。在歷時一年半的時間，楊教授用專業與情感走訪每個鄉鎮市，有系統地整理許多歷史資料和統計數據，記錄許多農漁畜產的演進及現況，並在氣候與國際環境的變化之下，展望未來的農業願景。本書一一介紹彰化 26 鄉鎮市的農業現況，並整理出蔬菜、水果、花卉、畜產、漁業等許多彰化的隱形冠軍，書寫出我們在地的驕傲。

期盼讀者透過此書，對彰化農業有更進一步的了解。飲水思源，感謝每位在彰化這塊土地上，默默耕耘的農友們。也祝福彰化農業永續發展，再創佳績。

彰化縣長 王惠美

推薦序二

彰化是農業大縣，有豐富的農產、畜產與水產，在臺灣農業生產上有舉足輕重的地位，這片沃土見證「以農立國」的變遷及成長，書中娓娓道來臺灣拓墾發展沿革與彰化農業的過去、現在及未來，以時序為經緯，立論在田園阡陌，展現對農地農民的熱情。

欣聞明憲學長大作付梓，恰時逢今（2023）年立法院三讀通過《農業部組織法》，「行政院農業委員會」升格為「農業部」，回應農業界數十年來的期待。回想起 35 年前的 5 月 20 日當年同為莘莘學子，大三學識初萌之際，投身農民運動，深刻體會到這是一場從田地長出的力量發聲，當時農民所提出的七大訴求，在政府與各界齊心努力下，訴求幾乎一一達成，包括建立三保一金農民福利體系，讓農民從農有保障。將農田水利會改制為公務機關，擴大灌溉服務超過 4.3 萬公頃。提升稻米產業競爭力，解決長期稻米超產問題等，而農業部成立，亦昭示了現今政府重視我國農業的整體發展，未來需投入更多資源照顧農民，讓臺灣農業更向前邁進。

「農為國本」，糧食安全就是國家安全，良好的農業生產，能提供國人安心的日常飲食；完善的農業經營環境，能帶給農民安定的生活。彰化農產豐饒來自農民辛苦栽種，但收成好像看老天爺臉色，農民豐年時擔心遇到天災，一場颱風一場大雨就讓蔬果化為烏有。感謝明憲學長於 2016 年起協助農委會規劃農業保險，也因積極研究農業保險制度，2018 年獲行政院農業委員會表揚為第 27 屆優秀農業人員，開啟我國農業收入保險之里程碑，實為農民的「守護者」。

彰化是明憲學長的故鄉，他如數家珍將農村文化、農業政策與彰化地景結合闡述，雜揉學術寫實、豐富性及多元觀點，彰化風土躍然紙上，值得再讀，也期待讀者們體認到明憲學長的用心，從臺灣看彰化，亦從彰化看見臺灣農業的未來！

行政院農業部　部長

陳吉仲　9/15/2023

自序

　　農業是一個國家生存與發展的根本，人類也從農業起源，直到現在的工業化社會，並以服務業經濟為主。農業活動從打魚、狩獵、採集，到農耕、畜牧，隨著水圳及土地開墾，人類開發地區也愈來愈廣，且聚集繁衍形成社會。人與人之間的關係，常與人與地之間的利益或情感有所連結，也自然發展出許多的生活方式與文化。因此，農業不僅是一種生產活動，也是人類發展的文明史，以及農村社會與文化的表現。

　　任何事物的存在都有脈絡可循，透過農業可以幫助我們認識以前的先民奮鬥、生活面貌、地區開發及歷史演變，也讓我們更加珍惜現在所提供的農產物及生態環境，凡事得來不易。然而當前我們所處的環境，也正在快速變化中，例如科技日新月異、氣候變遷及極端天氣頻仍，以及開放經濟與地緣政治等，都不斷地衝擊我們的生產、生活及生態，從而對於未來也有許多的憧憬及徬徨。

　　人類在未來仍將生存，我們也必須生活，國家還要繼續發展，任何的挑戰與衝擊，都只是更加突顯農業在未來的重要性。顯然的，從過去、現在到未來，農業都扮演著不可或缺的角色。

　　今年(2023年)適逢彰化縣建縣三百年，有感於彰化縣是農業大縣，也是筆者的家鄉，本書即以彰化縣農業的過去、現在與未來為主軸，而且彰化發展與臺灣整體息息相關，故由臺灣整體有關農業開發的歷史談起。從文化遺址、荷蘭時期、明鄭時期、日治時期，到二次大戰之後的國民政府治理，有關農業活動、生產變化，以及農業政策，都加以全面探究與脈絡整理。在臺灣農業整體背景的認識之後，再隨著彰化的開墾及開港，逐漸地將彰化農業與臺灣發展融合，並因彰化獨特的水土條件而發展出彰化農業特色，及其在臺灣農業中的重要地位；而在彰化縣內的二十六個鄉鎮市，更可具體而微地觀察到在不同時空的農業生產、農民生活與農村生態之變化。所以本書即依臺灣整體、彰化縣主體、鄉鎮

市個體等層次，循序建構彰化縣農業的變化與發展。

　　為使本書有完整的脈絡探討，筆者以近一年的時間實地逐一走訪彰化縣的每個鄉鎮市，拜訪當地耆老，聊起以前的種種情景及故事；訪問當地農會、農企業、生產合作社場、產銷班、畜牧場、魚塭，認識目前的農業現況；同時，也訪談更多的青農瞭解對未來的農業抱負。本書即希望以對這塊土地的認知及情感，訴說幾百年來生活在這土地上的人與物。另外，再投入近一年時間埋首於史料整理，非得將許多事物的來龍去脈弄得清楚不可。筆者在教書、開會、訪視及做研究之餘，回想撰寫本書的過程中，多少晨昏或深夜，皓首窮經或振筆疾書，不知不覺天色既白及頸肩酸痛，常在斗室踱步沉思或站立敲打鍵盤，投入近兩年時間如今總算完成，內心不覺欣慰。

　　筆者向來尊重文史，但因緣際會對於農業經濟與農業發展的研究有所涉獵，故不揣淺陋，斗膽將歷史與農業經濟的關係及演進加以探討，並且在時間長河中認識彰化縣的誕生、變遷與成長。文中若有疏漏或誤植之處，尚祈各界先進不吝指正。同時，感謝曾經接觸訪談過的許許多多人們，使本書內容得以有廣度、深度及溫度的呈現，也感謝蔣敏全老師幫忙修正文史、彰化縣政府農業處蕭麗玲副處長及朱新庭技士校閱內容，以及最辛苦的吳佳縈小姐和許綉珊小姐兩位助理陪同至各地田野調查與走訪記錄，當然還有眾鄉親支持與助理群的整理資料、校稿及編排。

　　最後，謹以本書獻給先父楊金柱先生，今年也是他逝世三十週年，在我完成博士學位之後即離世。感謝先父引領我認識故鄉，溪湖鎮北勢尾永遠充滿泥土芬芳、田園之美及鄉親溫暖，一直讓我魂縈夢繫，也祝福彰化農業永續美好。

楊明憲　謹識於四知堂

第壹篇
農業發展

第一章　從臺灣看彰化

　　臺灣為菲律賓板塊與歐亞板塊擠壓而成的島嶼，在 3 萬年前至 5 萬年的第四冰河時期，臺灣海峽因海平面下降而形成陸棚，人與動物可以直接從亞洲大陸走到臺灣島嶼，所以很早以前其實已有人類在此活動。因此談到歷史，臺灣可從石器時代的發展開始。但因沒有文字記載，僅能憑一些文化遺址來推測早期人類在臺灣的生活狀態，從舊石器、新石器、金屬器等不同時代的演進，直到 17 世紀始有一些文字史料記載，才能具體描述先民的奮鬥、努力與開墾。

　　本文即以史前時代的農業、荷蘭與明鄭時期的農業、清朝時期墾殖、通商及農業發展，述說臺灣在日本人來臺之前的農業活動與開發。雖以臺灣為主體，但也看到彰化縣在臺灣開發過程中逐漸嶄露頭角。

第一節　史前時代的農業

一、舊石器時代

　　彰化位於臺灣的中部，彰化的農業發展，當然與臺灣整體開發歷程及社會變遷的關係密不可分，也與彰化本身的地理條件及政府政策有直接關係。因此，先從臺灣整體角度，在時間長河與空間板塊的經緯交織下，來認識彰化農業的變遷與發展，應該是比較容易理解的方式。

　　臺灣東部的「長濱文化」是至今臺灣所發現最古老的文化，屬於舊石器時代的文化類型，年代距今約 3 萬年至 1 萬 5 千年前。文化，是一種生活方式與價值呈現。在臺東縣長濱鄉八仙洞遺址，挖到許多舊石器時代人類的遺物和遺跡，推測當時是以捕魚、打獵和採集野菜果實為生的聚落，還不會農耕，經常為了尋找物資而到處遷移。農業，包括農林漁牧等生產活動，所以在舊時器時代的漁獵、採集，就是史前的農業情

形，當時人與人之間的關係，也就自然構成農業社會。由此可知，農業與人類歷史演進息息相關。

農業的英文 Agriculture 是 Agri 和 Culture 兩個字的結合，在拉丁文中，Agri 表示「土地」，Culture 表示「文化」，所以早期在土地上的人類生活方式，即可統稱為農業，只是因為在不同地區的生活，就被冠上某某文化。

二、新石器時代

繼「長濱文化」之後，臺灣北部也出現「大坌坑文化」，是臺灣新石器時代的文化中最早的一層，距今約 7,000 年至 4,700 年前之間。新石器時代以磨製石器和製作陶器為主。農業仍屬初始階段，人們通常從事狩獵、漁撈，採集野生植物的種子和植物纖維，並可能種植芋頭、根莖類作物。考古學家曾在臺南科學園區南關里東遺址發掘大量碳化的稻米與小米，顯示當時已有栽種並為人們主食。農業進入耕種階段，表示人們已開始不再逐水草而居，生活較為安定，才開始有時間從事製作陶器及紡織，臺灣的人類文明也從此露出曙光。

在新石器時代文化遺址中，臺灣已發現相當數量的豬、雞骨骸出土，說明了當時已經有飼養牲畜的遺跡，隨著人們定居下來，飼養及繁殖牲畜的方式也逐漸取代了原始的狩獵活動。

「大坌坑文化」的人們是最早的南島語族，也是臺灣原住民的始祖。「大坌坑文化」重要遺址，散布在臺灣各地的河口、海邊，包括新北市八里區「大坌坑遺址」、臺北市「芝山岩遺址」、臺北市「圓山遺址」、臺南市善化區「南關里遺址」、澎湖縣湖西鄉「菓葉遺址」、高雄市林園區「鳳鼻頭遺址」、臺南市歸仁區「八甲遺址」，以及臺東縣長濱鄉「長光遺址」等，但就是沒有在臺灣中部地區有任何遺址。

直到新石器時代的晚期，中部地區才陸續出現文化遺址。距今約

4,500 年前至 3,500 年前，在臺中市清水區的「牛罵頭遺址」，以及之後在臺中市大肚區的「營埔遺址」。「牛罵頭遺址」大多分布於中部地區盆地周緣的海岸階地，包括在彰化市「牛埔遺址」，是至今最早發現在彰化地區的文化遺址，位於彰化市八卦山北端的臺地，範圍約有 43 公頃，在 1992 年挖掘出 400 多件石器及約 5,000 塊陶器破片，是彰化地區境內面積最大、內容最豐富的考古遺址。

　　彰化地區的史前文化與中部地區的史前文化關係十分密切，但是，從發現遺址的年代偏晚及聚落的空間分布密度來看，可說明了文化發展自沿海平原向內陸擴展的趨勢，尤以「營埔文化」階段最為明顯，其以灰黑色陶器為特徵，分布在臺灣中部大肚溪、大甲溪中下游地區的河階地和丘陵上。

三、金屬器時代

　　在新石器時代之後是金屬器時代（或稱金石併用時代），在中部較具代表性的即是臺中市大甲區的「番仔園文化」，距今約 2,000 年至 400 年前。遺址分布地區包括大肚臺地、八卦臺地，以及苗栗縣南部等地。出土遺物有各式骨角器、鐵製器具、少量的粗製石器與大量精製陶器。顯示是鐵器逐漸取代石器的階段，但其實依其他國家發展歷程而言，從石器時代，還要經過青銅時代，掌握冶煉技術之後才會進入鐵器時代，但我們好像跳過青銅時代，而直接進入了鐵器時代。

　　臺灣在金屬器時代，與「番仔園文化」同期的「十三行文化」（新北市八里區）及「靜浦文化」（花蓮秀姑巒溪口南側），即可發現金器和銅器，在十三行遺址出土共二百多件青銅器，數量之多是臺灣考古遺址首見，包括鈴鐺、刀柄、銅碗、錢幣等等，推測這些銅器可能是透過交易或其他方式，自中國或東南亞一帶輸入。表示當時臺灣與外部已有貿易往來，並有航海技術及船運，人類活動範圍也因此擴大。

　　農業在鐵器時代的生產活動，與新石器時代差別不大，仍以農耕種植的稻米、小米與根莖類作物，以及狩獵、採集、捕魚與拾貝均為主要內容，但也開始進入畜牧方式，飼養狗與雞。由於鐵器做成的器具及工具比石器多樣化，故也提高生產能力及改變生活型態，人口不斷增加，從而所發現的遺址規模也更大了。

　　從上述歸納而言，臺灣歷史可追溯至 3 萬年前從舊石器時代的「長濱文化」開始，再發展至 7,000 年前新石器時代的「大坌坑文化」，但一直都未曾在臺灣中部地區發現任何遺址。直到新石器時代的晚期，中部地區才陸續出現文化遺址，距今 4,500 年前才出現「牛罵頭遺址」，而「牛埔遺址」則是至今最早發現在彰化市的文化遺址。之後的金屬器時代，距今約 2,000 年至 400 年前，但並未發現任何青銅，而只有鐵器。在中部較具代表性的是「番仔園文化」，遺址也僅涵蓋八卦臺地的北端。由上述開發歷程可知，彰化地區發展較慢，亦不可能有文字記載。農業生產活動應仍停留在稻米、小米與根莖類作物農耕，以及狩獵、採集、漁撈等原始型態。

四、臺灣登場

　　最早有關介紹臺灣的文獻是《東番記》，是明朝陳第於 1603 年（明萬曆 31 年）所寫的文章，內容記載臺灣西南部地理與臺灣原住民的雜記，但全文僅有 1,400 餘字。由《東番記》書名可知當時臺灣仍是相對落後，未受朝廷教化的生番之地。其實，在 17 世紀，世界各國和中國已歷經唐宋盛世，也有許多文章傳世，但臺灣仍是化外之地。如果蘇東坡在 1097 年被貶謫流放到臺灣，而不是海南島的話，則歷史對於臺灣應會有更多的記載。但仍可以想像，當時的海南島是半開化的蠻荒之地，蘇東坡稱之為「天涯海角」，海南島儋州百姓懶於耕種多荒田，以打獵為生，五穀、布、鹽、鹹菜等都是從大陸運進來的，當地人只以芋頭為

主食，但已有簡陋的房子可住。不知當時的臺灣是否也是如此？或是較海南島落後？

　　連橫所著《臺灣通史》一書，完成於 1918 年，仿司馬遷《史記》體裁，分紀、志、傳三部分，記錄自隋朝大業元年（605 年）至清光緒 21 年（1895 年）。在卷一＜開闢紀＞，即記錄隋大業元年至明永曆 15 年（1662 年），但諸多較模糊或考據仍有爭議的記載，主要是資料極為有限。＜開闢紀＞一開始即從「臺灣固東番之地…」談起，「終唐之世，竟無與臺灣交涉也。歷更五代，終及兩宋，中原板蕩，戰爭未息，漳、泉邊民漸來臺灣，而以北港為互市之口。」但中國大陸與澎湖相對交流較多，元世祖至元 18 年（1281 年）在澎湖正式設巡檢司，隸屬福建同安，使澎湖納入中國大陸版圖早於臺灣 403 年。連橫謂：「當是時，澎湖居民日多，已有一千六百餘人，貿易至者歲常數十艘。」臺灣早期因兩岸沒有往來，故未發展出與大陸相近的文化水平。這與明朝（1368～1644 年）長期實施海禁政策閉關鎖國有關，海禁政策是基於海防安全考量，因海上倭寇（海盜）猖獗，並為防止沿海反叛勢力私通倭寇，集結成叛亂團體；另一方面，這也與大陸地大物博，不需要依賴對外貿易有關。

　　上述的臺灣或彰化歷史，都因沒有文字特別描述，只能靠文化遺址去推測當時生活，可稱為史前時代。在當時，農業活動是相當原始而落後的。很難想像，距今 400 年前在大陸，農作物耕種已相當發達，而且西方在 15 世紀末也已進入大航海時代了，而臺灣還是處於一片沒有文字記載的黑暗世界。但我們相信，早期的臺灣已有原住民生活並居住，臺灣位於東亞貿易必經一環，在大航海時代中也具有不被忽略的地理位置，因此，當時在臺的漢人雖屬少數，但可能多與貿易有關。

第二節　荷西明鄭的農業

　　有關臺灣描述，許多文獻也都在 17 世紀初始有相對豐富的史料記載。一般以荷蘭人殖民臺灣南部後，因為傳教目的而傳入羅馬拼音給原住民書寫當時語言，才有一些文字記錄，故以 1624 年為開始的荷蘭統治、同期尚有西班牙占據北臺灣，以及之後鄭成功驅逐荷蘭治理臺灣，詳加介紹有關農業開發與生產。

一、荷蘭時期：開始種植甘蔗並開墾

　　臺灣本島遲至 17 世紀才有少數閩南移民，相傳顏思齊、鄭芝龍等率領武裝百姓於 1621 年（明朝天啟元年）在魍港登岸。魍港為現今的雲林北港（舊稱笨港）附近的水林鄉水北村，另一說為嘉義布袋港（布袋鎮好美里太聖宮）。登岸之後，築寨定居並耕獵練兵，故 1621 年為漢人登臺元年，至今已開臺四百年了。這是漢人大舉進入臺灣從事墾殖的開始，也因此從大陸沿海等地引進許多秈稻（俗稱在來稻）。

　　荷蘭統治臺灣時期為 1624 年至 1662 年，以臺灣為殖民地並發展貿易，主要在臺灣西南平原種植甘蔗和稻米，荷蘭東印度公司並招募漢人前來臺灣開墾，也奠定南部以「米糖經濟」為發展的基礎。種植甘蔗並提煉為紅糖、白糖之後，再外銷至日本、伊朗及荷蘭，所以臺灣種植甘蔗是從荷蘭時期開始的。

　　由於漢人移民日眾，對於以稻米主食的需求也相當殷切，但栽培與收割方式仍然相當原始。荷蘭人於是在 1624 年從爪哇引進水牛，從此改變耕種方式，由人力轉為獸力，同時也自澎湖引進黃牛，積極開墾臺灣西南；此外，提供農具或種子等農業借貸，並督導農民開始修築池、塘、堤圳。顯然臺灣農業生產方式在荷蘭參與之後，已發生重大的改變，

而農民所開墾的農地稱為「王田」，並不屬於個人所有，農民仍只是佃農身份。

　　稻作可分為陸稻和水稻，分別在旱田與水田耕種。早期臺灣水利灌溉並不發達，據信應從陸稻耕種開始，而且稻種是由史前南洋原住民帶進臺灣的，以旱田為主的粗放栽培。不過，陸稻的產量較少，加上漢人移民多從大陸福建或廣東而來，所吃的米飯為秈米，是在水田耕種。因此，先民從大陸帶來秈稻，不得不沿著水源或水系進行墾殖。

　　另外，值得一提的是，在 17 世紀早期，臺灣西部平原已有許多臺灣梅花鹿，原住民獵鹿除了作為食用以外，也會製成各種鹿製品，以供交易。鹿皮主要銷往日本，以製成甲冑及各種服飾；而銷往中國的有鹿肉以及藥用的鹿茸、鹿鞭，這也是荷蘭時期重要外銷農產品，最多曾在 1637 年出口達 15 萬張鹿皮。臺灣有鹿的地名非常多，例如鹿港、沙鹿、鹿谷、鹿野、鹿草等鄉鎮，還有鹿寮坑（芎林、水里）、鹿仔坑（香山）、鹿窟（小港）、鹿鳴坑（新埔）、鹿場（竹北）、鹿場大山（南庄）、鹿

▲熱蘭遮城（安平古堡）

　　熱蘭遮城（荷蘭語 Fort Zeelandia），創建於 1624 年，並於 1634 年完成。1661 年（明永曆 15 年）鄭成功來臺驅荷，熱蘭遮城即為軍事重地。

　　照片來源：國立臺灣歷史博物館

湖（銅鑼）、鹿埔（田寮）、鹿廚坑（竹南頭份）、鹿寮溪（臺東）、打鹿坑（公館）、打鹿洲（關廟）、打鹿埔（田寮），以及鹿寮（各地皆有）等早期地名，可說明臺灣早期曾是「鹿之島」。

　　臺灣農業的開發是從荷蘭時期開始，但在荷蘭統治臺灣的前半時期，僅局限在南部，因為北部由西班牙統治。西班牙統治時期為 1626 年至 1642 年。西班牙在短短 16 年間，於基隆和淡水等地的占領中，只從軍事與貿易的角度來定位臺灣角色，並未有農業開發的情形，所以統治無法持續長久。但至少西班牙文獻流傳著臺灣為「美麗的島嶼」的名字 Isla Hermosa，與傳說葡萄牙人在 16 世紀航海時發現臺灣，脫口喊出：「Ilha Formosa!」（美麗之島），都有一樣的看法。

二、明鄭時期：寓兵於農並建立私有田

　　荷蘭統治時期之後為明鄭時期，從 1661 年至 1683 年，因為清朝是在 1644 年開國，所以明鄭時期是為明末清初時期。清朝初期基於海防安全，仍延續明朝的海禁政策，並在鄭成功政權於臺灣建立之後，清廷變本加厲，甚至發布「遷界令」（即將山東、江蘇、浙江、福建、廣東等沿海地區的老百姓內遷 30 里，並在原沿海處立邊界、設軍隊防守），以杜絕與臺灣的任何接觸，當然也斷絕兩岸交流機會與臺灣發展。

　　臺灣則被鄭成功定位為反清復明的基地，為解決兵糧問題，鄭成功於是實施「寓兵於農」政策，下令屯墾臺灣。從南到北，點狀分布，即瑯嶠（屏東縣恆春半島）到噶瑪蘭地區（宜蘭縣）都有屯墾，但主要還是以中南部為主。鄭成功定都於臺南，於赤崁設承天府，並將臺南以北劃設為天興縣，以南為萬年縣。「寓兵於農」或稱「兵農合一」，是將士兵平日分散於各地並開墾，所開墾的田地為「營盤田」，現今臺南的左鎮、新營、下營、柳營（舊稱查畝營，是專司農地丈量與分配的營部）、林鳳營，以及高雄的前鎮、左營、後勁、右昌等，其地名皆與鄭氏軍隊

屯田有關。依連橫估計，在明鄭末期的臺灣人口已近二十萬人了。

　　鄭氏政權承襲荷蘭時期的「王田」制度，並將改王田為「官田」，土地均歸政府所有，農民只能佃耕；而「營盤田」或由文武百官、士紳等圈地招佃開墾的「文武官田」，則為私有田，依定則徵賦，於是激發民眾開墾與增產意願，這是臺灣農地私有制的開始。據估計明鄭時期已拓墾的田地（含官田、營盤田、文武官田）超過 18,000 公頃以上。因為軍需民食的消費考量，此時的臺灣農業生產重心，已由甘蔗轉變至稻米，從而「唯米是糧」的觀念也一直深深影響我國農業政策的制定。

　　在明鄭時期，彰化的開墾程度不如南部，主要是離臺南府城遙遠、彰化原住民的抵抗，以及政治考量仍以軍營部署為主。但明鄭東寧王府在 1664 年於半線社設置半線營盤（今花壇鄉白沙坑）（1666 年納入北路安撫司），作為處理軍隊屯墾與平埔族事務的地方行政機構。當時在 17 世紀的彰化百姓，主要為平埔族人，分別屬於巴布薩族（Bapuza）與洪安雅族（Hoanya）兩大族群，當時在彰化以北到臺中地區，也有許多原住民族所建立的多部落酋邦，稱之為「大肚王國」（未知～ 1732 年），而漢人移居彰化平原則是在 1666 年（明永曆 19 年）才出現。

▲普羅民遮城（赤崁樓）

赤崁樓係 1653 年由荷蘭人所建，時稱「普羅民遮城」（荷蘭語 Fort Provintia，省城的意思），在地人稱為「番仔樓」（Hoan Á Lâu）。1661 年鄭成功驅逐荷蘭人後將此樓稱為承天府以統治臺灣。

照片來源：作者拍攝

第三節 清朝時期墾殖與通商

一、唐山過臺灣

　　鄭氏政權在 1683 年（清康熙 22 年）遭施琅攻陷臺灣而結束，清廷在將臺灣納入版圖後，因解除了海上的威脅勢力，故即發布「展界令」，讓之前被遷界令強遷的沿海居民復歸故土，沿海百姓有如撥雲見日回鄉復業；清廷也解除海禁，於是沿海百姓看到海上可能的發展機會。

　　本來康熙用兵於臺灣，僅是為了掃除前朝反對勢力，並非有意治理臺灣。不過，為了作為東南沿海各省的屏障，康熙終於接受施琅建議，並於 1684 年（康熙 23 年）正式將臺灣納入版圖，臺灣隸屬福建省臺廈道臺灣府，並在臺灣府轄下設置臺灣縣、鳳山縣與諸羅縣，彰化是在諸羅縣轄域內，諸羅縣的轄域為新港溪（今鹽水溪）以北到臺灣北端，幅員廣闊，也顯示其時臺灣中北部多為未開發之地。原先鄭氏政權在臺灣的開發已超出荷蘭時期以臺南為中心的範圍，往北推進到北港溪及南至下淡水溪（今高屏溪），北港溪以北則僅有零星開發。

　　清廷既然將臺灣納入版圖，基本工作則從丈量土地開始，以釐清土地開發情形及產權，並製作成「魚鱗冊」（又稱「魚鱗圖冊」），這是中國古代的一種土地登記簿冊，將房屋、山林、池塘、田地按照次序排列連接地繪製，表明相應的名稱，是民間田地之總冊。「魚鱗冊」也包括許多尚未被開墾的無主土地，可供百姓申請「墾照」，墾戶限期開墾完成之後，則按時向官方納稅繳糧（稱為「報陞」），並成為該既墾地所有權人（稱為「業戶」）。

　　由於臺灣尚未開發之地仍多，土壤肥沃、氣候適宜，大陸沿海有些人即看到來臺開發的利益，於是申請墾照、募佃招墾、修築水利，渡海來臺的移民逐漸增加，此為「發展型移民」，與之前因饑荒、天災或飽受戰火蹂躪而不得不離鄉背井的「生存型移民」不同。「唐山過臺灣」，

先來後到，各有不同的動機與際遇，都是有血有淚的辛苦奮鬥過程，但大家都參與了臺灣的開發，篳路藍縷，以啟山林、以興水圳。雲門舞集即曾將先民渡海開墾臺灣的故事編成舞蹈《薪傳》，以豐富的肢體語言，讓後代及各國均能認識移民奮鬥的艱辛。

此時臺灣墾殖地區已由濁水溪，往北擴及到大肚溪、大甲溪流域，農業也逐漸轉變為以水稻為主的水田農業，臺灣因而成為閩粵沿海一帶的穀倉。清朝時期，臺灣所生產的稻米，除供內需之外，尚有餘糧可以輸出到閩浙地區，甚至更北的天津，並交換輸入所需的民生用品。

二、開海通商

清廷為振興沿海地區長期凋敝的經濟，決心解除明朝以來三百餘年的海禁，在 1684 年（康熙 23 年）納入臺灣版圖之後，開始起實行「開海通商」政策。次年（康熙 24 年），首次以「海關」為名，在東南沿海設置粵、閩、浙、江四大海關（即廣州的粵海關、廈門的閩海關、寧波的浙海關、上海的江海關），又稱為「四口通商」，但是臺灣並不在其列。

清朝初期，出入港口只開放福建廈門與臺南鹿耳門對渡，後來因為中部及北部逐漸開發，才遲至百年後，分別於 1784 年（乾隆 49 年）與 1788 年（乾隆 53 年）開放鹿港及八里坌（今新北市八里區）為通商口岸，反映臺灣開發由南到北的現象；其中，鹿港的崛起，應與後來隨著拓墾的北移與兩岸對口貿易的開通有關。

其實，在 1741 年（乾隆 6 年）鹿仔港（鹿港舊名）已被形容為「水陸碼頭、穀米聚處」。但當時鹿港並不能直接與大陸貿易，船隻必須轉經臺南鹿耳門出海，增加成本及時間；不過，商人罔顧禁令，直接通行於鹿港與廈門之間的船隻越來越多，防不勝防，才促使清廷於 1784 年開放鹿港為第二港口，艋舺的開放背景也是如此。乾隆 50 年（1785 年）起到道光年間（1821 ～ 1850 年）為鹿港的全盛時期，可謂商船雲集、

貿易繁榮。道光 14 年（1834 年）的第一部《彰化縣志》，即描述鹿港為「煙火萬家，舟車輻輳，為北路一大市鎮。」

三、臺灣開港

臺灣是直到清廷第二次鴉片戰爭戰敗後，因外國列強要求才被迫開放對外通商，但已較大陸晚了 173 年。清廷是於 1858 年（咸豐 8 年）與美俄英法簽訂「天津條約」，英法要求增開牛莊（後改營口）、登州（後改煙臺）、大員（臺南安平）、淡水、打狗（高雄）、雞籠（基隆）、潮州（後改汕頭）、瓊州、南京，以及鎮江、漢口、九江為通商口岸，臺灣才有機會與國外接觸及發展貿易。

臺灣位於東亞航線要衝，盛產樟腦，山區產茶，雞籠富藏煤礦，自 19 世紀中葉起，早已引起西方國家的通商興趣。1861 年 7 月，首位英國駐臺灣副領事史溫侯（Robert Swinhoe）在臺灣府（臺南）設立第一個辦公處。1862 年，淡水首先開港，英國於此設副領事館推展貿易。雞籠在 1863 年 10 月、打狗在 1864 年 5 月、安平在 1865 年 1 月陸續開設海關。淡水是本關，其他三口為分關。1864 年 11 月英國將駐臺灣副領事館由淡水南遷至打狗，1865 年 2 月升格為領事館，史溫侯升任為領事，打狗領事館因此成為英國駐臺灣第一個正式領事館。因此，1861 年（咸豐 11 年）可稱為臺灣的「開港元年」，臺灣終於站在世界舞臺上，與世界各國經貿往來，並以貿易帶動臺灣生產與經濟。

四、彰化水土與農業

在明鄭時期，逐水拓墾並進行水田農業，已在臺灣由南往北形成一種風氣，或稱為「水田化運動」。但早期都只是局部、小規模灌溉的埤（陂）或塘，由民間資本雄厚的「墾首」進行大規模的拓墾與水利建設，

是從 1709 年（康熙 48 年）的「八堡一圳」開始，這是臺灣最早開鑿的水圳，也是在清朝時期臺灣最大的水利設施。

「八堡一圳」完工於 1719 年（康熙 58 年），由施世榜籌資興建，原名為「施厝圳」；另有「八堡二圳」，由黃仕卿於 1721 年（康熙 60 年）開墾啟用，原稱「十五庄圳」。「八堡一圳」與「八堡二圳」灌溉面積達 18,000 公頃，拓墾之後的耕地面積也因此增加了 11,000 公頃，大大提高稻米產量及農業發展。

上述開鑿拓墾的過程，均為民間主導，官方只負責核發墾照。水利設施不僅有利於作物生產及產量增加，例如水稻原本一年只能收穫一次，即因灌溉而「歲可兩熟」，而且主導的「墾首」也常因拓墾致富，擁田千甲，並可向引水人收取水租。

彰化地區全縣土地面積 107,440 公頃，境內九成為平原，平原面積 94,240 公頃，屬於現代沖積層。東臨八卦山，南北各有濁水溪與大肚溪相隔，西濱臺灣海峽，濁水溪又帶來黑色沃土，具備農業發展的良好條件。以前因為濁水溪氾濫，河床上的溪埔地往往都成了貧瘠的砂礫地，不適耕種。但是先民很聰明，用石頭圈圍溪埔地，並引進濁水溪，讓濁水溪的黑泥水沉澱在砂礫地上，反覆引水沉積，就形成一層厚厚的灰黑壤土，稱為「土膏」，富含礦物質、微量元素及黏性，從此砂礫地上的旱作就變成肥沃的水田。二水鄉、溪州鄉、田中鎮、竹塘鄉及埤頭鄉等南彰化地區，所生產的稻米較清水灌溉的既香又 Q，「濁水米」早已遠近馳名，彰化地區也因為「水」和「土」的結合，而成為優良的農作物產區。

五、漳泉械鬥

臺灣相較於中國大陸開發較晚，彰化地區更是落後。原住民為主要居民，但 17 世紀末福建、廣東民眾不斷遷徙來臺，使得清朝時期成為

大陸移民的主要時期，尤其是康熙末年因水利開發，漢人移入彰化平原迅速增加。來臺移民主要從福建的泉州、漳州、汀州，以及廣東潮州、惠州、嘉應州等地，即所謂的泉、漳、客三大漢族。

　　原本漳州人與泉州人依墾照核准範圍渡海來臺開墾，彼此相安無事，但由於不同族群的語言或文化差異、或因灌溉水權、爭取墾地、建屋蓋廟等原因，屢有爭執，在清代各庄頭大多為「血緣聚落」，只要有親友被欺負，往往全村總動員去討回公道，打輸的一方再找機會報復，冤冤相報，械鬥連連，連官方都難以遏止。在 17 世紀中葉到 18 世紀末期，臺灣各地曾發生多起「漳泉械鬥」武裝衝突，彰化縣是較嚴重的地區之一。鬥輸的一方即離開原有地盤，逐漸地形成泉州人及其後裔分布在海線各鄉鎮，使用「海口腔」臺灣閩南語（偏泉腔），以鹿港腔為代表；而漳州人及其後裔則大多分布在山線各鄉鎮，使用「內埔腔」臺灣閩南語（偏漳腔），這是臺灣中部特有的現象，而在彰化平原的客家裔則自然融合為「福佬客」。

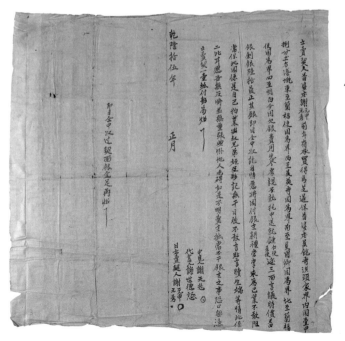

▲1750 年（乾隆 15 年）馬芝保番婆庄的田地買賣契書

馬芝保，是臺灣中部自清治時期至日治初期的一個行政區劃，其範圍包括今彰化縣的鹿港鎮、福興鄉全部，秀水鄉西部、埔鹽鄉中東部及溪湖鎮東北部。本件為番婆庄謝元申、謝元秀杜賣其在番婆庄港坭東的園，計 1 甲 8 分，賣予鍾仁使、鍾秀使，賣得時價番銀劍銀 60 員正。

圖文來源：國立臺灣歷史博物館

　　彰化縣的和美鎮即曾發生多起嚴重衝突，官方才會有以「詔安橋」
為界，隔離漳泉、嚴禁械鬥，規定漳州人一律住在「詔安橋」以東延伸
到八卦山，泉州人一律遷往「詔安橋」以西（今伸港、線西）海線地帶
居住，從此越界者就是肇事者，並在地名上取名「和美」，希望地方「和
平美滿」；永靖鄉的地名也是如此，開墾初期為閩粵械鬥區，曾毀於戰
火，清代彰化知縣楊桂森故命名為「永靖」，祈望消弭械鬥「永久安靖」。

　　然而這些多元族群移民與原住民，不管先來後到，現在都共同生活
在臺灣這塊土地上，已漸漸交融為命運共同體，共同生活也一起參與未
來發展，這是何等殊勝的因緣，值得我們共同珍惜。

第四節　清朝時期農業發展

一、清朝時期的臺灣貿易與生產

　　如前所述，臺灣在 1861 年開港之後，即與世界往來絡繹不絕。臺灣農業生產環境良好，所生產的均為初級農產品，但缺乏絲綢、鐵器、紙張、木材、棉布、鴉片等，而且臺灣所生產的蔗糖或樟腦也因本地市場有限，必須要找對外出路，故基於需求、生產環境、技術等考量，臺灣與外界發展貿易就成為很自然進行的經濟活動。

　　臺灣在清朝初期主要出口是樟腦、硫磺、鹿皮、鹿肉等。但到了中葉以後，隨著各地開墾與生產，出口產品即有相當大的改變。在 1868 年到 1895 年間，茶葉、蔗糖、樟腦共占臺灣出口總值達 93%，分別為 53%、36%、4%（林滿紅，2018）。所以在清朝時期的臺灣出口三寶為：「茶葉、蔗糖、樟腦」，與大陸東北三寶：「人蔘、貂皮、烏拉草」，有異曲同工之妙。

二、水稻生產及稻米輸出

　　清朝時期的南部平原為主要開發地區，以生產稻米與蔗糖為主，北部及丘陵地區要一直到 1790 年代（乾隆後期）才有初步的開墾，此時茶葉貿易尚未興起。

　　康熙當政時，基於安定考量，曾禁止臺灣稻米輸出，但福建地狹人稠，糧食經常短缺，而臺灣存糧豐足，故商人仍將米穀偷運至大陸。直到 1726 年（雍正 4 年）廢止米禁，以接濟福建漳、泉地區等居民，米穀輸出大陸才常態化，包括官方採購與民間自行輸出；更確切地講，臺灣稻米其實是作為福建糧倉的角色。官方採購的稻米運往福建（稱為臺運），主要是作為平糶（ㄊㄧㄠˋ）、軍隊及眷屬之用。平糶為官府在

荒年缺糧時，將糧倉所存稻穀以平價出售。

　　隨著臺灣各地拓墾，在嘉慶年代（1796 ～ 1820 年）西部平原已大致開墾完成，之後噶瑪蘭（宜蘭縣）與埔里盆地等區也有相當大面積的拓墾。因此，臺灣稻米生產隨著拓墾區域擴大，以及在土地上投入較多的勞動和資本，稻米產量即持續明顯提高。林文凱（2012）研究推定在 1756 年（乾隆 21 年）臺灣稻米產量約為 232 萬石，到了 1810 年（嘉慶 15 年）產量倍增為 464 萬石，而在 1861 年開港前，臺灣稻米產量已增為 613 萬石，幾乎是每 50 年即增加 200 萬石，平均每年增加 1.57%。在清朝一石是 28 公斤，613 萬石則相當於 17 萬公噸。此外，同時推估輸出量占產量的比重也不低，約在 2 ～ 4 成之間，顯然當時臺灣稻米產量豐饒，才有餘力輸出並平抑福建米價。鹿港在 1784 年開放與大陸通商，更有利於將中部米穀源源不斷輸往大陸。之後，因臺灣本地人口不斷增加，且大陸也從南洋（泰國、越南）進口稻米，故在 1860 年之後，臺灣稻米的輸出量即日益減少，取而代之的是茶葉的興起，以及蔗糖的大量外銷。

三、茶金外銷歲月

　　臺灣原本就有野生茶樹，分布於水沙連（今南投縣）深山，史料曾記載，例如：康熙五十六年（1717 年）的《諸羅縣志》卷十二：「水沙連內山茶甚夥，味別色綠如松羅。山谷深峻，性嚴寒。能去暑消脹。然路險。若挾能製武夷諸品者，購土番採而造之，當香味益上矣。」以及道光十二年（1832 年）的《彰化縣志》卷十二：「水沙連內山產土茶，色綠如松蘿，味甚清洌，能解暑毒，消腹脹，亦佳品云。」但是臺灣近二百年來，茶樹栽培及茶葉製造之發展，與這些野生茶樹並無關連，茶園所植茶樹與野生茶樹更無親緣關係。

　　由於臺北盆地四周的丘陵地區氣候和地形條件，與福州或泉州地形

類似，非常適合種茶。直到 1810 年代（清嘉慶年間），柯朝氏自福建武夷山引入茶種，種植於柴魚坑（新北市瑞芳區），相傳為臺灣北部種茶的開始。1855 年（咸豐 5 年），林鳳池氏自福建引入青心烏龍種茶苗，種植於凍頂山，相傳為凍頂烏龍茶的起源。當時茶葉生產僅供內銷，不足部分仍需從大陸進口。

到了 1840 年代，臺灣生產的「毛茶」已經有銷往大陸沿海一帶，並在當地加工製成「精茶」，之後再回銷臺灣的貿易現象。1865 年《淡水關明記》即記載有 82,022 公斤茶葉輸往福州、廈門。這是一種「產業內貿易」（Intra-Industry Trade, IIT）的現象，也就是進出口產品皆屬於同一產業，出口毛茶、進口精茶，顯示茶葉在不同地區「垂直分工」的現象，是基於成本或技術差異，兩岸共同建立的茶葉供應鏈。不過，此現象又與目前情形不同，以 2022 年為例，臺灣茶葉出口 9,326 公噸、進口 31,802 公噸。計算「產業內貿易指數」為 0.45，是目前所有農產品產業內貿易程度最高的產品，因進出口茶葉皆已加工製成，顯示目前茶葉在不同地區有「水平分工」的現象，是基於品質或品種差異，具有

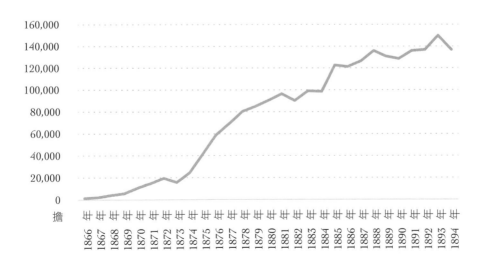

圖 1-1　清朝時期臺灣烏龍茶外銷數量

資料來源：林滿紅（1997）。《茶、糖、樟腦業與臺灣之社會經濟變遷》。聯經出版公司。

茶葉市場區隔的特性。

　　《臺灣通史》卷二十七＜農業志＞記載：「迨同治元年（1862），
滬尾開口，外商漸至。時英人杜德來臺設德克洋行，販賣阿片樟腦，深
知茶業有利。四年，乃自安溪配至茶種，勸農分植而貸其費。收成之時，
悉為採買，運售海外。」說明了英國商人約翰杜德（John Dodd）在淡
水設立「寶順洋行」（即「杜德洋行」，Dodd & Co.），以買賣樟腦、
鴉片為主。1865 年（同治四年），杜德由福建安溪引進「烏龍茶種」，
鼓勵淡水、三峽、大溪農民栽種，提供貸款及收購，寶順洋行的首要目
標就是將這些「毛茶」出口加工。1867 年，杜德將臺茶試銷澳門獲得
成功，因之被譽為「臺灣烏龍茶之父」。李春生於此時期因擔任淡水寶
順洋行買辦，協助杜德勸農植茶，成功行銷臺灣茶葉至國外，並成為臺
北首屈一指的富翁，因此獲「臺灣茶葉之父」之美名。

　　1868 年，杜德於臺北艋舺（今萬華）創立了臺灣首座的茶葉精製
場，並聘請福建製茶師傅直接來臺，省下出口加工的往返程序，同時使
臺灣的茶產業由過去僅於生產毛茶，開始走向精製階段。1869 年，寶
順洋行更以「福爾摩沙烏龍茶（Formosa Oolong Tea）」的品牌，將
臺茶輸出至美國紐約，大獲好評。艋舺因位大料崁溪（今大漢溪）、新
店溪及淡水河交匯處，水運優越，可通臺北盆地大小聚落而成為轉運中
心。清嘉慶以後，艋舺更隨著北臺灣人口聚集而興起，清廷也將衙門由

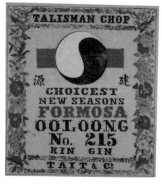

▲外銷烏龍茶的商標紙

英商德記洋行（TAIT & CO），選擇特殊的東方意象作為旗下不同
品牌烏龍茶葉的商標，例如護符牌（TALISMAN CHOP），即以太
極圖樣為品牌印象，下方並寫著「建源」兩字。「CHOICEST」
意即極品之意，「NEW SEASONS」為新季節之意，「FORMOSA
OOLOONG」即為福爾摩沙烏龍茶。

照片來源：國立臺灣歷史博物館

新莊、淡水轉移至此，奠定今日臺北發展的根基。當時鹿港已因泥沙淤積逐漸沒落，艋舺在臺灣對外貿易角色有如旭日東升。因此，在清光緒年間「一府二鹿三艋舺」的諺語不逕而走，而艋舺後來也因械鬥及新店溪與大嵙崁溪改道，商業中心轉至大稻埕。

　　1873 年烏龍茶因歐洲和北美經濟蕭條而滯銷，茶商將茶葉運往對岸福州改製包種花茶出售，但烏龍茶在隔年又恢復外銷榮景。後來於 1881 年（光緒七年），有吳福老者，來自福建同安，在臺北開設「源隆號」茶廠，經營製造包種茶，為臺灣開精製包種茶之先河。

　　《臺灣通史》卷二十七＜農業志＞記載當時榮景：「夫烏龍茶為臺北獨得風味，售之美國，銷途日廣。自是以來，茶業大興，歲可值銀二百數十萬圓。廈、汕商人之來者，設茶行二、三十家。茶工亦多安溪人，春至冬返。貧家婦女揀茶為生，日得二、三百錢。臺北市況為之一振。及劉銘傳任巡撫，復力為獎勵，種者愈多。時臺邑林朝棟方經營墾務，闢田樹木，為永久計，亦種茶於乾溪萬斗六之山。」茶葉外銷帶來商機，也帶動經濟，大稻埕五大洋行（寶順、德記、和記、怡記、水陸）爭相搶購臺灣生產的茶葉。茶葉價格飆漲，臺灣茶業發展欣欣向榮，「茶金」的外銷歲月由此展開。在 1895 年日本統治臺灣之前，臺灣茶外銷已達 136,826 擔（6,841 公噸）較 1866 年 1,360 擔（68 公噸）足足增加了 100 倍！

▲德記洋行

1845 年英國人 James Tait 在福建廈門成立德記洋行，屬於英屬東印度公司。於 1865 年方正式開放臺南安平為通商口岸時，德記洋行在 1867 年成立安平據點並興建營業廳舍。

照片來源：作者拍攝

　　在 1887 年至 1891 年之間，美東的茶葉市場占有率，日本茶為 55%，中國綠茶和臺灣烏龍茶各 18%，但以臺灣烏龍茶的價格為最高，顯見品質受到市場高度評價。從此，臺灣與中國、印度、斯里蘭卡並稱世界四大茶葉產區。若從茶的英語發音不同，即可推論茶葉的貿易路線，陸運的茶葉走絲路，為廣東發音的 "CHA"，而從事海上貿易的，則為福建發音的 "TAY" 或 "TE"，以今日普遍通用的 TEA 作為茶的英文而言，表示臺灣過去係透過海上貿易，並與歐美市場的關係密切。

　　為避免南洋茶或唐山茶劣等茶葉偽裝成臺茶外銷，當時臺灣巡撫劉銘傳即在 1889 年成立臺灣第一個茶業公會「茶郊永和興」。以公會力量維持市場秩序、控管茶葉品質、共同精進技術，這是首次由政府層級

▲大稻埕港口處的淡水河搬運茶葉
　圖中大稻埕沿岸停靠密密麻麻的船隻，工人們挑著裝滿茶葉的布袋上上下下，有些帆船上已經裝滿了茶袋，足見當時茶葉貿易的興盛。而遠方有一艘較大型的帆船，可能因噸位較大而無法靠岸，則靠小船接駁，在其附近可見舢舨船。在大稻埕，中式帆船順流而下，將茶運往淡水，再出口至海外。
　圖文來源：國立臺灣歷史博物館，收錄於臺灣總督府殖產局於 1904 年所出版的《福爾摩沙烏龍茶》

出面干涉茶業；同時也課徵茶葉出口稅，以增加稅收及控制出口品質，在 1882～1891 年間臺灣關稅增加 63% 之中，茶葉出口稅即占三分之一。

　　清朝時期，全臺茶樹栽種面積約為 25,000 公頃，但就是沒有在彰化地區。基本上，茶樹在臺灣全島各地都可以種植，但種植茶樹對土壤有特別要求，例如適合在 pH4.5～6.0 的酸性及嫌鈣（鈣含量不能太高）土壤。譬如梨山茶很有名，但種過高麗菜的地方就不能種植茶樹，因為種高麗菜都會灑生石灰以改良土壤及消毒，但石灰是鹼性的，故不適合種植茶樹。全臺只有臺南市和基隆市沒有種植茶葉；但奇怪的是，在八卦山以西的彰化地區也沒有任何茶葉種植，勉強只有在八卦山頭尾兩端的芬園鄉和二水鄉有零星面積。顯然八卦山西邊的彰化縣和東邊的南投縣，作物生長的條件並不一樣，可能與缺乏灌溉水源有關。

　　當年茶葉占臺灣北部出口總值達九成，淡水港於是成為第一大港，取代安平港的地位。在北部生產的茶葉與樟腦，也成為臺灣最大的外匯來源，取代南部的稻米和蔗糖。臺灣政治中心因此隨著經濟轉移，從南部轉往北部。而彰化地區則因沒有產茶，未能在這波茶金外銷的歲月中改變政經地位及生活水準。

四、北茶南糖中米

　　地處亞熱帶的臺灣，生產季節長、雨量充沛，適合甘蔗生產。在大陸福建、廣東地區早有種植，用以製糖。但在臺灣糖業的發展，自荷蘭時期才開始，有計畫地種植甘蔗並外銷砂糖，主要出口至日本。

　　明鄭時期，因注重軍糧，農業生產重心已由甘蔗轉變至稻米，反而使蔗糖產量減少，但仍有外銷。而在清朝時期，對於糖業並不鼓勵，但也無任何限制，民間自行設置製糖場所的「糖廍」（或稱蔗廍），有八成的「糖廍」主要集中於臺南一帶，但所產製蔗糖仍持續外銷至日本。

　　由於拓墾面積擴大，種植甘蔗面積及產量也隨之增加，白糖與紅糖的外銷數量亦隨之增加，糖業發展日漸興盛。當時臺灣通商口岸活動的郊商，在臺南有著名的「府城三郊」，即除專營廈門以北雜貨買賣的「北郊蘇萬利」或以南的「南郊金永順」之外，及在 1780 年（乾隆 45 年）也成立專營蔗糖買賣的「糖郊李勝興」。

　　清朝時期，臺灣各地主要郊商，有「府城三郊」、「笨港三郊」、「淡水三郊」，以及「鹿港八郊」。其中，「鹿港八郊」即為鹿港八大郊商，包括泉郊金長順、廈郊金振順、簸（ㄍㄢˇ）郊金長興、油郊金洪福、糖郊金永興、布郊金振萬、染郊金合順、南郊金進益等，糖郊為輸出蔗糖至寧波、上海、煙臺、天津等地。郊，是一種同鄉或同業的組織。鹿港有如此規模及商業活動，可以遙想當時的繁榮鼎盛。

　　臺灣在 1861 年開港之後，蔗糖的外銷市場更加擴大，在 1880 年的產量達 72,849 公噸，其中出口 64,240 公噸，出口量占產量將近 9 成，是為清朝時期臺灣糖業產量的最高峰。之後因中法戰爭，法軍封鎖臺灣港口，及美國開始對進口砂糖課徵重稅，臺灣蔗糖外銷相繼失去歐美市場，而只維持原先的華北及日本市場，臺灣糖業於是出現衰退情形。全臺糖廍在 1874 年（光緒 20 年）已有 1,275 場所。

　　臺灣甘蔗主要種植在中南部地區，尤其是在濁水溪以南，甚至越往南的蔗園越多，也就是由臺南平原逐漸往南移至下淡水溪（高屏溪）平原。相對的，彰化地區在濁水溪以北就不是主要產區，主要是因清廷還是以生產水稻為優先考量。至此，清朝時期在臺灣的作物區位分布已相當明顯，形成「北茶、南糖、中米」的現象，也就是北部生產茶葉、南部生產蔗糖，而中部則生產稻米。

　　糖業在日本人統治臺灣之後，對於糖業發展與地方發展又有翻天覆地的改變，後續我們也會好好加以認識。

五、樟腦「白金」歲月

　　相傳臺灣樟腦製作並出口到日本，是在 1640 年代從鄭芝龍開始。《臺灣通史》卷十八＜榷賣志＞記載：「樟腦為臺灣特產，當鄭芝龍居臺時，其徒入山開墾，伐樟熬腦，為今嘉義縣轄，配售日本，以供藥料。其法傳自泉州。」不過，因為在清朝時期，清廷封禁番地，禁止人民入山，以致不能伐樟熬腦，樟腦產業也就無從發展。但因樟腦獲利頗豐，曾常有民眾私自入山盜伐情形，並引發官民衝突，甚至也有外商與清廷之間的抗爭事件。清廷曾兩度高度管制樟腦產業的生產與出口，而成為獨賣事業。《臺灣通史》卷十八＜榷賣志＞也記載：「臺灣榷賣之制，始於清代。初理鹽、磺，後及煤、腦。」榷賣，即是由政府專賣或獨賣，壟斷市場的供應。

　　劉銘傳曾於 1886 年至 1890 年間實施第二次樟腦專賣，設立腦務局作為專賣機關，以籌措開山撫番的經費。在 1890 年，因為雲石膜（Celluloid，又稱賽璐珞）工業大量使用樟腦作為原料，國際市場需求增加，外商強烈要求開放市場，故於 1890 年 11 月起恢復自由經營。從此臺灣樟腦的出口量暴增，在 1891 年至 1895 年之間，出口量占全球供應量達 30% ～ 66%（戴寶村，2009）。出口量從 1886 年的 1,334 擔，增加至 1895 年的 52,145 擔，短短十年增加達 39 倍。

　　樟腦的產地與樟樹林密不可分，基本上，樟樹都生長在山上，但隨著開墾由平原深入山區，漢番之間就開始發生衝突。1870 年代臺灣樟腦主要的集散地為大料崁（大溪）、三角湧（三峽）、鹹菜甕（關西），在中部則為南投縣境內。《臺灣通史》卷三十五＜貨殖列傳＞記載：「集集為彰化內山，自匪亂後，腦業久廢，先生（沈鴻傑，連橫的岳父）知其可為，入山相度，建寮募工，教以熬腦，既成配售歐洲，歲出數萬擔，大啟其利，至者愈多，集集遂成市鎮。」可見一個市鎮的興起也與產業發展息息相關。彰化地區並無深山，也沒有遍地的樟樹林，所以也沒因

這波樟腦「白金」歲月而帶動地方的發展。

六、歷史決定命運

　　走筆至此，筆者不禁感慨在清朝時期的臺灣三寶：「茶葉、蔗糖、樟腦」，都因 1861 年臺灣開港之後而大幅增加外銷，也因外銷而帶動地方發展，甚至改變政經地位。在北部有茶葉和樟腦，在南部有蔗糖，而在中部卻好像生活在歷史的平行時空，沒有茶葉、蔗糖或樟腦生產，導致發展相對落後。鹿港雖早在 1784 年開港，但被定位為兩岸的通商口岸，「鹿港八郊」大多經營南北貨、生活用品、蔗糖、稻米輸出，「水陸碼頭、穀米聚處」，談不上與各國外商接觸經驗。中部是糧倉，是稻米的主要產地，似乎歷史就決定了彰化地區往後的發展方向。

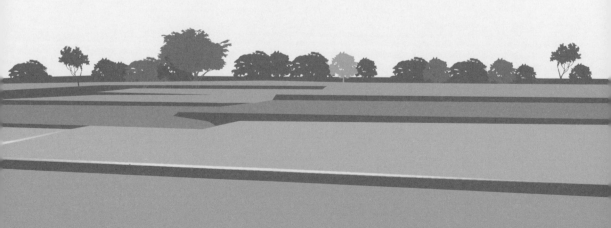

第二章
日治時期臺灣農業發展與彰化

　　在甲午戰爭之後，清廷將臺灣割讓給日本，從此改變臺灣命運及臺
日之間的關係。在歷史時空的轉捩點，臺灣也脫胎換骨，從傳統的農業
社會開始轉向現代化，並奠定工業化的基礎。但是，臺灣畢竟是日本的
殖民地，臺灣的許多發展都是從日本的角度來定位，甚至以日本化來治
理。

　　在本章中，我們將可以看到日本如何先定位臺灣的發展，再進行土
地整理與資源調查，之後並以臺灣與農業環境的互補性與需求，展開製
糖、稻米、茶葉，以及香蕉、鳳梨、柑橘等產業的發展，同時興建水利
工程、重視試驗改良，以及成立農業組織等，都使得臺灣的農業發展有
新的思維與策略。

第一節　工業日本與農業臺灣之定位

　　清廷於甲午戰爭戰敗之後，1895 年（光緒 21 年）與日本簽訂《馬
關條約》，將臺灣及澎湖無條件割讓給日本，史稱「乙未割臺」。臺灣
變成日本的殖民地，從此進入 50 年的日本統治時期，直到 1945 年第二
次世界大戰結束。在帝國主義的指導之下，臺灣殖民地的定位是為宗主
國服務：「工業日本、農業臺灣」；同時，以臺灣的地理戰略位置，也
成為日本前進南洋的基地。

　　清廷雖限制移民，但到了 1895 年，臺灣人口仍增至 2,545,731 人，
耕地面積達 350,574 公頃，其中水田 208,275 公頃，旱田 142,299 公頃。
依昭和 18 年版（1943 年）的「臺灣農業年報」摘要：

「臺灣由本島、澎湖列島及其他附屬島嶼組成，位於北緯 21°45' 至 25°33'、東經 119°18' 至 122°6' 之間。臺灣本島南北約 380 公里，東西約 140 公里，從北到南貫穿陡峭的中央山脈，中間只能看到一片狹長的平地；換言之，本島的農業主要集中在西部地區。作為日本唯一的熱帶領土，本島擁有得天獨厚的高溫和強烈日照，農業生產（包括畜產品）從明治 35 年（1902 年）的 56,207,228 日圓增加到昭和 17 年（1942 年）的 634,264,328 日圓。本島農業以水稻為主，其次是甘蔗、養豬、紅薯、茶葉、香蕉、家禽養殖、煙草、牛、鴨、柑橘類水果、蘿蔔、菠蘿、黃麻、甘藍、花生等。其中，除澎湖列島外，所有島嶼均盛產水稻，因氣候關係，一年可收穫兩次。茶葉、柑橘多產於北方，花生多產於中南部及澎湖列島。養豬和家禽養殖作為農民的副業在全島開展。昭和 16 年（1941年）末，耕地面積水田 544,367 甲，旱田 341,751 甲，合計 886,118 甲。此外，農戶 440,105 戶，人口 3,069,989 人，占總人口的 49.95%。 農戶每戶平均人口 6.98 人，戶均耕地面積水田 1.24 甲，旱田 0.78 甲，合計 2.02 甲。」

此為最清楚的官方說明，顯示當時臺灣在日本統治時期完整的農業寫照。農業產值在 41 年間（1902～1942 年），從 0.56 億元增加至 6.34 億元，增加 11 倍，幾乎是每年以 25% 的速度快速成長。

臺灣居於熱帶與亞熱帶的環境，有別於日本的溫帶與寒帶氣候，彼此所生產的農作物有相當的差異及互補。另在工業化程度也高低有別，日本在 1860 ～ 1880 年的「明治維新」時期，推動建設的現代化與內政革新，已有一定的基礎及先進技術，但臺灣仍停留在相對落後的階段。因此，在臺灣被併入日本領土之後，日本即針對自身需求，並結合其技術與資金，在臺灣開始進行農業生產的開發與建設。

第二節　全面化發展臺灣糖業

一、臺灣糖業之父

　　在「農業臺灣」的定位下，發展製糖業立即成為日本的優先考量。主要是因為當時日本有八成的砂糖都要從國外進口，而臺灣氣候環境適合種植甘蔗，若改由臺灣生產並輸出至日本，就可以節省大量外匯，也可以藉由製糖業的發展使臺灣財政獨立，鞏固殖民統治基礎。

　　臺灣的製糖業在荷蘭時期已打下基礎，但在清朝時期並沒有受到重視，反而民間的糖廍仍持續增設。在 1880 年的最高產量，曾達 72,849 公噸，其中出口量 64,240 公噸（88%），以出口至大陸華北地區及日本為主，當時已建立臺灣砂糖與日本市場的基礎。全臺糖廍在 1894 年（光緒 20 年）已有 1,275 場所。不過，臺灣製糖業的問題有三：

1. 技術落後：以勞力製糖的技術相當傳統。
2. 品種傳統：普遍種植的品種，是從大陸引進的竹蔗，蔗莖小、糖分低、產糖量少。
3. 缺乏政府輔導：清廷重米不重糖，對於糖業發展採自由放任態度。

▲載運甘蔗的水牛

臺灣糖廠設立初期，甘蔗的搬運多是以牛牽台車或二輪牛車為主。1905 年日本工程技師山本外三，建議鋪設軌距較小的 0.762 米寬的便道來載運甘蔗，由於最初是以水牛來牽引，所以稱為牛牽輕便軌道，1907 年後，開始改用蒸氣火車，也就是俗稱的五分仔火車，從此便取代牛隻的搬運。

圖文來源：國立臺灣歷史博物館

　　因此，日本為增加臺灣砂糖產量，以及藉此滿足日本自給自足，開始以企業化與工業化方式製糖；也就是在 1900 年（明治 33 年）12 月，於東京成立臺灣製糖株式會社（簡稱臺灣製糖），並在 1902 年於現今高雄市橋頭區設置臺灣第一座新式糖廠：「橋仔頭製糖所」，當時臺灣仍停留在以傳統糖廍製糖。

　　同時，第四任臺灣總督兒玉源太郎，也請臺灣總督府殖產局長新渡戶稻造考察各國糖業與糖政措施，提出《糖業改良意見書》，包括 7 點「改良辦法」：(1) 改良甘蔗品種；(2) 改善栽培法；(3) 興建灌溉設施；(4) 擴大蔗園面積；(5) 開墾蔗作適地；(6) 改良製糖法；(7) 改良壓榨方法；

　　11 項保護獎勵方案：(1) 提高砂糖輸入關稅；(2) 施行退稅；(3) 開發交通利於搬運；(4) 擴大銷路；(5) 公訂蔗價；(6) 發展糖業教育；(7) 促進產業合作社組織；(8) 出版蔗作及製糖改良之刊物；(9) 實施甘蔗保險；(10) 保護牛畜；(11) 獎勵酒精等副產品之開發；

　　14 項「糖業設施及機構的改良意見」：(1) 頒布糖業獎勵法；(2) 成立臨時臺灣糖務局；(3) 在臺灣南、中、北部設立糖務支局；(4) 培育技術人員；(5) 派技術人員前往爪哇採購蔗苗；(6) 購買八重山島及本島的外國品種作為育苗用；(7) 在臺南地區設苗圃；(8) 設置甘蔗試作場；(9) 鼓勵小型壓榨機之購入及試驗；(10) 促進糖業合作社組織之成立；(11) 獎勵新開墾蔗作地；(12) 開發水利，以利改善栽培法；(13) 編製事業計畫書，提供資本家作參考；(14) 勸誘大企業家參與糖業。

　　這是一份規劃相當完整的產業發展書，從品種引進改良、栽培管理方式改變、擴大生產規模、獎勵增產、訂定契作價格、提高進口關稅、施行出口退稅、鼓勵大企業參與、工業化製糖、設置糖務組織及合作社，乃至倡議甘蔗保險等等鉅細靡遺，從研發、生產、製造，到銷售，將產業的上、中、下游貫串起來，也重視組織及政府角色，是作為如何發展一個新產業的完整規劃考量。

　　最後，臺灣總督府接受新渡戶稻造的大部分建議，於是在 1902 年

頒布「糖業獎勵規則」及 1905 年的「製糖廠取締規則」，包括：

1. 資金補助：資金補助用於購置新式機器設備、肥料、蔗苗及水利工程。

2. 確保原料：將全臺蔗作區劃分或指定為各個原料採取區域，以防止製糖會社濫設與各工廠互搶原料而影響蔗價，而且各原料採取區內的蔗農未經許可，不得將甘蔗運到區域外或作為砂糖以外製品的原料。

3. 市場保護：運用關稅壁壘的方式來保護臺灣糖業的發展。

　　配合在 1901 年總督府公布「土地收用規則」，讓製糖株式會社能依法強制收購甘蔗的「原料採取地區」，大量取得大地主土地，而臺灣農民則由大地主的農奴成為日本的農奴。另外，也在 1903 年，在臺南大目降（臺南市新化區）設置甘蔗試作場，從夏威夷或爪哇引進高莖且含糖量高的品種，替代原本在臺灣的竹蔗品種，1905 年又在試作場附設糖業講習所，分別進行甘蔗的栽培研究與農工培訓。

　　由上可知：日本對於臺灣糖業的重視，以政府力量大力支持臺灣製糖工業的建立、管制市場、原料產區，輔導甘蔗生產、品種改良，是全方位的扶植一個現代化產業的發展。新渡戶稻造也因對臺灣糖業發展有重大影響，而被稱為「臺灣糖業之父」。

▲新渡戶稻造（臺灣糖業之父）

新渡戶稻造（にとべ いなぞう、1862～1933）任臺灣總督府殖產局長時於 1901 年提出《糖業改良意見書》，對臺灣糖業有重大影響，被稱為「臺灣糖業之父」。他是從 1984 年到 2004 年間流通使用的日本銀行券 5,000 日圓的幣面人物。

圖片來源：作者攝自新渡戶稻造於日本岩手縣盛岡市出生地的銅像

二、製糖工業興起

　　臺灣製糖在 1905 ～ 1911 年是處於新舊並存或彼此競爭的局面，一方面傳統糖廍引進新式機器製糖而成為「改良糖廍」；同時「新式製糖會社」也如雨後春筍冒出，除原先已設立的臺灣製糖外，尚有鹽水港製糖、新興製糖、明治製糖、東洋製糖、林本源製糖、新高製糖、大日本製糖、臺北製糖、北港製糖、斗六製糖、帝國製糖、中央製糖等。

　　依臨時臺灣舊慣調查會資料顯示：「改良糖廍」在 1909 年分布於宜蘭、深坑、桃園、新竹、苗栗、臺中、彰化、南投、斗六、嘉義、臺南、鹽水港（鹽水）、鳳山、臺東、蕃薯寮（壽豐），共 845 家；其中，在彰化有 14 家，最多則聚集在鹽水港 142 家及嘉義 141 家，也就是以中南部為主。但「改良糖廍」仍不敵「新式製糖會社」而快速沒落，到了 1911 年僅剩 74 家。

　　而「新式製糖會社」到了 1912 年仍有 29 家，「新式製糖會社」以大日本製糖、臺灣製糖、明治製糖、鹽水港製糖為主要的四大製糖株式會社。經多次合併改組，截至 1945 年，臺灣糖業在這四大製糖株式會社支配之下，擁有新式製糖工廠 42 所，附設酒精工廠 15 所，總資本額達 2.7 億日圓，員工 2.5 萬人，土地 113,679 公頃，每日壓榨量 6.5 萬

▲ 橋頭糖廠山本悌二郎
高雄糖廠舊稱「橋仔頭糖廠」，是臺灣第一座現代化機械式製糖工廠，創建於 1902 年。山本悌二郎（やまもと ていじろう、1870 ～ 1937）為出身佐渡市的政治家，曾擔任內閣農林大臣，也曾參與 1900 年臺灣製糖株式會社的設立並擔任社長。黃土水所作「山本悌二郎銅像」，原立於日本新潟縣佐渡市真野公園，於 2022 年 12 月銅像重返臺灣橋頭。
圖片來源：作者拍攝

公噸。特別的是，臺灣糖業並沒有採取由政府壟斷經營的「專賣」制度，而是由日本財團掌控或拉攏臺灣人投資設置，據說此與「日糖事件」有關，就是在 1909 年爆發大日本製糖賄賂眾議員的醜聞，之後即未再提起「砂糖官營論」的主張了。

　　各製糖株式會社在 1906 年後，陸續在其官定「原料採取區域」內，興建私設糖業鐵路（簡稱糖鐵），提供甘蔗、砂糖、肥料、製糖機械的載貨運輸，之後更形成載客的重要交通工具。糖鐵行經一望無際的蔗田與高聳的糖廠煙囪，成為嘉南平原明顯的地景。糖鐵在各地總共鋪設 2,965 公里，其中 2,338 公里（79%）是載貨專用線，627 公里（21%）為載客營業線。糖鐵的軌距為 762 毫米，約為國際標準軌距的一半，在臺灣稱一半為「五分仔」，此為糖廠小火車俗稱「五分仔車」或稱「五分車」的由來。

　　日治時期，各製糖株式會社鋪設糖業鐵路，取代傳統牛車運輸原料與成品，促使製糖工業化，並帶來各地交通的改善及鄉鎮發展。從來沒有一個產業像臺灣的糖業一樣，在土地利用、原料生產、工業化製糖、運輸交通、產業貿易，以及地方發展等各層面對臺灣有著重大的影響。後來陸續在各地設置糖廠，煙囪矗立在平地上，似乎也代表著一個地方的正走向工業化，製糖時煙囪會冒出白煙，空氣中瀰漫著淡淡的香甜味道，那是許多人兒時記憶的幸福滋味。

▲糖廠小火車運送甘蔗
　目前只有虎尾糖廠及善化糖廠還在製糖，而且只有虎尾糖廠仍用小火車載運甘蔗。
　圖片來源：作者拍攝

　　由各地製糖廠的陸續設置可知，當時在臺灣的糖業發展已遍地開花，成為臺灣經濟的重心。為宣揚殖民治理政績，1935 年（昭和 10 年）臺灣總督府舉辦「始政四十周年記念臺灣博覽會」，會場中糖業館入口處的招牌上即寫著「糖業是臺灣文化之母」，可見臺灣糖業在日治時期的重要性。

　　依臺灣農業年報顯示：臺灣甘蔗種植面積最廣，曾在 1939 年高達 169,048 公頃，而在二次世界大戰末期的 1944 年，減少為 107,676 公頃，其中六成在臺南州 61,901 公頃，而臺中州（含彰化地區）為 23,186 公頃。但是臺灣糖業發展在 1941 年太平洋戰役爆發之後即日漸沒落，主要是因日本占領爪哇、菲律賓等糖業生產條件比臺灣優越的地區，也在當地發展糖業，並將臺灣各製糖會社的技術人員派往，或拆遷部分製糖設備運往南洋，使得臺灣糖業大受影響。二次世界大戰後，政府將大日本製糖、臺灣製糖、明治製糖、鹽水港製糖等四大製糖株式會社，合併成現今的「台灣糖業公司」。

　　砂糖產業在日治時期曾有輝煌的歲月，比如在 1925 年砂糖產值 1.62 億圓，即占整體臺灣工業產值的 54%，持續到 1937 年仍有 56%，難怪矢內原忠雄形容日治時期的臺灣為「糖業帝國」。

▲採收甘蔗／圖片來源：作者拍攝

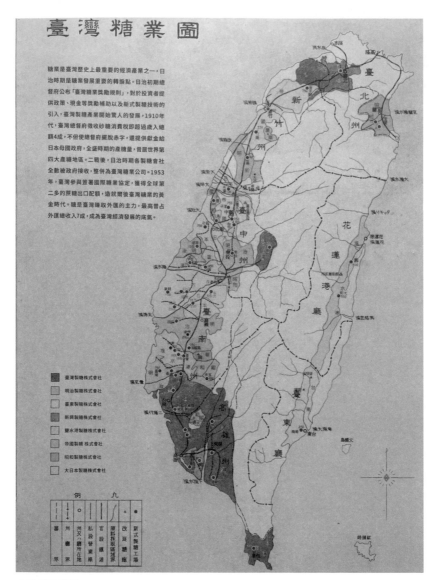

▲臺灣糖業圖

糖業是臺灣歷史上最重要的經濟產業之一，日治時期是糖業發展重要的轉捩點。圖中有臺灣製糖、明治製糖、臺東製糖、新興製糖、鹽水港製糖、帝國製糖、昭和製糖，以及大日本製糖株式會社的原料採取區域界。

圖片來源：作者攝自高雄橋頭糖廠海報

三、農民運動的崛起

　　農民向來苦幹實幹，靠天吃飯，若非忍無可忍，否則經常是逆來順受「種到歹田望後冬」。近期較有名的農民運動在 1988 年 5 月 20 日的「520 運動」，主要是因我國為加入世界貿易組織（World Trade Organization, WTO）而開放農產品進口的抗議運動，但在臺灣最早的農民運動其實可追溯至 1925 年的「二林蔗農事件」。

　　事件爆發的遠因來自總督府所實施的「採收區域制度」與「產糖獎勵規則」。雖有利於製糖株式會社，但卻讓蔗農任宰任割。例如：

1. 蔗農所種植甘蔗只能賣給規定的糖廠，不得越區販賣。
2. 甘蔗收購價格由廠方在甘蔗收成並製成砂糖銷售之後才訂定，蔗農不得有異議。
3. 甘蔗秤重由廠方進行，蔗農無權參與。
4. 種植甘蔗所需肥料要向所屬糖廠購買，購買金額並於收購價格中扣除。
5. 甘蔗採收由廠方僱工進行，工資由收購價格中扣除。

　　由上可知：農民所種的甘蔗，只能賣給所指定的糖廠，重量及價格都由廠方說了就算，而且肥料價錢和工資也都由糖廠決定。難怪俗諺說：「第一憨，種甘蔗乎會社磅」、「三個保正六十斤」（懷疑糖廠磅重太輕了）。

　　而導火線則來自「林本源製糖株式會社」（簡稱林本源製糖）對農民的剝削。因為不同糖廠有不同的收購價格，農民就會開始比較，1924 年林本源製糖的收購價格為每千斤 4.7 元，明顯低於明治製糖的 5.9 元，且林本源製糖的肥料價格每包 4.75 元又較明治製糖的 3.3 元貴了許多。農民一算 1 甲地就相差 170 元的利潤，而且這種現象已持續二、三年，心裡當然不滿，跟糖廠反應價格不合理也沒用。在 1925 年，即由當地知識份子李應章醫師介入，在彰化縣二林鎮（昔為臺中州北斗郡二林

街）成立「二林蔗農組合」代表交涉，也未獲善意回應，且糖廠仍執意僱工去蔗園收割，農民群起對峙，以致與糖廠及警察發生衝突，並有超過 400 人被逮捕及 25 人被判刑。受此事件的影響，鳳山街、麻豆街等地也於 1925 年成立地方性農民組合，以及有許多農民採取不下田的不合作態度。

　　蔗農抗爭事件於 1925 年達到顛峰及全面性，當年共發生 12 件爭議，人數達 5,290 人，包括林本源製糖溪州工場（臺中州北斗郡溪州庄）、明治製糖溪湖工場（臺中州員林郡溪湖街）、明治製糖蕭瓏工場（臺南州北門郡）、明治製糖總爺工場（臺南州曾文郡）、鹽水港製糖岸內工場（臺南州新營郡鹽水港街）、大日本製糖本社（臺南州虎尾郡虎尾街）、新興製糖（高雄州鳳山郡大寮庄）均曾發生，導致 1926 年蔗田耕作 9 萬甲，是十年來最少的面積。因此，可以說彰化縣二林鎮是臺灣農民運動的發源地，而始作俑者是林本源製糖對農民的剝削。

　　由於種植甘蔗被剝削，剛好蓬萊米新品種也在 1922 年培育成功，總督府在 1926 年開始推廣鼓勵農民種植水稻，於是出現水稻與甘蔗爭地種植的「米糖相剋」局面，糖廠最後也不得不調高甘蔗收購價格。

▲二林蔗農事件

1920 年代是臺灣民智開發的年代。臺灣文化協會成立於 1921 年，蔗農抗爭事件於 1925 年達到顛峰及全面性，二林事件之後，1926 年臺灣農民組合成立。文化協會理事兼二林支部長李應章醫師（右）與臺灣農民組合中央委員長簡吉（左）在各地以農村演講方式啟迪民智，但 1927 年 4 月 20 日晚上 10 時在二林農村講演被檢束，故留影紀念。

照片來源：彰化縣文化局

　　1925 年爆發「二林蔗農事件」之後，蔗農怒火蔓延到溪州，間接導致林本源製糖被新營的鹽水港製糖購併，改名為「溪州製糖所」。新會社擴增溪州廠產能，在工廠旁增設新廠房，新廠煙囪改採鋼筋水泥灌注，外表水泥乾涸後呈灰白色，簡稱為「白管」，與溪州糖廠原有煙囪為鐵製黑色的「黑管」併立，所以農民又開始流傳「糖廠黑白管」（亂講）的雙關語來嘲諷。

　　台糖目前在彰化縣仍有不少土地，包括在二林鎮的萬興農場 352 公頃及大排沙農場 279 公頃等，其中萬興農場及大排沙農場也曾因 2008 年政府想要開發為中科四期二林園區，後來因流水排放可能污染沿海養殖或農地灌溉，而在地方又再度引發抗議，不免讓人回想起過去在此地的農民抗爭歷史。

四、土地清查

　　土地與人民關係至為密切，任何政府皆要求確實的國土數量，以作為國土規劃與管制土地的基礎，同時也是對土地課稅的依據。因此，清末劉銘傳雖有意進行清賦及「一田二主」進行整頓丈量，但因發生「施九鍛事件」而功敗垂成。

　　不過，土地亂象仍有必要清查。日治初期，日本政府為了釐清地籍，建立完整的土地資料，藉以增加稅收、鞏固財政，並達到促進土地開發之目的，在 1898 年（明治 31 年）公布「臺灣地籍規則」，以銓定地目。土地名稱種類可分為：(1) 田、畑田、建物敷地、鹽田、鑛泉地、養魚池；(2) 山林、原野、池沼、牧場；(3) 祠廟敷地、宗祠敷地、墓地、鐵道用地、公園地、練兵場、射擊場、砲臺用地、燈塔用地、用水池（即專供灌溉用之給水路及排水路用地）；(4) 道路、溝渠（即非供灌溉用之排水溝地）；(5) 河川、堤防；(6) 雜地等六類 21 種地目。

　　因此，自 1899 年至 1905 年展開全臺的土地調查工作，包括地形

調查、確立土地權利，並建立地籍、繪製地圖、進行地租（田賦）改革、消滅大租權等一連串土地與田賦制度的興革工作（吳密察，2017），並在 1905 年發布「臺灣土地登記規則」，規定業主權（所有權）、贌耕權（土地租賃）之得喪變更均需依規定登記才生效力。

　　總督府也因此清查獲得大量的公有土地，再放租給農民耕種，並以公地承租權來拉攏日本企業家及臺灣本土仕紳。在 1945 年日治結束之時，總督府所持有的公有地面積達 246 萬公頃，占全臺面積的 66%，包括森林地面積 210 萬公頃；戰後，臺灣行政長官公署來臺接收，除總督府所持有的公有地之外，更進一步將日本人或日資企業所持有的土地一併納入公有地，使得政府持有土地高達近 273 萬公頃，占全臺面積的74%（何鳳嬌，2007）；其中，台灣糖業公司戰後接管大日本製糖、臺灣製糖、明治製糖、鹽水港製糖等四大製糖株式會社的土地，即有 11萬 8,206 公頃。

地目等則制度

「地目等則制度」也是從日治時期沿襲的制度。地目代表土地使用之類別，等則代表土地品質之優劣。原本的地目等則制分 1 至 12 等則，越高等（數字愈小）則表示農地越好，灌溉系統越完整，越適合耕種，收取田賦的稅額也較高。地目等則另有一重要目的，在於管制土地使用，例如：基於糧食安全及保護農地的考量，在 1973 年底，將 1～12 等則「田」地目編定為農業用地，其中第 1～8 等則田地目土地除興建農舍外，一律不准建築，並不得變更養魚用地使用；

第 9～12 等則田地目土地，除興建農舍、交通、學校、工廠及其他公共設施外，一律不准變更使用。1975 年又進一步將第 13～26 等則「田」地目編定為農業用地一併納入管制。惟田賦自 1987 年停徵迄今，而且當時是依土地使用現況銓定，目前土地使用的管理制度，早已不用地目等則為依據；而且地目相關事項於登記簿之記載，因年代久遠，與現況已出現許多不相符的情形，故政府自 2017 年正式廢除地目等則制度。

第三節　品種研發與稻米產業發展

一、改變臺灣人的食米需求

　　亞洲民族都以稻米為主食，日本及臺灣當然也不例外，所以當日本統治臺灣之後，在「工業日本、農業臺灣」的發展定位下，即全力在臺灣發展農業，但主要目的仍以日本宗主國的需求為考量。尤其是日本曾在 1890 年代，因發展工業化而使糧食供應面臨緊張，以及在日俄戰爭期間（1904 ～ 1905 年）也出現過糧食短缺問題，因此，作為殖民地的臺灣，其稻米生產自然被納入在日本糧食供應體系的一環，也就是此時臺灣稻米的輸出，不再是對岸的中國大陸，而是轉向日本。

　　不過，臺灣人吃的是「秈米」，米粒長而不黏，與日本人所吃的「稉米」不同，米粒短而黏；這是水稻在南方與北方環境的生長差異關係。但是日本在臺灣仍想盡辦法改良，主要進行的工作是將既有品種的「秈稻純化」與研發新品種的「稉稻馴化」，以提高稻米產量、品質，並符合日本人的食米口味需求。

　　有關「秈稻純化」部分，是因當時臺灣生產的秈米（俗稱在來米），品種繁雜、品質粗劣，且多混有赤米、烏米及稗等，因此開始進行品種的純系篩選，從 1,197 個各地方品種中選育歸納為 175 個品種，再進階至在來稻和日本稻的雜交育種，使得在來米的品質和產量都有顯著的提升。部分主要品種並獲農民認同而擴大種植面積，故在 1935 年之前的水稻種植面積以秈稻為主。但因秈米的食米特性仍與日本人口感有差異，故如何在臺灣生產稉米，一直是與在來米改良同時進行的任務。

二、蓬萊米之父

　　有關「稉稻馴化」部分，因稉米符合日本需求，故日本在統治臺灣

的第二年，就希望能趕緊在臺灣生產，故在 1896 年先引進日本稻種進行試種，但因臺灣的氣候環境關係，生產不佳。磯永吉技師後來改以日本稻的不同品種進行相互雜交，再從其分離後裔選出優良個體予以繁殖試驗，終於在 1922 年選出並在陽明山竹子湖栽培成功，即以「中村」品種為代表，再經由純系分離篩選耐病性的品種「嘉義晚二號」。在 1926 年正式對外公布命名為：「蓬萊米」，代表產自臺灣這塊蓬萊仙島的稻米，有別於日本種的粳米，磯永吉因此被譽為「蓬萊米之父」。之後，末永仁技師為克服稻熱病問題，進行「龜治」與「神力」兩日本品種的雜交，1929 年終於在臺中州農事試驗場選育出「臺中 65 號」品種，從此正式開啟臺灣蓬萊米的新時代，是為臺灣光復前後的主要粳稻品種，末永仁也被譽為「蓬萊米之母」。

　　「臺中 65 號」這個品種非常重要，學農的人都會注意它，中研院特聘研究員邢禹依解釋：「它不但品質好、能抗稻熱病，更重要的是，一年可栽種兩次。很多雜交育種都用它為親本，臺灣 85% 以上的蓬萊米品種都是它的後代！」不過，「臺中 65 號」為什麼一年可以栽種兩次，卻是農藝上存在已久的大謎團！邢禹依的團隊先用分子標記技術檢測證實：「就是來自於山地原住民部落種植的山地陸稻」，這是破解臺灣蓬

▲磯永吉（右，蓬萊米之父）與末永仁（左，蓬萊米之母）兩座胸像擺放在磯永吉小屋，磯永吉與末永仁都出生於 1886 年，兩人個性一動一靜，也分別在理論或實務各有所長，而成為最佳的互補合作拍檔，共同選育研發蓬萊米新品種。磯永吉在戰後仍留臺，直到 1957 年才風光回國；但末永仁卻在 1939 年鞠躬盡瘁在臺中州立農事試驗場的農場。
照片來源：作者攝自磯永吉小屋

▲磯永吉小屋（暱稱磯小屋）

磯小屋是臺大前身舊高等農林學校作業室，建於 1925 年，是比臺大歷史還久的建物。磯永吉教授曾於此講授作物學及進行稻米相關研究，並於此留下大量圖書手稿。

圖片來源：作者拍攝

萊米的關鍵，而考古研究也顯示，陸稻就是臺灣最早種植的稻米。

　　但秈稻並沒有完全取代秈稻，在日本統治時期，臺灣同時種有秈稻與秈稻兩種，以兼顧臺灣人與日本人的食米需求。依種植面積的消長來看，1935 年為秈稻與秈稻的分水嶺；也就是說，在 1935 年之前水稻種植以秈稻為主，之後則以秈稻為主。兩者合計種植面積在 1935 年達到最高為 67.8 萬公頃，其中，秈稻面積為 36.5 萬公頃，而秈稻為 31.3 萬公頃；稻米產量則在 1938 年為最高，達 140 萬公噸糙米。隨著生產技術進步，糙米每公頃產量也持續提高，從 1900 年的 943 公斤，增加到 1938 年的 2,242 公斤，顯著增加 2.38 倍。但在 1941 年太平洋戰爭爆發之後，稻米轉作其他特用作物、生產資材逐漸缺乏、基礎設施遭受戰爭破壞，以及農田水利設施失修等原因，稻米面積及產量也隨之下降，

蓬萊米

1926 年（大正 15 年）4 月 24 日，由第 10 任總督伊澤多喜男在臺灣鐵道飯店（今臺北車站對面的新光摩天大樓位置），於「日本米穀大會」中正式公布命名為「蓬萊米」，以有別於臺灣本土品種的「在來米」，臺灣即曾是傳說中的海外仙境「蓬萊仙島」。另外幾個候選名稱包括「新臺米」、「新高米」（日本人稱玉山為新高山），其實這些名稱都有臺灣在地的意涵。

到 1945 年戰爭結束時，產量減少到只剩 63.9 萬公噸，每公頃產量減少至近 1,000 公斤（−43%）。

三、安定米價及管控數量

　　日本在第一次世界大戰（1914 ～ 1918 年）末期，曾出現米價大幅上漲情形，且持續至大戰結束之後；在 1918 ～ 1920 年的米價較 1914 ～ 1916 年倍增，社會群起出現抗議及暴力衝突的亂象，史稱「米騷動」事件。為維持米價安定，日本政府即在 1921 年頒布《米穀法》，也就是當生產過剩時，由政府進場收購為庫存，並在生產短缺時釋出庫存，避免米價過低或過高，以達到平抑米價的目的，此為「平準實物法」（buffer stock）的操作概念。之後在 1930 年仍出現「昭和農業恐慌」米價大幅波動情形，故進一步演變到直接管控數量的《米穀統制法》，包括日本國內生產與進口數量的管控，以達到日本國內價格安定的目的。不過，如此一來就限制臺灣輸出至日本的數量，反而造成臺灣米價的波動，但這並不在日本宗主國優先考慮的範圍內。

　　日本政府為因應米穀供應過剩或者不足，所採取的各項統制措施，包括 1921 年的《米穀法》、1933 年的《米穀統制法》、1936 年的《米穀自治管理法》、1939 年的《臺灣米穀移出管理令》、1942 年施行的《食糧管理法臺灣施行令》、1943 年底的《臺灣食糧管理令》，以及 1944 年的《米穀增產及供出獎勵相關特別措施》，顯見日本政府對於稻米產業的干預及重視，也對殖民地的臺灣造成影響。

　　諷刺的是，日本在臺灣透過水利建設、使用化學肥料、品種改良，以及栽培技術改進等，大力增產稻米，其目的當然是為供應日本宗主國的需要，臺灣源源不斷輸出到日本的數量，最高曾達一半的產量。但因臺灣的成本較日本便宜，輸出到日本的稻米反而造成日本農民要面對進口的衝擊，日本即開始管制臺灣稻米輸出至日本的數量，並以要求臺灣

也要保有相當庫存為名，來減少輸出數量。不過，在 1941 年發生太平洋戰爭之後，為擴大對南洋的軍事行動，臺灣農業也要配合轉作苧麻、亞麻、棉花及瓊麻等軍需作物，稻米生產面積及產量頓時減少，甚至到戰爭末期，還出現糧食供應短缺而必須採取配給方式。這些都是臺灣稻米生產的無奈，從來不是以臺灣人民的需要為主要考量，而是配合日本宗主國食米需求、安定米價，或配合軍事行動，而使得稻米產量及輸出量相當不穩定。

　　所幸，生產稻米的技術及品種已被推廣應用，在戰後只要修復相關的水利等基礎設施，即可在短期內恢復生產能力。因此在 1950 年（民國 39 年），即超越第二次世界大戰之前的最高產量 140 萬公噸糙米。

四、建立米穀倉庫與運銷體系

　　水稻收割之後的稻穀，還要經由乾燥（曬乾、烘乾）、礱穀（稻穀變成糙米）、精米（糙米變成白米）等程序才可食用，但不是立刻將收割的稻穀，全部都碾製成白米，而是在有需要的時候，才碾製白米，平時則以乾燥後的稻穀儲存起來。因此，在供應白米的環節，就需要有倉庫來存放稻穀。尤其在 1930 年代，因推廣蓬萊米及嘉南大圳完工後，稻米產量激增，更需要有較大規模的倉庫儲糧，各地紛紛成立「產業組合」，以利於民間私人資本的累積，並開始經營穀倉兼營碾米事業，加上日本當局採獎勵制度，在 1933 年，總督府提供米穀政策補助款及農業倉庫低利融資，促使「產業組合」的米穀倉庫數量快速成長，以利貯存與調節對日輸出數量。

　　農業倉庫也兼具有集運及交易的運銷功能，也就是農民將稻穀賣給「土礱間」（礱穀工廠）或米穀倉庫，再由「產業組合」碾製為白米販賣，或轉售予日商輸出至日本，無形中也建立了稻米產銷體系。

　　1922 年底，臺灣《農業倉庫業法》公布，首批大型農業倉庫共有

11 座，其特色為皆沿縱貫線鐵路興建，每州約有兩座。但在歷經二戰美軍轟炸、八七水災、九二一大地震及產業變遷等因素，11 座中僅餘彰化農業倉庫仍留存至今。竣工於 1925 年的「彰化農業倉庫」，具有特殊的半圓型屋頂（太子樓）和拱形迴廊，是為發揮通風、防潮、保持乾燥的功能，也是日治時期的臺灣穀倉中受到現代建築的結構與造型影響最多的一座，可惜現在主體建築已被拆除大半了。

五、米糖相剋

日本為鼓勵國內稻米增產而採取高米價政策，但也同時吸引臺灣稻米對日輸出及增產，並引發種植甘蔗的農地轉而種植水稻，故糖廠不得不提高收購價格，來留住農民繼續種植甘蔗，此為稻米價格影響甘蔗收購價格，導致米糖「種植面積」此消彼長之「米糖相剋」現象。

如果以稻米與甘蔗的「種植地區」分布而言，「米糖相剋」的現象就更為明顯。在日本剛開始統治臺灣初期，即全力種植甘蔗以供日本所需，主要是在南部地區，之後隨各地由南往北拓墾，原本種植秈稻的中部也改種甘蔗，此為「甘蔗剋秈稻」。而在 1925 年之後，隨著蓬萊米開始推廣並高價輸出，可獲致較甘蔗更好的利潤，則南部原本種植甘蔗的地方也開始改種粳稻，這又變成為「粳稻剋甘蔗」，也造成作物種植區位板塊的移動。一物剋一物，背後都是因為價格或收益比較的結果。秈稻的在來米供內需，價格較低，而粳稻的蓬萊米供外銷，價格較高，蓬萊米的外銷價格受日本最低進口價格的保障，較在來米價格高約 1～2 成。甘蔗收購價格要與蓬萊米價格競爭，蓬萊米價格上漲時，甘蔗收購價格也隨之調高，甚至還要依《米價比準法》再補償與蓬萊米的價差。

雖然蓬萊米與砂糖都不是為臺灣人的需求而生產的，是典型的外銷作物，也是日治時期兩項明星作物，因為價格較高，具有改善農家經濟的貢獻。有趣的是，現在臺灣人都吃蓬萊米，在來米已變為米製加工品

的原料。但其實在 1945 年戰爭結束時，水稻種植面積 50.2 萬公頃中，
秈稻仍有 23.6 萬公頃（47%），表示國人米食消費偏好，並不易在短期
內改變；另一原因是種植粳稻技術已逐漸成為生產習慣，在戰後已不用
繼續對日本輸出蓬萊米，故由外銷轉內銷，半強迫國人接受蓬萊米消費。

　　砂糖與蓬萊米兩項產業的發展，分別有不同的基礎與時間，以及宗
主國對殖民地的態度。臺灣製糖業在荷蘭時期已打下基礎，日本政府引
進財團、設置糖廠和工業化生產，是典型的資本主義開發方式。而蓬萊
米可說是全新的發展，包括品種培育、正條密植、使用化學肥料等，並
推廣本地農民種植，促使臺灣稻米生產現代化。

　　依涂照彥（1994）所著的《日本帝國主義下的台灣》，認為在日本
統治下的臺灣殖民經濟結構，一方面是以日本資本主義發展階級所扶植
的株式會社（資本家企業），進行臺灣經濟「資本主義化」；另一方面，
則是以在地的「土著資本＝地主制」，維繫著臺灣穩定的社會結構，此
為所謂的臺灣殖民經濟結構所具有的「二重性」。更進一步言，糖業所
代表的是工業部門，而米業代表的是農業部門，在爾後的經濟發展過程
中，我們還可以看到農業部門與工業部門的關係，包括農業資源流向工
業部門、工業部門競爭農業資源，農工兩部門發生既競爭又合作的情形。

▲ 臺灣總督府農商局編《臺灣農業年報》
臺灣總督府農商局發行的《臺灣農業年報》昭和十八年版，與
目前我國農業部所出版的「農業統計年報」格式相當一致。之
前農業年報均由殖產局發行，但在 1943 年 12 月殖產局改組為
農商局和鑛工局，故 1943 年版為農商局首度發行的版本。
圖片來源：作者攝自農業部圖書室

第四節　開啟紅茶的外銷歲月

一、由烏龍茶轉紅茶

　　臺灣茶業在 1861 年開港之後，即有快速發展及外銷實績，1895年日本統治之後，亦繼續沿用茶葉供應鏈與外銷模式，也就是茶農採茶之後賣給茶販，茶販再將茶葉送到茶棧製茶，之後再由「媽振館」（Merchant（商人），當時譯名）交給洋行出口。

　　清朝時期是臺灣茶葉的發展期，但官方並沒有從旁輔導或介入管理；反而在日治時期，臺灣茶葉因政府扶植下，促成發展盛期。由於已有生產技術及專業分工的模式與外銷市場，所以在 1920 年代之前，烏龍茶一直都是臺灣茶葉出口的主要茶種，且以外銷美國為主。然而 1929 年美國發生經濟大蕭條，導致烏龍茶出口開始出現衰退，為避免與日本宗主國的綠茶競爭，於是總督府設法輔導烏龍茶農轉作其他茶種或作物。

　　由於美國消費偏好烏龍茶，而英國人偏好紅茶。為開拓其他外銷市場，日本在 1926 年即由茶葉試驗所引進英屬印度的阿薩姆大葉茶種，並在臺中州新高郡魚池庄（南投縣魚池鄉）試種紅茶。1928 年，日本三井財團也引進工業化製茶的技術，將原先手工製茶逐漸改為機械製茶。1930 年代該公司即開始以「日東紅」為名行銷各國，主要銷往英、美等國市場。因此在 1929 年美國經濟大蕭條之後，臺灣生產的包種茶及紅茶，逐漸取代原有烏龍茶的輸出比例，並在 1936 年起，紅茶外銷超越烏龍茶與包種茶，如圖 2–1 所示。其中，也因 1933 年英屬印度、英屬錫蘭、荷屬東印度等世界主要紅茶產地，為控制茶價共同協議減產，但日本（含臺灣）因未納入協議，反而可藉機擴大外銷市場有關。由於紅茶的生產費用較低，且外銷價格又不亞於烏龍茶與包種茶，也就是種植紅茶的利潤明顯高於其他茶種，從此臺茶外銷就由烏龍茶轉為紅茶。

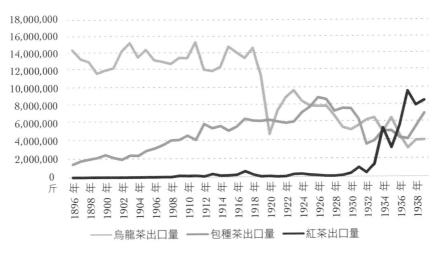

圖 2-1　日治時期臺灣茶葉外銷情形

資料來源：胡庭思（2021），日據時代臺灣烏龍茶、包種茶及紅茶出口量的變化，新北市：文化部＜國家文化記憶庫＞

二、試驗研究與市場管理

　　這些外銷茶種的改變，能夠即時因應調整，實與日本總督府有系統的進行各種的試驗研究與市場管理措施有關。例如：1896 年頒佈《臺灣製茶稅則》，藉由徵收出口稅，以控制出口品質並增加稅收，但後因公會抗議，已在 1930 年廢除；1901 年總督府在深坑廳文山堡（臺北市文山區）及桃園廳桃澗堡（桃園市龜山區）建置「茶樹栽培試驗場」，證實施肥對於臺灣茶葉的香氣並無破壞，而且可增加產量；1903 年於桃園廳草湳坡（桃園市平鎮區）設置「安平鎮製茶試驗場」，掌管製茶試驗業務，1909 年南遷到今「農業部茶及飲料作物改良場」位置（桃園市楊梅區草湳坡段埔心小段），之後在 1910 年將試驗場名稱改為：「民政部殖產局附屬茶樹栽培試驗場」（又稱「安平鎮茶樹栽培試驗場」），任務改為以茶樹改良栽培為主，必要時才掌理製茶試驗相關事項，1921 年改隸中央研究所，1939 年再改隸總督府農業試驗所，直到日本統治結束。另於 1923 年設置「臺灣茶檢查所」，以控管出口之品質；同年

（1923 年）官方成立「臺灣茶共同販賣所」，壟斷臺灣生產與製造市場；1930 年於臺北州新莊郡林口庄設置「茶業傳習所」，以培養茶業相關人才，以及 1936 年設置魚池紅茶試驗支所。

　　由上述可歸納日治時期相關政策對臺灣茶業發展的貢獻，包括：(1) 擴大茶園栽培面積，最盛時期曾達 45,000 公頃；(2) 推廣優良地方品種，包括青心烏龍、青心大冇、大葉烏龍、硬枝紅心等四大名種；(3) 成立茶業試驗研究機構，並積極推展紅茶產製；(4) 建立茶葉外銷檢驗制度；(5) 使臺灣茶業由手工製造進入機械製造時代。

茶業試驗研究推廣機構之沿革

年	事件
1896 年	頒佈「臺灣製茶稅則」（1930 年廢除）
1901 年	在深坑廳文山堡（臺北市文山區）及桃園廳桃澗堡（桃園市龜山區）建置「茶樹栽培試驗場」
1903 年	桃園廳草湳坡（桃園市平鎮區）設置「安平鎮製茶試驗場」，此為今農業部茶及飲料作物改場的前身
1909 年	「安平鎮製茶試驗場」南遷到矮坪仔地段（桃園市楊梅區草湳坡段埔心小段）
1910 年	「安平鎮製茶試驗場」改名為「民政部殖產局附屬茶樹栽培試驗場」（又稱「安平鎮茶樹栽培試驗場」）
1921 年	「民政部殖產局附屬茶樹栽培試驗場」改隸中央研究所
1923 年	設置「臺灣茶檢查所」、成立「臺灣茶共同販賣所」
1930 年	於臺北州新莊郡林口庄設置「茶業傳習所」
1936 年	設置魚池紅茶試驗支所
1939 年	「民政部殖產局附屬茶樹栽培試驗場」再改隸總督府農業試驗所
1968 年	奉令改組為「臺灣省茶業改良場」，隸屬農林廳，並先後設立文山、魚池、羅東三分場及凍頂工作站
1999 年	改隸中央為「行政院農業委員會茶業改良場」
2023 年	機關改制為「農業部茶及飲料作物改良場」

第五節　三大外銷水果的興起

　　臺灣地處亞熱帶氣候，農業環境與日本有相當差異，預期生產的農產品可滿足日本多樣化的需求，因此，臺灣總督府農事試驗場努力探索在臺灣生產許多農產品的可能性。曾先後引進鳳梨、柑橘、葡萄、柿、梨等進行品種改良和推廣種植，其中青果半數以上輸出至日本，前三名分別為香蕉、鳳梨和柑橘。但鳳梨和柑橘的種植面積加總都沒有香蕉的多，在 1941 年，香蕉、鳳梨和柑橘的種植面積分別為 21,613 公頃、10,173 公頃、5,436 公頃，面積比例約為 4：2：1。

一、臺灣香蕉種植從中部開始

　　香蕉是最古老的水果之一，原產於亞洲東南部熱帶、亞熱帶地區，據聞在 1731 年香蕉由彰化人從福建、廣東等地帶回中部種植，所引進的品種為「北蕉」，至今歷經近 300 年，仍為臺灣重要栽培品種。初期種植北蕉僅供自己食用，但在日治時期，日本人發現臺蕉風味與口感特別好，開始將香蕉商品化推廣並輸往日本，使得香蕉與稻米、蔗糖並列為三大輸出品。

　　在 1910 年，中部地區（特別是在臺中州員林郡員林街和新高郡集集庄）已成為香蕉的主要產地，1914 年臺灣總督府頒布《臺灣重要物產同業組合法》，推動生產者與批發業者透過組合交易，代替過去自由買賣的方式，故在 1915 年首先成立了「中部臺灣青果物輸出同業組合」，這是臺灣最早的同業組合。在山地栽種香蕉面積 3 公頃以上，平地栽種面積 1 公頃以上的生產者才有資格加入組合，該組合並在 1925 年改名為「臺中州青果同業組合」（臺灣省青果運銷合作社的前身），「臺中州青果同業組合」的業務包括推廣香蕉栽培、獎勵、收購、品質品評、在各地方設置香蕉檢查所，以及運銷通路與運輸方式的安排，從產到銷環

環相扣，都是產業發展的關鍵。

　　香蕉是從中部種植北蕉開始的，後來因發現北蕉的芽變種（仙人蕉），種植面積猛然擴大，即從 1922 年的 8,678 公頃，躍升到 1923 年、1924 年的 12,445 公頃及 18,165 公頃，這兩年也分別成立「高雄州青果同業組合」、「臺南州青果同業組合」。在日治時期，香蕉種植面積曾在 1936 年達 21,850 公頃，但之後隨戰事而萎縮至 1945 年僅剩 5,687 公頃。

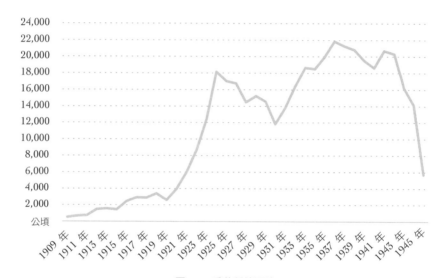

圖 2-2　香蕉種植面積
資料來源：臺灣總督府（1945），臺灣農業年報

　　臺中州員林郡因農業生產豐富，早期享有「臺灣的丹麥」美譽，轄區涵蓋今彰化縣員林市、溪湖鎮、田中鎮、大村鄉、埔鹽鄉、埔心鄉、永靖鄉、社頭鄉、二水鄉等地。因此，臺中州青果同業組合即在員林郡設置香蕉檢查所（即今「經濟部標準檢驗局臺中分局員林辦事處」），檢查來自轄區所生產的香蕉，載運到員林以後，通過鐵、公路轉運至臺灣各地及日本販售，員林的交通便利使其成為許多農產品的集散物流中

心。1908 年縱貫線鐵路於中部接軌，全線通車營運，也設置員林驛，更是奠定了員林為交通要道的地位，並帶動地方的經濟繁榮。

二、鳳梨旺旺來

　　鳳梨是臺灣最具代表性的水果之一，原產於熱帶美洲，臺灣栽培鳳梨始於清朝（1694 年），楊選堂（1949）提及是彰化茄苳坑人張丕從福建漳洲府詔安縣帶來的「在來種」種苗，但「在來種」鳳梨（俗稱本島仔），纖維粗糙不適合鮮食，也就限制了鳳梨產業的發展。

　　直到日治時期，因為鳳梨為熱帶水果，且可種植於山坡地，或土層深厚的砂質壤土，不會造成與水稻及甘蔗競爭耕地的問題，總督府評估是具有發展潛力的作物，並定位為鳳梨加工產業來發展。1902 年，日本人岡村庄太郎在高雄鳳山成立第一座鳳梨罐頭工廠嘗試加工，之後臺灣人亦跟進在彰化員林投資設廠。但因「在來種」鳳梨果實小、纖維粗糙，果實利用率只有 3 成，不利於製造罐頭。

　　因品種問題，故在 1921 年，從夏威夷與沙勞越的地區大量引進「開英種」種苗並示範推廣。「開英種」較大顆，酸味明顯、滋味濃郁，適合加工。種植面積即從 1920 年的 857 公頃提高到 1921 年的 1,268 公頃。但是「開英種」鳳梨直到 1930 年代，趁著寒害造成「在來種」鳳梨歉收，才在中部的彰化等地大舉推廣，八卦山更成為主要的種植地區。

　　鳳梨產業的發展，主要是將鳳梨加工為罐頭，提高產品價值並輸出回日本消費。產業評估、產業定位及發展目標明確之後，總督府即在種苗、生產獎勵、加工技術，以及加工設備補助等多方展開產業發展，補助輸入機械三分之一費用，並協助高雄、嘉義、西勢三個新式模範工廠的設立，至 1930 年時全臺鳳梨工廠已達 81 家、種植面積 5,090 公頃，甚至倍增至 1939 年時，最高達 10,392 公頃；換言之，從 1920 年至 1939 年的短短 20 年間，鳳梨種植面積增加 12 倍，一個產業規模成長

如此快速，也是絕無僅有。臺灣鳳梨罐頭出口量曾高居世界第三，僅次於當時的夏威夷和馬來西亞，真是臺灣之光！

　　鳳梨加工廠有三分之二集中於臺中州，尤以員林地區最為密集，另一個生產重地高雄以鳳山地區為最多，其他地方則呈零星分布。

　　不過，後來產業發展走上壟斷局面，因存在著日本資本家所建新式食品工廠與臺灣本土小型加工廠之間的成本競爭，以及配合在日本販賣組合的市場競爭，導致本土小型加工廠節節敗退，加上日本內地自 1931 年推動所謂「經濟再編成」，對重要產業進行統合管制，故在臺灣的鳳梨產業也逐漸步上統合管制之途。1937 年整併成立「臺灣合同鳳梨株式會社」（即臺鳳股份有限公司之前身），全臺工廠皆歸一家掌握，使得一半的工廠面臨關閉命運。合同會社成立後形同完全壟斷鳳梨產業，農場、工廠、運輸及販售皆為日本資本家所掌控。

▲臺灣鳳梨罐頭生產統計
圖片中為過去五年為大正 13 年（1924）至昭和 3 年（1928）臺灣鳳梨罐頭生產分佈彩色圖像，包括主要港口及重要的鳳梨罐頭和鳳梨生產地，亦有鐵路的紀錄。
圖文來源：國立臺灣歷史博物館

　　不過，後來隨著戰局緊張，部分工廠遭到美軍炸毀、美國對日本實施鋼鐵（含馬口鐵）禁運，以及日本進口量下降，故鳳梨罐頭產量減少，種植面積也隨之下降，在 1945 年萎縮至 3,429 公頃。

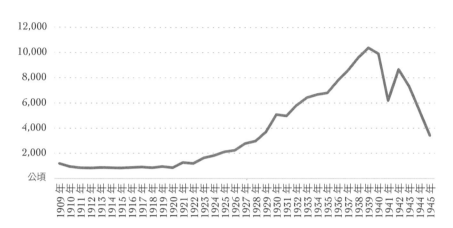

圖 2-3　鳳梨種植面積
資料來源：臺灣總督府（1945），臺灣農業年報

三、橘子紅了

　　由於氣候不同，臺灣所生產的熱帶水果，開始受到日本市場的注意，除了香蕉、鳳梨之外，柑橘成了第三大對日外銷的水果。配合臺灣總督府殖產局在 1924 年設置特產課之後，也開始針對糧食以外的經濟作物進行輔導推動，香蕉、鳳梨及柑橘等種植面積都自此大幅增加。柑橘面積也在 1925 年突破 2,000 公頃，並一路擴增到太平洋戰爭爆發為止，因戰事吃緊，廢果園改種糧食作物，柑橘面積才從 1942 年最高的 5,517 公頃往下滑。

　　柑橘生產主要以供外銷日本為主，且在 1920 年代初期，即已外銷日本，但特別的是，因為柑橘的「蜜柑小實蠅」為有害生物，對於日本農業的生產環境及生態恐將造成危害，日本人做事一向嚴謹，其實早在 1914 年日本即建立輸入的「植物檢查制度」，就要求必須經

過檢查合格後才得以輸入，否則就要丟棄或銷毀，臺灣柑橘也因此被銷
毀相當多的數量。

　　由於臺灣的輸出即為日本的輸入，與其在日本端檢查，不如先在臺
灣端檢查起，日本於是在 1921 年，也在臺灣建立「植物檢查制度」，
這應該是今日的動植物防疫檢疫制度的濫殤。依《臺灣輸出入植物取締
規則》，規定於臺北、基隆、高雄、員林、新竹設置植物檢查所，以進
行柑橘和輸移出入植物的檢查。但是在臺灣檢查之後，到了日本也要再
檢查，如此雙重檢查不勝其擾，反而打擊農民的外銷意願。

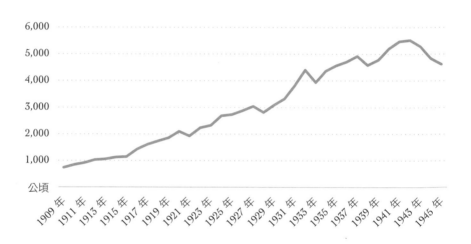

圖 2-4　柑橘類種植面積
資料來源：臺灣總督府（1945），臺灣農業年報

第六節　臺灣農業現代化發展的開始

　　日本在明治維新之後，走上現代化與工業化的發展，此發展經驗也隨著往海外殖民地統治而輸出。臺灣的糖業與茶葉的生產方式改造、稻米品種研發與改良、栽培管理技術進步，以及政府制定對產業的輔導及管理規範等，在各方面都可以看到日本經驗的影子，尤其是水利建設與農業試驗研究，更是重要的發展基礎。日本雖將臺灣定位為為宗主國服務，但並非以掠奪或榨取方式，竭澤而魚或殺雞取卵，而是想辦法將雞養大，並且讓雞生蛋可以繼續生產。因此，迄今多年後，日本在臺灣所遺留的經驗及基礎，仍對臺灣的農業發展有相當的影響。

　　日本政府在統治臺灣時期，對於臺灣農業整體作法歸納如下：

一、官方介入農田水利建設與組織

　　臺灣在日治時期被定位為以農業生產為主，之前民間在各地開墾鑿圳已有基礎，但並非由政府辦理及管理，故為了有效增產糧食、擴大水稻種植面積，總督府即開始逐步將原本私人擁有的水利事業公共化。在1901年發布《臺灣公共埤圳規則》，將與公眾利害有關的私人水利設施，指定為「公共埤圳」，並在1907年設置《臺灣公共埤圳聯合會規則》，以成立各地的「公共埤圳組合」（即各地農田水利會的前身）；1908年又發布《臺灣官設埤圳規則》，由政府直接建設大型水利工程。總督府一系列的將水利設施公共化及管理組織公法人化，都代表著政府以公權力介入農田水利事業興建與管理。經由官方介入整頓之後，在1914年全臺總埤圳數有12,061處，總灌溉面積24.6萬甲，而公共埤圳有175處，灌溉面積15.8萬甲，每一公共埤圳灌溉面積平均為900甲。全臺公共埤圳數逐漸增加至1920年的181處，其中在臺中州即有25處，灌溉面積也擴大到18.3萬甲。

▲與八田與一銅像合影　照片來源：作者拍攝

在官方介入之後，「桃園大圳」、「嘉南大圳」（含烏山頭水庫）即分別在 1916 年及 1920 年動工興建，歷經 8 ～ 10 年始完工，均為日治時期的重要水利工程。「桃園大圳」的灌溉面積有 2.3 萬甲，而「嘉南大圳」的灌溉面積達 13 萬甲，較臺北州水利組合的灌溉面積 3.7 萬甲及臺中州水利組合灌溉面積 8.3 萬甲為廣，所以可以想像臺灣總督府八田與一技師設計的「嘉南大圳」規模之大，為臺灣之最。

　　「嘉南大圳」從此也改變嘉南平原的作物型態、擴大水稻種植面積。八田技師並進一步規劃出獨特的「三年輪作制」，也就是同一塊土地以三年為週期，每年輪流種植水稻、甘蔗與雜糧，以平均各地用水需求、平衡各作物的供需，並避免因種植同一種作物造成地力衰弱，可說是一舉數得的輪作設計。

二、積極在各地設置農業試驗研究單位

　　農業生產不只需要土地、水利，也需要技術持續地進步，才能提高產量，技術進步的關鍵在於品種研發及農業試驗研究。

　　提高稻米產量為日本統治的首要任務，因此，在 1895 年 8 月即引進日本稻米品種在臺北城臺北文武町（今北一女中附近），以 0.2 公頃「試作場」進行稉稻適應性試驗，之後再改制為「臺北縣農事試驗場」，除水稻、甘蔗之外，還試種蔬菜，並引進乳牛進行改良試驗及飼養種畜牛豬；1901 年為擴大試驗範圍，另設臺中及臺南兩農事試驗場，在臺

灣北中南各地展開水稻及農業的試驗研究。

　　1903 年再將臺北、臺中及臺南三農事試驗場廢置，並合併設立「臺灣總督府農事試驗場」（農業部農業試驗所前身），以從事農業增產改良、農業試驗研究、種苗及種畜育成、農業講習等。1918 年於嘉義設置支場（今嘉義農業試驗分所前身），主要進行有關熱帶農業試驗。1921年「臺灣總督府農事試驗場」改稱「臺灣總督府中央研究所農業部」，並設 7 支所，分別為士林園藝試驗支所、平鎮茶業試驗支所、嘉義農事試驗支所、恆春種畜支所、嘉義種畜支所、大埔種畜支所及高雄檢糖支所。

　　後來在 1939 年又將「臺灣總督府中央研究所農業部」撤銷，改組為「臺灣總督府農業試驗所」，並設有士林園藝、平鎮茶業、魚池紅茶、嘉義農業、嘉義畜產、恆春畜產等 6 試驗支所，另新設鳳山熱帶園藝及臺東熱帶農業試驗支所，合計 8 個試驗支所。農業試驗研究機構經過 40餘年發展與組織分合，大致底定，可見農業研發的專業分工及包羅萬象。

　　與彰化縣相關的為「臺中州立農事試驗場」（農業部臺中區農業改良場前身），於 1902 年彰化廳農會在彰化市西門外設立附屬農場開始，之後臺中廳農會也在 1904 年於臺中市西區民生路附近創立附屬農場，以及南投廳農會於 1908 年成立附屬農場。後來彰化廳於 1909 年併入臺

▲臺中區農業改良場
　臺中區農業改良場前場長李紅曦談及改良場研發歷程。
　照片來源：作者拍攝

▲臺中區農業改良場豐收紀念碑
　臺中區農業改良場於 1984 年由臺中市遷移至彰化縣大村鄉，在行政大樓對面設立「豐收」紀念碑，楊嘉凌課長描述改良場水稻研發的兩大品種－改變臺灣水稻栽培面貌的「臺中 65 號」與導引「綠色革命」的「臺中在來 1 號」。
　照片來源：作者拍攝

中廳，南投廳與臺中廳於 1920 年合併改制為臺中州，所以原有農場即改稱「臺中州農會試驗場」，並在 1924 年因總督府政策決定成立公立農事試驗場，故再改制為「臺中州立農事試驗場」形成目前臺中區農業改良場的服務範圍以中彰投為主。「蓬萊米之母」末永仁技師曾在 1927 年至 1938 年擔任場長，1929 年成功培育出「臺中 65 號」蓬萊米，是該場最具代表性的品種。

農業試驗研究不是土法煉鋼，需要有科學的方法、專業、組織及經費，不是個別小農所能從事，而且又是所有農民都有共同的需求，所以由政府來成立研究單位並支持研究經費，即是最好的方式。日本統治臺灣，也帶來政府資源及科學作法，投入農業試驗研究，改造臺灣農業體質，也為臺灣爾後發展奠定基礎，其貢獻有目共睹。此外，農業的專業分工及具有因地制宜特性，故農業試驗研究單位也細分為水稻、甘蔗、雜糧、蔬菜、果樹、花卉等不同作物，也有種苗、種畜、林業、蠶業等不同領域，在各地不同的氣候、土壤條件進行試驗研究，造就各地農業生產的在地特色，也使農業生產風貌益加豐富。

彰化縣是農業大縣，很幸運地，「農業部臺中區農業改良場」也設置在彰化縣大村鄉，有助於在地產業特色的研發、推廣，以及貼近農民需求與服務。李紅曦前場長強調農業要「運用政策資源、導入應用科技、組織整合擴大、發展特色產業」，促成農業持續轉型與升級，農業改良場更要與時俱進並為農業發展之先。

臺灣共有 7 個各區農業改良場（桃園區、苗栗區、臺中區、臺南區、高雄區、花蓮區、臺東區），以及 1 個農業試驗所，都是各地農業的研發、輔導、推廣、示範基地，是臺灣農業進步的根基，也是農民信賴的夥伴。這是組織存在的價值，而且還是 CP 值相當高的研發機構，難怪管科會曾進行臺中區農改場的社會影響力評估（SROI），發現：政府每投入 1 元在作物病蟲害診斷可產生 15.3 元的社會價值、在水稻臺中秈糯 2 號有 55.76 元社會價值、在小麥臺中選 2 號有 29.3 元社會價值等。

三、成立半官方的農業組織

　　在臺灣各鄉鎮最普遍的農民組織為農會，其前身可追溯至日治時期。在 1895 年時，三角湧（新北市三峽區）居住墾戶人數已超過 2,000 人，大多從事造林、製腦及茶業。臺灣總督府為增加稅收，將土地調查、農業開發等重要政策，交由各地「辦務署」執行，三角湧辦務署於是在 1900 年 9 月，召集地方商紳組成「三角湧農會署辦事處」，以協助當局徵收地租、土地調查及農業勸業，此為農會形成的緣起，可惜在隔年 1901 年 11 月因依《臺灣總督府地方官官制》，將原有的三縣三廳改制為「二十廳」（含彰化廳），三角湧農會即隨辦務署解散而消滅。唯獨「新竹農會署辦事處」隨新竹辦務署升格更名為新竹廳農會（今新竹縣農會）並持續運作至今，此為當前臺灣各級農會起源最早的農會。

　　早期農會設置是配合州廳行政區域，所以在「二十廳」時期，1908 年全臺各地已設立 17 個廳農會，並依《臺灣農會規則》將農會法制化，賦予徵收會費及推展事業的法源，並要求所有農民必須加入成為會員，但農會的會長皆由州廳首長兼任，以下設支會長、評議員及幹事，也均為官派，故當時的農會其實為半官方機構。1909 年行政區域又裁併為「十二廳」，此時彰化廳遭裁撤，故在 1910 年只剩 12 個廳農會。

　　1920 年進入「州廳制」時期，再度將地方行政區域變更為「五州二廳」，以及 1926 年的「五州三廳」，所以有 5 個州農會及 3 個廳農會。各州廳農會設於各州廳內，官民合力於糧食增產、農業推廣、肥料供應、代收地租、保管米穀等，也就是配合政府執行相關政策，而其經費來源主要靠農民繳交的會費，政府補助僅占 4% ～ 18%。

　　1937 年中日戰爭爆發，臺灣總督府發布《臺灣農會令》，於 1938 年設立臺灣農會（臺灣省農會前身，今中華民國農會），以統籌各州廳農會，加強對農業生產與調度的統制管理，從此建立臺灣與州廳（今縣市）之農會二級制體系，但各市街庄（今鄉鎮）尚無基層農會。

　　隨著州廳農會的成立，在市街庄層級的組織，主要是「產業組合」。「產業組合」是在 1913 年發布《臺灣產業組合規則》之後，各地響應成立。由各市街庄公所扶植設立「信用組合」（存放款）、「購買組合」（肥料、飼料）、「販賣組合」（銷售農產品）、「利用組合」（生產相關設施）等四種單營或兼營的產業組合，並以「信用組合」為中心。在中日戰爭爆發之後，為統制經濟，更加速各地產業組合的成立，在 1940 年全臺已有 501 個各式各樣的「產業組合」。

　　第二次世界大戰末期，臺灣總督府為加強統制調度戰時物資，於 1943 年底發布《臺灣農業會令》，將各市街庄產業組合與州廳農會結合在同一體系，而成為三級制的「農業會」體系，後續也成為現今三級制農會體制的運作架構。「農業會」一詞，即為原有的「農會」與「產業組合」結合之意。

　　此背景即可理解為何目前中華民國農會與縣市農會都沒有信用部，而各基層農會業務以信用部為中心的原因，以及農會為多功能的組織。各級農業會會長亦由各級行政首長兼任，農業會仍具有半官方色彩，以提高統制經濟的能力與效率。

　　日治時期臺灣農會對農業發展的貢獻，依照美國史丹福大學胡佛研究院資深研究員馬若孟（Ramon Myers）的見解，為臺灣帶來農業「綠色革命」（Green Revolution）的幕後功臣之一，是推廣農業現代化的重要媒介。

第三章
近代臺灣農業發展與彰化：恢復與成長期

　　第二次世界大戰於 1945 年 8 月結束，日本戰敗，臺灣納入中華民國的版圖，從此開啟中華民國政府治理臺灣的近代時期。戰後臺灣農業發展，大致歷經「恢復、成長、成熟、停滯、轉型、永續」等六個階段，每一階段皆與社會安定、經濟發展、農工競合、農民所得、農業多元，以及環境永續有關。

　　本文即以戰後開始的臺灣農業，說明如何振衰起敝，恢復先前生產水準，並以技術進步與制度改革，來追求農業的快速成長。在臺灣經濟起飛時期，農業如何以米糖外銷經濟來創匯，並以香蕉及農產罐頭外銷，來帶動地方經濟的繁榮，也讓農業支持工業與臺灣經濟的發展，這是一段美好的「農金歲月」。

第一節　第一階段：恢復期（1945 ～ 1952 年）

一、恢復糧食生產水準

　　在戰後初期，農業受到嚴重破壞，如何恢復農業生產、安定民心，至為重要。政府除儘快修復農田水利設施之外，也積極增產糧食。1946 年（民國 35 年）臺灣省行政長官公署農林處在《臺灣農業年報》就提到：「食糧作物增產，原為日人治臺主要農業政策之一，但在戰時因種種惡劣環境影響，日政府雖有龐大之增產計畫，終未達到預期之目標，故至 1945 年 8 月大戰結束後，臺灣食糧尚不足以自給，其問題之嚴重實為空前現象，農林處為謀補救計，除一面向省外輸入食糧以應急需外，一面並樹立食糧增產計畫，努力推行增產工作。」

　　其中，食糧增產計畫在稻米部分，包括：(1) 指導耕種技術；(2) 改善施肥方法；(3) 防除病蟲害；(4) 確保稻作栽培面積；(5) 設置模範田；(6)

召開稻增產競賽會、品評會及堆肥製造傳習會、自給肥料審查會，以及其他稻作栽培的講習宣傳等工作。

　　另外，也積極增產甘藷，由於甘藷是僅次於米穀的主要食糧，且是重要的飼料並可為發酵釀造酒精等，故其增產影響民食與社會經濟具有重要性，增產措施包括：(1) 設置原種圃、採種圃；(2) 指導甘藷栽培方法，如適期施肥改善；(3) 獎勵甘藷施用堆肥增產事項。

二、土地改革

　　1945 年（民國 34 年）當時臺灣人口約有 600 萬人，但在 1949 年（民國 38 年）因中華民國政府播遷臺灣，人口激增至 750 萬人，使得糧食供應更加緊張。政府除了持續原有糧食增產措施之外，更重要的是實施「土地改革」政策，包括在 1949 年（民國 38 年）的「三七五減租」、1951 年（民國 40 年）的「公地放領」，以及 1953 年（民國 42 年）的「耕者有其田」，以減輕佃農的租金負擔、讓承租戶可承購公地，以及讓佃農擁有自己的耕地。

　　「公地放領」的結果，放領面積達 138,957 公頃、承領農戶 286,287 戶；「耕者有其田」為強制徵收大地主超額的出租耕地，再放領給現耕農民，共計徵收放領耕地 139,249 公頃，創設自耕農戶 194,823 戶。這是制度面的重大變革，激勵農民耕種意願，不同於過去強調品種研發、耕作技術改良，或是農業推廣，而是讓農民在自己的土地上耕種，愈努力耕種，收穫也會愈多，可進而提高農民所得和改善農家經濟。在 1945 年的農戶數為 500,569 戶，其中自耕農戶僅 149,400 戶，但到了 1953 年，農戶總數激增至 702,325 戶，上述因「公地放領」及「耕者有其田」即增加自耕農戶 481,110 戶，自耕農戶比例由 30% 大幅提高至 90%，真正達到「耕者有其田」的目的，可見影響之廣、受惠之眾。

　　土地改革的結果，增加許多自耕農，政府並修復水利設施、增加

化學肥料的施用和引用新技術等農業發展作法，農業年平均成長率高達
13%，當時農業生產力已較戰前增加 4 成，從此奠定臺灣農業發展的基
礎。目前許多的「田僑仔」，其實都是當年「耕者有其田」的受益者。

　　「土地改革」是件非常不容易的事情，因涉及地主既得利益的改變，
當時兩岸都在進行土地改革，但是改革方向完全不同。中國大陸是將土
地集中為集體所有權制，成立集體農場及人民公社等，而在臺灣則是將
土地下放或釋出給佃農，變成私有權制。事實證明，臺灣的土地改革經
驗是成功的，透過農地所有權的重分配和農地利用權的改善，有效保障
農民的所得，從而激發其生產和投資的意願，提高單位面積產量。因此，
在 1950 年（民國 39 年）稻米產量即超越戰前的最高水準。

▲「耕者有其田」宣傳海報
　1949 年政府實施三七五減租，
1951 年開始公地放領，1953 年公
告實施耕者有其田條例。中國農
村復興聯合委員會（簡稱農復會）
印製宣傳海報，說明如何由減輕
佃農租金到變成地主擁有自己的
土地耕種，圖中農民吃飯有蛋有
肉，內容淺顯易懂。
圖文來源：國立臺灣歷史博物館

三、恢復戰前水準

戰前的稻米產量最高水準是在日治時期，1938 年（昭和 13 年）的
140 萬公噸糙米，但在第二次世界大戰剛結束時，產量已減少到 63.9 萬
公噸，減幅達 54%，水稻種植面積也由 62.5 萬公頃萎縮至 50.2 萬公頃
（−20%），但是政府透過技術面、推廣面，以及制度面的努力，在短短
六年間，產量已在 1950 年突破為 142 萬公噸，增加 78 萬公噸（122%），
應該是空前絕後的生產奇蹟。稻米生產不僅可以滿足人口的激增，甚至
尚有餘力可以出口，賺取外匯，為國家經濟發展作出貢獻；充裕的糧食
供應對於穩定社會、安定民心，以及平抑物價也非常重要。

在這段期間，臺灣經濟以農業為主，農業生產總值高於工業，但因
外匯有限，故管制進口，以節省外匯使用；同時也努力賺取外匯，以充
實發展經濟的資本。當時外銷即以稻米、砂糖為主。

表 3-1　第二次世界大戰結束後臺灣稻米生產情形

年	種植面積（公頃）		產量（糙米公噸）	
	實數	指數	實數	指數
1938 年 （日治時期最高產量）	625,398	100	1,402,414	100
1945 年	502,018	80	638,829	46
1946 年	564,016	90	894,021	64
1947 年	677,557	108	999,012	71
1948 年	717,744	115	1,068,421	76
1949 年	747,675	120	1,214,523	87
1950 年	770,262	123	1,421,486	101
1951 年	789,075	126	1,484,792	106

資料來源：臺灣農業年報

1951 年水稻種植面積也擴大到 78.9 萬公頃，其中在彰化縣的第一
及第二期作均為 4.8 萬公頃，居全臺各縣市之冠，面積占比為 12%，眾

所周知「彰化是臺灣穀倉」，實其來有自。這與彰化縣具有完善的水利灌溉系統有關，也是施世榜、黃仕卿、楊志申等先人開鑿「八堡圳」、「二八圳」造福後代子孫的貢獻所致，值得我們感念與感恩。

四、掌握公糧及壓抑米價

在當時，兩岸處於高度緊張對峙的狀態，如何確保糧食安全，一直都是政府首要重視的政策目標。因此，政策上除努力增產稻米以供應充足的糧食之外，還要掌握糧源，讓政府手中有糧可以調度、穩定米價，以及儲糧備荒以供軍需民食。

中國古代各朝代的變亂，多源自飢荒，各朝代為解決糧食問題，每有「常平倉」設置，是為重要的國策。為積穀防饑與平抑米價，防止穀賤傷農、或穀貴傷民，政府即以稅制等措施來徵糧或市價收購，作為政府安全存糧的來源，並在米價昂貴時，釋出以平抑價格；或在饑荒時開倉賑災。在《欽定大清會典》卷十九即記載：「穀賤傷農，則增價以糶；穀貴傷民，則減價以糶；倉名常平。」

二次大戰之後，國民政府糧食局接收日治時期所興建的穀倉有 226 座，之後皆撥放給各地方農會使用，做為公糧的經收、保管、加工、撥付等業務，並建立委託倉儲制度。事實上，這公糧委託倉庫制度係承襲日治時期，公糧稻穀指定由各地之「農業會」（鄉鎮農會之前身）或民營倉庫代為經收，日本政府在 1922 年起，即依「農業倉庫業法」在各地興建農業倉庫，顯見對於糧食庫存的重視。

在 1946 ～ 1959 年之間，政府對於公糧的掌握方式，先後採取田賦改徵實物（田賦徵實）、隨賦徵購、公地租穀、肥料換穀，以及農業貸款以稻穀收回等，均是以稻穀形式持有。政府所掌握的稻穀數量從 14 萬公噸增至 1959 年多在 60 萬至 70 萬公噸之間，數量相當穩定。這些所入數量大致略高於配撥所出的公糧數量，故各年度底之庫存量皆未超

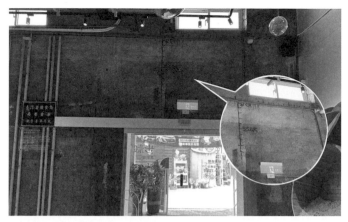

▲臺南後壁農會在農會的穀倉建於民國 56 年，抬頭可見於牆設有計量
的標尺當時的農民繳交公糧稻穀，交由農會以包袋堆疊後，以穀倉的
長、寬、高即可計算當下存放之稻穀容量。本倉據說全部容量約可容
納 50 萬斤的稻穀，且尺度上方設有數個小通風口，以利防潮和通風。
現在穀倉已改建為「步穀農創館」，展售在地農特產品。

照片來源：林怡歆（臺南市後壁區農會總幹事）

過 40 萬公噸，公糧管理也並未發生倉容困難問題。不過，若以 1959 年
稻穀產量 237 萬公噸而言，公糧庫存量 40 萬公噸占產量僅 17%，雖符
合聯合國糧農組織（Food and Agriculture Organization of the United
Nations, FAO）對於安全存糧為不低於消費量 17% ～ 18%（相當於兩
個月消費量）之建議，但考量兩岸的特殊狀態，後來政府在《糧食管理
法》，即規定：「為維護國家糧食安全，穩定糧食供應，主管機關應於
國內適當場所儲備不低於三個月稻米消費量之安全存量。」安全存糧仍
有必要適度提高。

　　在上述提及的「肥料換穀」，是值得再認識的措施。「肥料換穀」
是從 1950 年開始實施的政策措施，也就是農民用稻穀來交換所需的化
學肥料，是「以物易物」的概念。關鍵就在於換穀比例，1960 年第一
期（含）之前的硫酸錏與稻穀的換穀比例是 1：1、硫酸鉀與稻穀的換穀
比例是 1：0.9，其餘氰氮化鈣、硝酸錏鈣、尿素、過磷酸鈣均各有不同
的換穀比例。

以 1960 年的國際價格為例，每公噸硫酸錏 41 美元，每公噸稻穀 145 美元，稻穀價格遠高於硫酸錏，兩者的換穀比例為 1：0.28，也就是說農民僅需用 0.28 公噸的稻穀即可換到 1 公噸的化學肥料，但是政府卻將肥料與稻穀的換穀比例設定為 1：1，農民必須用 1 公噸稻穀來交換 1 公噸化學肥料，這交易條件明顯不利於農民，等於農民在「肥料換穀」的過程中被剝削了 72%。

雖然在 1960 年第二期已將各項換穀比例調降，例如硫酸錏與稻穀的換穀比例調降為 1：0.9，但農民仍有相對被剝奪感。一般認為是政府為刻意壓低米價才訂出如此換穀比例，農民形同被迫要繳交隱藏的「實物稅」，但農民為要獲得化學肥料才能增產，而且增產效果是具體可見的，因此對於隱藏的稅負較沒感覺，也不清楚國際價格為何，就只好接受如此交易條件了。

同樣的情形，也反映在「田賦徵實」，政府在 1946 年田賦改為實物繳納制，也就是原本 1 元的土地稅改為繳納 8.85 公斤稻穀，但此後要繳納的稻穀不斷增加，直至 1967 年已提高到 26.35 公斤稻穀。

至於政府壓抑糧價，可能是為使工業生產成本較為便宜，因為當時的工資及地租都以多少的公斤稻穀為計價（故稻米又稱為「工資財」（wage goods）），以及為加速將農業資本流動至工業部門，同時考量培養臺灣肥料工業的發展等原因，但重點是農民所得相對被犧牲了。

什麼東西都可以換穀

不只是「肥料換穀」，糧食局曾用來跟農民交換稻穀的物資種類，真的是琳瑯滿目，其他還有豆餅換穀，甚至腳踏車換穀、棉布換穀、麵粉換穀、大麥片換穀，以及鹹魚換穀等等。只要是農民所需要的物資，都可以用手上的稻穀來交換，這也突顯當時商業活動並不發達，或是貨幣有貶值傾向，所以農民才願意以物易物。

第二節　第二階段：成長期（1953 ～ 1972 年）

一、開始發展經濟

　　由於臺灣在 1950 年即恢復戰前最高的糧食生產水準，不但滿足軍需民食，也穩定工資與物價，奠定工業發展根基。就任何國家經濟的發展經驗來看，都是由農業轉向工業，最後再以服務業為經濟主流，以持續提高國民所得及提昇生活水準。因此，政府於 1953 年開始實施一系列中期發展計畫，在 1953 ～ 1972 年為第一期至第五期計畫期間，每期計畫皆為 4 年。但在 1973 年之後因石油危機及國際環境變化較大，每期的計畫期間則有長有短，變得不固定。

　　在 1952 年時，臺灣仍處於低所得水準，每人年均所得只有 213 美元，就業人數中，農業比率仍高達 56.7％，農業占國內生產毛額（Gross Domestic Product, GDP）的比重為 32.2％，而工業僅占 19.7％，出口 1.16 億美元、進口 1.87 億美元，貿易赤字 0.71 億美元。臺灣此時是典型的以農業為主的經濟。

　　為追求經濟發展，政府在 1953 ～ 1956 年的第一期經濟建設計畫，即提出「以農業培養工業，以工業發展農業」的發展定位，也就是當時農業被定位為母雞角色，要培養工業這隻小雞成長，即「以農養工」。但因在 1950 年代初期，經濟基礎尚未穩固，經濟發展農工並重、增加生產、充裕物資供應，並以穩定物價為優先考量。在外匯管制之下，政府執行「進口替代策略」，以節省外匯並扶植本國產業；同時，推動「出口擴張策略」，以賺取更多外匯，才有錢購買國外機器設備及農工原料，來發展我國加工業及輕工業。

　　因此，第一期經濟建設計畫重點有三：(1) 增加農工生產；(2) 促進經濟穩定；(3) 改善國際收支。

　　在 1957 ～ 1960 年第二期經濟建設計畫仍延續第一期計畫策略，

其重點有五：(1) 增加農業生產；(2) 加速工礦業發展；(3) 擴大出口貿易；(4) 增加就業機會；(5) 改善國際收支。

之後，在 1961 ～ 1964 年第三期經濟建設計畫不再強調增加農業生產，而開始偏重工業，其重點有四：(1) 維持經濟穩定；(2) 加速經濟成長；(3) 擴大工業基礎；(4) 改善投資環境。

在 1965 ～ 1968 年第四期經濟建設計畫的重點有三：(1) 促進經濟現代化；(2) 維持經濟穩定；(3) 促進高級工業發展。此時，工業化程度已提高，逐漸從傳統的勞動密集產業轉向資本密集產業。

以及在 1969 ～ 1972 年第五期經濟建設計畫的重點有五：(1) 維持物價穩定；(2) 擴大輸出；(3) 擴建基本設施；(4) 改善工業結構；(5) 促進農業現代化。表示在 1970 年代的臺灣經濟已有能力將工業產品外銷，加速經濟成長；同時也希望農業跟得上現代化發展的腳步。

二、強調農業增產

由這些計畫重點的脈絡可知：在前兩期仍不斷強調增加農業生產，主要是為農產品外銷，賺取外匯，以提供更多資本來協助工業建設。1953 年時，我國外匯存底僅 100 億美元，主要是靠砂糖、稻米外銷所累積的外匯存底。這些外匯讓臺灣可以對外購買原物料與機器設備，也就是從農業所賺取的資本，流動到工業部門，來幫助工業部門從輕工業開始發展。

輕工業屬於勞動密集產業，像是食品、罐頭、衣服、鞋子、雨傘、玩具等產品，在生產過程中，需要投入許多的勞動，所需要的勞動當然來自農村或農業部門。以前就有許多農村子弟到臺北奮鬥或到工廠上班的臺語歌曲，描寫從農村到都市或到外地工作的心聲。例如：1958 年的《孤女的願望》：「請借問播田的田莊阿伯啊，人塊講繁華都市臺北對叨去…」「請借問路邊的賣煙阿姐啊，人塊講對面彼間工廠是不是貼告是

要用人？阮想要來去…」，或 1958 年的《媽媽請妳也保重》：「…想彼時強強離開，我也來到他鄉的這個省都，不過我是真打拚的，媽媽請你也保重…」，描述一個鄉村青年遠離家鄉到城市奮鬥，身處異鄉時而心繫母親的情愁等。

發展輕工業是經濟工業化的開始，技術層次較低，用簡單的機器結合勞動即可生產，所以可以創造農業以外的就業機會，並增進農民及國民所得，也造成資本與勞動從農業部門流向至工業部門。李登輝前總統的博士論文《臺灣經濟發展中部門之間資本的流通：1895 ～ 1960》，即是研究臺灣自 1895 ～ 1960 年的經濟發展過程中，資本從農業流通到工業的重要性與貢獻。

在此經濟建設計畫階段，依農工兩部門的相對成長及產值，其實可再劃分為前後兩期，前期也就是第一期與第二期，兩個經濟建設計畫時期的 1950 年代，農業產值高於工業產值，且農業成長相對較快；而後期，從 1961 年開始，農業產值已低於工業產值，且農業成長相對較慢。

由於第一期與第二期經濟建設計畫的重點都強調農業增產，因此目

▲農業年報 1946 年版
農業年報發行不中斷，戰後由臺灣省行政長官公署農林處農務科出版。
圖片來源：作者拍攝

標為持續追求技術的改進、作物制度的改良、新品種的引進、選擇高經濟價值作物，並促進食品加工業的發展。農業生產在持續增產的要求下，短短八年內，1960 年的總生產已較 1952 年增產 48%。

其中，推行「複作栽培制度」，對於產量提升助益甚大，也就是在同一塊土地上生產兩次或三次，讓有限的土地發揮最大的產能，以追求技術效率（technical efficiency）最大化；也就是說，一塊地當兩塊使用，所以才有水稻一期作（春作）、二期作（秋作），甚至之後還有裡作。裡作是介於今年底二期作收成之後，到明年初一期作開始之前的空檔，種植短期蔬菜（甘藍、包心白菜、花椰菜）、甘藷等，臺灣精耕農業模式也因此聞名於世。

農民努力提高產量，並不擔心會有生產過剩的問題，因為當時在普遍物資短缺、需求無法獲得滿足的情形下，農業生產採取供給導向，甚至是「以供給創造需求」，所以生產愈多，農民收入就愈高。

複種指數（multiple cropping index）代表土地集約利用的程度，以作物種植面積除以耕地面積而言，在 1950 年代持續提高至 1964 年，曾達 189.7 的頂峰；若不包括長期作物的話，則複種指數還會再提高到 238.1，平均一塊土地在一年中種植了 2.38 次。複種指數雖需要氣候、

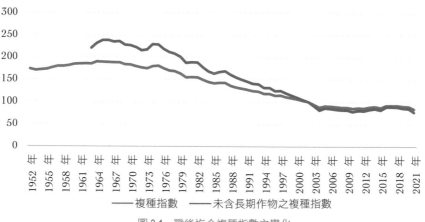

圖 3-1. 戰後迄今複種指數之變化

資料來源：農業統計要覽

技術與作物特性的配合，但是讓一塊土地終年無休，長期來看也會造成地力衰退、土壤貧瘠的後果。不過，在 1964 年之後因勞動投入減少，複種指數已逐年下降至 2021 年的 84.5，表示甚至有些土地已沒有再耕種，而變成休耕或廢耕狀態。

農業涵蓋農林漁牧，一般多集中在農作物的生產，因是使用最多的土地且影響最多的農民，但若談到農業整體表現，也不能忽略其他林漁牧的表現，以免以偏概全。因此，我們同時也要注意到林產、漁產及畜產的生產變化。

實際上，林產、漁產及畜產在 1952～1960 年期間的生產表現比農作物更棒，分別增產 69%、103%、72%，較農作物增產 33% 更多，主要在於林產、漁產及畜產的發展基礎水平較低，所以增產情形更加顯著。不過，林業在 1970 年代之後，因為許多樹木砍伐殆盡，及保育重於開發的觀念興起，自此林業生產快速下滑，目前林產品自給率甚至只有 1%。

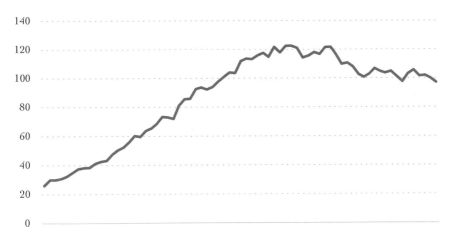

註：基期年為 2021 年 =100。
圖 3-2. 戰後迄今農業生產總指數之變化
資料來源：農業統計要覽

註：基期年為 2021 年 =100。

圖 3-3. 戰後迄今農作物、漁產及畜產生產指數之變化

資料來源：農業統計要覽

註：基期年為 2021 年 =100。

圖 3-4. 戰後迄今林產生產指數之變化

資料來源：農業統計要覽

上述除整體經濟與農業成長的整體觀察之外，以下各節即開始針對重要的農產品，特別是強調出口爭取外匯的產業，包括砂糖、香蕉、鳳梨、洋菇、蘆筍等逐一認識。

第三節　臺灣糖業興衰

一、恢復製糖

臺灣製糖產業在日治時期已有相當基礎，只是在 1930 年代，因日本的南進政策，轉移生產基地至南洋而萎縮。在 1945 年種植面積僅 4.3 萬公頃（較 1939 年全盛時期的 16.9 萬公頃減少許多）、砂糖產量 8.6 萬公噸。

由於臺灣製糖產業在日治時期曾有輝煌歲月，是相當有實力的產業，砂糖產量最高曾達 140 萬公噸，出口量高居全球第三，僅次於爪哇（荷屬東印度公司）及古巴，政府即認定糖業的復甦並外銷，對於戰後經濟應相當有幫助。因此，在戰後積極進行搶修戰時受盟機轟炸得瘡痍滿目的 34 所製糖廠，而其他沒受損或受損輕微的 8 所製糖廠則開始復工。

1946 年由台糖公司接管大日本製糖、臺灣製糖、明治製糖、鹽水港製糖等四大製糖株式會社，並重組為四區分公司；同時，將過去甘蔗收購方式改為「分糖辦法」，也就是蔗農與糖廠的分糖比例為 48：52，同時規定蔗農分得砂糖只能自留 1/20，其餘賣回糖廠，但分糖的價格是由糖廠所決定，在扣除蔗苗及肥料由糖廠貸給農民的金額之後，卻所剩無幾，引發農民所得偏低及被剝削的質疑，也影響種蔗意願。

在「米糖相剋」的情形下，許多農民紛紛改種收入較好的水稻，而且因「肥料換穀」、「田賦徵實」等措施皆與稻穀有關，也降低農民的

種蔗意願，延遲糖業的恢復進展。戰後台糖公司配合政府推行耕者有其田政策，把原屬日人各糖廠 11.8 萬公頃土地，除保留 4.6 萬公頃為自營農場外，其餘都放領給農民自由耕種，所以糖廠對於蔗農的依賴度更高。

二、爭取農民加入種植甘蔗

台糖公司在戰後的發展並不順利，雖具有生產實力的基礎，但因國際糖價起伏甚大及外銷面臨激烈競爭，為維持各地糖廠龐大設施的運轉，台糖公司即使有自營農場，但也僅能提供三分之一的原料甘蔗，必須要爭取更多的蔗農願意種植甘蔗才行。因此，台糖公司歷年來曾提出許多的誘因及輔導措施，想盡辦法來留住蔗農，包括：

1. 提高分糖比率：從原先的 48% 提高到 55%。
2. 承諾「斤糖斤米」：1950 年提出保證每公斤收購價格至少等於 1 公斤臺北市蓬萊米批發價格。
3. 提供保證價格：因「斤糖斤米」的財務負擔過重，在 1955 年改為「保證糖價制度」，台糖公司與中國農村經濟學會（今臺灣農村經濟學會）合作，以甘蔗及其競爭作物的生產成本與純收益為基礎，訂定保證價格，保證蔗農植蔗分糖所得利益，至少等於其在甘蔗生產期間內種植其他作物可能獲得的總收益。
4. 成立「蔗農消費與生產合作社」：1955 年開始提供生產服務（生產輔導、畜牧推廣、農教服務、子女升學獎助）與生活服務（供應農用物資及廉價生活物品、農業貸款、蔗農保險），以聯繫蔗農感情。
5. 設置砂糖平準基金：1966 年公布《臺灣地區砂糖平準基金條例》，以每公噸砂糖 13,400 元為基準價格及保證收購價格；若國際價格高於基準價格，則提撥一定比率作為平準基金，若國際價格低於基準價格，則依價差補償農民收益，以穩定農民所得。

6. 推行「基本蔗農制度」：1955 年開始鼓勵優秀農民為基本蔗農，
   與台糖公司簽訂長期契約，台糖公司並訂定各項技術服務及優
   待辦法，基本蔗農可享有生產貸款、品種更新、機械代耕、灌
   溉排水、病蟲害防治、土地改良、技術指導、改良示範，以及
   豬種改良等服務。

7. 推廣新品種：因為原有 F108 蔗種的發生突變，台糖公司 1947
   年從南非引進 N:Co310 新蔗種，並在虎尾糖廠蔗苗園試種改良
   成功之後即在 1953 年起大力推廣，大幅提高產量及縮短甘蔗生
   長期。

8. 提供代耕與代採：利用糖廠所有的曳引機及採收機，分別自
   1956 年及 1972 年開始，辦理代耕及代採作業，代耕的對象除
   蔗農外，也擴及一般水稻及其他作物。

9. 設置代工隊及育苗中心：1984 年開始各廠設置代工隊及育苗中
   心，代工隊除使用機械操作外，也代為僱工管理甘蔗肥培及採
   收工作；育苗中心則從原料區選出農家，鼓勵種植甘蔗苗圃，
   配合推銷蔗苗，以達推廣目的。

三、糖業發展與國際糖價息息相關

　　即使台糖公司努力鼓勵蔗農生產，但台糖公司的發展仍跟國際糖價
漲跌息息相關，過去曾幾度（1952 年、1966 年）因國際糖價低迷而使
台糖公司面臨生存關頭，但也曾在 1950 年韓戰爆發，因國際糖價上漲
而使「糖金」風華再現，台糖公司得以因美援提供肥料及國際糖價上漲，
度過戰後初期危機；或在 1972 年起，糖價跌深反彈，加上國際石油危機，
國際糖價於 1973 ～ 1974 年漲到最高峰，台糖公司把握時機，擴增生產
規模，並利用快速累積的砂糖平準基金，開發河川、海埔新生地及山坡
地，以增加自營農場面積，砂糖產量在 1977 年一度因此回升到 107 萬

公頓。台糖公司曾在 1950 至 60 年代，是當時臺灣最大的企業。1951
年台糖公司產值約占製造業整體產值的 2 成，主要是外銷所創造的產值，
也因外銷提高農民所得；在 1952 ～ 1964 年間，砂糖出口金額一直是
我國外銷產品的第一名，也曾因此創造外匯收入占比達 79%，對於國家
經濟發展貢獻至為重大。

　　但好景不常，自 1980 年起，國際糖價再陷低迷，砂糖嚴重滯銷，
畜產豬隻過剩，價格猛跌，使台糖公司虧損連連，只得把糖廠一間間撤
銷，並出售已閒置不用的土地來維持。在 1985 年之後，台糖公司不得
不採內銷為主、外銷為副的緊縮生產計畫，從此糖業在臺灣的發展江河
日下，台糖公司也轉型為多角化經營，養豬、種蘭花、開加油站，並跨
足便利商店、量販店、飯店、渡假村。目前仍是全臺第一大地主，坐擁
49,819 公頃，歷年來增加的土地面積僅 6,766 公頃，減少土地面積總計
達 75,153 公頃，土地減少大多是被動配合政府的相關政策所致。

四、唯二糖廠

　　目前臺灣碩果僅存的唯二糖廠，是虎尾糖廠與善化糖廠，其中虎尾
糖廠是唯一仍用小火車載運甘蔗的糖廠，在每年 12 月至隔年 3 月甘蔗
採收季節，就可看到一列長長的小火車緩緩地行駛在原野。

　　虎尾糖廠興建於 1906 年，從 1908 年開始製糖至今，已經超過百
年了。虎尾糖廠轄下虎尾、北港和溪湖三糖廠的 13 處農場，領地種甘
蔗約 5 千公頃。五分仔小火車載運甘蔗，一節空車 2 噸，蔗重 5 公頓，
16 噸重的火車頭要拖著 50 節車廂載著甘蔗回廠製糖。時速 10 ～ 15 公
里，從馬光農場到糖廠有 16.1 公里。像是騎腳踏車的速度，要一個多小
時才抵達，但是用卡車來載，機動性就更高了。

　　製糖甘蔗是白甘蔗，宿根 1 年採收，單產 6 公頓；新植要 1 年半，
但單產較高有 9 公頓。甘蔗製糖率為 9%。糖廠矗立著高聳煙囪，當製

糖開工季節時，煙囪冒出蒸汽，空氣中飄散著蔗香，是一種甜蜜的香氣，好舒服。

工廠內，機器 24 小時不停在運轉，採收後的甘蔗經過固液分離，固體是蔗渣，液體是甘蔗汁，各有不同用途。蔗渣可以作為蔗板或餵牛，甘蔗汁經過濾、沉澱、蒸煮、分離糖蜜、結晶等多道工序，製程與工業產品無異。可以想像百年前，臺灣工業化就從糖廠開始！

臺灣糖業過去有輝煌歷史，但在 1980 年代之後，已經成為夕陽產業，生產成本較進口價格貴 3 倍。不過，國產本土「台糖貳號砂糖」，具有濃郁蔗香味，風味與進口精煉的白砂糖截然不同，仍可試圖找出市場利基，例如手搖飲用貳號砂糖的風味更香郁。

五、白甘蔗與紅甘蔗

甜菜和甘蔗都是製糖原料，在寒帶國家都用甜菜製糖，而在南、北回歸線之間的熱帶國家都用甘蔗製糖。但不同甘蔗因糖份高低不同，用途也不一樣，製糖用的甘蔗是白甘蔗，外表淡黃綠色、較硬、水份少、糖份也較高；紅甘蔗是鮮食用的，外表紫黑色、纖維細軟、水份較多、甜度適宜，用鐮刀削皮或直接咬甘蔗皮啃食，是許多人兒時記憶。

有一種跟白甘蔗長的很像的是巴西甘蔗，是很早以前即在臺灣種植，何時引進已不可考，但巴西甘蔗因糖份低，不適合製糖，不過因容易栽培且較粗重，仍有農民夾雜在送到糖廠的甘蔗中，以增加重量。但現在巴西甘蔗已有新的出路，因為不用削皮，直接洗淨即可榨汁鮮食或添加調味變成手搖飲，不像紅甘蔗若不削皮汁液會變成混濁，影響觀感。

當年製糖用的白甘蔗為保障製糖原料供應與外銷，是禁止食用的，但望著一節節的小火車滿載白甘蔗緩緩運送至糖廠，在鐵軌兩邊，即有小孩子會追逐小火車偷抽甘蔗來吃，成為在缺乏零食年代的甜蜜小確幸。

第四節　金蕉的黃金歲月

一、臺灣香蕉極受日本歡迎

　　戰後的臺灣經濟，一般多形容為「米糖經濟」，即經濟以稻米與砂糖為兩大支柱，但為要充裕外匯準備，政府仍需要努力扶植其他產業外銷，香蕉即是首選。

　　因日治時期香蕉的集貨、分級、包裝、輸送等流通體系已達一定程度，戰後也維持原有的香蕉生產和流通系統，故仍以臺灣中部為主要產地，持續對日本出口香蕉。

　　香蕉被定位為外銷的重要農產品，初期以中國大陸為主，但在1949 年之後即重啟對日本的外銷。剛開始是「以物易換」的概念進行對日香蕉貿易，也就是我國出口香蕉，交換進口日本的肥料、機器、車輛。但因香蕉在日本消費市場大受歡迎，1950 年臺灣與日本簽訂貿易協定，正式將香蕉列為輸日貨品之後，自此即展開香蕉外銷日本的「金蕉」歲月。直到 1963 年日本政府實施香蕉進口自由化之前，臺灣香蕉一直霸占日本市場。

二、利益之爭

　　「金蕉」也造成各方利益的競逐，主要是以蕉農為主的「青果運銷合作社聯合社」與蕉商為主的「青果輸出公會」的兩造競爭。

　　這是典型的外銷組織戰，而且持續 10 餘年，高潮迭起相當精彩，以及具有話題人物如「青果大王」陳查某父子、陳杏村母子、郭雨新、謝敏初、「香蕉大王」吳振瑞等故事。其中，謝敏初是臺中青果運銷合作社理事主席，彰化縣二水鄉人，是謝前副總統東閔先生的胞弟，也是政府最後決定「產銷一元化」的關鍵人物；吳振瑞是高雄青果運銷合作

社理事主席，也是有名的「剝蕉案」、「金碗金盤案」主角。

　　「青果運銷合作社聯合社」是掌握生產的組織、「青果輸出公會」是掌握銷售的組織，彼此為爭取外銷日本的配額互不相讓，主要是因日本為管制外匯，而採進口實績決定配額的方式。但畢竟掌握銷售的「青果輸出公會」才是通路及市場的關鍵，因此在 1962 年之前，均獲得 9 成以上的外銷配額，「青果運銷合作社聯合社」最後只得以維護蕉農權益為訴求，要求香蕉外銷要「產銷一元化」，但仍遭受省議員郭雨新質疑為何獨厚香蕉，而讓其他農產品仍自由運銷呢？郭雨新與陳查某均是「青果輸出公會」的發起人。

　　事情終於在 1963 年有了轉機，主要是日本在 1963 年開始實施香蕉進口自由化，也就是將以前的「進口實績制度」予以廢止，而改為「自由申請制度」。從此「青果輸出公會」原本掌握輸入配額的優勢盡失，且因臺蕉在日本市場供不應求，反而「青果運銷合作社聯合社」掌握生產端，具有話語權，因此對日香蕉出口也就漸漸轉移到以「青果運銷合作社聯合社」為主導的體系。

　　在日本實施香蕉進口自由化的前夕，日商、華商、「青果輸出公會」、「青果運銷合作社聯合社」、農會等團體，皆為與日本簽訂長期契約展開激烈競爭，尤其是「青果輸出公會」與「青果運銷合作社聯合社」仍在爭執輸出主導地位及外銷數量。最後，由我國政府規定以後香蕉由生產社團及出口商各外銷一半，此即所謂的「五五制」；其中，生產團體的「青果運銷合作社聯合社」45% 及農會 5%，出口商的「青果輸出公會」50%。另外，也成立「香蕉產銷輔導小組」，實施有計畫的增產措施，並統一規定產地價格、合作社的集貨、檢驗、包裝、運費與管理費、青果公會的海運與保險費等費用。

三、褐色蕉汁斑點是蕉農財富的印記

　　1963 年開始實施「五五制」之後，打破出口壟斷的局面，蕉農收益增加，蕉農分得比例由 40.5% 提高到 54.4%，產地價格波動程度也縮小，高屏地區的平地田蕉，每公頃收益增加 180%、臺中及南投地區的山蕉也增加 97%。產量與外銷量不斷提高，種植面積增加 5 成，而且產量及外銷量幾乎是翻倍增加，香蕉外銷金額占整體外銷比例一再提高至 1965 年的 11.52%（劉淑靚，1999），真是「金蕉」的美好歲月！蕉農衣服上的褐色蕉汁斑點，被視為財富的象徵，走進酒家、茶室、戲院、銀行，無不奉為上賓，招待無微不至。

　　當年各地的香蕉幾乎都送往高雄港，高雄港 3 號碼頭又稱為「香蕉碼頭」，即見證了來自各地香蕉在此集貨裝船的熱鬧喧嘩時代，此處也是唯一蓋有開放式倉庫（香蕉棚）的碼頭，以改善通風，建於 1963年。但香蕉棚啟用不久之後即不敷使用，高雄港務局除了再擴建香蕉棚之外，也在 1965 年於 31 號碼頭新建巨型香蕉冷氣庫房，可說是當代

▲高雄港的香蕉載運船
　圖片來源：國家文化記憶庫

「冷鏈」的先驅，當年香蕉外銷金額已達 5,500 萬美元。1966 年香蕉出口金額甚至超越砂糖，而成為臺灣農產品及其加工品中最重要的出口商品，臺灣成為名符其實的「香蕉王國」。

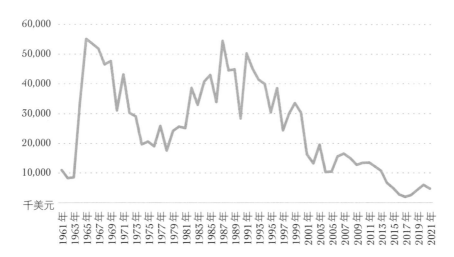

圖 3-5.　歷年來香蕉外銷金額
資料來源：農業貿易統計要覽

　　1967 年是香蕉最輝煌的一年，當年栽培面積達 50,479 公頃，創下歷史新高記錄，香蕉收穫量達 65 萬公噸，外銷總額達 266 萬箱（換算為重量 42.7 萬公噸，等於之前所使用竹簍的 889 萬簍，一竹簍 48 公斤，但在 1959 年之後已改為紙箱包裝，每箱 16 公斤），外銷量達產量的 65%，外匯收入 6,400 萬美金，是臺蕉外銷史上的最高記錄，在日本的市場占有率也超過 8 成以上。

　　香蕉外銷也繁榮了許多農村經濟。可惜在 1950 年時，臺灣香蕉的種植面積已有 14,679 公頃，但其中在彰化縣僅種植 160 公頃。相較於南投縣、臺中縣或高雄縣，彰化縣已並非香蕉的主要產地之一，所以也沒享受到香蕉外銷的「金蕉」經濟繁榮。

四、金蕉褪色

　　許多事情都因利益追逐而起，也因利益分配而變得複雜。由於香蕉外銷榮景，不只是在臺灣有「青果運銷合作社聯合社」與「青果輸出公會」之間的競爭，在日本也有華商與日商爭食這塊大餅，還有許多不同的「香蕉輸入組合」加入戰局，外銷價格時而為賣方市場（臺方決定）、時而為買方市場（日方決定），也引發回扣金、報價、套匯、逃稅等等亂象，還驚動雙方政府出面解決，可見事情背後的利益複雜，但也影響臺蕉對日輸出的競爭力與穩定性，而當時中南美香蕉已悄悄地開始滲透日本市場了，我們卻忽略這個競爭者。

　　好景不常，在 1969 年爆發「金碗金盤案」，地檢署將高雄青果合作社理事主席吳振瑞起訴，指控他以合作社成立 20 周年紀念為由，打造金盤、金碗、金杯，分送給理事會成員、政府官員與來往廠商，涉嫌貪污、背信、圖利。轉眼間，吳振瑞從「蕉神」被打為「蕉蟲」鋃鐺入獄，也中斷了臺蕉與日本的關係及外銷命脈，加上臺蕉接連遭逢黃葉病及國外競爭，使得臺灣香蕉產業快速萎縮，產量與外銷量一年不如一年，從 1967 年的最高外銷量 38 萬 2,051 公噸，減少到 2022 年的 1,541 公噸，實在令人不勝唏噓。後來吳振瑞雖獲平反，但金蕉已不再了。

第五節　三罐王的外銷興衰

　　1960 年代是罐頭加工產品蓬勃發展的年代，鳳梨、洋菇與蘆筍，並稱為「三罐王」，因為都曾經是世界之冠。

一、鳳梨罐頭

（一）鳳梨罐頭的復興與沒落

　　臺灣光復後，百廢待舉、百業待興，要發展經濟但缺乏資金，政府為爭取外匯以建設經濟，於是從過去有外銷歷史的農作物著手，鳳梨罐頭即為政府力求復興的產業之一。戰後初期雖有外匯管制，但政府為鼓勵產品外銷，讓出口廠商用較好的匯率賣結匯證，因而使食品工廠在各地紛紛設立，爭取加入鳳梨罐頭製造的行列。同時，臺灣糖業公司及臺灣鳳梨公司也配合政府開發東部政策，分別在臺東縣與花蓮縣新設鳳梨加工廠，鳳梨生產於是在臺灣遍地開花結果，呈現蓬勃發展景象。

　　臺灣鳳梨公司的前身為日治時期的「臺灣合同鳳梨株式會社」，在戰後曾改名為「大鳳興農株式會社」，之後由臺灣省政府農林處（後改為臺灣省政府農林廳）將各地接收的農產業公司合併成立「臺灣省農林股份有限公司」，下轄「茶葉分公司」、「鳳梨分公司」、「水產分公司」與「畜牧分公司」，再於 1955 年將其中的「鳳梨分公司」獨立成立「臺灣鳳梨股份有限公司」，1982 年再更名為「臺鳳股份有限公司」。

　　臺灣鳳梨產業在 1971 年達到巔峰，種植面積達 17,202 公頃，外銷鳳梨罐頭達 410 萬箱，為世界之冠，外銷金額 2,200 萬美元，對國家外匯收入及農村經濟繁榮貢獻卓著。

　　不過，在 1970 年之後，工業化加速成長，農業報酬相對偏低，農村勞力開始出現缺工問題，鳳梨罐頭外銷市場又面臨其他熱帶國家如泰國、菲律賓、馬來西亞與非洲象牙海岸的競爭，我國鳳梨種植面積在

1976 年起，即明顯減少，從原先還有 1.6 萬公頃驟降至 1.3 萬公頃，並
且再持續減少至 1983 年的 4,837 公頃，短短 7 年間有如跳崖式雪崩，
整個產業幾乎走入歷史。

圖 3-6.　歷年來鳳梨種植面積變化
資料來源：農業統計年報

（二）外銷轉內銷、罐頭轉鮮食

　　但是產業發展在一念之間，要生存就要轉型或升級。過去鳳梨被定
位為加工原料，並製成罐頭外銷，但是否可以鮮食並轉為內銷？產品型
態及市場的改變，關鍵在於品種是否能改良成符合消費者需求。

　　當時「開英種」（俗稱土鳳梨）纖維粗且偏酸，不適合直接鮮食，
因此，農業試驗所嘉義分所於 1975 年起，重新投入鳳梨品種改良工作，
利用雜交育種及株系選拔等方法，進行鳳梨新品種選育，陸續推出許多
鮮食用鳳梨如臺農 4 號、6 號、11 號、13 號、16 號、17 號、18 號、19 號、
20 號、21 號及 22 號等品種，鳳梨種植面積才由谷底持續回升；也就
是說，鳳梨產業的定位已由外銷轉為內銷，產品型態也從加工罐頭變為
鮮食。產業重新定位之後，生產也翻身，在 2022 年全臺種植面積已達

11,232 公頃。目前產地主要在南部的屏東縣及臺南市，但彰化縣已不復當年風光，面積僅有 250 公頃（2%）。

（三）從鳳梨罐頭到鳳梨酥

不過，鳳梨加工除了罐頭之外，仍有其他出路，「鳳梨酥」的復興，也是最好的例子。「鳳梨酥」以前其實是冬瓜餡料的「旺來酥」，後來餡料改用土鳳梨，並將大餅外皮改為西點式派皮小餅，即為現在一般所看到的「土鳳梨酥」。一樣是用「開英種」的鳳梨，以前是用來做罐頭，現在則用來做鳳梨酥，並打出「日出」、「微熱山丘」、「旺萊山」等品牌，都是善用其濃郁香氣、粗纖維及酸度，故近年契作面積逐年增加，也是鳳梨產業的成功轉型，而且鳳梨酥也成為以另一種產品形式外銷，2022 年外銷金額高達 2 億美元，再創鳳梨外銷的另一高峰。

（四）彰化鳳梨

現在大家較常聽到「關廟鳳梨」，但其實早期彰化縣是鳳梨的主要產地。1951 年全臺種植面積 5,010 公頃，其中在彰化縣即有 2,305 公頃（46%），在八卦山滿山遍野均種滿許多的鳳梨。八卦山為土層深厚的砂質壤土、土質 pH 值介於 4.5 ～ 6.0 微酸性、日照充足、排水良好，但灌溉不易，環境特性剛好適合耐旱性的鳳梨種植，所以從日治時期開

鳳梨品種各具特色

基本上，鳳梨可分為「在來種」、「開英種」、「改良種」。目前多數所鮮食的大多是「改良種」，包括臺農 4 號（剝皮鳳梨、釋迦鳳梨）、臺農 6 號（蘋果鳳梨）、臺農 11 號（香水鳳梨）、臺農 13 號（冬蜜鳳梨、甘蔗鳳梨）、臺農 16 號（甜蜜蜜鳳梨）、臺農 17 號（金鑽鳳梨）、臺農 18 號（金桂花鳳梨）、臺農 19 號（蜜寶鳳梨）、臺農 20 號（牛奶鳳梨）、臺農 21 號（黃金鳳梨）、臺農 22 號（蜜香鳳梨）等，其中以臺農 17 號為最大宗，也是目前外銷主力品種。

始，彰化縣就是臺灣鳳梨的主要產地，「北員林、南鳳山」是為兩大產區的寫照。彰化市有個臺鳳里、臺鳳社區（之前應是臺鳳公司的農場），而彰化火車站後站還有一處面積 7 公頃多的臺鳳工廠，處處可以連結到過去彰化與鳳梨之間的關係。

二、洋菇罐頭

（一）洋菇與稻草

　　除了鳳梨罐頭之外，洋菇（臺語稱松茸，或茸仔）也是重要的外銷農產品之一。因為種植洋菇需要介質，在二期作水稻收割之後的稻草就是最好的介質來源，經過堆肥發酵做成的基質（菇床），在秋冬較低溫的季節與秋收後剩餘的農村勞力，就是栽培洋菇的最佳條件組合。1951年農試所研究人員從美國引進洋菇菌種，在國內栽培成功之後開始推廣，因此，秋冬季節許多農村家家戶戶都搭一個簡易型的傳統菇寮，在菇床上灑上菌種，在菌絲及菇體生長之後，生長期約 30 ～ 40 天即可採收。後來也培育出耐濕熱的洋菇品種，可擴大栽培面積從中北部至南部。

（二）洋菇養大的小孩

　　洋菇是全世界種植最多及接受度最高的菇類，生產技術門檻不高，加工成洋菇罐頭之後外銷歐美，具有發展潛力。因此，在 1960 年代臺灣農村勞力充沛、工資便宜，農家又勤奮，許多農家子弟都必須在半夜起床幫忙一顆顆地採菇、切除蒂頭之後才上學。加工廠收購的價格相當好，每公斤大約 20 ～ 30 元（1960 年代的教師薪水每月大約 800 元，而一坪可生產 10 公斤洋菇，只要四坪大的菇寮，就不亞於教師的薪水），大家一窩蜂搶種，許多人也笑稱是「洋菇養大的小孩」。

（三）洋菇王國

1958 年洋菇罐頭試銷國外 68 標準箱成功之後，從此開啟了我國另一個農產品外銷的黃金歲月。1961 年開始實施計畫產銷，並在 1963 年成立「臺灣洋菇罐頭廠聯合出口公司」，統一對外銷售。在 1965 年快速成長到 160 萬箱，成為世界上外銷洋菇罐頭最多的國家，甚至在 1976 年達 420 萬箱，估計產量近 9 萬公噸，占全世界 12%，「洋菇王國」的美譽當之無愧。

洋菇產業從無到有，從有到稱霸全世界，成長如此快速，世上少見。從 1960 年代，每年平均賺進 2,500 萬美元外匯，占總出口值 3.62%；到 1970 年代，平均已能賺進 7,000 萬美元外匯，外銷金額甚至略高於香蕉，也遠高於鳳梨罐頭，可見創造的經濟效益宏大。

當時在 1966 年，臺鳳公司為配合洋菇罐頭增產計畫，也先後在彰化、員林擴建工廠。1970 年代，彰化縣竹塘鄉是全臺產量第一的地方，全盛時期全鄉約有 400 間傳統菇寮。洋菇種植面積在 1965 年至 1979 年間，大多維持在 1,000 公頃以上，1 公頃有 3,025 坪，即相當於 300 萬坪的菇寮，生產驚人。

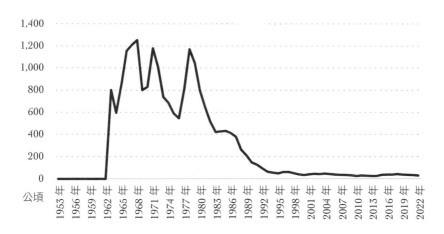

圖 3-7. 歷年來洋菇種植面積變化

資料來源：農業統計年報

（四）外銷轉內銷

但在 1980 年代之後，洋菇產業也急遽衰退，目前僅為 33 公頃（10 萬坪），但彰化縣仍是最大產區，占有三分之一的面積。而不再有洋菇罐頭外銷的原因，是因 1978 年中國大陸與歐洲簽訂貿易協定，歐洲不再發給臺灣洋菇罐頭輸入許可證，以及 1980 年美國進一步提高臺灣洋菇的進口關稅，加上臺灣內部的工資節節上漲及農村缺工，如此內外部問題導致洋菇產業的沒落；1987 年又有新臺幣大幅升值，就成為壓垮洋菇產業的最後一根稻草，「臺灣洋菇罐頭廠聯合出口公司」也就在 1990 年解散了。

目前除有些傳統菇寮仍勉強維生之外，但也有現代化空調環控菇舍興起，擴大規模，建立智能系統掌握場內溫度、濕度及冷氣變化，以生產鮮食洋菇供應內銷，成為目前洋菇產業的定位。

三、蘆筍罐頭

（一）蘆筍的崛起

蘆筍是歐洲普遍的食材，可分為綠蘆筍與白蘆筍。白蘆筍因都埋在土裡，沒有光合作用才會變成白色，但因口感鮮嫩、採收較為困難，白蘆筍的價格較貴，也是頂級食材。歐洲因氣候關係，產期短，產量有限，不敷市場需求，所以需要從國外進口白蘆筍。

在日治時期，總督府也曾想要推廣蘆筍生產，但因品種與栽培技術無法突破而功敗垂成。戰後，政府除努力恢復稻米、砂糖產量之外，當稻米已達戰前最高水準之後，還要發展農產品外銷以爭取外匯來建設經濟，因此鳳梨、洋菇及蘆筍，都在這一致性的施政思維下推廣出來。

　　1955 年，「臺北區農業改良場」自美國引進品種觀察試驗，並在 1956 年於彰化縣伸港鄉試種，再製作為蘆筍罐頭試銷成功之後，政府於是在 1960 年起在各地推廣栽培，1965 年因開發「留母莖栽培技術」，種植面積即由 1964 年的 270 公頃，暴增到 9,533 公頃，國產蘆筍才真正進入量產及外銷。

圖 3-8.　歷年來蘆筍種植面積變化
資料來源：農業統計年報

（二）蘆筍王國

　　在 1966 年至 1985 年期間，臺灣蘆筍種植面積大多維持在 1 萬公頃以上，1975 年栽培面積最高峰時，曾達 17,636 公頃，生產原料加工再製罐外銷，為當時世界最大的蘆筍罐頭外銷國，也可稱為「蘆筍王國」，1978 年外銷金額達近 1.2 億美元。如此之高的外銷金額，放眼當今，也僅次於蝴蝶蘭的 1.65 億美元，遠遠高於其他農產品外銷，但其實也與蘆筍罐頭為加工食品有關。

　　因此，蘆筍罐頭、鳳梨罐頭與洋菇罐頭鼎足而立，是「三罐王」

的美好年代。此與在 1970 年代，我國少棒、青少棒、青棒常常在同年榮獲世界棒球錦標賽冠軍，媒體常以「三冠王」稱之，同享美名。

（三）津津蘆筍汁

蘆筍在採收之後，因為外皮容易纖維化，所以在製成罐頭之前要先削皮，蘆筍皮就加工榨汁成為蘆筍汁罐頭內銷。由於彰化縣是蘆筍的主要產地，因此設在大村鄉的津津食品工廠也就成為生產蘆筍汁的品牌印象，「津津蘆筍汁」包裝上身著比基尼泳裝的金髮女郎，標榜清涼消暑，是許多人在當時民風保守下的吸睛回憶。

（四）蘆筍由白轉綠

我國蘆筍產業在 1985 年之後，因為新臺幣急遽升值及工資上漲而快速衰退，種植面積在 1990 年即已減少至 3,221 公頃，2006 年之後甚至不到 1,000 公頃。與過去多維持在 10,000 公頃以上，產業規模明顯萎縮。現在蘆筍已不再外銷，反而還要從國外（主要是泰國）進口蘆筍，而且生食蘆筍已不是白蘆筍，而是綠蘆筍，因為綠蘆筍的風味佳與營養成分高，於是受到消費者青睞。目前在 2022 年的種植面積 570 公頃，其中有 217 公頃（38%）在彰化縣，彰化縣一直以來都是我國蘆筍的主要種植地區。

第六節　農業對國家經濟的貢獻與地位消長

一、四大貢獻

在臺灣經濟發展過程中，由前述上可知農業部門做出許多貢獻，以幫助國家經濟順利起飛，這些貢獻可歸納如下：

1. 生產貢獻：增產糧食，滿足軍需民食，穩定糧價也安定社會，讓經濟可以在安定的基礎上發展。

2. 資本貢獻：米糖經濟為主的農業，也積極發展農產品外銷，更進一步以鳳梨罐頭、洋菇罐頭及蘆筍罐頭外銷賺取外匯，以及農民所得提高之後再以儲蓄方式，提供資金給工業部門作為購買機器設備及原料之需。

3. 勞動貢獻：農村擁有充沛勞動，剛好可提供在經濟發展初期的勞動密集產業之勞動需求，所以勞動從農村向工廠流動。

4. 市場貢獻：農民所得隨著產量增加而提高，購買力增強，用來購買工業產品，可支持工業部門的發展。

農業部門的貢獻，也包括農民的犧牲奉獻，例如政府壓抑糧價，並以較低價格強迫「肥料換穀」、「隨賦徵購」，以培養工業發展與安定民生，許多政策措施都是強迫式的將農業資源提供給非農業部門使用，這些政策措施可稱為「掠奪性政策」（predatory policies）。

臺灣農業在 1945 年至 1960 年代末期的 20 多年間，的確讓臺灣經濟在戰後短期內站起來，並且經濟結構脫胎換骨，讓工業部門轉骨成大人，達成「以農業培養工業」的階段性任務，功不可沒。

這段期間也是臺灣農業的第二次黃金歲月（1953 ～ 1968 年），第一次是在日治時期的 1920 年至 1940 年，主要是糖米經濟的蓬勃發展。

二、農工部門的相對表現

　　時間可證明農工部門在經濟發展過程中的相對表現，在五期四年經濟建設計畫的 20 年間，因為產業特性關係，工業部門的成長速度高於農業部門。雖然經濟發展初期，整體經濟以農業為主，但工業部門後來居上，工業部門的產值在 1962 年起即超越農業部門，而且自此之後加速成長，真有起飛的氣勢，而農業雖仍維持一貫成長速度，但已欲振乏力了。農業成長率平均為 5%，相對低於整體經濟成長率的 9%。

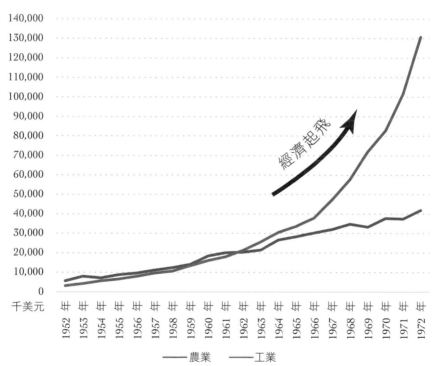

圖 3-9.　歷年來臺灣農工部門產值
資料來源：行政院主計總處

表 3-2　前五期四年經建計畫之農業與整體經濟成長率

期別	期間（年）	農業成長率	經濟成長率
第一期四年經建計畫	1953～1956	5.88%	8.24%
第二期四年經建計畫	1957～1960	4.38%	7.26%
第三期四年經建計畫	1961～1964	5.42%	8.94%
第四期四年經建計畫	1965～1968	6.25%	9.75%
第五期四年經建計畫	1969～1972	3.27%	11.22%
平均	1953～1972	5.04%	9.08%

資料來源：行政院主計總處

三、農產貿易表現

在本階段，農產品出口依然表現亮眼，在 1952 年農產品出口值 1.1 億美元，占整體出口值高達 95%。但農產品出口值占比隨著工業製成品

圖 3-10. 歷年來臺灣農產品進出口金額

資料來源：農業統計要覽

外銷而逐年下降，到 1972 年時已降至 21%。基本上，在 1953 ～ 1972
年期間，農產品貿易仍維持貿易順差局面，在 1953 年農產貿易順差 0.98
億美元，而整體貿易尚處於逆差狀態，貿易逆差金額為 1.65 億美元，
突顯農產品外銷賺取外匯的重要性。農產品貿易曾在 1964 年創下最高
貿易順差紀錄，達 1.46 億美元，但之後即使減少，在 1972 年仍有 0.53
億美元的貿易順差。

四、農家與非農家所得差距擴大

　　由於農業不斷努力增產，農民所得也一直在提高，平均每戶農家所
得在 1966 年為 32,320 元，與非農家所得 34,080 元相去不遠，但因產
業特性，農業報酬還是相對偏低且成長較慢，到了 1971 年的農家所得
為 40,858 元，而非農家所得已躍升到 51,629 元，農家所得只有非農家
的 79%。在 1966 年時，農家所得中仍有 66% 來自農業所得，但短短 5
年之後，1971 年的農業所得已降低至農家所得的 45%，意謂著非農業
所得已成為農家所得的主要來源。農家人口去工廠上班或當臨時工，都
是貼補農家的重要經濟來源。

　　農業報酬的偏低及農業成長緩慢，已出現農家與非農家所得差距擴
大的現象，並影響農民繼續從農的意願，埋下日後農業發展的隱憂。

第四章　近代臺灣農業發展與彰化：成熟期

　　農業生產畢竟有極限，農業報酬不穩定也偏低，當臺灣經濟持續走向工業化發展時，農業成長即顯得相對落後，而且當農業的土地、勞動及資金等資源不斷流向工業部門時，農業發展的危機也就逐漸隱現。

　　在「農為國本」的基本國策之下，政府對於農業的態度也由掠奪轉向補償，並強調支持農民所得，希望能將勞動留在農業部門，讓農業繼續維持成長。但這階段的農業已是強弩之末，農業是否能不斷提供糧食？不免開始有點令人緊張了。

第一節　第三階段：成熟期（1973 ～ 1991 年）

　　農業政策依屬性可分為發展性政策（developmental policies）與補償性政策（compensated policies），發展性政策是追求技術效率以提高產量；而補償性政策則是補償農民所得，以維持農業繼續生產。由於農業生產主要以土地與勞動投入為主，其報酬較工業生產以資本投入為主的報酬為低，所以在經濟發展過程中，逐漸出現農家與非農家所得差距擴大的現象；同時，在農家所得中，來自非農業所得的比重也逐漸提高，農村勞動也持續從農業部門流失，在在顯示農業生產與發展終將面臨瓶頸。

　　在本階段，臺灣農業發展進入第三階段的成熟期（1973 ～ 1991年），在政策上也需要對農業重新定位，也就是從之前「以農業培養工業」，以工業為主的發展性政策，轉變為「支持農業」，以農業生存與發展為主要考量的補償性政策。

一、農業出現負成長

　　臺灣農業在努力增產之後，本身也出現衰退的警訊，1969 年（民國 58 年）是農業成長的轉捩點，農業生產出現 1950 年中期以來的負成長（-1.19%），在農漁牧中又以農作物生產的衰退最為嚴重（-4.32%），稻米產量在持續增產之後，糙米年產量也跌破 250 萬公噸，是年的農業就業人口 172.6 萬人，在全部就業人口中的占比也跌破 40%。

二、農業占 GDP 比重降低

　　國內生產毛額（Gross Domestic Product, GDP）是代表一個國家在農業、工業及服務業生產各種產品與服務的總產值，也是衡量一個國家經濟成長與國民所得的依據。在 1960 年代之前，我國主要靠農業來創造產值及提高國民所得，但隨著工商業的相對發達，農業在 GDP 的比重也顯著降低。在 1951 年有 32.42%，但到了 1972 年已降到 12.98%，農業產值雖有提高，但遠不如工業產值的快速成長。

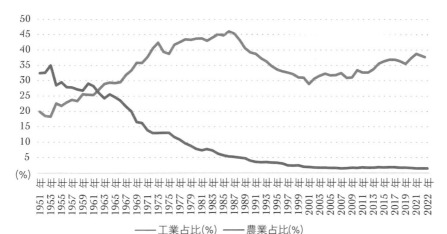

圖 4-1. 歷年來農業與工業 GDP 比重之變化
資料來源：行政院主計總處

　　農業在 GDP 的比重及金額在 1960 年代末期都已不到工業的一半，顯示農業在經濟發展的地位已快速下降。農業占 GDP 的比重持續下降，甚至在 2022 年只有 1.41%，不得不說農業的黃金時代已成過去了。雖然農業相對重要性降低，但是依然絕對重要，除非我們都不要吃東西！

三、農業成長趨緩

　　一般而言，「產品生命周期」（Product Life Cycle, PLC）有四個階段：導入期、成長期、成熟期、衰退期。導入期是新的產品尚未為市場所認識，消費者也存有疑慮而觀望，故產量較少，但經由推廣使用之後，市場接受度提高，需求即會帶動生產，使得產品的產量快速成長，此為成長期階段；在普遍使用之後，需求漸趨飽和與穩定，產品生產即會進入成熟期，成長不像之前快速，但若沒有其他產品替代，產品生產也會處於穩定狀態；等到有其他新的產品出現或消費條件改變時，產品生產才會出現衰退的趨勢。

　　如果將「產品生命周期」的概念，應用在農業成長的過程，似乎也呈現類似趨勢，如圖 4–2 所示。在 1953 ～ 1972 年的成長期，因為農業生產水平較低，加上技術進步與土地改革政策，使得農業生產快速成長，平均成長率達 5.04%；但從 1960 年代末期農業成長開始放慢，1973 ～ 1991 年的平均成長率降為 2.95%，可說是進入產業的成熟期。成熟期也意謂著技術效率相對低於成長期，產業的技術及生產結構趨於穩定，除非在政策或技術有所突破，否則不易因內在因素而自發性的成長。

註 1：基期年為 2021 年 =100

註 2：R²=0.9882，表示紅趨勢線符合實際生產的變化情形，若完全符合，則 R²=1。

圖 4-2.　歷年來農業生產指數之變化

資料來源：農業統計要覽

表 4-1　各階段農業成長之變化

階段	期間（年）	農業	農作物	林產	漁產	畜產
成長期	1953 ～ 1972	5.04%	3.43%	5.25%	8.97%	7.57%
成熟期	1973 ～ 1991	2.95%	0.22%	－ 7.79%	4.19%	7.09%
停滯期	1992 ～ 2001	－ 0.02%	－ 0.80%	－ 5.60%	0.14%	0.91%
轉型期	2002 ～ 2015	－ 0.97%	－ 0.40%	－ 5.59%	－ 2.06%	－ 0.77%
永續期	2016 ～	－ 0.13%	－ 0.37%	－ 0.90%	－ 2.46%	1.70%

資料來源：農業統計要覽

四、農產品出現貿易逆差

　　臺灣農業過去有兩次的黃金歲月（1920～1940年、1953～1968年），而且都跟農產品外銷賺取外匯有關，不只改善農家經濟，也對國家經濟有所貢獻。但是好景不再，到了本階段，臺灣農業要開始面對愈來愈多國外進口的競爭，由於進口金額較出口金額增加且更快，所以在1974年開始出現貿易逆差2.67億美元，而且逆差金額不斷擴大，1991年竟然達到25億美元。

　　國外進口愈來愈多，表示國外農產品價格較我國便宜，也突顯我國農產品的競爭力不足，當然在出口方面的成長也開始相對緩慢了。這是臺灣農業發展所面對來自國外的挑戰與競爭，不再只是我國單方面對外的出口而已。

　　在1991年進口的63億元中，大宗穀物黃豆、小麥及玉米（簡稱黃小玉）即有13億元，我國產量很少，幾乎都依賴從國外進口黃小玉。這是很奇怪的現象，因為國內有稻米生產過剩的問題，卻存在著黃小玉嚴重生產不足的現象。如果能將種植水稻的稻田改種黃小玉，不是就兩

▲臺中穀倉
臺中港一號和三號碼頭存放大宗穀物之倉筒
圖片來源：作者拍攝

全其美了嗎？！同樣是糧食作物，但是生產稻米有保證價格收購，所以
生產黃小玉也要有保證價格收購才可以，而且在扣掉成本之後的利潤要
高於水稻，農民才有可能願意改種，但這又涉及農民對於黃小玉耕種技
術、經驗及機械化程度的相關問題，實際上也不容易改種。因此，在這
階段就存在著水稻與黃小玉之間的種植拔河，還有水稻與休耕之間種植
與否的拔河，不論是轉作或休耕，其目的就是希望減少稻米生產。

　　另外，在出口部分，現在似乎是缺乏明星產品，以前的明星產品包
括茶葉、稻米、砂糖、鳳梨罐頭、洋菇罐頭、蘆筍罐頭（三罐王），但
接下來就後繼無人了，這也是值得思考的問題。農產品要賣得比其他國
家還便宜才有出口機會嗎？要便宜，就要成本低，但是我國農業規模夠
大嗎？而且工資又逐漸上升，如何壓低成本？但若無法賣得便宜，別人
為何會買我國的農產品？例如品種的特殊性（如烏龍茶、蓬萊米）、品
質的優越感（如鳳梨品種及品質不斷改良），甚至建立品牌的認同度（如
Formosa Oolong tea），也就是「品種、品質、品牌」的「三品」應是
要考量的發展策略。

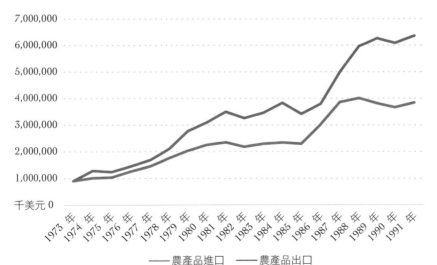

圖 4-3. 歷年來臺灣農產品進出口金額
資料來源：農業統計要覽

五、政府開始重視農民所得

由於農業生產對於糧食安全與社會安定有高度的重要性，特別是稻米產量在持續增產之後也出現減產，所以引發政府的重視，之後即陸續推出支持農業發展的相關政策。

例如：政府在 1969 年 11 月 21 日首度特別針對農業，公布「農業政策檢討綱要」，也在 1970 年通過「現階段農村建設綱領」，但更具劃時代意義的是，1972 年 9 月 27 日當時的行政院長蔣經國先生，在臺灣省農業建設座談會中的講話，指示推動「加強農村建設新措施」（即「加速農村建設重要措施」）。

重要措施有九項，包括：(1) 廢除肥料換穀制度；(2) 取消田賦附徵教育費；(3) 放寬農貸條件；(4) 改革農產運銷制度；(5) 加強農村公共投資；(6) 加速推廣綜合技術栽培；(7) 倡導農業生產專業區；(8) 加強農業試驗研究所與推廣工作；(9) 鼓勵農村地區設立工廠。其中，廢除「肥料換穀」、以市價「隨賦徵購」，以及取消田賦附徵教育費，改以公平合理方式對待農民，具有政策態度轉變與政策屬性改變的涵義。

此外，政府也在 1973 年 9 月 3 日公布《農業發展條例》，具有農業基本法的位階，對於農業發展具有指導作用，包括農地、生產、運銷、農民福利、農村建設，以及農業研究推廣等，即涵蓋農業、農民與農村的「三農」概念。《農業發展條例》的第一條，即開宗明義指出立法的四大目的：「為加速農業現代化，促進農業生產，增加農民所得，提高農民生活水準。」此亦為後續農業政策推動的目標。其中，「增加農民所得」為首度出現的政策目標，應該也是有史以來對於農民所得的重視，有別於過去只強調增產、外銷或壓抑糧價。這也反映農民所得相對偏低的事實及問題嚴重性，若沒有受到政策上的重視及支持，農業就有可能如同一般產業沒落，則國家發展的根基與社會安定的基石將陷入泥沙之中。

第二節　實施補償性政策

一、展開稻穀保價收購制度

　　因緣際會，「增加農民所得」是在國際發生石油危機、糧食危機，以及國內稻米減產的情形下具體實現。因為在 1973 年 10 月爆發中東戰爭，造成第一次石油危機，國際油價暴漲，加上當時全球農業生產，因氣候異常及災害頻仍，全球糧食減產供不應求，在生產成本上升與產量遽減的雙重推力下，國際米價即大幅跳漲。而國內稻米已逐年減產至 225 萬公噸，且政府所掌握的稻穀數量又只有產量的 9.36%，較以前減少甚多。

　　因此，政府決定從 1974 年第一期起，實施「稻穀保證價格收購制度」，以高於市場價格並內含 2 成利潤的保證價格向農民收購稻穀。於是農民的生產意願馬上被激發，在 1974 年的產量即提高到 245 萬公噸，且持續增加到 1976 年 271 萬公噸的歷史上最高產量紀錄，政府因此所

圖 4-4. 歷年來臺灣稻米產量（糙米）

資料來源：農業統計年報。

收購的數量也大為提高到 73 萬公噸，占產量的 21%，可以充實公糧庫
存，確保糧食安全無虞。

　　「稻穀保證價格收購制度」具有多重的影響，正面而言，可以直接
提高農民所得、充實政府安全存糧，以及穩定糧價；但也造成一些後遺
症，諸如生產過剩、政府收購支出不斷增加、政府公糧倉滿為患，導致
後來必須在 1984 年起開始推動「稻田休耕及轉作政策」。

二、農業補貼已成為普遍的政策措施

　　「增加農民所得」後來一直都是農業政策強調的目標。「加速農村
建設重要措施」在 1979 年計畫執行期滿之後，後續計畫仍延續補償政
策精神，例如：「提高農民所得加強農村建設方案」（1980～1982 年）、
「加強基層建設提高農民所得方案」（1983～1985 年）、「改善農業
結構提高農民所得方案」（1986～1991 年）。

　　在「增加農民所得」的政策方向之下，農業補貼已成為普遍的政
策措施，具體表現在農產價格支持與生產資材補貼，在 WTO 統稱為
「境內支持措施」（domestic support measures），並據以計算政府
總共花多少錢補貼農業，此需列入削減之「總支持措施」（Aggregate

▲載運濕穀到農會乾燥中心烘乾
　圖片來源：作者拍攝

▲繳交公糧留樣一公斤作為農藥殘留檢驗
　圖片來源：作者拍攝

Measurement of Support, AMS）。在農產價格支持方面，包括對稻米、蔗糖、菸草實施保證價格收購，玉米、大豆、高粱採價差補貼，對夏季蔬菜、畜產與漁產設置價格安定基金，對部分外銷或加工用農產品訂定契約收購價格，以增加及確保農民所得；在生產資材補貼方面，對部分生產資材如肥料、農業機械、農業用電、漁業用油給予補貼，以降低農業生產成本及減輕農民負擔。

　　農產價格支持與資材補貼，對提高農民所得與降低成本具有一定效果，但亦造成政府愈來愈沉重的財政負擔，而且在民主政治之下，成為民意代表競相要求加價的籌碼；另外，因保證價格或補貼，造成市場機能扭曲，具有鼓勵生產的作用，使之不會面對真實的價格與成本來進行生產調整，妨礙資源的有效配置，並影響國產與進口產品的競爭，難怪之後在 WTO 農業談判中，即成為要求削減或維持補貼的攻防議題。

三、不得不實施稻田休耕及轉作

　　1974 年開始實施的「稻穀保證價格收購制度」，使得稻米產量暴增，政府收購數量及收購支出也不斷增加，顯然保證價格用力過頭了。但是政府在「提高農民所得」的政策目標下，並不是取消或調降保證價格，反而是再拿一筆錢來鼓勵農民不要種植水稻，只要休耕或改種其他作物也是可以領到一筆錢，也就是「休耕補貼」或「轉作獎勵」，所以形成有點矛盾的現象，那就是種植水稻可以獲得保證價格收購，不種植水稻也可以獲得補貼或獎勵，種或不種水稻都有補貼的意思。

　　由於「稻穀保證價格收購制度」，具有政府掌握公糧，以確保糧食安全及穩定米價的重要意義，而且又是「提高農民所得」的代表性政策，不是單純地可以取消或廢止，即使造成政府財務負擔加重、農業資源利用無效率、作物結構過度傾向稻米等等問題，仍只好再用其他辦法來減少水稻種植面積。

　　因此，政府從 1984 年起，不得不開始實施「稻米生產及稻田轉作計畫」，為期六年，而且之後再以其他計畫名稱繼續實施至今，但不論是「稻米生產及稻田轉作計畫」（1984 ～ 1991 年）、「稻米生產及稻田轉作後續計畫」（1992 ～ 1997 年）、「水旱田利用調整計畫」（1998 ～ 2001 年）、「水旱田利用調整後續計畫」（2001 ～ 2010 年）、「稻田多元化利用計畫」（2011 ～ 2012 年）、「調整耕作制度活化農地計畫」（2013 ～ 2017 年）、「對地綠色環境給付計畫」（2018 ～ 2021 年）、「綠色環境給付計畫」（2022 ～ 2025 年），基本上，都是圍繞在稻田的休耕與轉作。

　　剛開始「休耕補貼」是每期每公頃 3.4 萬元，若連續休耕，則一年可領兩期。後來隨著稻穀保證價格的不斷調高（每公斤從 10 元、11.5 元、12.5 元、14 元、17.6 元、18.8 元、19 元、21 元、23 元，節節上升到目前的 26 元），「休耕補貼」也隨之提高（每期每公頃從 3.4 萬元、4.1 萬元，一直提高至目前的 4.5 萬元）。目前稻穀保價收購與休耕補貼，已成為政府在農業補貼中，最具代表性的兩大支出。

　　由於稻田連續休耕可領補貼，引發社會非議，且為避免形成農地荒廢，政府已在 2013 年改為每年只能領一期，「休耕補貼」才明顯從 80 多億元的支出，降為 40 億元以下，而稻穀保價收購支出仍居高不下，超過 100 億元以上的支出。

四、啟動天然災害救助

　　提高所得不只要從支持價格、或補貼成本著手，也可以從避免所得損失的角度來考量。由於農業生產經常會遭受颱風、豪雨、低溫、乾旱等天然災害的損害，導致農民所得損失，農家經濟可能將陷入困頓無援狀態。針對這些風險，政府也注意到了，為使農民在災後可以迅速復耕、復建，並能維持生活，政府於是自 1989 年開始辦理農業天然災害紓困

貸款，並於 1990 年增修農業發展條例第 60 條規定：「農業生產因天然災害受損，政府得辦理現金救助、補助或低利貸款，以協助農民迅速恢復生產。天然災害發生後，中央主管機關得視農業損失嚴重程度，公告救助地區、農產品項目、生產設施及救助額度，以辦理現金救助及低利貸款。」行政院農業委員會（現為農業部）即依法於 1991 年訂頒《農業天然災害救助辦法》，據以執行前述救助業務，所需經費由設置農業天然災害救助基金支應之。

　　基本上，農漁民因天災所造成的損害程度超過兩成以上時，即可經由申請、現勘、審核等機制而獲得政府的現金救助，例如水稻每公頃 1.8 萬元、香蕉 8 萬元、短期葉菜類 2.9 萬元等等。這對於農民所得損失不無小補，但農民也經常為能獲得現金救助，抱怨勘災損害程度偏低未達兩成而未獲救助、或是救助金額太少、發放速度太慢等。因天災救助是定位在協助短期復耕，而非所得損失的完全補償，未能滿足農民的需求與期待，但也隱含實施農業保險有其必要性。

政府對農業補貼百百款

農民：老農津貼、農民健康保險、農民職災保險、農民退休儲金、農漁會子女就學獎助學金、免繳農業所得稅。

農產品：保證價格收購、價差給付、出口獎勵、轉作獎勵、有機驗證補助、友善耕作補助、天然災害救助、受進口損害救助、農業保險保費補助。

生產要素：肥料補貼、農機具補貼、設施農業補貼、農業貸款利息補貼、農業動力用電補貼、漁船用油補貼、農業環境基本給付、休耕給付、有機及友善環境耕作對地補貼。

第三節　農業發展現代化

一、農產運銷現代化

　　在「加速農村建設重要措施」中，也注意到改革農產運銷制度，內容包括加強農會辦理共同運銷（蔬菜、毛豬）、實施電宰業務、興建果菜批發市場及改善營運，以及興建零售市場及加強商販管理等，甚至在1974年於國立中興大學創立農產運銷學系，培育人才及專業。農產運銷（agricultural marketing），是農產品從產地到消費地的過程，包括集貨、分級、包裝、加工、運輸、儲藏、批發及零售等所有運銷活動。

　　傳統上，農民種菜收成之後，可能要挑菜沿街販賣、或用手推車、腳踏車、牛車載運到市集銷售、或直接賣給菜販等，既耗時又辛苦，而且經常被菜販壓低價格或被不肖「菜蟲」剝削，不公不義。所以政府在此時已注意到農產運銷的問題與陋習，希望透過各地批發市場的興建，讓農民與菜販有公開的交易機制，來保障農民的權益，並促進農產品的流通效率。因此，農產運銷現代化有助於農民所得及市場交易與物流。

　　有些市場因交易量不斷增加，原有場地因狹小老舊，影響蔬果卸貨、拍賣或議價、集運，常造成附近交通擁塞，所以各地即開始積極遷建或興建果菜批發市場，並重新改善交易制度，包括1974年成立「臺北農產運銷公司」，並受臺北市政府委託經營臺北市第一果菜批發市場、1975年臺北魚市場遷建至現址（今中央魚市場）、員林果菜市場在1976年遷入現址、溪湖果菜批發市場在1977年遷建至現址等，以及1981年開始興建彰化縣肉品市場，辦理毛豬屠宰及拍賣業務。目前在臺灣地區共有54處批發市場，包括48處果菜批發市場、5處花卉批發市場，以及1處綜合批發市場，分布在各縣市的產地或消費地。依2022年全臺蔬菜批發交易量117.52萬公噸而言，溪湖果菜市場交易量為僅次於西螺果菜市場之產地批發市場；青果批發交易量為62.48萬公噸。

全臺蔬菜產地集散地，主要為彰化縣的溪湖鎮、永靖鄉、雲林縣西螺鎮、高雄市路竹區，以及屏東縣九如鄉；而青果產地集散地主要為臺中市東勢區、臺南市新化區、高雄市燕巢區。至於在花卉批發市場部分，彰化縣、臺中市及南投縣為主要產區，約占花卉批發市場供貨量 62.5%，田尾花卉批發市場是唯一位在產地的批發市場，其他四個批發市場均在消費地（臺北、臺中、臺南、高雄）。

　　政府也在 1981 年公布《農產品市場交易法》，以確立農產品運銷秩序、調節供需，以及促進公平交易；更重要的是，價格資訊公開透明，防止市場壟斷。所以政府對於農業的規範及輔導，已不只局限於生產或及技術面，而是已重視到生產之後的銷售情形及市場供需穩定。

二、小農、農會與共同運銷

　　除市場硬體的遷建或興建之外，也開始建立「共同運銷制度」。由於蔬果生產者絕大多數都是小農，產量少，若無法直接零售，就是直接賣給販仔（販運商），或自行載運至市集交易，沒效率、成本又高。「共同運銷」就是透過農民團體（農會、合作社場）將小農的產量集合起來，

▲黃昏時在高速公路上的畜禽運銷
「雞仔車」載運雞隻到家禽市場電宰。
圖片來源：作者拍攝

▲黃昏時在高速公路上的畜禽運銷
「豬仔車」載運毛豬到肉品市場拍賣及屠宰。
圖片來源：作者拍攝

再由貨車運送至都市果菜批發市場拍賣，如此可提高議價力量、減輕運輸費用，以保障農民所得。目前果菜、花卉、毛豬均已建立共同運銷，其中以花卉共同運銷在市場交易量的比率最高（56%），其次依序為毛豬（49%）、蔬菜（43%）、水果（20%）。產品銷售通路愈多、進入批發市場交易的量就愈少，或是農民生產規模較大者，也可以自行運送，參與共同運銷的情形就較少。不過，對於大多數小農而言，還是相當需要共同運銷，而且農會也從共同運銷中收取代辦費，是許多農會的重要收入之一。

彰化縣共有 26 鄉鎮市，其中有 20 間農會辦理蔬菜共同運銷，2022 年共同運銷量達 3.6 萬公噸，交易金額高達 9.9 億元，經中華民國農會評定彰化縣為縣級第三名，其中埔頭鄉農會排名全國第三名、芳苑鄉農會、永靖鄉農會及福興鄉農會並列優良獎。

三、推廣農業機械化

農工部門在經濟發展過程中的相對落差，不只是農業與非農業所得的差距擴大，農業部門也面臨勞動缺乏的問題，1955 年引進耕耘機，是臺灣農業機械化發展的開始。政府是在 1970 年開始陸續實施「加速推行農業機械化方案」（1970 ～ 1973 年）、「加速推廣稻穀烘乾機計畫」（1975 ～ 1978 年）、「設置農業機械化基金促進農業全面機械化計畫」（1979 ～ 1982 年），並列入國家十二項重要建設。由政府逐年籌措 40 億元，設立「農業機械化基金」（1986 年已併入「農業發展基金」繼續運作），辦理農民購買農機貸款、農機補助、農機訓練、農機代耕、農機研究發展等，利用此基金，農民購買農機時，可享受低利長期貸款。若為新型農機亦可獲得補助，其補助標準為農機售價的 10 至 50%。配合農業機械化的推廣，也從 1973 年起輔導農民或農民組織設置「水稻育苗中心」（育苗場）。

　　推廣的結果，使臺灣稻作機械化程度大大提高，在亞洲僅次於日本。目前稻作從整地、插秧、施肥、噴藥、收穫、乾燥、礱穀、精米等生產及碾米作業流程，均可完全機械化及代耕，是所有農業經營機械化程度最高的產業，生產者只要一通電話即可到府服務，成為典型的「電話農業」。目前水稻栽培已形成育苗中心、代耕業者、糧商的產業鏈關係，利用一系列的大、小型農機，使得沒有農機設備的小農亦能享受到機械化的便利。

　　農業機械化的推廣，也大大改變早期水稻經營的印象，從水牛犁田、鐵牛打田、人工插秧及除草、人工割稻、曬穀、風鼓車，到耕耘機、曳引機（火犁仔）、稻秧機、自動噴霧機、聯合收穫機、乾燥中心等，近年來使用無人機（植保機）噴藥已愈來愈普遍了，甚至智慧農業也在推動中。

▲曳引機（俗稱火犁），是目前使用最廣泛的農地整地機械，可外掛各式作業機具如迴轉犁、板犁、圓盤型、築畦器、播種機、噴藥機、施肥機、牧草打包機等，因此能進行翻耕、鬆土、築畦、播種等作業。

照片來源：作者拍攝

第四節　農業經營結構的改變

一、農民兼業機會增加

在 1973 年開始實施的「加速農村建設重要措施」中，也鼓勵農村地區設立工廠，針對新設農產加工及需大量勞力的工廠，盡量鼓勵在原料供應方便及勞力充裕的農村地區設立，增加農民兼業機會，提高農民所得。

位在彰化縣福興鄉的福興工業區，以員林大排水與埔鹽鄉為界，即是配合政府政策，於 1974 年興建完成的農村工業區，吸引鄰近農村勞動到此工作，或以臨時工方式兼顧農業與非農業的生產，以提高農家所得。

當時，臺灣省政府主席謝東閔（彰化縣二水鄉人）即在 1972 年提倡「客廳即工廠」，充分運用家庭的剩餘勞力，提高家戶所得；也就是將代工的耶誕燈、鑰匙圈、棒球縫合、手工編織、成衣零件與半成品，從工廠拉進到家庭之中，大人及小孩一起「做手工」，做成半成品後再送回工廠去，論件計酬，賺取微薄的工資以貼補家用，全家圍繞在桌前有說有笑、或聽收音機、或婆婆媽媽王家長李家短的聊天，是令人難忘的回憶。當年全民充滿「拚經濟」的精神，臺灣經濟也就在此氣勢下也加速起飛，創造「經濟奇蹟」。

農民兼業機會增加，來自非農業部門的所得也逐漸提高，許多農家也就慢慢變為兼業農家了。由於農業報酬相對偏低，在經濟發展過程中，完全靠農業維生的「專業農戶」必然快速減少，依農業普查資料指出：1960 年全部農家約有 78 萬戶，其中「專業農戶」有 382,578 戶，在 1970 年已減少至 274,282 戶，而在 1980 年甚至減少到只有將近 8 萬戶（78,318 戶）；相對的，「兼業農戶」已由 1960 年的 40 萬戶（393,424 戶）增加至 1980 年的 80 萬戶（793,387 戶），可見 1970 ～ 80 年代的

農戶專兼業結構有相當的轉變。

　　農業長期發展仍需要靠「專業農戶」，但「專業農戶」如何在所得不亞於非農業部門的情形下，專心生產經營，就要先從擴大規模著手，這就是李登輝前總統在 1981 年就任臺灣省政府主席提出「八萬農業大軍」的想法；也就是以 8 萬「專業農戶」為核心農家，當時臺灣約有 80 萬公頃農地的情形下，透過委託經營或共同經營方式，將每戶農家的經營規模平均擴大到 10 公頃，就可以發揮規模經濟，降低生產成本並提高市場競爭力。

二、農地重劃

　　由於戰後的土地改革及「耕者有其田」的政策，讓許多農民都變成了自耕農，但也因耕作規模狹小，大多數農民也都成為小農，而且後來又因繼承分割，而使得每位農民耕作土地更小。1970 年平均每一農牧戶耕地面積為 0.83 公頃，1980 年已減少至 0.79 公頃。此外，早期農地多無完善公共設施（農路、水路）、田埂易坍塌又不平整、農地也呈不規則狀，影響耕作及農機具使用。因此，政府於 1958 年即開始「試辦農地重劃」，並從 1962 年正式推動「農地重劃」。

　　農地重劃是將指定區域內的農地重新規劃整理，建立標準坵塊，蓋農路、建水路，使每一坵塊直接臨路、有灌溉水路，同時將零碎不整農地透過交換分合予以集中，使農地成為規則的四方

▲農地重劃紀念碑
屏東縣萬丹鄉崙頂農地重劃區。
圖片來源：作者拍攝

形，以利農水路規劃、機械操作，並提高使用價值。在第一期（1962～1971 年）農地重劃區面積共有 256,164 公頃，扣除台糖土地、擴大都市計畫變更、工業區編定等，實際須辦理農水路更新改善的地區面積共約 180,000 公頃。之後持續辦理至 2005 年，共完成農地重劃 789 區，面積累計 390,516 公頃，約為所有耕地面積的 5 成均完成農地重劃。

三、農業生產組織的興起

在經濟發展過程中，由於工商業漸趨發達，農業勞動外流、農場面積狹小且分散，政府除持續推動農地重劃之外，也在 1982 年頒布「第二階段農地改革方案」（1983～1986 年），主要內容是提供購地貸款、加速辦理農地重劃、推行農業機械化，以及推行共同、委託及合作經營等方式來擴大農場經營規模。有別於「第一階段農地改革」（1949～1953 年）主要是農地所有權的重分配，「第二階段農地改革」則是針對農地使用權的整合，都是有助於農業生產。

在「第二階段農地改革方案」中，共同經營的具體實踐表現在產銷班及合作農場，委託經營在於解決勞力老化或地主離農而變成租賃或代耕，而合作經營則走上合作社經營模式。

為改變個別小農的經營模式，農業生產組織的觀念也從 1982 年開始出現，例如：農事研究班、共同經營班、合作農場、水稻綜合栽培、專業區集團班隊、八萬大軍專業研究班、農地利用綜合規劃班、農業產銷班等八類，由於農民要加入這些組織才能獲得政府補助與輔導，因此，當時在各地如火如荼的成立。

小農受限於規模，一群小農集合在一起構成農業生產組織，主要是為實踐擴大經營規模的想法，參與農民均有相同的作物（水稻、蔬菜、果樹、花卉、雜糧），栽培技術及經驗可以互相交流、因在購買種子、肥料及農藥等資材有共同需求、也可以一起僱工代耕以減輕負擔，甚至

所生產的產品也可以共同運銷、共同銷售，所以可以達到降低成本的規模經濟效益，以及提高市場議價力量。

　　但其實早在 1963 年就有產銷班，在農糧署的系統可查詢到彰化縣最早有 3 班，都是蔬菜產銷班，分別在溪湖鎮 1 班、埔鹽鄉 2 班。目前在產銷班涵蓋種類多元化，包括農作類（蔬菜、果樹、花卉、雜糧、稻米、特用作物、菇類）、畜牧類（毛豬、牛、鹿、羊、兔、肉雞、蛋雞、水禽、火雞、駝鳥）、漁業類、其他類（含休閒農業及養蜂），全臺農作類產銷班共有 5,160 班，畜牧類有 429 班，班員人數近 12 萬人；其中，在彰化縣的農作類產銷班有 414 班，畜牧類有 60 班。每班人數約在 20 位左右。

▲ 產銷班遍及每個地方，是最基層的農民組織

　金門第二位的百大青農陳玉嘉，在 2014 年成立金門唯一牧草產銷班，飼養 300 多頭肉牛，並且種植 17 公頃的牧草，也強調循環農業。用酒糟和牧草飼養肉牛，完全不需要進口飼料。

　照片來源：作者拍攝

第五節　農業發展多元化

一、推廣精緻農業

　　1984 年臺灣省政府主席邱創煥（彰化縣田尾鄉人）就任後提出推廣「精緻農業」構想，但「精緻農業」的定義或內涵並未明確，且有不同的解讀，但似乎是已注意到產品價格提升至產品價值的概念。精緻是相對於過去的粗糙而言，以前只重視產量多寡，現在也要強調品質好壞；或是過去只從生產者所得來看農業發展，也要換位為從消費者需求來重新探討農業生產。基本上，是為配合時代進步與社會需要，而希望在已有基礎上，再強化農業各種生產條件，包括農業機械化、農友知識化、經營現代化等觀念一再被討論。「精緻農業」這一名詞，後來也常被引用，甚至在 2009 年，農委會（今農業部）實施「精緻農業健康卓越方案」中，即分為三大主軸「健康農業」、「卓越農業」、「樂活農業」，可見「精緻農業」一詞並無標準定義。

　　在此階段，由於農業已不像過去快速成長，農業勞動的流失，以及農業所得的相對偏低，使得未來農業發展引發許多討論及各種嘗試，所謂「窮則變、變則通」，農業也在探尋種種出路及可能性。

二、觀光農園的新嘗試

　　有別於產品直接銷售方式，結合農業環境來達到間接銷售產品的目的，也是個值得嘗試的方式，也就是現在所謂的「情境行銷」。因為農業有生態環境景觀，可以作為觀光，也可以讓民眾來採水果，因此「觀光農園」的想法就應運而生。在這階段的觀光農園，初期直接以吸引遊客入園採果體驗，再採購離開果園，作為創造收入的方式。最普遍的就是草莓的觀光果園，入園採草莓、吃草莓不用錢，離開草莓園再依所採

購的草莓論斤計價，當時就盛行到大湖採草莓。不只是草莓，觀光果園還發展出更多種水果可採，還有採柑橘、柳丁、芭樂、番茄、金棗、金桔、桑椹、梨子、枇杷、柿子、葡萄、荔枝、蓮霧等等。自從 1983 年推行觀光農園示範計畫以來，普受民眾及農民的歡迎，觀光農園面積及所生產作物種類也持續增加。

　　同時，經營型態也在逐漸地改變，除了直接採果之外，也開始加強果園的環境維護，並賣門票折抵入園消費，以增加收入。後來還進一步發展出生態導覽解說（蛙鳴鳥叫、蝶飛鳳舞）、DIY 體驗樂趣（如擠牛乳、做果醬、植物染等），其實就是將一般的抓泥鰍、焢土窯、拔蘿蔔等活動商業化，都可以是創造收入的來源。

　　「觀光農園」是將產業中的一級生產與三級服務結合，從創造附加價值（value-added）中增加收入。後續再演變為產業化，而成為現在我們所通稱的「休閒農業」。彰化縣田尾公路花園（1973 年開始）及苗栗縣大湖觀光草莓園（1978 年開始），都是「觀光農園」的先驅者，也就是將農業產業與觀光休閒結合的一種方式。

　　在 1980 年代，農業與休閒的結合更加明顯，也愈往把休閒當作產業化的方向來經營，例如木柵推行觀光茶園計畫、宜蘭縣香格里拉休閒農場、彰化縣農會東勢林場、臺南縣農會走馬瀨農場，北中南代表性的休閒農業都是在此時期出現，並逐漸受到政府的重視，但主要仍以管理為主要切入點。

　　彰化縣農會經營在臺中市

▲彰化縣農會張建豐總幹事關心農地的適地適種和整體規劃，期待中央一條鞭的農地規範與農作物規劃，並結合各鄉鎮農會共同行銷彰化農業。
照片來源：作者拍攝

的東勢林場，是少有跨縣市營運的農會，原因是以前在日治時期的彰化縣、南投縣、臺中縣同屬於臺中州，東勢林場即由臺中州農業組合所經營。直到 1950 年彰化縣和南投縣從臺中州獨立出來，原有的東勢林場也被一分為三，其中，彰化縣農會分配到 225 公頃。早期以造林、育林、伐木的林業經濟為主，後來慢慢轉型為重視水土保持、國林保安，不砍伐之後也接觸休閒農業，並以森林遊樂區事業為經營定位。再發展出露營、小木屋、會議活動、渡假、體能訓練區、汽車露營區、森林浴步道，還有碳酸氫鈉溫泉。

　　一年四季都有不同的生態與花期，其中最有名的就是螢火蟲，在每年的 4 ～ 10 月都可以賞螢，擁有七大賞螢區，數量高達 30 餘萬隻，堪稱全臺最大的螢火蟲園區，主要以黑翅螢為主。東勢林場致力於棲地營造和生態保育，不噴灑除草劑和農藥，以免影響螢火蟲的環境。

▲東勢林場有名的螢火蟲
東勢林場在每年的 4 ～ 10 月都可以賞螢，擁有七大賞螢區，數量高達 30 餘萬隻，堪稱全臺最大的螢火蟲園區。
照片來源：東勢林場提供

第六節　農民反應與政府回應

一、520 農民運動

　　由於國外農產品進口愈來愈多，以及工商業的快速發展，已使許多農民開始感到不安。許多農民面對農業報酬偏低，又沒有能力或年紀關係可以到非農業部門工作，簡直是坐困愁城，雖坐擁農地，在「農地農有農用」的政策要求之下，農地無法作為其他用途使用，也等於是限制許多機會的發展。農地變成特定生產要素（specific factor），這也是造成農業所得與非農業所得擴大差距，或所得分配惡化的重要原因。

　　尤其是當 1988 年春季，政府決定擴大開放美國農產品進口的數量與種類時，更引起大多數農民的質疑和恐慌，而導致在 5 月 20 日發生著名的農民運動，通稱「520 農民運動」或「520 事件」。

　　其實，這場農民運動的背景與外在的政經環境有關，因為我國經濟快速發展，不斷創造貿易順差、累積大量外匯存底，但因美國也同時出現貿易赤字不斷攀升的問題，於是在 1986 年開始對我國施壓，要求新臺幣升值及擴大從美國的產品進口，以改善其貿易赤字。剛好我國也在

▲520 農民運動 30 週年回顧紀念座談（2018 年 5 月 19 日）
時任農委會副主委的陳吉仲參加 520 農民運動 30 週年回顧紀念座談
圖片來源：作者拍攝

1987 年政府宣布政治解嚴，從此人民的權利受到重視與保障，過去的集會、結社及言論被管制的情形通通解除，從此許多團體開始走上街頭要求改善勞工待遇、重視環境保護，以及抗議種種政治不公不義的事情。

因此，當政府決定擴大開放美國農產品進口的時候，農民群起激憤，當然也就走上街頭抗議，並提出「全面辦理農民及農眷保險、肥料自由買賣、農地自由買賣、增加稻米保證價格與收購面積、廢止農會總幹事遴選、廢止農田水利會會長遴選、成立農業部」等七項訴求。不幸的是，原先和平抗爭的訴求，卻演變成流血衝突，警方與農民激戰二十幾個小時，130 多名農民、學生、路人被捕、96 人被移送法辦。這是繼 1925年「二林蔗農事件」之後，再度發生的大規模農民運動，當年是抗議糖廠的不公和剝削，這次是抗議政府開放農產品進口，為維持國家經濟成長而犧牲農業。

重點是抗議有效，隔年 1989 年的稻穀收購價格也由每公斤 18.8 元調高為 19 元，但主要是在收購數量的增加，例如計畫收購由不分期別的每公頃 970 公斤增加為一期 1,600 公斤、二期 1,200 公斤。1989 年7 月 1 日也開始施行「農民健康保險條例」（簡稱農保），自耕農、佃農、雇農，以及自耕農與佃農配偶等四種身份均納為投保對象。保險費的分擔比例為政府補助 70%，被保險人負擔 30%，並涵蓋生育、傷害、疾病、殘廢及死亡等五種保險事故，分別給予現金給付與醫療給付。農保的實施，是政府有別於生產所得支持之外的福利措施，也希望農民在生活上受到更多的照顧。

還有其他訴求要等多年之後，才陸續實現，包括在 2000 年《農業發展條例》三讀修正，開放非農民自由買賣農地，農地政策從「農地農有農用」變成「農地農用」，一些財團及民眾開始進來炒作農地，或蓋豪華農舍、工廠，導致農地亂象層出不窮；在 2003 年實施肥料市場自由化，將肥料統籌配銷改為自由買賣，農民可向農會、青果社、肥料商等購置肥料，肥料價格亦由市場機制決定；在 2018 年立法院三讀修正

通過《農田水利會組織通則》，廢除水利會改選，並在 2020 年將農田水利會改制為公務機關，配合成立農田水利署，原有各地水利會即為農田水利署轄下之各地管理處；以及在 2023 年配合行政院組織改造，將農業委員會改制為農業部。

二、農家所得明顯提高

在此階段，由於政府開始大量運用補貼政策，尤其是以稻穀保價收購政策最具代表性，因此農業所得立即明顯提高。本來在 1972 年時，每戶農業所得為 2 萬元，增加緩慢，且在農家所得中所占比重 42% 已出現下跌，但隨著取消肥料換穀、改革農產運銷，以及實施稻穀保價收購政策之後，1974 年的每戶農業所得竟然跳升到 4 萬元，在農家所得的比重也提高到 48%，可見政府採取農民所得支持政策對於農業所得的直接幫助甚大。

不過，政府的財力畢竟有限，也不宜就讓農民養成依賴補貼的心態，而且工商業部門快速成長，使得農家所得中有愈來愈多的所得來自非農業所得。到了 1978 年，每戶農業所得似乎停滯不前，僅 4.1 萬元，且在農家所得占比竟急遽下跌到 29%，可以想像農業部門的發展危機並沒有解除，甚至有可能在工商業快速發達的過程中被湮沒。但政府在補貼政策的思維中，所能做的大概就是再繼續提高收購稻穀的保證價格、也提供其他糧食作物的價格支持，並補貼肥料及農機具。稻穀收購價格已由原來的每公斤 10 元，從 1978 年開始每年都調高收購價格到 11.5 元、12.5 元、14.5 元、17.6 元，持續調高到 1982 年的 18.8 元。短短 5 年調高的幅度達 63%，相當驚人，而每戶農業所得的確再增加到 7.3 萬元；換言之，在 1972 年到 1982 年期間，每戶農業所得從 2 萬元幾乎翻兩番了，但農業所得在農家所得的占比仍只有 28%，非農業所得仍然快速增加。即使政府努力支持農民所得，但農家所得仍落後於非農家所得，

只有非農家所得的 79%。

　　當農家所得持續低於非農家所得,而且農業所得也不是農家所得的主要來源時,農民將離開田地,到外面找工作,而且對於農業將也不會再投資,這絕對不是臺灣農業發展之福。農業所得偏低的根本原因,就是「小農」,因為耕地規模太小,無法降低成本,也限制農業機械化的發展,所以才有在 1982 年推動的「第二階段農地改革」,想要透過共同經營或委託經營方式來擴大規模、提高所得。但推動成果似乎無法立竿見影。到本階段末的 1991 年每戶農業所得雖增加到 12 萬元,但在農家所得的占比持續下降至 21%,農家所得相對於非農家所得只有 78%。

　　在本階段,農業所得、農家所得、非農家所得均有重大變化與成長,但農業所得偏低的事實已愈來愈明顯,臺灣已由傳統的農業社會,轉變為工商業社會,農業部門相對落後,這對未來的農業發展構成相當大的挑戰,也考驗著政府對於支持農業的態度與決心。

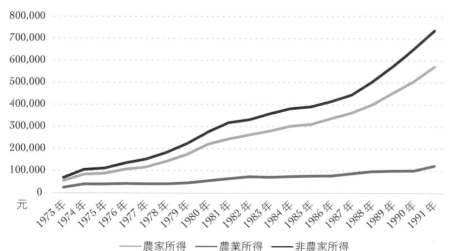

圖 4-5. 歷年來農業所得、農家所得、非農家所得之水準
資料來源：行政院主計總處,家庭收支調查報告。

第五章
近代臺灣農業發展與彰化：停滯期與轉型期

　　農業發展所面臨的形勢已愈來愈嚴峻，外有 WTO 要求的市場開放、消除貿易障礙與削減境內補貼的壓力，內有農地零碎、勞動老化及產業結構僵化等問題，在內外交迫之下，農業如何維持生存，已成為最基本的考驗，如何從產值轉變為價值的追求，也是農業持續發展所要突破之處，本章即對此的停滯與轉型有所探討及觀察。

第一節　第四階段：停滯期（1992 ～ 2001 年）

　　臺灣農業已出現外部競爭與內部生產的問題，也面臨規模過小、勞動流失、資本不足的結構問題，這些問題在進入 1990 年代之後更加嚴重。尤其是政府在 1990 年決定要申請加入關稅及貿易總協定（General Agreement on Tariffs and Trade, GATT），在貿易自由化的要求下，我國農業將面對更直接的外來衝擊，1988 年的「520 事件」還只是前菜，加入 GATT 之後，臺灣農業會不會被「哽到」（臺語音似 GATT）或「咬到」（臺語音似 GATT）？許多農民不禁憂心忡忡。

　　在此階段（1992 ～ 2001 年），從 1990 年申請加入 GATT 到最後 2002 年成為世界貿易組織（World Trade Organization, WTO）一員的這段期間，臺灣農業部門始終存在著焦慮感，「進無步、退無路」，所以農業生產處於膠著停滯狀態，農業平均成長率為 –0.02%。

一、GATT 農業談判

　　臺灣經濟發展需要靠對外貿易，貿易是發展經濟的引擎，尤其要靠工業產品在外銷市場的開拓，賺取更多外匯來提高國民所得；此外，因為國際現實政治的考量，臺灣缺乏參與國際組織的機會，若不能藉由參

與 GATT 的機會，來爭取更多的外銷市場及與各國對話，臺灣將面臨其他國家的高關稅與貿易障礙，而漸漸失卻國際競爭力及經濟持續成長。因此，申請加入 GATT 是勢在必行的國家政策，農業部門當然也要配合開放進口，就某種程度而言，農業部門又是再一次地配合工業部門與國家發展而犧牲，以開放農產品進口，來換取工業產品的持續出口。

　　臺灣農業是小農，成本高，無法與國外低成本、低價格來競爭，即使政府於 1992 年開始推動「全面動員降低農業產銷成本計畫」，針對稻米、玉米、柑橘、草蝦、鰻魚、牛乳及毛豬等七項產業進行團隊輔導與技術整合，來降低產銷成本。但是因規模無法有效擴大，也無法以規模化來支持資本密集取代勞動密集的生產方式，所以能降低的產銷成本仍相當有限。

　　因此，要保護農業的生存與發展，還是要回到談判桌，與各國諮商爭取如何避免農產品的進口衝擊，也就是關稅調降幅度要小一點、關稅調降時程要久一點、市場開放的門要窄一點，而且要與同樣強調要保護農業的小農國家站在相同立場，呼籲農業具有多功能（multi-functionality），不能完全依工業觀點，以價格的高低來選擇國內生產或從國外進口。因為農業的存在，可以維護環境生態、提供綠色田園景觀、涵養水源，以及減緩溫室氣體、調節微氣候等，所以要讓農業繼續生產才能達到多功能的目的。

　　GATT 第八回合的烏拉圭回合（Uruguay Round）談判從 1986 年至 1993 年，其中最具爭議的即是農業議題。攻防展開激烈論戰，耗時 7 年終於勉強達成《農業協定》（Agreement on Agriculture），農業協定的開宗明義即指出：「貿易自由化應顧及糧食安全、環境保護與鄉村發展之非貿易關切事項（Non-Trade Concerns）」，承認農業有別於工業生產的特性，不能完全以成本高低來決定生產與否，但仍在該協定中要求各國在一定期限內調降關稅、削減境內支持，以及取消出口補貼。當時我國雖尚未通過入會申請，但已很清楚農業未來的規範，在雙邊與

多邊入會經貿諮商的過程中，也要表現願意遵守 GATT 規範的意願，因此農業配合貿易自由化已是大勢所趨，但我國做好準備了嗎？農業的轉型與升級，就成為改造農業的重點方向。

烏拉圭回合談判結束後，為解決日益增加的貿易糾紛，並監督各國遵守各個協定的情形，1995 年即在瑞士日內瓦設置常設機構：世界貿易組織（WTO），我國也終於在 2002 年 1 月 1 日加入，成為第 144 個會員，會員名稱是「臺灣、澎湖、金門、馬祖個別關稅領域」（the Separate Customs Territory of Taiwan, Penghu, Kinmen and Matsu，簡稱 Chinese Taipei 中華臺北），從此展開在開放的國際市場中，追求農業發展的新里程碑。

二、設置農產品受進口損害救助基金

政府在申請加入 GATT 時，便考慮到農業部門可能遭受國外進口的衝擊，為安定農民，1990 年修正《農業發展條例》第五十二條為：「農產品或其加工品因進口對國內農業有損害之虞或已造成損害時，中央主管機關應與中央有關主管機關會商對策，並應設置救助基金，對有損害之虞或已造成損害者，採取調整產業或防範措施或予以補助、救濟。」故依法即成立「農產品受進口損害救助基金」（簡稱農損基金），惟具體的基金規模直到加入 WTO 之後的 2003 年才明定為 1,000 億元。

農損基金是針對農產品進口有造成損害或有損害之虞時，才啟動相關的申請、調查、查核、審議等程序，曾在 1997 年讓桃竹苗三縣茶葉受進口損害情形予以救助。

在 1990 年，也同時修正《農業發展條例第》五十三條為：「為因應未來農業之經營，政府應設置一千五百億元之農業發展基金，以增進農民福利及農業發展。」也就是將原本已在 1983 年已設置的農業發展基金（簡稱農發基金）明定基金規模為 1,500 億元。

上述兩大基金，都表明了政府支持農業發展的具體行動，也成為日後農業相關補貼的主要經費來源。

三、農業政策改革的國際浪潮

WTO 於 1995 年成立，並從 1996 年起各會員開始執行烏拉圭回合的《農業協定》，許多國家在 WTO 的規範之下，也開始進行農業政策改革，不是只有臺灣面臨既有政策及傳統思維的改變，全世界也已掀起農業政策改革的浪潮，臺灣當然不可能置身度外。

例如：日本在 1995 年新訂《糧食法》取代《糧食管理法》以來，糧食管理制度進入計畫流通階段，並在 10 年後過渡到完全自由流通時代，即確立以市場為基礎的稻米價格形成機制。日本政府逐漸放棄農產品由政府訂價，轉而主要依靠收入補償，以緩解價格下降對農業生產的衝擊。日本自從 1998 年廢除稻穀收購價格支持之後，在米價長期下跌當中，所進行各種政策改革的直接給付方式，均是為補償價格或收入的變動，稱之為「攤平」措施（Narashi）。

直接給付（direct payment）從 1990 年代起，為主要國家農業政策的思維，目的是為擺脫傳統上以價格支持為補貼的方式，避免干擾市場運作。歐盟共同農業政策（Common Agricultural Policy, CAP）的方向，早在 1992 年就開始轉變，大量削減價格補貼，並開始實施直接給付取代價格支持。直接給付方案成為 CAP 支出的最主要部分，主要政策目標為支持及穩定農民所得。歐盟共同農業政策由兩大政策支柱所構成，一為直接給付，另一為鄉村發展，分別占預算的 7 成與 3 成；其中，鄉村發展強調生態環境保護。不過，這兩大政策支柱並非彼此無關，歐盟強調獲得直接給付的農業生產，必須要符合鄉村發展的要求，這就是所謂的「交互遵守」

▲WTO 標誌
圖片來源：WTO 官網

（cross compliance）的精神；也就是說，農民在從事農業生產也必須有義務去維護環境生態，才能獲得直接給付。

　　韓國在 WTO 會員屬性為開發中國家，改革較不急切，但在 2000 年之後也啟動農業政策改革，包括 2001 年開始實施農業保險，而且也朝直接給付方向前進，例如在 2005 年廢除稻穀保價收購並改為實施稻米所得直接給付措施，也於 2012 年實施旱作所得支持直接給付；此外，早在 1990 年實施擴大農場規模計畫，而與農地租賃與農地買賣信託等相關計畫，亦於 2005 年及 2006 年即開始實施。

四、提倡「三生一體」 的概念

　　為因應貿易自由化，加速整體產業結構調整，政府於是自 1992 年開始實施「農業綜合調整方案」（1992 年至 1997 年 6 月），揭示「生產、生活、生態」的「三生」政策方向；1996 年頒布「農業政策白皮書」，也在「三生一體」的觀念下，提出「提高農業經營效率，強化國產品市場競爭力」、「加強農村建設，增進農民福祉」、「維護環境資源，促進生態和諧」的長期農業施政目標，及以科技、經濟、環境、國際導向的長期農業發展方向；接續並推動「跨世紀農業建設方案」（1997 年 7

從 WTO 到 FTA

世界貿易組織（WTO）主要在推動貿易自由化，要求所有會員持續削減關稅及打開市場。但在 2001 年底啟動新回合談判之後，卻遲遲無法達成最終協議，於是各國紛紛拉幫結派，興起區域性自由貿易協議（Free Trade Agreement, FTA），包括跨太平洋夥伴全面進步協定（Comprehensive and Progressive Agreement for Trans-Pacific Partnership, CPTPP）、區域全面經濟夥伴協定（Regional Comprehensive Economic Partnership, RCEP），但臺灣都不是這些主要 FTA 的成員之一，這將壓縮臺灣在國際經貿發展的空間。

月至 2000 年），而不再只是停留在農業產業面的思維。

　　「農業綜合調整方案」的施政重點，包括：(1) 調整產業結構，提昇國產品市場競爭力；(2) 改善農村生活品質，增進農民福利；(3) 維護生態環境，確保農業資源永續利用。

　　而「跨世紀農業建設方案」施政重點，包括：(1) 產業以提升產品競爭力為主，兼顧資源永續利用；(2) 農村建設注重整體性規劃，兼顧生態環境維護；(3) 農民福祉除增加收益，亦透過福利安全制度保障其生活安定。

　　從「三農」（農業、農民、農村）到「三生」（生產、生活、生態），代表著農業內涵豐富且影響廣泛。過去大都只是將農業視為一種產業，而單純地從產業的角度來認識及規劃策略，而忽略了農業在其他方面的功能及特性。所以在此階段的轉型期，也剛好提供可以再重新省思與根本定位。所謂轉型期，也不一定只出現在本階段，因為轉型是逐漸而連續的過程，只是在本階段因內外部環境變化，而更加深轉型的想法；此外，轉型，也意謂著農業有不同的呈現型態及發展方向可以選擇，這就是農業有趣的地方，充滿了許多變化與無限可能。

　　就某種涵蓋層面而言，「三農」與「三生」也非完全各自獨立，若再將彼此融合，即為「農業生產、農民生活、農村生態」的概念；其中，農業生產仍為農業的基本功能，提供糧食，以維持人類的生存；而農民生活與農業生產有關，農民生活好壞是支持農業生產的關鍵，但專業農與兼業農在生活與生產的相關程度可能有所不同，或者更廣義而言，生活是關係到全民的生活而非只有農民生活，是要靠全民生活來共同支持農業生產；另外，農村生態所代表的是環境生態，而非僅局限於傳統的農村建設，而隨著農村沒落，農村文化延續以及農村發展也開始受到關注，「社區總體營造」的觀念也在 1994 年被提出，即是形成後來推動「農村再生」或「地方創生」的開端。

第二節　口蹄疫重創毛豬產業

傳統農村經常可見家家戶戶多有豬舍，養幾頭豬，平時可吃剩菜剩飯，或煮豬母奶菜（又名馬齒莧）及農作副產物（米糠、番薯簽）餵豬，養豬可利用剩餘勞力，豬糞尿可作成堆肥改良土壤，是屬於家庭副業式養豬，遇有喜慶即殺豬宴客。家庭副業式養豬也是一種儲蓄方式，可協助改善農村經濟，有多少農村子弟，都是靠著家中的毛豬，才有辦法繳學雜費註冊。

一直到 1953 年由台糖公司開始企業化經營，包括成立種畜場、繁殖場及肥豬場，目的即為了有效利用製糖副產物養豬，並生產廄肥，以改善蔗園地力。

1958 年政府合併畜產試驗研究單位，成立畜產試驗所，積極進行毛豬育種試驗研究，主要以選育及雜交（二品種、三品種、四品種）為主。1963 年，政府進一步推動「綜合性養豬計畫」，參加此計畫的農戶，最少須自養 1 頭母豬與 10 隻肉豬，由政府指導人工授精、飼養管理、疾病防治等技術，並使用混合飼料；等到小豬養大之後，再運到家畜市場販售，進一步改善民間養豬事業生產模式，奠定產業發展根基。之後，在 1968 年正式確立 LYD 三品種雜交（藍瑞斯（L）、約克夏（Y）及杜洛克（D）），三品種豬隻的育種模式，並由畜試所提供技術支援，以及農會普設人工授精站，從此奠定我國養豬產業基礎，部分養豬戶也由原先的家庭副業形態轉為專業經營模式，惟整體仍以家庭副業為主，1970年在養頭數有 307 萬頭，養豬戶有 54 萬戶，平均每戶飼養 5.7 頭。

但為改善農村經濟，不能單靠農作物生產，在 1972 年政府更進一步規劃 162 處「養豬業農漁牧綜合經營專業區」，藉由豬糞尿與農耕或魚類養殖結合的方式，形成循環經濟，也解決豬糞尿問題。但是隨著養豬規模擴大，農耕或養殖的規模相對較小，無法容納超量的豬糞尿，使得綜合性經營方式無法繼續推廣。此外，當飼養毛豬走向企業化經營時，

傳統廚餘所能提供數量有限，而改以混合飼料（玉米、豆粉）飼養，也增加對於飼料穀物的需求，以提高飼養效率。

隨著專業養豬戶規模的擴大，配合國人對於肉類消費的提高，早期的養豬政策定位為自給自足，但有時仍可能面臨生產過剩而使豬價下跌情形。因此，政府於 1980 年提出「毛豬產銷調節方案」，強調以內銷為主、外銷為輔；也就是當國內有發生豬價下跌的時候，才放寬可以外銷，而且對於飼養 5,000 頭以上的大養豬戶也規定只能外銷，以免影響國內價格的穩定。

在 1980 年代，我國豬肉的外銷出現轉機，例如：1982 年丹麥因發生豬隻口蹄疫，而使日本改向我國進口；1986 年日幣升值及荷蘭也發生非洲豬瘟，使得我國豬肉外銷藉機擴增；但在 1988 年我國出口至日本的豬肉被驗出含有磺胺劑而被限制出口。不過，從 1990 年起，我國豬肉外銷至日本的數量即持續增加，從 1989 年的 11 萬公噸，持續增加到 1996 年的 27 萬公噸，外銷金額亦從 5 億美元增加到近 16 億美元。此時毛豬的養頭數已增加到 1,069 萬頭，養豬戶僅剩下 25,357 戶，平均每戶飼養規模 523 頭，已較過去明顯擴大。在戰後，毛豬隻一直是僅次於稻米的主要農產品，而從 1986 年起，毛豬產值已超越稻米，最高年產值曾達到新臺幣 886 億元，為農林漁牧業之冠，占整體農業產值的 2 成，可見對於農村經濟的貢獻甚大。

然而好景不常，1997 年 3 月 20 日政府正式宣布臺灣爆發豬隻口蹄疫，當天下午豬價立即從每百公斤 4,000 元，腰斬到 2,000 元。口蹄疫疫情大約在 5 個月後趨緩，總共撲殺全臺近 4 成豬隻（385 萬隻豬），豬價最低跌至每百公斤 1,600 元，整個毛豬產業慘不忍睹，豬肉外銷立刻從雲端摔到谷底。整體產業的經濟損失高達 1,700 多億元，更喪失豬肉外銷市場。

1997 年的口蹄疫事件，是臺灣毛豬產業發展的轉捩點，本來在 1990 年代的豬肉外銷快速成長，卻因爆發口蹄疫嘎然而止；但是

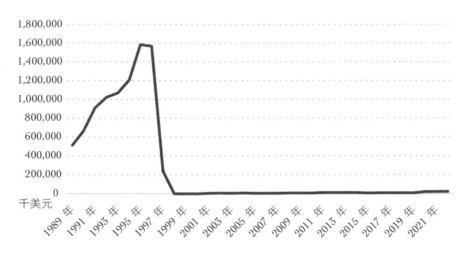

圖 5-1.　歷年來我國豬肉外銷金額
資料來源：農產貿易統計要覽

禍不單行，我國為加入 WTO 而被要求在 1998 年以付頭期款（down payment）等方式，先進口美國的腹脅肉與雜碎，為我國首度開放豬肉進口。並在 2005 年全面開放進口，可以想見毛豬產業所受的出口受挫，同時又遭進口衝擊的困境，而又在 2021 年開放萊豬（含有萊克多巴胺的美豬）進口。不過，危機也是轉機，政府適時推動「離牧計畫」，輔導不具經濟規模及產業競爭力的養豬戶，不要再繼續養豬，據統計共有 5,070 戶養豬戶完成離牧，而且在 1998 年通過《畜牧法》，要求建立畜牧場登記，以便管理輔導，並要求設置廢污處理設備，以符合環保規範。

　　2023 年 5 月飼養頭數 524 萬頭已較 1996 年最高峰的 1,070 萬頭不可同日而語。養豬戶 5,893 戶，平均每戶飼養規模 890 頭，但飼養頭數在 500 頭以下者，仍有一半的養豬戶。2022 年國產豬供應屠體重有 80 萬公噸，進口 9 萬公噸，豬肉自給率 90%，產業回到從前以自給自足的發展定位。

　　雖然在 2020 年 6 月 16 日世界動物衛生組織（OIE）認定我國臺灣本島、澎湖及馬祖為不施打疫苗口蹄疫非疫區；理論上，我國應可以恢

復過去外銷日本豬肉的榮景，但是當今環保意識受到重視，豬舍要擴建或畜牧場新建談何容易，而且我國生產成本不低、屠體評級交易拍賣與屠體部位分切、加工、冷鏈倉儲等現代化運銷有待推動，在國際上仍將面臨美國、加拿大、丹麥、西班牙等競爭，因此，我國豬肉恢復外銷談何容易，惟目的為何，則有必要先釐清才是。

口蹄疫大事記

● 1997 年 3 月
» 臺灣爆發口蹄疫疫情

● 2003 年 5 月
» 臺灣（含臺澎金馬）獲認定為「施打疫苗之口蹄疫非疫國」

● 2009 年
» 第一次嘗試拔針，全面停止施打疫苗，但宣告失敗

● 2013 年 5 月
» 臺中豬場出現最後 1 例豬口蹄疫

● 2015 年
» 金門牛發生 2 例 A 型口蹄疫

● 2017 年 5 月
» 臺灣、澎湖、馬祖獲世界動物衛生組織（OIE）認定施打疫苗非疫區

● 2018 年 5 月
» 金門獲 OIE 認定施打疫苗非疫區

● 2018 年 7 月
» 臺、澎、馬地區偶蹄類動物停止施打口蹄疫疫苗

● 2019 年 7 月
» 臺灣口蹄疫拔針（不施打疫苗）滿 1 年，農委會向 OIE 申請成為口蹄疫不施打疫苗非疫區

● 2020 年 6 月
» OIE 認定我國臺灣本島、澎湖及馬祖為不施打疫苗口蹄疫非疫區。

資料來源：農業部

第三節　第五階段：轉型期（2002 ～ 2015 年）

一、追求產值成長

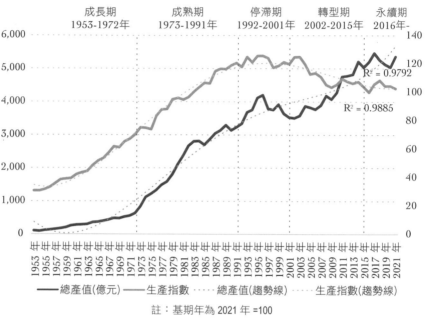

註：基期年為 2021 年 =100

圖 5-2. 歷年來農業生產指數與農業總產值之關係變化

資料來源：農業統計要覽

　　本階段（2002 ～ 2015 年）主要是因為臺灣終於加入 WTO，但農業平均成長率已降為 –0.97%，在生產負成長的情形下，產值卻正成長。產量與產值之間的關係，發生結構性改變，故稱之為轉型期。

　　政府於本階段推動的計畫，主要有：「邁進二十一世紀農業新方案」（2001 ～ 2004 年）及「新農業運動」（2006 年），並於 2008 年起以「健康、效率、永續經營」為施政方針，推行「小地主大佃農計畫」（2009 年）、「精緻農業健康卓越方案」（2009 年），以及六大新興產業（2008 ～ 2012 年）。其中，農業部門在六大新興產業被定位為精緻農業，此處「精緻農業」一詞繼 1984 年後又被再重新提起，並認為精

緻農業是引導農業從生產朝向生活產業發展，以增進民眾飲食健康、維護產業永續經營及保障農民福祉，並為子孫留下美好的生態與家園為目標。農委會（今農業部）在 2009 年更明確定義精緻農業為：「高品質農業，亦即資本技術密集、品質優良、符合衛生安全要求、具市場潛力，又能兼顧維護生態環境之農業。」可知「精緻農業」並無標準化的定義，可寬可窄，但基本上大家都同意要從以往重量改為重質的方向，從「生產者為本」改為「消費者為主」，也要考慮到生產與生態的關係。重點是產量雖然下降，但產值仍然可以提高。

二、擴大價值來源

由於農業生產呈停滯狀態，大家絞盡腦汁、集思廣義之後，也慢慢摸索一些值得發展的方向。基本的思維，就是「重質不重量」，不再強調「農業產量」的持續增加，而是「農業產值」的實際增長；在過去是產量與產值同步增加，不過，在此階段已出現產量減少而產值仍然增加的現象。

由於在先前的停滯期，已重新定位農業具有「三生一體」的特性，使得農業的發展有許多的可能性，例如：將一級的生產，與二級的加工及三級的服務結合，使農業成為「六級化產業」，1+2+3=6，1×2×3=6，也就是一級、二級、三級結合之後，可以使農業發揮「相加相乘」的效果。很多人特別強調相乘的概念，因為若沒有一級的生產，則 0×2×3=0，沒有農業，其餘免談！也有人致力於品種研發、或品質差異化、或建立品牌、或改變運銷通路等，以提高價格、增進產值。

蘇嘉全（2006）曾指出：若將一、二、三級產業與農業相關的產值合計，將達 1.3 兆元，占 GDP 13％，遠大於國民所得統計的 1.8％；如果以綠色國民所得帳（Green GDP）來計算，將環境生態價值列入，則農業價值更將超過其產值。

三、擺脫保價收購的稻米產銷專業區

　　從稻穀到白米再變成米飯的每一環節，都可發展出許多不同的品種、品質及品牌，讓小包裝米多元化，就是最典型的例子，產量減少而產值卻增加。

　　因為開放稻米進口，對我國稻米產業與整個農業部門衝擊甚大，為有效區隔進口與國產稻米，突顯產地及品牌特色，政府因此積極進行稻米結構調整工作；其中，以 2005 年開始實施的「稻米產銷專業區」計畫最具代表性。政府就輔導優良稻米產區中，將具有行銷能力的農民團體或糧商，結合轄區內稻農、育苗業者及加工碾製業者等，建置「稻米產銷專業區」（今名稱已改為「稻米產銷契作集團產區」），以擴大稻米產業經營規模，集團產區所收穫的稻米不能繳交公糧，但由營運主體依品種分級加價收購，以提高稻農收益；同時，集團產區產銷一體的營運機制及品牌化營運模式行銷，可突顯產地及品牌特色，期望建構具內外銷競爭力的稻米產銷體系。實施迄今，目前已有 3 萬公頃稻田參與專區，約占所有稻作面積的九分之一。市面上小包裝米的品牌琳瑯滿目，價格多元化，已不再停留於傳統散裝米每公斤約 40 ～ 50 元的價格，而是每公斤 80 ～ 200 元的小包裝價格，比比皆是，有些還強調是友善或有機的耕作方式呢。

　　彰化縣是臺灣重要的糧倉，水稻種植面積及產量居全臺之冠，在重質不重量的觀念趨勢之下，2005 年起也開始參與「稻米產銷專業區」。目前營運主體包括彰化縣田中鎮農會（田中鎮、溪州鄉、社頭鄉、北斗鎮、二水鄉、田尾鄉 430 公頃的田穗米、彰農米、正新米、建新米品牌）、宏元米廠（福興鄉、埔鹽鄉、鹿港鎮、秀水鄉 710 公頃，以「松」字商標精選長糯白米及圓糯白米）、米屋智農股份有限公司（二林鎮、竹塘鄉、埤頭鄉、北斗鎮、溪州鄉 1,320 公頃的米屋、大橋牌品牌）、三光米股份有限公司（二水鄉 50 公頃的臺稉九號）、億東企業股份有限公司

（竹塘產區 1,200 公頃的三好米品牌）、聯米企業股份有限公司（埤頭鄉、田尾鄉、二林鎮 565 公頃的中興米、中興穀堡品牌）、晉昇碾米工廠（埤頭鄉 50 公頃）、彰化縣竹塘鄉農會（竹塘鄉 468 公頃的竹塘米品牌）等，是改變彰化農業的方式之一。

四、從觀光農園到休閒農業

我國休閒農業的蓬勃發展源自 2000 年的修法，在《農業發展條例》第三條增列「休閒農業」，係指「利用田園景觀、自然生態及環境資源，結合農林漁牧生產、農業經營活動、農村文化及農家生活，提供國民休閒，增進國民對農業及農村之體驗為目的之農業經營。」顯示政府對休閒農業的地位已提升到法律位階，也將過去的「觀光農園」正名為「休閒農業」，並有相關的《休閒農業輔導管理辦法》，放寬申請休閒農場的面積到 0.5 公頃的規定，從此奠定休閒農業在本階段蓬勃發展的基礎。

2002 年交通部觀光局也適時發布《民宿管理辦法》，更擴大休閒農業發展的空間，全臺休閒農場數激增至 2003 年 1,021 場，甚至於 2005 年已突破 2,000 場以上。

休閒農業的特性介於生產與休閒兩端之間，不是只專注農林漁牧的生產，也不是只從事一般觀光休閒旅遊業，而是結合農業資源、自然資源及文化資源，提供農業生產及農村生活的體驗。因此，所發展出來的休閒農業型態多元化，例如觀光農園、市民農園、教育農園、休閒農場、森林遊樂、娛樂漁業、農村民宿等。休閒農業亦由簡單的觀光農園，發展到綜合性的休閒農場、休閒農業區，由點而面，逐漸擴大。休閒農業往往因主題而具有不同特色，例如強調自然生態景觀（達娜伊谷自然生態園區、關渡紅樹林區）、農作物體驗（稻田、果園、菜園、花圃、茶園之採收、加工體驗）、森林遊樂（公民營森林遊樂區）、娛樂漁業（垂釣、海釣、賞鯨、採蚵）、牧場體驗（餵食、擠乳、騎馬），以及農村

▲第一本彰化縣休閒農業導覽手冊
圖片來源：作者拍攝

活動（烤地瓜、抓螢火蟲、原住民豐年祭、農村文化導覽）。可見休閒農業的發展有非常寬廣的空間及想像，也因各具特色而變得有趣。

但若有些休閒農業只停留在觀光旅遊活動層次，沒有提供農業與農村體驗活動，或是表現在地農林漁牧特色，就會使得休閒農業趨於均質化或標準化，失去差異化而顯得可惜，甚至若過度開發或人為裝飾，帶來大量人潮製造髒亂，影響生態環境與農業休閒旅遊品質，反而適得其反。

無論如何，發展休閒農業將成為我國農業經營調整的方向之一。因為小農無法在成本上與國外競爭，當生產有可能因進口競爭而減產或休耕時，如何善用小農多樣化的特色，配合週休二日與國民休閒旅遊觀念的興起，將是我國農業轉型的良機，以達成多功能農業的永續發展。

五、推動彰化休閒農業

彰化縣推動休閒農業的腳步較慢，向來以農業生產重地自居，反而影響轉型的時機，直到 2002 年筆者擔任農業局長時，才開始參與農委會「休閒農漁園區計畫」，並連續兩年分別爭取到 1,800 萬元及 2,400 萬元，為地方展開濱海線、平原線、山脈線的農業點線串連，並成立「彰化縣休閒農業發展協會」，結合縣內休閒農業經營者共同推動。因此，在 2003 年 6 月農委會核准通過彰化第一處休閒農業區：「彰化縣二水鄉鼻仔頭休閒農業區」，以及 2004 年 1 月設置的「彰化縣二林鎮斗苑

休閒農業區」。

　　休閒農業不是只有民間的農民在經營，政府部門也有，例如「彰化縣休閒農場」即是由彰化縣政府所經營。此農場是當年翁金珠縣長為辦理「2004 年臺灣花卉博覽會」（簡稱臺灣花博）而租用 23 公頃溪州台糖甘蔗園，將一大片甘蔗園整地，並由筆者以「彰化縣休閒農場」名義，委託廠商進行園區規劃設計與活動營運，以符合《休閒農業輔導管理辦法》。在臺灣花博辦理之後，將此地保留下來並繼續維護，而成為「溪州公園」（一度被稱為費滋洛公園）。後續彰化縣政府結合在地特有的花卉與苗木資源，規劃苗木生產專區及森林區，面積廣達 123 公頃，是臺北大安森林公園的 4.7 倍，為臺灣平地最大的公園，同時提供自行車等休閒活動場所，並作為學校戶外教學的場域。

　　當年臺灣花博展期從 2004 年 1 月 17 日至 3 月 14 日，共計 58 天，總共吸引了超過 156 萬名遊客參觀，是彰化縣少有的盛況，也從此促使彰化縣休閒農業進一步的發展。

▲溪州公園
彰化縣政府每年春節時都會在溪州公園舉辦「花在彰化」活動。
圖片來源：作者拍攝

六、「一一二三與農共生」

農漁會信用部在戰後至 1980 年代末期，一直是各地農漁村主要的基層金融機構，辦理存放款業務，為當地民眾提供服務，也是維持農會營運的主要獲利來源，從而有能力提撥推廣經費以服務農漁民。但 1980 年代金融自由化的改革趨勢，政府也於 1991 年起，開放 16 家新銀行成立，以及金融機構在各鄉鎮陸續設立分行，然而農漁會信用部的淨值規模與業務種類，實難與商業銀行競爭，簡直就像是雜貨店與百貨公司的競爭。在整體存款市場的占比已從之前最高的 10.12% 降至 2002 年的 6.62%，放款占比也從最高的 8.17% 降至 3.62%，表示農漁會信用部的存放款業務正逐年萎縮中。加上當時房地產泡沫化及股市崩盤，無法還款的倒債風波不斷出現，收回抵押品的價值也縮水，因此，農漁會信用部的逾放比不斷攀升，由 1995 年的 4.02% 持續上升到 2001 年底的最高峰 19.46%，較金融機構平均逾放比率 7.44% 明顯高出 2.5 倍。

由於逾放比有惡化趨勢，財政部為整頓基層金融機構，於 2001 年

▲一一二三與農共生
2002 年 11 月 23 日全國各地農漁會要求政府改革農業金融之運動
圖片來源：中華民國農訓協會

8 月 14 日及 2002 年 7 月 12 日，兩次命令 36 家經營不善的農漁會信用部，讓與銀行承受接管，以保障存款人權益及維持金融服務不中斷。

　　接管農漁會的銀行，包括：(1) 世華銀行：臺北市松山區農會、屏東縣屏東市農會；(2) 臺灣銀行：臺灣省農會、屏東縣農會車城地區農會、屏東縣新園鄉農會；(3) 華南銀行：桃園縣觀音鄉農會、新竹縣新豐鄉農會、高雄市小港區農會、屏東縣佳冬鄉農會、竹田鄉農會；(4) 土地銀行：福建省金門縣農會、臺中縣豐原市農會、屏東縣枋寮地區農會、高樹鄉農會、潮州鎮農會、臺南縣南化鄉農會、彰化縣福興鄉農會、高雄縣大樹鄉農會；(5) 彰化銀行：彰化縣芳苑鄉農會、芬園鄉農會、埔鹽鄉農會、屏東縣車城地區農會、林邊鄉農會；(6) 第一銀行：臺南縣七股鄉農會、楠西鄉農會、屏東縣萬巒地區農會、長治鄉農會、高雄縣梓官區漁會；(7) 中國農民銀行：屏東縣枋寮區漁會、萬丹鄉農會、高雄縣內門鄉農會、六龜鄉農會、鳥松鄉農會；(8) 合作金庫銀行：雲林縣林內鄉農會、彰化縣彰化市農會、臺中縣神岡鄉農會。在 36 家農漁會中，彰化縣即有 5 家（福興鄉農會、芳苑鄉農會、芬園鄉農會、埔鹽鄉農會、彰化市農會）。

　　當 2002 年 8 月 22 日財政部發布農漁會信用部分級管理措施之後，

農會信用部重新回歸農會經營

被銀行接管的 36 家農漁會後來已歸還原農漁會，並於 2004 年起陸續恢復重設信用部有 34 家。目前（2023 年 8 月底）農漁會信用部共有 311 家（農會 283 家、漁會 28 家），資產 2.4 兆元、淨值 1,595 億元，存款總額 2.2 兆元、放款 1.3 兆元，平均存放比 61%、逾放比 0.27%，體質已大為改善並穩健經營，也是浴火重生。其中，芳苑鄉農會的表現特別突出，在 2009 年重新營運信用部之後，因為全體員工努力下不僅增加存放款、逾放比管控到 0%，而且也蓋起農會新大樓，並在草湖分部蓋新的推廣中心。

引發農漁會全面譁然與恐慌，聯想政府可能是「假金融改革之名，行消滅農漁會信用部之實」。各農漁會於是成立「全國農漁會自救會」，決定在 2002 年 11 月 23 日發動「一一二三與農共生」農漁民大遊行。此次遊行約有 13 萬 5 千人參與，為歷來人數最多的社會運動，遊行也順利和平落幕，相較於 1988 年的「520 農民運動」或 1925 年的「二林蔗農事件」，都造成警民衝突、流血及民眾被逮捕情形，可謂是較成熟的農民運動。「全國農漁會自救會」同時提出多項訴求，包括要求歸還已被強制讓與銀行的 36 家農漁會信用部、訂定《農業金融法》、將農漁會信用部主管機關由財政部改為農委會，以及設立「全國農業金庫」等。

政府在事後也明確回應，大多依訴求內容進行改革，即在 2000 年 11 月 30 日召開「全國農業金融會議」達成「充實農業信用保證基金及農漁會與信用部由農委會一元化管理」。「設立全國農業金庫為農漁會信用部業務的上層銀行」、「貫徹金融監理一元化」、「制定農業金融法」及「提升農業經濟的競爭力」等五項共識。後續在 2003 年 7 月 10 日立法院三讀通過《農業金融法》，並於 2004 年 1 月 30 日《農業金融法》施行日同時新設「行政院農業委員會農業金融局」（現已隨改制更名為「行政院農業部農業金融署」）；也在 2005 年 5 月 26 日奉准開業「全國農業金庫」，由政府與農漁會共同出資 200 億元，目前實收資本總額 253.5 億元，其中政府出資比率為 39.98%，各級農漁會及農業團體持股比率為 59.99%。顯然的，在「一一二三與農共生」之後，我國農業金融體系從此邁入新的階段。

林如森（2004）認為，「一一二三與農共生」是成功的農民運動，透過認同、共識動員、集體行動「三部曲」，以農會與農民、農村、農業共生為訴求，激發社會大眾的認同，展現農漁民的能量，並理性和平收場，也促使政府實現大部分的訴求。

第四節　農業發展條件的改變

一、農業勞動人數的遞減與老化

　　我國農業就業人數，自 1952 年的 164 萬人，增加至 1964 年的最多人數 180 萬人，占整體就業人數的一半；之後逐年持續遞減，在 1994 年跌破 100 萬人，至 2006 年止住遞減趨勢，直到近年來多維持在 55 萬人左右。

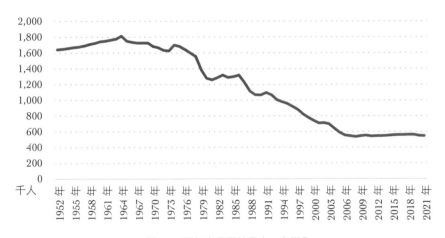

圖 5-3.　歷年來農業就業人口之變化

資料來源：農業統計要覽

　　農業就業人數不再持續減少，表示已確立支撐農業勞動人數的基本盤，但在年齡方面，卻逐年老化。

　　在 2000 年農林漁牧業普查報告指出，農牧戶經營管理者平均年齡 58.6 歲，小學及以下教育程度者占 66.1% 農林漁牧業普查為每 5 年進行一次，在 2005 年的農牧戶經營管理者平均年齡提高為 60.9 歲，惟教育程度漸提升，高中職及以上教育程度者占 19.8%，較 2000 年增加 4.9 個百分點。農業勞動持續老化，在 2010 年農牧戶經營管理者平均年齡為 62.04 歲，65 歲以上者占 44%；在 2015 年為 63.52 歲，2020 年的

普查已達 64.44 歲。農民平均年齡逐年增加，農民年紀老化，表示新進農民的不足，農業人力出現斷層，另也代表農業經營以守成為主，缺乏改變或創新的動力，這將是我國農業未來發展的隱憂。

　　早期農業勞動已隨經濟發展而不斷流失，故政府推動農業機械化以節省勞動，並透過補貼政策提高農民所得，以設法留住農業勞動，但成效有限。農業資源除面對工業部門的競爭之外，在 2000 年之後，更面對國外的競爭，使得農地與勞動的投入數量都受到考驗。

　　自 2006 年起，農委會（今農業部）提出的「新農業運動」推動漂鳥、築巢與園丁計畫，開始號召青年與壯年歸農，也從 2013 年起推動「百大青農」計畫，每屆遴選百位左右青年農民，在地陪伴輔導 2 年，協助青農穩健經營生產，或成為農產行銷、加工經營者，以提升農產品價值，至今已邁入第六屆，第一至第五屆共計已輔導 589 位百大青農，累計 17,611 位在地青年投入農業，人數以彰化縣、臺南市、雲林縣、嘉義縣為最大宗。除輔導百大青農外，農業部也於全國輔導成立在地青農交流服務平臺，營造交流學習及互助合作環境，已有 17 個縣市級及 201 個鄉鎮級青農聯誼會，累計有 6,566 位青農參加。

　　「百大青農」是具有潛力或具備成功條件的青年農民，故可列為重點輔導，但「百大青農」並非已有傑出成就者。已有傑出成就的獎項是「神農獎」，屬於農民朋友的最高榮譽，從 1983 年開始選拔表揚，每年分別評選出神農 10 名及模範農民 12 名。不過，「百大青農」並非為解決農業缺工的問題，而是讓農業後繼有人，有更多的青農加入，也可以改變農業的傳統生產或經營方式；2015 年開始的「農業公費專班」，也是在培訓農業人才，有助於農業勞動品質的提升，但並非為填補農業勞動的缺口。

　　農業缺工的問題，則有賴引進外勞、外展外勞、或假日外勞，以及政府從 2017 年起陸續成立農業技術團、農業耕新團、外役監團、產業專業團（如茶葉團、畜牧團、菇蕈團、番石榴團及設施協作團）及農業

機械團等來解決，並與地方政府合作成立人力活化團。

　　其實解決農業勞動缺工的根本方式，是用資本來替代勞動，例如農業機械化、自動化、智慧化，用無人機、大數據、物聯網等科技，來改變傳統依賴勞動生產的方式，將有助於生產力與效率的提高。轉型的意義，不僅是將追求產量（quantity）改為強調品質（quality），也不是只談價格（price）忽略價值（value），而是也改變生產方式，即從勞動密集（labor intensive）轉為資本密集（capital intensive）與技術密集（technology intensive），如此轉型所帶來的改變將是產業升級與進一步的農業發展。

二、農業轉型、升級與投資

　　農業經營面臨轉型與升級，不只是觀念的改變，更實際的是要投資，購買機器設備、農機具、蓋溫室、整建魚塭、建造漁船等，都是屬於固定資產的增加。

　　以農業固定資本形成而言，在 1962 年有 17 億元，持續增加至 1989 年的 293 億元，但之後面臨農業經營的內外部挑戰與不確定，以及在投資不足及既有資產不斷折舊的情形下，固定資產數量即出現減少情形，在 2007 年只有 107 億元，這也是農業發展的隱憂。如果投入的資本減少，又不能以資本增加來替代勞力減少，農業轉型與升級都將有困難，會使農業陷於發展困境。

　　我國農業產值在 2001 至 2007 年均跌破 2,000 億元，顯示面對 WTO 市場開放的信心不足。但在 2008 年起，農委會以「健康、效率、永續經營」強化經營體質，也為因應氣候變遷，農民投資在溫網室的設施農業更加普遍。依農業普查結果，2005 年的農業設施面積有 2 萬公頃，但到 2020 年已顯著增加至 3.7 萬公頃；使用設施農業的農家戶數也由 3.2 萬家增加到 5.6 萬家。2020 年的農業固定資本形成已達 400

億元，是歷來金額最高的一年，顯示未來農業仍大有可為。不過，在設施農業中，結構型鋼骨溫網室、環控菇舍、水簾式雞舍的占比仍偏低，還有政府投入在農業試驗研究經費未見明顯成長，都是必須再突破的地方。

圖 5-4.　歷年來農業固定資本形成之變化
資料來源：農業統計要覽、農業統計年報

三、農地不斷流失

　　農業生產的基本要素就是勞動與土地，在經濟發展過程中，除了勞動流失之外，土地也不斷流失。所幸農業技術持續進步，農業生產指數並沒有顯著下降，而且因為品質持續提升，農業產值仍能維持成長。然而農地不斷流失，仍是必須嚴肅看待的問題，這是農業立足的基本所在，誠如「農為國本」，則「地為農本」也具有相同的涵義。

　　我國耕地面積在 1952 年為 87.6 萬公頃，經由開墾與農地重劃整理，耕地面積曾在 1977 年達到最多有 92.2 萬公頃，之後即呈現持續下降的趨勢。在 1991 年，耕地面積尚有 88.4 萬公頃，但到了 2021 年已減少至 78.7 萬公頃，經過 30 年，耕地面積流失近 10 萬公頃，每年平均流失 3,247 公頃，相當於每年流失 125 個大安森林公園的面積。

　　農地流失的原因，主要是因都市計畫區擴大與工業區劃定，尤其都市邊緣地區的農地最容易被轉為其他用途。除此之外，農地上違規工廠及假農舍之名蓋豪宅，大肆破壞農地農用的基本價值，也使得農地更加支離破碎，更是農業發展之痛。

圖 5-5. 歷年來我國耕地面積之變化
資料來源：農業統計年報

　　我國土地使用管制及變更制度，自 1930 年《土地法》立法至 1976年訂定《非都市土地使用管制規則》以來，政府對於農地均採取積極保護政策；但從 1980 年代起，由於工商業相對發達與都市化程度提高，農業地位與重要性日漸下滑，而作為農業基礎的農地竟也成為各界開發及變更的覬覦標的；加上 1990 年代走向經貿自由化趨勢，面對進口衝擊，也導致農業萎縮及農地使用減少。因此，農業再次配合國家發展的需要，於 1995 年由行政院核定「農地釋出方案」，打算在 2001 年前釋出 4.8 萬公頃農地（實際釋出 3.8 萬公頃），作為非都市土地新訂或擴大都市計畫面積，以及公共建設或作為社會福利、廢棄物處理及加油站等特定目的事業用地之面積等。自此在 1995 年之後，農地即由分區管制的保護政策走向開放。

　　不過，「農地釋出方案」所規劃的釋出地點或區位多在鄉村區、工

業區、風景區及特定專用區，其與一般民眾希望在交通方便、開發成本較低的農地需求並不相符，故又進一步施壓政府部門，要求放寬農地自由買賣，此舉更將農地進一步推向自由化。

2000 年《農業發展條例》的修法，無疑是打開潘朵拉盒子，加速農地流失與違規亂象。此次修法，主要是將「農地農有農用」政策修正為「放寬農地農有、落實農地農用」政策，重點包括：(1) 開放農地自由買賣；(2) 放寬耕地分割限制；(3) 放寬農地特許農民個別興建農舍或集村興建農舍；(4) 農地作農業使用須依《農業發展條例》、《都市計畫法》、及《區域計畫法》等土地使用管制規定辦理；(5) 農地農用獎勵享有土地稅賦減免優惠；(6) 農地變更使用應先徵得農政機關同意，並繳交回饋金；(7) 農地違規使用加強查緝及處罰，並取消免稅優惠。

農地管制政策的放寬，讓許多標準農業區的優良農地，充斥著工廠及加油站、廢棄物處理廠等特定目的事業用地，形成農地污染的隱憂。另為配合工商業及經濟發展所需而釋出部份農地，也影響農業生產環境完整性。在日本、歐洲及美國均致力於保護農地的完整性，由空中鳥瞰這些國家的農地上很少有工廠或住宅，多是一片完整的田園風光，而臺灣卻很少看到如此完整的大片農地。

農地不僅是提供糧食生產，更具有保護自然生態環境、維持生態體系平衡，以及呈現自然景觀等外部效益，先進國家均積極保育農地，嚴格管制農地不得任意轉用，以確保糧食生產及農業的永續經營，這是值得我們深思與警惕的。

四、農村再生

臺灣在工業化的經濟發展過程中，農業成長相對緩慢，農業人口（尤其是年輕人）也快速流動至工廠及都市，農村人口持續減少與高齡化，農村逐漸失去過往的活力和朝氣，在農業生產、農民生活、農村建設的

「三農」中，農村的發展問題，已隨經濟發展而浮現。

　　因應都市的冷漠與小家庭的興起，首先由文建會（今文化部）在1994年提出「社區總體營造」政策，來促進社區居民的互動，關心共同的環境與生活議題，凝聚社區共識，以建立社區文化、建構社區生命共同體的概念。但農村社會的快速解構與文化傳承斷層的問題，更需要被重視。因此，在2010年農委會推動「農村再生」，並設置1,500億元的「農村再生基金」，以支持「農村再生」的相關發展措施與補助。「農村再生」是以現有農村社區為中心，發揮由下而上的共同參與精神，重視生活、生產、生態的三生均衡發展，以打造「活力、健康、幸福」的希望農村。

　　農村社區發展透過在地居民的參與、共識、行動，逐漸由環境髒亂點的整理、綠美化，到對人的關懷、共餐、綠色照顧，並建立在地特色產業，結合行銷或農村旅遊，創造農村經濟的繁榮，是「人、環境、生活、產業」等元素的融合，讓農村再度成為安身立命與成家立業的好所在。

　　「農村再生」以培根計畫作為推動農村再生的重要基礎，培根計畫分為四個階段課程設計，邀集社區居民共同參與，包括瞭解社區、發現問題、建構願景、設計行動方案。在完成四階段培訓後，即可提出申請農村再生計畫，經審核通過後即可執行，至2023年已有2,716社區（含彰化縣156個（7%））參與培訓，並已核定1,001個社區（含彰化縣71個（7%））的農村再生計畫。

▲彰化縣埔鹽鄉大有社區之農村再生
圖片來源：作者拍攝

第五節　農業與環保

一、環保意識抬頭

　　1987 年隨著政治解嚴，臺灣的環保意識也開始覺醒，但同時也是我國豬肉開始外銷並快速成長的年代。毛豬飼養頭數愈來愈多，但排放的豬糞尿造成河川污染、污泥及臭味也愈來愈嚴重，社會上開始討論著豬肉外銷賺取外匯，但也使得環境生態遭受破壞，這樣對嗎？外銷雖有利於養豬戶收益，但環境被破壞卻影響民眾的生活品質，養豬戶不用負擔所造成的社會成本（social cost），這樣合理嗎？1997 年我國爆發豬隻口蹄疫疫情，幾乎摧毀毛豬產業，政府也藉機重整產業結構，於是在 1998 年通過的《畜牧法》中，要求飼養 200 頭以上的養豬戶裝置廢污處理設備，就是要將所製造的社會成本內部化（internalized），提高飼養成本並強化養豬戶的環保意識。

　　在以前農業社會時代，溪水清澈，魚蝦可見，大自然常被形容為山明水秀，但進入工業化之後，工廠排放黑煙廢水，青山綠水不再，豬舍沿岸的溪流變成黃褐色的，溪水上遍布豬尿造成的泡沫堆積，飄散的強烈惡臭味，不禁讓人暫時停止呼吸。

　　不只是豬舍，雞舍的環保問題也是一樣嚴重，堆積如山的雞糞，也常就地處理成肥料，造成環境問題。雞糞有生雞糞和熟雞糞兩種，生雞糞是將雞糞在戶外空間風吹日曬直接乾燥，熟雞糞則是堆積雞糞發酵腐熟後再成堆肥。生雞糞遠比熟雞糞的價格便宜，所以使用得相當普遍，據估計生雞糞使用量是臺灣肥料總量的 1.5 倍以上。但是長期使用生雞糞，土壤將因累積過量的鋅而污染土質，而且也會造成污染水源、滋生蠅蟲與臭味、蟲卵等環境問題，以及雞糞曝曬產生的氧化亞氮（N_2O），也是造成全球暖化的溫室氣體之一。

　　目前畜牧糞尿以三段式廢水處理過程，即是畜牧糞尿經過固液分

離、厭氧發酵、好氧處理之後，水質符合標準之後才能放流。但是放流水是否真的不會造成河川污染，或者因處理成本較高，而使有些不肖業者空有設備，但仍未經處理即偷排或埋暗管排放；其實，畜牧糞尿由放流水管制轉化為肥分資源利用，將畜牧糞尿沼液及沼渣回歸農地使用，可能是更好的方式。此外，將畜牧糞尿厭氧發酵後產生沼氣（主要成份為甲烷 CH_4）進行發電，或是至少作為小豬保溫的電源，也會是減少溫室氣體排放的最佳處理方式。不管是沼液、沼渣、沼氣都是可從循環經濟的角度，發展適當的商業模式來利用，則可以避免污染環境、促進節能減碳、減緩全球暖化、創造經濟收入，形成農業永續發展的基礎。

畜牧產業的總產值每年均超過新臺幣 1 千億元，占農業總產值三分之一以上，對於繁榮農村經濟具有貢獻，但所造成的大量廢水、廢氣、廢棄物影響環境問題，業者也要有社會責任來改善這些問題。尤其是彰化縣是畜牧大縣，乳牛、肉羊、蛋雞、肉雞的飼養頭數皆是全國第一，毛豬頭數也是全國第三，更有義務與責任改善之；例如彰化縣最大的養豬場漢寶牧場，在 2011 年前就領先同業、投入沼氣發電，把豬糞尿的廢水變成肥水，打造綠金產業，又在 2020 年通過環保署的碳權交易認證，成為第一家通過此認證的畜牧業者，就是最好的帶頭示範。

二、農地污染

臺灣高度追求經濟發展與工業化的過程，也終於出現了後遺症。例如：在 1970 年代中小企業漸漸蓬勃發展，政府為帶動農村經濟，鼓勵農村地區設立工廠，並提倡「客廳即工廠」，鼓勵家庭代工，擴大外銷，也使得染整、紡織、電鍍、五金、纖維製作等工廠在農村林立，原為在農地上蓋鐵皮屋，並慢慢坐大變為工廠，也種下農地違規使用亂象的主因。嚴重的不只如此，因為工廠排放含有重金屬的廢水，直接排入農田灌溉溝渠，再引水進入稻田，所種植的水稻即吸收這些砷、鎘、鉻、汞、

鎳、鉛、鋅及銅等重金屬，透過食物鏈變成「鎘米」，傷害了人體健康，造成農地污染及食安問題。工業化帶動經濟成長，賺了錢，但也犧牲了農業、傷害了健康，值得嗎？！

鑒於日本早年也曾發生「鎘米」事件，我國環保署（今環境部）自1983年起著手進行土壤重金屬含量調查工作，將土壤中重金屬含量程度分為5級，2000年公布實施《土壤及地下水污染整治法》，對農地污染防制有更進一步的規範，列管重金屬含量達第五級地區的有319公頃農地，其中以彰化縣178公頃為最多。因為彰化縣有許多隱形冠軍的工廠，包括水五金、紡織、織襪、輪胎、自行車、汽車零組件全球知名，例如位於彰化縣鹿港鎮的頂番婆更被稱為「水龍頭的故鄉」，在灌排不分離的情況下，農地會受到重金屬污染也是必然的結果。

至2011年，累計各縣市農地被公告列管的農地共有2,286筆（506公頃），其中以彰化縣1,191筆（303公頃）為最多，後兩位為桃園市327筆（103公頃）、臺中市249筆（47公頃）；但相對的，同時在2011年也已完成1,803筆（416公頃）農地污染改善工作，並依法解除公告列管。經政府持續整治農地污染之後，在2022年10月24日彰化縣政府與環保署宣布全數已完成整治改善並還地於民，健全彰化縣農業環境，有利於永續農業的發展。

▲污染農地判斷與否僅一線之隔
照片來源：上下游／攝影者張良一

第六章　近代臺灣農業發展與彰化：永續期

　　2015 年聯合國宣布了「2030 永續發展目標」（Sustainable Development Goals, SDGs）；其中，確保糧食安全、終止飢餓、促進永續農業，即為 17 項目標之一。在氣候變遷的挑戰下，如何降低風險及追求農業永續，也是各國致力的目標。本章也企圖從韌性農業、綠能與農業、農業保險，以及糧食安全等面向，來探討臺灣農業的因應作法及地方參與。

第一節　第六階段：永續期（2016 年～）

　　農業在此階段所面臨的挑戰愈來愈多，不只是內部的勞動短缺及老化、土地零碎與違規使用、生產過剩或不足的產銷失衡，還有來自外部的國外競爭，以及氣候變遷（climate change）的問題。農業資源如何永續利用，以及農業發展如何調適環境變化，都是當前經常被討論的議題。

一、全球暖化與農業

　　從 18 世紀中期的工業革命以來，人類的生產方式開始使用動力取代獸力，以燃煤、石油為動力來源，大大提高生產力，交通方式及家電使用也顯著改善生活水準，但同時也排放出許多的二氧化碳（CO_2）。據估計從 1850 年到 2020 年累積二氧化碳排放量達 2,500 億公噸。二氧化碳排放量的持續累積增加，是地表溫度不斷上升的主要原因，還有甲烷（CH_4）、氧化亞氮（N_2O）等這些溫室氣體，都是造成「全球暖化」（global warming）的因素。根據聯合國「政府間氣候變遷小組」（Intergovernmental Panel on Climate Change, IPCC）預測，在本

世紀末 2100 年全球平均氣溫將會升高 1.5 ～ 4℃，而海平面則會上升 45 ～ 73 公分。

大家所關心的氣候變遷，就是從地表溫度的持續升高開始。因為氣溫升高造成海平面上升，從而改變降雨型態，使得低溫、乾旱、洪澇等極端氣候出現的出現愈來愈頻繁。本來這種極端事件，在過去可能是百年才會難得出現一次，但現在卻經常出現，顯然大氣環境及自然氣候已經改變了，首當其衝的是農業生產。

農業的基本功能在於生產糧食，面對全球暖化的趨勢，農業的生態系統將遭受水資源分配、物種瀕危或適應、土壤流失或鹽化，以及病蟲害發生時間或數量等威脅，導致糧食減產或品質惡化，將會危及糧食安全與農民所得。

臺灣栽培的水稻品種 9 成以上為稉稻，高溫多濕將不利於稉稻的品質與產量，也就是氣候暖化對我國糧食生產的不利影響將大於溫帶地區，而且夜溫升高對水稻及糧食作物產量與品質影響極大。氣候暖化對水稻栽培期雖尚未有明顯的影響，但暖冬常讓農民在初春時提前插秧，也可能導致秧苗發生嚴重寒害，造成重新種植及資源浪費。

全球暖化也造成各地水、旱災等極端氣候事件增多，例如我國在 2020 年為自 1964 年以來，首次無颱風侵臺，各水庫集水區降雨量只達歷史平均值的 2 ～ 6 成。在水情日趨嚴峻的情況下，政府不得不在 11 月稻作抽穗期間，宣布桃竹苗地區停灌，面積達 1.9 萬公頃；2021 年上半年更發生臺灣百年大旱，各地農田龜裂、日月潭的九蛙全部露臉，政府再次宣布嘉南地區曾文烏山頭水庫灌區 1.9 萬公頃的農田實施停灌，2023 年一期及二期同樣灌區又再次停灌。這些灌區的停灌將使稻米產量減少 7%，所幸目前我國稻米生產仍處於過剩，尚未造成糧食供應的問題；但在全球暖化的趨勢中，未來對糧食生產的威脅將會愈來愈嚴峻，農業部門如何因應，實在是相當大的挑戰。

二、淨零排放與強韌農業

面對氣候變遷與全球暖化的挑戰，根本問題在於二氧化碳等溫室氣體的排放量一定要控制而且不能再增加，各國陸續提出「2050 淨零排放」（Net Zero）的宣示與行動，也就是 2050 年以前，碳排放量與碳清除量一增一減相抵等於零，也稱為「碳中和」（Carbon Neutral）。

農委會（今農業部）於 2010 年即召開因應氣候變遷農業調適政策會議，並根據政府公布的「溫室氣體減量推動方案」管制目標，進行農業部門相關逆境調適，以減緩氣候變遷對農業衝擊及對民生影響。更在 2021 年 9 月正式成立「氣候變遷調適及淨零排放專案辦公室」，以協調及管控各單位作法，達成降低氣候風險、建構強韌農業、確保糧食安全、維護生物多樣性等目標。

基本上，農業部門所採取的策略可分為兩類：

1. 調適策略：維護農業生產資源與環境、發展氣候智慧農業科技、調整農業經營模式並強化產銷預警調節機制、建構災害預警及應變體系、強化農業災害救助與保險體系、定期監測與加強管理保護區域；

2. 減碳策略：減少排放、增加碳匯、農業綠能。例如：食農教育強調「地產地消」，也就是在地生產在地消費，減少食物里程與碳足跡，或是以國產雜糧替代進口穀物，都是可以減少碳排；將農業廢棄物正名為「農業剩餘資源」，導入循環經濟，包括豬、牛沼氣發電、畜禽糞發酵或乾燥製肥；增加農業副產物及剩餘資源等可碳匯資材的運用，以增進土壤碳匯；推動山坡地邊際農地或超限利用土地轉作造林，以增加碳吸存；研發與推廣固碳農法（如混林農業、覆蓋作物、草生栽培、種植牧草、低度耕犁栽培、有機農法再精進），並建立碳匯認證基地等。

三、再生能源與農業

　　為配合減碳與降低空污，我國能源政策轉型以減煤、增氣、展綠、非核之潔淨能源發展方向為規劃原則。其中，為擴大再生能源推廣，經濟部訂定 2025 年再生能源發電占比 20% 政策目標，再生能源主要是太陽光電及風力發電。由於預計 2025 年太陽光電裝置容量要達到 20GW，離岸風力裝置容量則要達到 5.7GW 以上；同時配合實施電能躉購制度，由台電以保證價格收購 20 年，例如太陽光電屋頂型與地面型，每度價格分別為 4.5 元、4 元，而離岸風電或陸域風電，分別為每度費率 4.5 元、2.1 元。在保證價格收購發電的制度下，業者即到處找地來裝設太陽能板或風機。農地、魚塭、溫室、畜禽舍都成為裝設標的，臺灣海峽又是有名的風場，離岸風機也開始陸續架設，一時之間，光電或風電業者，與農漁民的利益發生極大的糾纏，也使得農地利用、農業生產、或近海漁業活動產生許多亂象與衝擊。

　　例如：每公頃農地租金為 3.6 萬元，或領取休耕補助 4.5 萬元，但光電業者以每年 40 萬元租金跟農民租 20 年，租金相差 10 倍，農民能不心動嗎？許多農地因此從原來種農作物改為「種電」，農地上於是陸續架設一片一片的光電板，與光電板下的雜草或是毗鄰的果園形成強烈的諷刺對比，我們是農地太多了嗎？每年還要進口大量的黃豆、玉米及小麥，而且糧食自給率只有31%，反而需要更多的農地來生產糧食才是。

　　但是自從 2012 年《再生能源發展條例》立法通過，農業部配合逐步釋出不適耕作土地，「農地種電」的現象即已出現，之後又開放嚴重地層下陷地區的農地不必變更地目也可以設置太陽光電，對於農地農用又是再次的傷害。因為在嚴重地層下陷地區範圍內，其實仍有大部分農業用地屬大面積完整的優良農地。農業若因農地不斷流失，則農業存在的根基也將動搖，一定不利於農業永續的發展。因此，農業部立場為要捍衛農地，即在 2020 年 7 月 7 日公告修法，要求光電開發 2 公頃以上

變更案改由中央審查，「農地種電」的亂象才有所收斂，光電業者稱之
為「七七事變」。

　　然而農地不能種電之後，業者於是將目光轉往魚塭，在魚塭上架設
立柱或浮筏型的光電板，這就是所謂的「漁電共生」，說是能夠提供魚
塭適度遮光，避免夏季水溫過熱、冬季架設防風布抵禦寒流。「漁電共
生」似乎對養殖漁業的衝擊不大，但農業部仍要求太陽能板建蔽率只能
在 40% 以下、漁獲量則要維持 70% 以上，而且魚塭設置漁電必須綁定
產銷履歷，避免造成「假養魚、真種電」的亂象。

　　此外，「農地種電」的另一發展方向是往「農電共生」方向調整，
可分為地面型與屋頂型的兩類「營農型光電」，同樣為避免「假種田、
真種電」，農業部仍要求產量必須達 7 成以上的正常水準。由於覆蓋光
電板形成的遮蔽率及非常態光穿透率，都是影響作物生長與產量的重要
因素。業者若為提高發電量而多裝設光電板，但遮蔽率過高並不利於作
物生長，則有可能使產量未達 7 成的要求，農民也要配合種植耐低光性
的農作物，例如瓜果類（如苦瓜、東方甜瓜、絲瓜、胡瓜等）、山蘇、
葉菜類（如小白菜、芥菜、芥藍、油菜）、蘭科植物、仙草、魚腥草、
觀葉植物、香莢蘭等，才有可能達到雙贏。

　　農業的農林漁牧似乎都可跟綠能結合，在畜禽舍的屋頂型光電又稱
為「畜電共生」，因畜禽舍屋頂全部覆蓋太陽能板，具有降溫效果，可
降低畜禽熱緊迫，有利於畜禽成長與繁殖，已形成最普遍的畜禽舍樣貌。

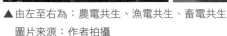
▲由左至右為：農電共生、漁電共生、畜電共生
　圖片來源：作者拍攝

四、離岸風電

　　風速也可產生動力，自然可以用風力來發電，所以在外海適當的場域設置風力發電機及變電所來發電，即為所謂的「離岸風電」。臺灣海峽是世界級有名的風場，具有「狹管效應」，平均風速為每秒 12 公尺，介於最佳發電風速 10 ～ 13 公尺之間。據估計臺灣的離岸風電總裝置容量可達 29GW，目前政府以 2025 年達到 5.7GW 為裝置目標。

　　裝置離岸風電是項高成本的工程，由固樁、塔基、塔身、風機、葉片所組成，一支風機平均耗費 10 億元，一根樁直徑 6 ～ 8 公尺，長度 70 公尺，塔身至少都在 65 ～ 150 公尺之間，一片風力發電葉片可長達 85 公尺，矗立在海上可謂是龐然大物。施工期間的作業，以及打樁與運轉時的噪音，對於魚群生態可能帶來干擾，運轉期間可能會限制漁民進入風場捕魚，侵害漁權導致漁民收入損失；但相對的，風機底座及基樁具有魚礁聚魚及培育魚類資源的效益，有助於漁業資源永續利用。

　　由於影響漁民捕魚及收入，漁業署於 2016 年 11 月公布《離岸式風力發電廠漁業補償基準》，希望透過清楚的公式，讓風電開發商得以計算應補償金額。但往往因在該漁業區內進行漁捕作業的漁民，認為補償金與繼續從事漁獲收入的金額有所差距及分配不公的問題，而時有爭議，也影響風電開發進度與開發商意願。

▲在彰化蚵田外海矗立的離岸風電
圖片來源：作者拍攝

五、風光大縣

　　彰化外海有最密集的風場，當地的日照時數也是全臺數一數二，彰化的風及陽光就是彰化的財富。因此，過去魏

明谷縣長時期，即將彰化定位為「風光大縣」，吸引風電及光電開發商前來投資設廠，目前彰化綠電數量為全國第二，執行情形如下：

陸域風電部分，累積完成 114 座風機，目前縣內尚有 23 座風機刻在施工中（線西鄉 2 座、鹿港鎮 6 座、芳苑鄉 2 座、大城鄉 12 座），預計 2025 年全數完成。

離岸風電部分，依近期經濟部選商結果，目前彰化地區共有 11 個案場，由台電公司、沃旭能源公司、CIP、海龍 NPI、力麗海峽風電等公司進行投資，預計於 2026 年完工併網，屆時有 444 座風機，年發電量超過 166 億度，將為臺灣 419 萬戶家庭供應電力。

光電部分，彰化縣為畜牧大縣，許多畜禽舍多已裝置屋頂型光電板，整體而言，屋頂型案場占三分之二，地面型之太陽光電占比三分之一，近期有 2 處位於彰濱工業區的大面積地面型案場開發中。

由於彰化縣為農業大縣，絕大多數農地均為良田，不可能將良田改為種電，除非是有嚴重地層下陷或是低地力的地區。例如大城鄉早期因養殖魚塭超抽地下水，造成地層下陷，沿海地區在 1992 至 2010 年地層下陷累積將近 2 公尺，屬於嚴重地層下陷的地區。因此，政府有意在彰化縣大城鄉推出首座光電示範專區，釋出臺 17 線以西的 339 公頃農地設置太陽光電，但地方對此仍有疑慮，包括此地並非低地力或不利耕作區、光電對於居民生活環境衝擊、就業機會減少、農地變更之後，將會使農地農用更加支離破碎等，但也有農民願意提供土地，領取高額租金，畢竟在此種植地瓜的獲利仍不如每公頃 40 萬元的租金收入。這又是農業整體利益與農民個人利益的衝突，若要以犧牲農民個人利益來維護農業整體利益，則政府必須要有補償及配套措施，否則長此以往此問題仍是無解。因此，當地方政府在主張「風光大縣」的時候，是否影響國家農業與漁業的發展，也是值得深切關心的重要課題。

第二節　天災與保險

一、氣候變遷與農業災損

　　農漁業生產亟易受氣候變化之影響，不論是颱風、豪雨、高低溫、冰雹、乾旱或洪澇，均對於農漁業的生長與產量造成直接影響，這也是農業生產面臨天然風險之所在。尤其是臺灣因地理位置關係，農業受颱風、豪雨等天然災害之影響幾乎不可避免。

　　天然災害造成的整體農業災損可分為三大類：

1. 產物損失：農作物損失、畜產損失、漁產損失、林產損失；
2. 民間設施損失：農田損失、農業設施損失、畜禽設施損失、漁業設施損失；
3. 農業災害公共設施損失：包括林業設備、漁業設施、水土保持、農田水利設施等損失。

　　1990 年至 2021 年整體農業災損，累計達 3,271 億元，其中以產物損失 2,949 億元（90%）為最主要，整體農業災損年平均 102 億元，其中產物損失 92 億元，又以農作物損失為最多，年平均 79 億元。

　　歷年來最大的農業產物災損為 2009 年 8 月莫拉克颱風，單一颱風災損即達 191 億元，而 1996 年 8 月賀伯颱風、2016 年梅姬颱風亦不遑多讓，均超過 180 億元的災損；颱風所造成的重大災損至少均在 60 億元以上，豪雨相對其次，但也多在 20 億元以上，2018 年 0823 熱帶低壓水災竟也造成 34.5 億元災損。近年來，低溫寒害也時有所聞，在 2016 年 1 月的霸王級寒流竟破紀錄地造成 108 億元災損，以及氣候異常造成的乾旱，例如在 2019 年 1 ～ 2 月旱災也造成 47 億元災損。雖然颱風所造成的災損仍是最嚴重，但近年來災害類別的多樣化，卻有別於以往集中在颱風或豪雨的情形。

　　近年在全球暖化衝擊下，極端降雨與寒害等氣候事件發生頻繁，強

度也逐漸增加，逐年持續惡化，未來更將是常態，對養殖漁業影響甚鉅。從 2004 年至 2021 年，包括養殖漁業與海洋漁業的漁業產物與設施損失達 232 億元；其中，尤以颱風的影響占 61% 最為嚴重，其次為寒害 31%。

　　歷年來農作物天然災害損失的變動與趨勢，如圖 6–1 所示。在過去 30 年來農作物災損有逐漸增加的趨勢，而且波動幅度有擴大的現象，隱含氣候變遷的趨勢與極端氣候出現的情形，可見農業所面臨的風險愈來愈大，愈需要強化風險管理及實施農業保險。

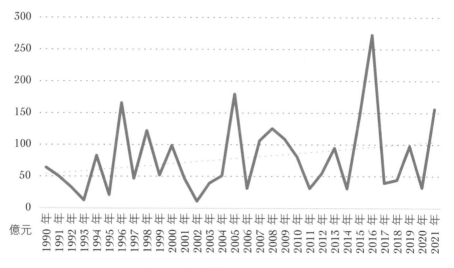

圖 6-1　歷年來農作物天然災害損失情形
資料來源：農業統計年報。

　　由於臺灣各地地形及氣候條件不同，每一縣市遭受的天災類型及農業損失各異，前五大天災損失的縣市分別為臺中市、雲林縣、屏東縣、高雄市、彰化縣，合計損失比重超過全國的一半。主要是因中南部為我國農業的主要生產基地，且颱風又經常橫掃中南部所致。

二、農業災損與天災救助

　　農業是高風險的產業，農產品生產的產量多寡和品質好壞與氣候條件有高度關係，也形成農民的所得必須「看天吃飯」。風調雨順，自然國泰民安；但若狂風暴雨摧毀農業生產成果，則農民經濟將陷入困頓無援的狀態。

　　為使農民在災後可迅速復耕、復建，並能維持生活，政府於是自1989年開始辦理農業天然災害紓困貸款，並於1990年增修《農業發展條例》第60條規定：「農業生產因天然災害受損，政府得辦理現金救助、補助或低利貸款，以協助農民迅速恢復生產。天然災害發生後，中央主管機關得視農業損失嚴重程度，公告救助地區、農產品項目、生產設施及救助額度，以辦理現金救助及低利貸款。」農委會（今農業部）即依法於1991年訂頒《農業天然災害救助辦法》，據以執行前述救助業務，所需經費由設置的「農業天然災害救助基金」支應之。

　　因此，依《農業天然災害救助辦法》，縣市天災損失總額要達一定門檻，才會符合現金救助或低利貸款的規定；同時，個別農民的農業或農業設施損失達20%以上者，才能依救助項目額度標準給予救助。

　　《農業天然災害救助辦法》實施至今，在救助金額、勘災機制、行政作業持續檢討精進，已有20次修法，可見其複雜，以及政府負擔與

農業天然災害現金救助

農業天然災害現金救助額度係以平均生產成本（短期作物為生產週期、長期作物為日曆年之生產成本）之一至二成計算，因此，不同作物每公頃救助金額不同，例如草莓、蓮霧、葡萄、梨，每公頃10萬元；番石榴、番荔枝，每公頃9.5萬元；香蕉、鳳梨8萬元；食用番茄、茭白筍5.1萬元；洋蔥、蘆筍、青蒜4.6萬元；馬鈴薯、甘藍、結球白菜4.1萬元；空心菜、菠菜、萵苣2.9萬元等。魚類也有天災救助，例如石斑魚、午仔魚、鱸魚，每公頃42萬元；鰻魚40萬元等。

農民期待之磨合不易。最近一次是在 2022 年 5 月 20 日，考量物價及成本上漲而調高現金救助金額，調整救助額度的項目近二百項，包括農、漁、林及畜產業。同時，為加速勘損及救助發放時間，可以由地方政府依天氣參數規定的門檻，直接函報中央啟動救助公告；甚至如果救助項目適用農業部公告的災損天氣參數，也可以只要確認有種植（養殖）的事實，公所即得免現勘，讓救助金即時到位，有助於農民在短期內即時復耕或復建。勘災技術也運用先進的定位科技，開發農產業天然災害現地照相 APP，可直接定位地籍資訊，並將資料同步上傳救助系統，提升勘查效率及增進相關資料比對。

　　2004 年至 2021 年平均每年現金救助 21 億元，而農作物災損為 94 億元，表示政府對於農作物災損的救助金額僅占 22%，並不能有效彌補農民所得的損失。對此情形，主要在於天災救助的定位、政府財政負擔，以及考量道德風險衍生的問題。天災現金救助的定位為協助農民短期復耕能力，讓農民可以在天災過後，立即再購買種子、肥料、雇工等投入重新耕種，並非為彌補所得損失，所以在訂定現金救助金額時，即依生產費用角度思考。若要保障所得，則應循保險機制之投保與理賠才是。

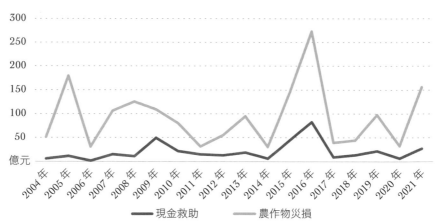

圖 6-2　歷年來農作物天災現金救助與災損
資料來源：依農業部與農糧署資料整理。

三、積極推動農作物保險

　　農業經營為高風險產業，農民經常面臨天災與市場波動之風險。國外多數國家早已實施農業保險，我國卻遲遲沒有開辦，反而以傳統補貼與天災救助方式來填補農民損失，但因政府財力有限，所能填補農民損失的程度也有限。如今氣候變遷與經貿自由化趨勢愈加明顯，政府終於在 2015 年底開始試辦高接梨保險，是我國第一張農作物保單，希望透過自助人助的保險方式，來使農民所得獲得更大的保障。

　　不過，會促使政府下定決心開辦農作物保險的背景原因，是在 2016 年 1 月發生霸王級寒流，造成全國養殖漁業嚴重災損，以及在 7～9 月接二連三的尼伯特颱風、莫蘭蒂颱風、梅姬颱風相繼襲擊臺灣本土，造成農作物極大損害，2016 年的農業災損達 383 億元，是歷來天災損害最嚴重的一年，其中農作物損害 272 億元，政府為此提供現金救助也支出 83 億元。

　　之後，政府於是在 2017 年起陸續擴大試辦農業保險品項與不同險種，以及在 2020 年通過《農業保險法》與 2021 年設置財團法人農業保險基金，宣告我國農業保險時代之來臨。

　　其實，臺灣對於農作物天災保險早已有所討論、研議，但是一波三折。在 1901 年，當時新渡戶稻造在「糖業改良意見書」中就建議臺灣實施甘蔗保險，李前總統在 1955～1957 年於合作金庫當研究員時，也曾研究農業保險制度。在 1956 年間，臺灣省農會即曾擬定「農作物收穫保險及家畜保險綱要」，合作金庫也曾向臺灣省政府要求組織農業保險公司；在 1961 年間，臺灣產物保險公司也爭取過開辦農產品保險；臺灣省農會又根據農民反映，擬定過「農作物收穫保險法草案」，送請臺灣省政府農林廳核辦，農林廳亦為此草案擬《臺灣省農業保險研究策劃委員會設置辦法》。在 1973 年，政府公布《農業發展條例》的第 58 條，即規定：「為安定農民收入，促進農業資源之充分利用，應舉辦農業保

險，在農業保險法未制定前，得由中央農業主管機關訂定辦法，分區、分類、分期試辦農業保險，由區內經營同類業務之全體農民參加，並得委託農民團體辦理。農民團體辦理之農業保險，政府應予獎勵或協助」。

在農業保險中，影響農民最多的是農作物保險，但政府考量財務負擔過重，一直遲遲不敢實施，而只有乳牛死亡保險、豬隻死亡保險及豬隻運輸死亡保險等家畜保險。家畜保險主要目的為保障養畜經濟及防止斃死豬外流，尤以豬隻死亡保險自 2005 年開辦迄今，納保範圍已順利擴大至全國各直轄市及縣市。

由於極端天氣與氣候變遷愈加明顯，傳統的現金救助及補助已不能保障農民所得，考量政府財力有限，因此讓農民繳一些保費，政府也補助一半以上的保費，以避免農民在遭受天災損害時的經濟困頓。於是在 2017 年起，政府鼓勵富邦產物保險公司推出溫度參數石斑魚養殖水產保險、臺灣產物保險公司推出屏東及高雄地區降水量參數養殖水產保險，以及臺東縣基層農會試辦釋迦收入保險。在政府積極擴大推動農業保險的情形下，2023 年已有 43 張保單、涵蓋 27 個品項，包括：

▲財團法人農業保險基金揭牌成立（2021 年 9 月 11 日）
照片來源：作者拍攝

1. 實損實賠型：梨、香蕉植株、農業設施、豬、乳牛。

2. 政府連結型：梨、芒果、雞、火雞、鴨、鵝、鵪鶉、禽流感。

3. 氣象參數型：蓮霧、木瓜、柚、甜柿、番石榴、梨、荔枝、棗、柑橘、養殖水產、石斑魚、虱目魚、鱸魚、吳郭魚、養蜂產業、西瓜及紅豆。

4. 區域收穫型：鳳梨、水稻及芒果。

5. 收入保障型：釋迦、香蕉、水稻、高粱。

6. 將既有的乳牛死亡保險、豬隻死亡保險及豬隻運輸死亡保險納入政策型農業保險範疇。

政府決心推動農業保險，除保障農民所得之外，也使農民在從事農業生產時無後顧之憂，可以安心生產與願意長期投資，也可吸引年輕人願意投入農業生產，具有促進農業長期發展的政策涵義。

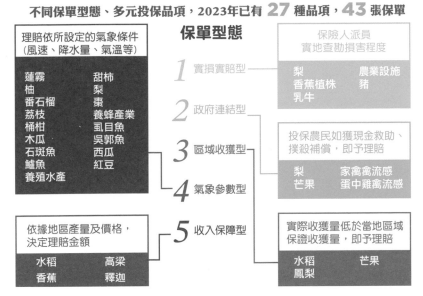

▲農業保險類型　資料來源：財團法人農業保險基金

第三節　糧食安全

一、永續發展

　　「永續發展」（Sustainable Development）的議題，始自 1987 年聯合國世界環境與發展委員會（World Commission on Environment and Development）對「永續發展」的正式定義：「滿足當代的需要，而同時不損及後代子孫滿足其本身需要之發展」，從此開啟全球對於永續發展的關注。在各國持續關注與推動下，為有更明確目標以供檢視，聯合國於 2015 年 9 月召會通過聯合國永續發展目標（Sustainable Development Goals, SDGs），包含 17 個分項目標和 169 個細項目標，並於 2016 年起開始推動執行。內容涵蓋終結貧窮、消除飢餓、性別平權、潔淨水源、可負擔的綠能、責任消費與生產、氣候行動等，跨經濟、社會、環境三大面向。目的是期許在 2030 年前，透過改善糧食安全、加強生物多樣性保育及國際合作等議題，建構人類與環境共存的永續世界。

▲聯合國永續發展目標（Sustainable Development Goals, SDGs）
資料來源：The Global Goals For Sustainable Development

在 SDGs 的目標二（Zero Hunger），強調終止飢餓，實現糧食安全，改善營養狀況和促進永續農業，是直接與各國農業部門維護農業資源，以生產足夠糧食的基本功能有關。因此，農業在未來的永續發展中，生產足夠糧食與確保糧食供應無缺，將扮演著關鍵的角色。尤其是因氣候變遷所面對的自然風險，農業在確保糧食安全與提高糧食自給方面，更具有高度的挑戰性，如何發揮永續農業的功能，確實是解決糧食危機的根本方法。

二、糧食安全與風險

糧食安全（food security）與食品安全（food safety）不同，前者是強調糧食數量的足夠性，而後者是著重食品品質的安全性。在不同國家與不同所得水準，對於糧食安全與食品安全的偏重程度不同。以下僅針對糧食安全而言。

聯合國在1974年時，曾發布「世界糧食安全國際約定」（International Undertaking of World Food Security），要求各國供應足夠的基本糧食，擴大糧食生產及降低產量與價格的波動，改善貿易、辦理儲備及援助措施，以確保任何人在任何時候，均可獲得使生存和健康所需要的足夠糧食。基本上，糧食安全的定義係著眼於基本消費水準的維持，而非為保障生產所得的代名詞，其重點在於「任何時候」的持續性、「獲得」的方式、所謂「足夠（或充分）」的目標、消費水準認定，以及尚有不同文化內涵的考量。

依糧食供應的來源而言，糧食安全可由國內生產、國外進口，以及庫存釋出等三個面向所構成。但是現在世界各國都面臨疫情、戰爭、能源、氣候等四大風險，在在考驗著糧食安全的三個構面，如何維持糧食量足價穩，是相當嚴峻的考驗。

2020 年爆發的嚴重特殊傳染性肺炎（COVID-19）疫情傳染全世

界，確診及死亡人數不斷攀升，迫使各國採取隔離、封城、居家工作等
方式，直接影響農業生產與糧食供應，有些國家開始選擇糧食出口管制，
加上碼頭作業延遲、塞港及航運費用暴漲，使得許多糧食進口國的糧價
持續上漲，進口量亦陷於高度不確定。本以為到 2022 年疫情逐漸緩和，
糧食的量與價可望恢復正常水準。但在 2 月底卻又爆發俄羅斯攻打烏克
蘭的戰爭事件，而俄羅斯與烏克蘭均是世界玉米及小麥的主要生產國及
出口國，戰爭重挫糧食生產及出口供應，國際糧價有如火上加油，更是
持續上漲。與糧價高度連動的油價也因禁運而暴漲，過去在 1970 年代
及 2008 年，曾發生石油危機與糧食危機的共伴效應，歷歷在目，更加
深大家對於糧食安全的擔心與緊張。

其實，眼前的疫情、戰爭、能源都還可能只是短期風險，未來可能
還有普遍影響動植物的病蟲害、禽流感及瘟疫、戰爭後續可能造成地緣
政治風險、能源不會只限於石油或天然氣，當發展為綠色能源或生質能
源時，也會影響農業生產及消費。當然，我們更感受到本世紀以來，氣
候變遷與極端氣候的異常變化，使得糧食生產受到相當的衝擊，未來將
對於各國糧食的生產、出口及進口政策與作法都會有所影響，此長期風
險更值得我們關切。

三、我國糧食生產與糧食自給率

糧食涵蓋五穀雜糧、蔬菜水果、畜禽肉類、水產、乳品、油脂、糖
及薯類。以熱量計算的綜合糧食自給率，依農業部的糧食供需年報統計：
在 2021 年僅有 31.3%，已較 1990 年的 43.1%，明顯下降近 12%。

糧食自給率的偏低，其中，2021 年的穀類甚至只有 28.3%，雖然
稻米自給率持續提高至 102.0%，但黃豆、玉米、小麥長年依賴進口，
國內黃小玉自給率不到 2%。每年從國外進口黃豆、玉米、小麥等大宗
穀物數量多維持在 850 萬公噸左右，但因國人肉類及麵食消費量不斷

增加，故自給率持續下降。肉類的自給率亦每下愈況，在 2022 年為 73.5%，也較 2012 年的 82.2% 下降許多。

　　稻米為我國消費主食，政府始終高度重視稻米生產，不管是在戰後恢復糧食生產能力，或是 1960 年代末期，農業生產下滑及 1973 年的國際糧食危機，政府都以確保稻米的生產無虞為優先考量，即使因實施稻穀保價收購政策，造成稻米生產過剩，亦在所不惜。不過，國人對於白米的消費卻隨著所得提高而下降，從早期在 1967 年平均每人每年消費 141.47 公斤，到 2022 年只有 42.98 公斤。

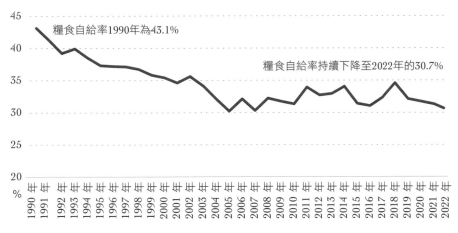

圖 6-3　歷年來我國糧食自給率之變化

資料來源：農業統計年報。

　　若以 150 公克白米可煮成 2 碗飯計算，現在一個人一天僅吃 1.6 碗飯，中、晚兩餐，每餐吃不到 1 碗飯！在需求持續減少的情形之下，將會造成稻米產業發展的危機，也突顯農業部門以稻米生產為核心的矛盾。更諷刺的是，因為消費型態的西化，國人對於麵包、烘焙糕點及麵食的消費有增無減，1952 年平均每人每年消費麵粉 11.33 公斤，到 2022 年為 38.13 公斤，直逼白米消費量。偏偏麵粉所需的原料小麥幾乎都是國外進口的。

　　當年在二戰後的 1951 ～ 1965 年美援年代，美國為圍堵共產勢力擴張，提供對我國在軍事、物資，以及基礎設施的援助（稱為「美援」），同時也為了解決美國自身糧食過剩的問題，於是在 1954 年通過「480 法案」，全名為「發展農業貿易及協助法案」（the Agricultural Trade Development and Assistance Act of 1954），也就是對開發中國家提供救濟物資，包括黃豆、小麥、原棉、菸草、奶粉等原物料，這些物資不僅可以舒解開發中國家糧食不足的問題，也可以解決美國自身農產品生產過剩的問題；更重要的是，藉此改變民眾的飲食型態，從而產生對美國小麥、玉米及黃豆進口的依賴。在美援之後，由於國人對於肉類消費需求持續增加，而飼養畜禽所需的飼料玉米在臺灣的產量非常少，還有製作食用油所需的黃豆也不是產自臺灣，幾乎都要從國外進口，以及要進口更多的麵粉來滿足國人對於麵包、烘焙糕點及麵食的消費，難怪糧食自給率持續偏低。

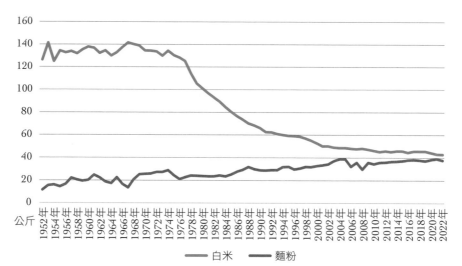

圖 6-4　歷年來我國白米與麵粉每人每年消費之變化
資料來源：農業統計年報。

四、糧食生產替代進口

　　為確保糧食安全，降低進口依賴，並為調整作物生產結構，最理想的做法，應該是將稻田轉作雜糧，減少稻米生產過剩，並可增加黃豆、小麥及玉米的產量。但是稻米產業經長期發展下來，已具有相當成熟的基礎，也建立農民、農會、糧商、育苗場、代耕中心、肥料及農藥商等利益共構體系，產業機械化的程度亦最高，又有稻穀保價收購政策的支持，已形成許多兼業農民的首選，也是維護農地持續利用的最佳方式，要改變既有利益結構與行為模式，談何容易。而種植黃小玉的收益是否高於稻米，產業生產分工體系是否已完整建立，國產品質和價格是否可與進口競爭，以及政策對於農民所得的支持程度等問題，皆是作物生產結構調整的關鍵。

　　我國為生產飼料玉米，在 2013 年起配合「調整耕作制度活化農地計畫」，即列為重點推廣之進口替代作物之一，種植面積也從 8,350 公頃增至近年的 16,000 公頃左右；另為配合調整稻米產業結構及活化農地政策，政府透過「大糧倉計畫」推動稻田轉作甘藷、大豆、胡麻、蕎麥、食用玉米、花生等雜糧，但是雜糧種植面積始終無法進一步擴大，關鍵即在於市場規模與政策支持。

　　其實，政府對於黃小玉及雜糧的轉作給付與價差補貼，仍低於稻米保價收購支出，可考慮從財務支出結構的移轉，來持續推動轉作飼料玉米。從長遠來看，為減少碳足跡、避免受到國際糧價及運費影響，提高糧食自給率實有必要。尤其是近來國際穀物價格持續上漲，已大幅縮小國內外價差，政府大力支持國產雜糧的種植正是時候。彰化縣是臺灣糧倉，未來在糧食自給與糧食安全，相信可扮演更重要的角色。

第貳篇
彰化農情

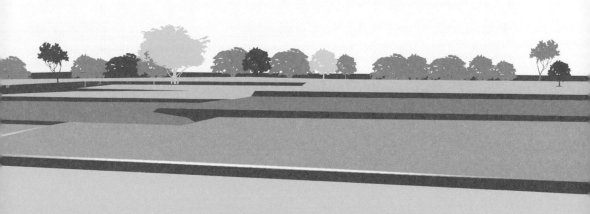

第七章
彰化開發與早期農業發展

　　彰化在臺灣這塊土地上存在已久，但相較於南部與北部的開發時間，無論是在文化遺址或是產業帶動經濟的發展方面，都是相對較晚。不過，在原住民與先民的持續活動與開墾之下，三百多年前，因為水利開發而在農業生產漸趨發達及多樣化，讓彰化平原上的人、地、物更加豐富。

　　本章即從新石器時代、荷蘭時期、明鄭時期、清朝時期、日治時期等不同階段在彰化土地的早期農業開發，娓娓道來，讓我們乘坐一趟彰化的時光之旅吧。

第一節　新石器至明鄭時期

一、「牛埔遺址」

　　雖然臺灣在 3 萬年前，已有人類在此島嶼活動，從舊石器時代開始，人類以捕魚、打獵和採集野菜果實為生，並形成聚落。到約 4,700 年前的新石器時代，臺灣農業已進入耕種階段，人們不再逐水草而居，臺灣的人類文明也從此露出曙光，臺灣北部的「大坌坑文化」，即為此時期的代表。

　　但是，臺灣中部直到新石器時代的晚期，才陸續出現文化遺址，距今約 3,500 年前，以臺中市清水區的「牛罵頭遺址」與臺中市大肚區的「營埔遺址」，均為此時期的代表。「牛罵頭遺址」大多分布於中部地區盆地周緣的海岸階地，包括彰化縣彰化市的「牛埔遺址」。

　　「牛埔遺址」位於彰化市牛埔里台鳳段 182 地號土地（現為聯興國小棒球場及自然生態教學園區），也就是在彰化市八卦山東北端的丘陵。於 1992 年被發現，是彰化縣境內面積最大、內容最豐富的史前遺址，

包括「大坌坑文化」、「牛罵頭文化」、「營埔文化」等不同文化層的大量陶片、石器，推測大約從 4,500 年前即有人類居住於此。

　　新石器時代之後的金屬器時代，距今約 2,000 年至 400 年前。由於臺灣北部沿海地區的史前居民，開始煉鐵及製造鐵器，使臺灣進入了鐵器時代，「十三行文化」即是此時期的代表。在中部較具代表性的是「番仔園文化」，代表臺灣西海岸新石器時代晚期到鐵器時代的過渡階段，主要表現在高溫燒製灰黑陶、煉鐵，並使用鐵器取代石器。在沿海地區，鐵器開始被打造成矛頭、箭頭、鋤頭、小刀、鐮刀等來打獵、切肉、種田、收割，但在較內陸及高山地區的原住民尚未學會煉鐵技術或不易取得鐵器，故這些地方主要仍使用石器，因此這時期是鐵器與石器並存的情形。

　　上述遺址在彰化地區都僅涵蓋八卦臺地的北端，而且是從大肚臺地延伸過來的，顯示彰化地區的史前文化出現較晚，而且中部地區的開發，主要分佈在大肚溪及大甲溪中下游地區的河階地和丘陵，也可想像早期開發是從沿海平原向內陸擴展的趨勢，尤其在「營埔文化」階段最為明顯。彰化地區發展較晚且沒有文字記載，均憑考古遺址推測。農業生產活動也停留在稻米、小米與根莖類作物農耕，以及狩獵、採集、漁撈等原始型態。

▲「牛埔遺址」出土現場／圖片來源：彰化縣文化局

　　考古遺址是過去人類在此地生活所遺留的建物、器物、用具，甚至墓葬方式、陪葬品等，都可以遙想當年人類生活與風土習俗，並提供文化變遷和環境變遷的訊息。在人與土地關係的歷史連續時間過程中，考古遺址具有豐富的歷史資訊，可推測開發歷程、物種變化、或氣候變遷等。其實，當我們來到人世時，這世界已有許多人曾在此活動過，也留下許多器物、典章制度等，這是文化流傳與先祖們打下的基礎。我們的所見所聞與所食所用，都不是從零開始的，當我們看到這些遺址，不禁抱著感恩與謙卑的心情，謝謝先祖們的開發與大地恩賜，農業就是這些文化的主要內涵。

二、臺灣開發由南向北

　　臺灣雖有一些考古遺址，但並未涵蓋更大區域，臺灣的開發還是靠外來政權與大陸漢人移民。例如：1621 年的顏思齊、鄭芝龍等進駐笨港（北港）及臺江（安平）一帶、荷蘭與西班牙分別於 1624 年、1626 年占據南部安平與北部基隆，以及在明清時期一波接一波從唐山到臺灣的漢人移民。

　　臺灣在 400 年前開啟一波波的開墾與拓荒，但主要仍以南部為開發重心。荷蘭時期（1624 ～ 1662 年）以臺灣為殖民地並發展貿易，主要是在臺灣西南平原種植甘蔗和稻米，荷蘭東印度公司並招募漢人前來臺灣開墾，從此奠定南部以米糖經濟為發展的基礎。

　　彰化地區要等到鄭成功因「寓兵於農」的政策，開始實施屯田制度，臺灣從南到北大肆墾殖，才有機會開發。1661 年 4 月鄭成功率師入臺，以普羅民遮城（今赤崁樓）為承天府，同時設置天興縣、萬年縣；其中，彰化地區隸屬天興縣管轄。1664 年明鄭王朝再改設南路、北路、澎湖三個安撫司以治軍屯；其中，彰化地區改隸北路安撫司管轄。不過，彰化地區離承天府較遠，政府管轄目的在於安撫原住民，而非從事開發。

　　彰化地區當時的原住民主要為平埔族人，分別屬於巴布薩族（Bapuza）與洪安雅族（Hoanya）兩大族群，共有半線社（在今彰化市）、柴坑仔社（在今彰化市）、阿束社（在今和美鎮）、貓羅社（在今芬園鄉）、馬芝遴社（在今福興鄉）、大突社（在今溪湖鎮）、二林社（在今二林鎮）、東螺社（在今埤頭鄉）、眉裡社（在今溪州鄉）、大武郡社（在今社頭鄉）等十社，而漢人移居彰化地區，則是在 1666 年（明永曆 19 年）才出現。

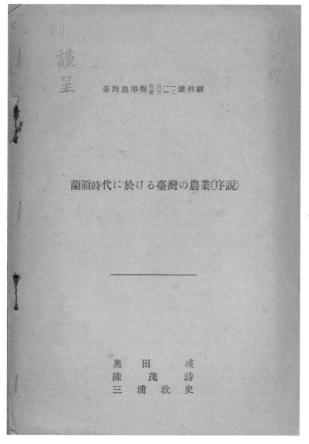

▲荷蘭時期臺灣的農業（簡介）

奧田彧、陳茂詩、三浦敦史合著《蘭領時代に於ける臺灣の農業〈序說〉》論文。描述荷蘭時期臺灣的農業狀態及荷蘭人對臺灣的統治政策。其中，作者之一的陳茂詩為彰化田中人，1928 年畢業於臺灣總督府臺北高等農林學校；戰後，1946 年政府成立省立農學院，陳茂詩擔任首位農藝系主任，次年農業經濟系成立，轉任該系首任系主任，至 1951 年卸任。

圖片提供：國立臺灣歷史博物館

第二節　清朝時期

一、彰化農田水利開發

　　鄭成功在驅逐荷蘭之後，臺灣在明鄭時期（1662 ～ 1683 年）的逐水拓墾並進行水田農業，已由南往北形成一種風氣，或可稱為「水田化運動」，但往北仍僅止於北港溪，且都只是局部、小規模灌溉的埤（陂）塘開發。

　　臺灣於 1684 年（康熙 23 年）被納入清朝版圖，臺灣再度易主，但初期仍未見進一步開發。不過，因為清廷終於解除粵閩浙江四省的海禁，並讓之前被遷界令強遷的沿海居民回歸復業，許多沿海百姓也開始將目光轉向海上對外的發展機會。當時臺灣仍有許多土地尚未開發，於是向清廷申請墾照，集資並糾結親朋好友一起來到臺灣開墾。由於臺灣中部距離最近，且尚未開發，因此由濁水溪或大肚溪設法開鑿引水，成為移民開墾的首選。由民間資本雄厚的業戶進行大規模的水利建設，則是從 1709 年的「施厝圳」（後稱為「八堡一圳」）開始。

　　「八堡一圳」是由鹿港人施世榜籌資 50 萬兩興建的，墾號為「施

▲八堡一圳、八堡二圳取水口

　　八堡一圳原稱施厝圳，由施世榜集資興建，1719 年（康熙 58 年）竣工。八堡二圳原稱十五庄圳，由黃仕卿興築，1721 年竣工。八堡圳灌溉彰化全區十三個堡中的八個堡，故稱八堡圳。這是清代臺灣規模最大的水利工程，灌溉面積 18,000 公頃，涵蓋一半以上的彰化縣域。

　　圖片來源：作者拍攝

長齡」，引濁水溪歷經 10 年，於 1719 年完工。施世榜開彰化水利建設風氣之先，其他人也相繼跟進。例如：1718 年福建泉州人楊志申，由臺南遷至彰化柴坑仔庄（今彰化市國聖里）定居，故在北彰化引貓羅溪開鑿「二八圳」，灌溉 1 千餘甲水田；廣東省潮州府饒平縣人來臺後定居於埔心鄉的黃仕卿，於 1711 年開始建造「十五庄圳」（後稱為「八堡二圳」），墾號「黃元」，也是 10 年後於 1721 年完成開墾，灌溉十五庄、溪州、田中、二水、社頭等地的農田。楊志申還與施世榜合資開鑿和美的「福馬圳」，也與曾姓共築「快官圳」，以及與張韜合築「東西二三圳」。這些墾首都因水利開發成功，收水租及田租致富，但也都在地方慷慨行善、濟弱扶貧、鋪橋造路，廣受鄉里稱道。

　　施世榜在水圳開鑿成功並致富之後，已預知下一階段的發展在海邊及港口，因此在 1726 年向陳拱購得從秀水馬鳴山至鹿港海邊的墾照，進行鹿港海埔新生地的開發，開發完成後，捐地興建天后宮，並邀大陸晉江、錢江之同宗親戚來臺生活，也促成日後「鹿港施一半」的流傳俗諺。

　　為使後人生生世世感念施世榜的開墾恩澤，至今在鹿港天后宮右廂崇祀施世榜的祿位，廳堂有牌扁「功垂八堡」。祿位上書寫「大檀樾主

▲施世榜祿位
圖片來源：作者拍攝

▲石筍
林先生廟所在地的源泉社區請鄉內耆老親自示範石筍施工法並講解引水技能。真正的石筍高度約 1.2～3 公尺，以石塊填入籠內，一座座相連，以圍堵的方式攔水導入圳內。石筍（ㄍㄡˇ）鄉民稱為「籠仔笱（臺語）」。
圖片來源：彰化縣文化局提供

恩進士勅授文林郎兵馬司副指揮壽寧縣儒學教諭施諱世榜祿位」。農曆
10 月 25 日為施世榜冥誕，每年此日施家後代會來到鹿港天后宮祭祀先
祖。目前全臺灣僅有兩處供奉施世榜長生祿位，分別在二水林先生廟、
鹿港天后宮。

　　其實，早在施世榜開鑿「八堡一圳」之前，其父施啟秉即由臺南移
居至鹿港，領有「半線社」墾植權，在 1701 年開始招募人手開墾彰化，
可惜在 1709 年逝世，開墾的未竟之業，才由施世榜接手完成。

　　施世榜自鼻仔頭（今彰化縣二水鄉源泉村）設置圳頭，鑿通渠道，
引進濁水溪水源灌溉農田，所以在源泉村林先生廟內仍矗立著一塊書寫
「源頭」的石碑，便是為紀念八堡圳的源頭於此設立。

　　「八堡一圳」的開鑿，有段傳奇故事，因當時無法順利將水引入圳
道，一位自稱「林先生」的耆老即指點施世榜採用「土工法」，利用籐
竹編成「壩籠」（又稱為倒笱），再將石塊填入以完成「笱」（ㄍㄡˇ），
而以笱築堤及夜間結燈判斷地勢高低，即可將水導進圳道。林先生言畢
即不知去向，後人為感念恩澤，就在二水鄉源泉村的取水口蓋「林先生
廟」以表感謝，並於每年中元節，由彰化農田水利處與民眾共同祭拜。
我們常講「飲水思源」，在此形容得最為貼切。八堡圳將濁水溪富含鈣
磷鎂的黑泥水，灌溉彰化平原，讓後代子孫永享物產豐饒，實在感恩。

▲林先生廟

據說「八堡一圳」的開鑿，得利於有
位「林先生」的傳奇故事。後人為感
念恩澤，就在二水鄉源泉村的取水口
蓋「林先生廟」以表感謝，1975 年
由當時的省主席謝東閔撥款重修，並
由彰化農田水利處管理，成為官設公
廟，並於每年中元節，由彰化農田水
利處與民眾共同祭拜。

圖片來源：作者拍攝

　　「八堡一圳」與「八堡二圳」兩個灌溉系統，分別流往彰化縣內西北與西南方向，僅田中鎮與二水鄉同時有八堡一、二圳穿越，因都從濁水溪引水，後來在日治時期 1907 年（明治 40 年）合併為同一系統，統稱「八堡圳」。總長度 566 公里，灌溉面積達 18,000 公頃，拓墾之後的耕地面積也因此增加了 11,000 公頃。2001 年集集攔河堰建立後，「八堡圳」被納入「集集共同引水計畫」的北岸聯絡渠道中，藉此管道對濁水溪進行引水，經新的引水道至新的「八堡圳制分水門」再入原水道，以改善過往的水量不定、含泥量較高等問題。

　　「保」為基層行政區域名稱，是現今幾個鄉鎮的集合，但易被誤解為「保甲制度」的「保」，其為戶籍管理單位，直到日治時期才將「保」更名為「堡」。當時彰化縣有十三個保，而八堡圳即涵蓋其中八個保，

▲彰化縣十三個保分佈地圖／許綉珊繪製

彰化縣十三個保

1897～1919 年間，彰化縣轄區有十三個保，而八保圳即涵蓋其中八個保，包括東螺東保、東螺西保、武東保、武西保、燕霧上保、燕霧下保、線東保、馬芝保等地區。

名稱	涵蓋現今範圍	
武東保	員林市南部、社頭鄉中東部、田中鎮東部，及南投縣的名間鄉西部、南投市西端	八保圳範圍
武西保	埔心鄉、溪湖鎮東南部、永靖鄉大部分、員林市西南端、社頭鄉西端、田尾鄉東部	
馬芝保	鹿港鎮、福興鄉、秀水鄉西部、埔鹽鄉中東部、溪湖鎮東北部	
東螺東保	二水鄉全部、溪州鄉東部、田中鎮西部、田尾鄉中西部、永靖鄉西南部	
東螺西保	北斗鎮、溪州鄉西部、埤頭鄉中南部、田尾鄉西南部	
燕霧上保	花壇鄉全部、秀水鄉東部	
燕霧下保	大村鄉、員林市北部	
線東保	彰化市大埔、莿桐、大竹圍	
線西保	伸港鄉、線西鄉、和美鎮西部	
貓羅保	彰化縣芬園鄉、彰化市東部、臺中市霧峰區、烏日區南部	
二林上保	二林鎮東北部、溪湖鎮西部、埔鹽鄉西南部	
二林下保	二林鎮中西部、芳苑鄉南部、埤頭鄉北部	
深耕保	竹塘鄉、大城鄉、芳苑鄉南部、二林鎮東南部	

包括東螺東保（二水、田中及永靖、田尾的局部）、東螺西保（北斗及溪州、田尾、埤頭的局部）、武東保（社頭、田中、員林的局部）、武西保（埔心、溪湖、員林、永靖、田尾局部）、燕霧上保（花壇、秀水東部）、燕霧下保（大村、員林大部分）、線東保（彰化市大埔、莿桐、大竹圍）、馬芝保（鹿港、福興及埔鹽、秀水、溪湖的局部）等地區。

　　彰化縣在「八堡一圳」、「八堡二圳」相繼建設之後，奠定彰化三百年來的發展基業，也使彰化縣成為臺灣的農業大縣。彰化縣開發史有「南施北楊」之說，也就是施世榜在南彰化開鑿「八堡一圳」，以及楊志申在北彰化開鑿「二八圳」，連橫在《臺灣通史》之＜列傳＞謂：「半

線初啟，草萊未墾…志申遂鑿二八圳，引貓羅溪之水以溉，潤田千數百甲；又鑿福馬、深圳，線東西兩堡之田皆楊氏有也。」彰化是臺灣的穀倉，稻穀產量占全臺五分之一，造就這片富庶彰化平原的關鍵，就是八堡圳及其發達的水系圳道。水利開發之後，彰化縣已可種植上百種作物，涵蓋五穀雜糧、花果蔬菜等，加上鹿港的開闢，讓彰化縣成為清朝中後期可供內外銷的農業重要產區。

　　另在日治時期 1901 年，總督府發布《臺灣公共埤圳規則》，並將陳四芳於乾隆時期所開鑿的「莿仔埤圳」收歸為第一條官設水圳，也就是從溪州鄉取水濁水溪灌溉整個彰化西南地區，流經溪州鄉、埤頭鄉、二林鎮、芳苑鄉等，全長約 23 公里，流域面積近 9,000 公頃，是彰化縣第二大的灌溉系統。

　　但是在 2001 年，「莿仔埤圳」取水改由集集攔河堰濁水溪北岸聯絡渠道取水，新的「八堡圳制分水門」也只設八堡圳及荊仔埤圳聯絡渠道，二水鄉溪埔地原依賴「莿仔埤圳」灌溉的「溪底田」，被攔河堰斷水之後反而成為旱地。不過，各圳道經由集集攔河堰予以制水之後，水量統籌分配，可獲得較為穩定的水源供應。

　　另外，在 2009 年政府通過開發中科四期的「二林園區」，更引發水源來自「莿仔埤圳」的搶水之戰，農業用水與工業用水之間的調用競爭，也影響彰化農業的生產。

二、彰化建縣

　　清朝時期的彰化縣，原隸屬於諸羅縣，但在 1721 年發生朱一貴反清復明的事件之後，藍鼎元上書「諸羅地方遼闊，鞭長不及，應劃虎尾溪以上另設一縣」，以及巡臺御史吳達禮也上奏「諸羅縣北半線地方民番雜處，請分設知縣一員……」。清廷考量彰化縣已完成大規模水利開鑿與土地開墾，稅收已能支應地方建設與行政運作，因此在 1723 年（雍

▲彰化孔廟
完工於雍正 4 年（1726 年）由彰化
縣知縣張縞倡建儒學所建，「建學
立師，以彰雅化」，建築為漳州風
格，現狀格局為道光 10 年（1830 年）
重修結果。1983 年被列為國定一級
古蹟。
圖片來源：作者拍攝

正元年）將諸羅縣一分為二，也就是將虎尾溪以北與大甲溪以南的地理
範圍設置「彰化縣」，當時的轄域比現在還大，並在半線（今彰化市）
作為縣治所在地。

　　彰化縣建縣自此開始，至今已三百年。而「彰化縣」的縣名，相較
於諸羅縣、鳳山縣、或臺灣縣的名稱，被持續使用的時間更久，至今猶
存。在彰化建縣後隔年，官方即興建孔廟，以期教化民心，故彰化儒學
始於甲辰（1724 年），孔廟碑文即寫下「建學立師，以彰雅化」，此
為「彰化」之名的原由。特別的是，臺灣有許多縣市名稱取自地理位置
或山川特色，相形之下，「彰化」名稱顯得典雅。1726 年孔廟興建完成，
文風鼎盛，清朝的臺籍進士共有 37 位，其中 10 位來自彰化，有 17 座
書院化育學子，與臺南府城不分軒輊。

三、一府二鹿三艋舺

　　「一府二鹿三艋舺」為描寫臺灣開發由南向北的過程及時間順序，
「一府」為臺灣府城（今臺南市中西區與安平區），在 1624 年 8 月荷
蘭人從臺南的安平沙洲登臺殖民，清廷在 1684 年將臺灣納入版圖並設

置為福建省臺廈道臺灣府，此後清朝時期的發展，二百餘年來一直是全臺首邑。

　　「二鹿」為鹿港（今彰化縣鹿港鎮），於 1784 年（乾隆 49 年）清廷開放鹿港為通商口岸之後，因可以直航至大陸進行貿易而更加發達。船隻可透過當時的舊濁水溪由鹿港出海，這與當時彰化水田開墾之後，稻米產量大增，接著即開始對大陸輸出米穀有關。而其實鹿港在 1741 年（乾隆 6 年）已被形容為「水陸碼頭、穀米聚處」，只是還不能直航至大陸。彰化縣於 1723 年設縣之後，更加速彰化平原的開墾，大陸來臺移民因而激增，也造就鹿港更加繁榮熱鬧，彰化縣的農業生產也因鹿港而有貿易活動與商業氣息。乾隆 50 年（1785 年）起至道光時期（1821 ～ 1850 年）為鹿港的全盛時期，之後因港口泥沙淤積而逐漸沒

▲彰化媽祖廟（即在彰化市區的南瑤宮）

　南瑤宮的歷史與彰化建縣同年，據記載為清雍正元年（1723）一位名叫楊謙的窯工自諸羅縣（今嘉義）將笨港天上聖母之香火攜來。乾隆 3 年（1738）瓦磘庄陳氏捐獻土地建立草茅小祠奉祀天上聖母，被稱為「媽祖宮」，此為建廟之開始。同年 11 月，總理吳佳聲、黃景祺、林君、賴武等發起募資建築本殿，並雕塑神像五尊，正式定名為「南瑤宮」。

　圖片來源：國立臺灣歷史博物館

落。在嘉慶中葉後，因淤塞問題而使舊港陸續轉移至沖西港（鹿港街西方 4 公里處）、番仔挖（今芳苑鄉），淤塞也使得鹿港離海邊愈來愈遠而陸地化。鹿港的沒落，甚至在日治初期興建縱貫鐵道時，鹿港也不被考慮路線經過。

鹿港繁榮鼎盛前後超過百年歷史，目前在鹿港小鎮處處可見風華歲月的痕跡，許多的宮廟、洋行、郊行、商號、宅院散布在大街小巷，是全臺唯一保存最完整的清代閩南式建築「古市街」，走一趟彷彿鹿港老街仍停留在歷史時光中。

「三艋舺」為今臺北市萬華區，則因北部種植茶葉，並將精製茶葉外銷至美國而發展起來，並擴散到大稻埕等地區，臺北市也從此是臺灣的政經重心。

四、四寶斗五番挖

一直以來，大家琅琅上口「一府二鹿三艋舺」，那四呢？還有五呢？在地人會說「四寶斗五番挖」。

「寶斗」是北斗的舊地名，背後訴說著過往的繁華歲月。寶斗主要是舊濁水溪帶來的際遇與改變，因為鹿港輸入的民生用品及海產，可以沿著舊濁水溪運至彰化平原及山區。寶斗又居於離濁水溪較近且溪水較淺的地理位置，也成為濁水溪兩岸最重要的渡口，造就特別的「三條圳渡」（舊濁水溪、濁水溪、八堡圳），西螺、莿桐、員林、竹山等地商人都來寶斗採購買賣。因此，寶斗自然成為內陸山區和海港之間的交通樞紐，東西相連、南來北往，成為彰化平原最重要的內陸水運中心，工商業鼎盛，也是四周農產物的主要集散地，並有牛墟進行水牛和黃牛的買賣。不過，寶斗畢竟是河港，與鹿港為海港及通商口岸的角色，不可同日而語。

但這些都是 1723 年（雍正元年）清廷在彰化設縣之後，隨著鹿港

繁榮而發達起來。相對的，鹿港沒落之後，寶斗漸趨沉寂。不過，彰化文史工作者蔣敏全老師曾謂：「四寶斗五番挖，是否代表在清代時期，值得商榷。」「因為三艋舺是清末才形塑而成俗諺。寶斗早在道光咸豐年間河運就沒落了，反而溪湖地區的河運延續到日本初期。因舊濁水溪的氾濫，溪湖地區的河港遷徙不斷變化。從時間序分別為牛埔厝港－大突港－浸水港－西勢厝港，歷史比寶斗久遠。清代彰化三大牛墟分別為寶斗、員林、溪湖，所以溪湖繁華比寶斗更盛，這也是它人口數多於寶斗的主因素。」在日治初期 1898 年，發生「戊戌年大水災」，並在1911 年濁水溪平原發生大洪水之後，日本人決定整治濁水溪，將原來擺盪不定的河道截堵，在目前的濁水溪兩側陸續進行護岸堤防工程，終於在 1921 年全部完工。自此，寶斗也因為舊濁水溪萎縮而風華不再。

此外，「番挖」（原稱為「番仔挖」）為今彰化縣芳苑鄉芳苑、王功一帶；過去為原住民巴布薩族的居住地，故有「番仔」地名，且有一條溪道轉彎入海於此，臺語稱轉彎為「挖」，兩者合併而成地名，亦簡稱「番挖」。王功漁港因在 1964 年政府開發海埔新生地而同時規劃起建，並於 1969 年落成，大大改變王功的沿海地景。

臺灣中南部西海岸，因為海水潮汐侵蝕與漂沙堆積作用下，常有淤沙問題，例如：中彰雲由許多河川堆積泥沙形成灘地海岸（潮間帶），西南部的雲嘉南高屏也有河口沈積沙岸，以及在海岸形成潟湖或淤積成為海埔新生地的現象，所以港口若沒有經常清淤的話，就會影響船舶進出。王功漁港因地形關係及漂沙沉積的問題，導致港區淤積得很快，大約兩年就要進行疏濬作業，否則在退潮時船筏即會擱淺在港區，在外海捕撈的船隻也無法進來。

五、田賦與農民抗爭

清廷對於土地實施「墾佃制度」，也就是由官府核發墾照之後，「墾

首」即共同出資或獨資，招徠「墾佃」進行開墾，「墾佃」因土地太大而招募「佃農」耕作；其中，「墾首」向「墾佃」收取的地租稱為「大租」，而「墾佃」向「佃農」收取的地租稱為「小租」，「墾首」再向官府繳交「正供」。因此，在一塊土地上即有「墾首」（大租戶）與「墾佃」（小租戶）之「一田二主」現象，若「墾首」是向原住民承租的土地，則又將變成「一田三主」，或如果土地一再轉佃，也會變成「一田多主」。

1888 年，當時兼任福建巡撫與臺灣巡撫兩職的劉銘傳，為整頓稅制、開拓財源，實施「丈量土地，按畝徵銀」，於是展開全面的田賦帳冊清理工作，並進行全臺丈量土地工作，以清查過去隱匿未上報官府的開墾田地。原本立意正當合理的丈量工作，但卻引發農民對於評定等級與丈量面積的爭議，也有不肖地方官員，如彰化知縣李嘉棠藉機要求賄賂，還有規定農民必須領取丈單並繳交每畝 2 元等問題，引發二林保浸水莊（今彰化縣埔鹽鄉新水村）農民對於丈量工作的抗拒。

當地的「公道大王」施九鍛，於是率眾向官府請命重新丈量並焚丈單，民眾群情激憤，甚至聚集至五六千人包圍縣城，李嘉棠緊急要求派兵鎮壓民變，統領林朝棟自北馳援攻克八卦山之後而解危。平定之後，李嘉棠被革職，此一「施九鍛事件」為臺灣清治時期後期重大民變事件之一，但也埋下農民對於官方丈田政策執行不公的抗議種子。之後在 1925 年爆發農民不滿林本源製糖株式會社對農民剝削的「二林蔗農事件」，以及 2004 年抗議政府開放白米進口的「白米炸彈客」二林人楊儒門，都是和二林一帶的人與地有關，說明了二林農民對於公平與正義的堅持。

六、人口及族群分布

早期在彰化縣境內，原住民的平埔族有兩個系統：一個是西部靠海的「巴布薩族」，或稱「貓霧楝族」（Babuza）；另一系統是較內陸的

「洪安雅族」，或稱「和安雅族」（Hoanya），從彰化的許多新舊地名，可以明顯感受我們這些屬於南島民族的平埔族祖先的身影，例如：以前彰化地區統稱為「半線街」，是平埔族中的巴布薩族的「半線社」所在地；「二林」是平埔族巴布薩族「二林社」的故鄉；溪湖鎮內有「大突里」，是以前洪安雅族的「大突社」所在地；芬園鄉內也有「舊社村」，指的是洪安雅族的「貓羅社」等。

彰化縣在 1893 年時人口約 262,000 人，依《臺灣在籍漢民族鄉貫別調查》，而在 1926 年的人口已達 38 萬人，其中泉州裔人口 21 萬人為最多，而漳州裔人口有 12 萬，且依墾植地區或械鬥之後分離，泉州人及其後裔分布於海線各鄉鎮、漳州人及其後裔分布於山線各鄉鎮，而客家人及其後裔則散布在埔心鄉、員林市、田尾鄉一帶。

較特別的是，彰化縣也有來自大陸長白山上女真族後裔，主要定居在福興鄉「粘厝庄」，是在清朝乾隆年間渡海來臺，至今粘氏宗祠仍奉祀完顏宗翰，還掛有清太祖努爾哈赤的圖像呢。

周國屏（2007）也指出：彰化縣在 1950 ～ 1980 年期間，先後建有 10 處眷村，其中 8 村位彰化市，另花壇鄉與員林鎮各一；依地點而言，有 6 村位於八卦臺地上或其周邊山麓，規模較大，每村 63 ～ 200 戶不等；僅有 4 村位居彰化隆起海岸平原上，且眷村規模較小，每村介於 12 ～ 22 戶之間，主要是邊際地區大規模土地之取得較易。

此外，1952 年國防部也於彰化縣溪州鄉下水埔成立「彰化大同合作農場」，安置退除役軍人；1954 年行政院國軍退除役官兵就業輔導委員會（簡稱退輔會）成立，彰化大同農場改由國防部改隸的退輔會接管，自此取消中隊隊銜，轉設下水埔、漢寶兩個分場，採「合耕合營」制，除了從事農地墾殖、開發，並依據規劃修築水利工程、開渠建溝、鋪設場部聯外道路，進行場部基礎建設，也是另一種開墾形式。彰化農場初期員工編制 43 人，安置場員 468 人，直至 2002 年期間，包含後來納入的新竹農場、魚殖處、嘉義農場、屏東農場、龍崎工廠等，共安置輔

導榮民及眷屬人數超過 2 萬人，並將彰化場部遷至新竹縣新豐鄉青埔村新竹分場作業，並負責管理新竹以北之土地與委外經營事業，而彰化場部則負責管理苗栗以南之土地與委外經營事業。2013 年嘉義及屏東農場整併至本場，成為本場之嘉義分場及屏東分場，農場編制員額精簡為 21 人。

　　不只是原住民或漢人，1932 年至 1942 年期間，臺灣總督府為了殖民地的統治，調節日本過剩人口及國防、民族同化等方面的考慮，在舊濁水溪浮覆地（俗稱溪底），規劃了豐里、鹿島、香取、八洲、利國、秋津等六個官營移民村，將日本內地來的日本人移民定居於此，當時臺灣中部的日本官營移民村都在臺中州北斗郡。

　　彰化縣是臺灣本島面積最小的縣，除六都之外，也是全國人口最多及人口密度最高的縣，目前（2023 年 8 月）的人口數為 1,241,764 人，但也是多元族群融合的典範。

「彰化縣」縣名沉浮

日治時期，彰化縣曾被併入臺中州，「彰化縣」的縣名一度消失，只剩彰化廳，並有鹿港、員林、溪湖、田中央、番挖、二林、北斗等七支廳；1920 年街道改正，實施州郡街庄制，彰化縣只剩彰化郡、員林郡、北斗郡，州轄市為彰化市。戰後，重新劃定臺灣行政區，臺中州變成臺中縣，彰化縣仍然在臺中縣的轄區內，直到 1950 年，才將臺中縣彰化區、員林區、北斗區與省轄彰化市合併為彰化縣，1951 年起才有彰化縣單獨的統計年報。「彰化縣」的縣名是臺灣各地行政名稱變更至今唯一碩果僅存，早年的天興縣、萬年縣、臺灣縣、鳳山縣、諸羅縣、臺北縣、臺南縣，都已不復見。彰化縣的人口 124 萬人，是臺灣六都以外人口最多的縣，農業物產豐饒，也是許多工業的隱形冠軍。「彰化豐采，榮耀三百」，真是名不虛傳。

第三節　日治時期

一、彰化糖業發展

（一）三家製糖株式會社

臺灣在日治時期，是全面現代化與工業化的開始。在「工業日本、農業臺灣」的定位下，改變傳統農業的思維與生產方式，最明顯的就是甘蔗生產與製糖方式的改變，運用大規模農業生產結合工業化加工方式，增加產量、提高產值，所帶來的改變相當普遍且影響深遠。

日治時期，臺中州為僅次於臺南州的甘蔗主要產區，涵蓋現今的臺中市與彰化縣。在臺中市部分，有 1907 年成立的「東洋製糖株式會社」，隨著陸續併購「大正製糖株式會社」、「臺中製糖株式會社」、「大安製糖株式會社」、「丁臺製糖會社」之後，其所擁有的耕地面積為 11,590 甲，原料採取區域達 81,500 甲，是當時在臺灣的前三大會社；另成立於 1910 年的「帝國製糖株式會社」，原料採取區域以臺灣中部水田地區為主，在臺中州也有 47,573 甲。

相對的，在彰化縣的糖業發展，則主要與三家製糖株式會社的成立、興衰及併購有關，「林本源製糖株式會社」（即後來的溪州糖廠）、「新高製糖株式會社」（即後來的彰化糖廠）、「大和製糖株式會社」（即後來的溪湖糖廠）分別設立於彰化境內的彰南、彰北、彰中地區。

「新高製糖株式會社」是由日本的大倉財團成立於 1909 年 10 月，位於現今彰化縣和美鎮（彰化廳中蓁庄竹圍仔 152 番地）的第一及第二工場（即後來的彰化糖廠）。「新高」取名來自玉山，時稱「新高山」，故新高製糖的商標為山形紋。新高製糖在 1935 年 4 月因大股東退出而被併入大日本製糖。彰化糖廠已於 1954 年撤銷，並在 1956 年利用彰化糖廠舊址設置彰化副產加工廠，生產甘蔗板。

另有規模較小的源成農場製糖所，位於彰化縣二林鎮，由日本人愛

久澤直哉於 1902 年設立「三五公司」，將改良糖廍改建為新式製糖工場。源成農場為配合「三五公司」所開墾的 3,000 公頃農地，包括深耕保及二林下保（涵蓋今二林鎮、竹塘鄉、埤頭鄉）共七個地段，有「七界」之稱。當初也曾招攬一百多戶日本人來此開墾，從事水田與旱田耕作，但成效不佳，而改由苗栗及新竹客家人來此開墾，「七界」即變成客家人移民的主要聚落，直到 1944 年源成農場製糖所關閉。

（二）溪州糖廠的興衰

「林本源製糖合名會社」由板橋林家於 1909 年 6 月在彰化縣成立。「本源」並不是人名，而是板橋林家的「商號」。於溪州庄（今彰化縣溪州鄉）設立新式製糖工場（即為後來的溪州糖廠），所轄甘蔗採取區為員林、北斗兩郡。1913 年「林本源製糖合名會社」增資改名為「林本源製糖株式會社」，廠房、機械主要位於溪州庄。溪州糖廠所屬的農場有七處，即溪州、圳寮、水尾、九塊厝、尤厝、中西、二林，範圍涵蓋今天的二林鎮、竹塘鄉、大城鄉與溪州鄉，總面積計有 1,172 公頃。糖鐵穿梭在七處農場，全長近 120 公里，其中載貨專用線約有 80 公里、載客營業線約有 40 公里。糖廠除有所屬農場種植甘蔗以外，也獎勵民間種植，主要推廣的誘因，包括蔗農子女免費搭乘糖鐵通學、公地放領、發放農貸、改進技術，以及整理地籍等。溪州糖廠在日治末期時，蔗糖的年產量已達六萬公噸，蔗田有七千公頃。

溪州糖廠在發生二林蔗農事件之後，1926 年被日本「鹽水港製糖株式會社」收購。當時許多日本人就跟著搬到溪州來，南州國小前身是溪州小學校，是專門給日本人念的小學，而臺灣人就讀的是溪州公學校，是現在的溪州國小。

溪州糖廠的營運，在 1954 年與彰化糖廠併入溪湖糖廠之後，製糖工場也隨之停閉，製糖設備於 1959 年遷至善化糖廠。但是在 1955 年時，台糖總公司部分部門曾遷至溪州糖廠廠區辦公，並在 1970 年遷回臺北

總公司。該區土地經多年閒置，已變為溪州森林公園，據聞最近台糖公司已打算租給民間開發。

（三）溪湖糖廠的轉型

鹿港的地方仕紳辜顯榮於 1919 年 10 月設立「大和製糖株式會社」，並合併在溪湖地區的改良糖廍，以及設置大排沙、三省莊、頂寮、連交厝工場。但不久在隔年 1920 年 7 月，辜顯榮即開始與明治製糖討論合併事宜，於是在 10 月將大和製糖合併至「明治製糖株式會社」，並將四處工場合併成「溪湖工場」（臺中州員林郡溪湖街汴頭字大竹圍 12 番地，即現今的溪湖糖廠），原先 750 噸的粗糖工場，在 1929 年增設重壓榨機將產能倍增至每日 1,500 公噸，1934 年再擴增為 3,000 公噸。但在二次大戰末期，遭受盟機轟炸，已無法開工生產。

直到 1945 年大戰結束之後，幾經整修復舊，才能恢復生產。1954 年 7 月合併彰化及溪州兩糖廠，成為彰化縣內唯一的糖廠。1961 年因「糊仔甘蔗」栽培法推廣有成，壓榨能力擴增為 3,300 公噸。但因彰化縣係屬水稻產區，甘蔗製糖期間必須設法縮短，以便農民蔗作土地收穫後能及時播種水稻，故 1973 年 6 月投資開發彰化大城海埔地增加原料供應，並擴建工場壓榨能力，在 1976 年 10 月擴建完竣，使每日壓榨能力達 4,000 公噸，是當時全臺產能最大的製糖廠。

但因製糖成本不斷提高，且我國在 2002 年 1 月加入 WTO，溪湖製糖工場機器在 2002 年 3 月 8 日不得不正式停止運轉。但至今仍完整保存所有製糖機器設備，是全臺昔日退役製糖廠保存最為完整的，還有台糖昔日擁有的三種蒸汽小火車及五分車車站，也都集中在溪湖糖廠。目前仍保存 3.5 公里長的鐵道（目前實際行駛為 2.16 公里），台糖公司持續編列經費維護保存廠內所有設施和蒸汽小火車，成為臺灣和亞洲獨有的蔗糖鐵道文化園區，獨具蔗糖鐵道文化，曾爭取列為聯合國「世界工業遺產」。

　　溪湖糖廠也設置學校，現今的湖南國小即為當年供糖廠的日人子女就學的貴族學校「溪湖尋常小學校」，溪湖糖廠的廠區已轉型為觀光文化園區，廠區仍保存古老的蒸汽五分仔車，俗稱「黑頭仔」的編號 346 蒸汽火車。溪湖糖廠的小火車站（溪湖車站），是目前台糖僅存的三座木造站房之一，連接員林為鐵路轉運站，將糖廠所生產的砂糖、糖蜜等銷往各地；小火車站也是彰化縣糖鐵的中心，輻射狀分散出去的鐵道涵蓋整個彰化縣，也對於學生通勤有很大的幫助。

　　假日時，「黑頭仔」會拉著彩繪觀光列車行駛在古老鐵道上，穿梭田園風光與舊濁水溪。每年平均吸引遊客 12 ～ 13 萬人。溪湖糖廠占地 22 公頃，但臺 19 線將廠區一分為二，生產區占 19 公頃，宿舍區有 3 公頃。宿舍區有特色商店（乳酪蛋糕、霜淇淋、台糖冰棒）、公園、遊戲場，是一處現代化的休閒場所。

二、蓬萊米的發源地

　　稻米是日本人的主食，但日本因氣候限制，稻米一年只能收成一次，而臺灣地處熱帶、亞熱帶，氣候溫暖、雨水豐沛，非常適合水稻生長，且一年可以收成兩次甚至三次，足以供應日本稻米所需。尤其是日本曾在 1890 年代，因發展工業化而使糧食供應面臨緊張，以及在日俄戰爭期間（1904 ～ 1905 年），也出現過糧食短缺問題，因此，作為殖民地的臺灣，其稻米生產也自然被納入在日本糧食供應體系的一環。臺灣稻米過去一向輸出到中國大陸沿海，但在日治時期，很自然的就被轉向到日本。

　　不過，日本人吃的是「稉米」，不同於臺灣本地所生產的「秈米」，所以首先要進行品種改造，進行不同品種之間的雜交與選育，最後磯永吉技師終於在 1926 年，正式對外發表適合臺灣氣候環境栽培並具耐病性的品種「嘉義晚 2 號」，命名為「蓬萊米」。但是此品種仍有稻熱病

問題，末永仁技師再進行「龜治」與「神力」兩日本品種的雜交，終於在 1929 年於臺中州立農事試驗場選育出「臺中 65 號」品種，從此正式開啟臺灣蓬萊米的新時代。這個品種非常的重要，很多雜交育種都用它為親本，臺灣 85% 以上的蓬萊米品種都是它的後代！磯永吉技師與末永仁技師也被尊稱為「臺灣蓬萊米之父」與「臺灣蓬萊米之母」。

　　臺中州立農事試驗場就是現在臺中區農業改良場的前身，成立於 1902 年，末永仁技師於 1927 年至 1938 年擔任場長。原位於臺中市西區，後來於 1984 年為配合都市發展，遷場至目前的彰化縣大村鄉。「水稻臺中 65 號」是鎮場之寶，從此正式開啟臺灣蓬萊米的新時代。

　　臺中區農改場還有一些其他研發成果：「水稻臺稉 9 號」、「水稻臺中 194 號」、「水稻臺中在來 1 號」、「水稻臺中秈 10 號」、「水稻臺中秈糯 2 號」、「高粱臺中 5 號」、「小麥臺中選 2 號」，都是赫赫有名並促成糧食增產的品種，也造就彰化縣為「臺灣穀倉」的關鍵原因之一。臺灣本土育種家，也是臺中區農業改良場研究員許志聖博士，再進一步推升米質，所研發的「臺稉 9 號」，是臺灣最好吃的良質米品種，口感媲美越光米，以及「臺中 194 號」，更是優質香米品種，竹塘鄉農會的「竹塘飄稻米」或壽米屋企業「馥米」都是這品種的商業米名稱，有淡淡的七葉蘭香氣，結合印度香米的清香及日本越光米的 Q 彈，口感柔、軟、黏、綿，聽說吃了會上癮。彰化縣水稻種植面積 4 萬公頃，是臺灣第一，占比 2 成；落花生、甘藷、山藥、小麥、蕎麥、薏苡等雜糧作物種植面積在臺灣也是數一數二，這與臺中區農改場在地研發的地利之便絕對有關。

三、試種小麥的開始

　　臺灣雖以稻米為主食，但北方國家不乏以麵食為主。在日治時期，日本即看上臺灣溫帶氣候有助於小麥的成長，以及在 1949 年國民政府

撤退來臺，大批來自北方的大陸同胞，也有麵食消費的需求，因此促成在臺灣試種小麥的可能性。

　　小麥，與稻米、玉米並列為世界三大穀物作物，臺灣早期隨先民來臺開墾，即由大陸華南地區引進品種栽培，但受制於氣候條件，僅能利用裡作時期種植冬小麥，也就是在秋季播種，經過冬季而於次年春末夏初收成。但因品種未經改良及種植時間過長，影響隔年第一期稻作開始的時間，所以一直無法擴大發展。

　　臺灣早期品種統稱為「在來種」，具有晚熟及耐旱的特性，為與水稻種植地方區隔，並為有效運用較貧瘠土地，因此在日治時期便在臺南、嘉義、雲林三地的海墘旱地試種，但是產量低、品質差、產期長，都不如預期理想。

　　「臺灣蓬萊米之父」磯永吉技師，也構想利用臺灣秋收之後到隔年春耕之前的裡作時間，進行種植小麥，可以補充日本內地的糧食匱乏，於是在 1917 年，由臺中區農業改良場的前身－臺中廳農會試驗場進行為期五年的計畫，選定在鹿港（菜園角、洪崛寮、蕃社）一帶進行品種改良試驗。在五年之後，雖然小麥順利種植成功，但種植期間過長（170天），耽誤後面一期水稻開始整地、插秧、播種的時間。不同作物的種植與收成時間不能有效區隔及銜接，勢必很難充分運用土地。

　　但後來隨著蓬萊米品種改良成功，並可將二期作在秋天提早收成，配合從日本引進的中晚熟麥種「埼玉 27 號」，經由臺中州農事試驗場麥種選育出新的小麥品種之後，即開始大肆推廣種植。栽種地區也從南部海邊旱地轉移至中部。1941 年臺灣的小麥種植面積達 10,450 公頃，臺中州的產量即占全臺的 95%。

　　二次大戰結束之後，為應付眾多的軍需民食，臺中區農業改良場仍繼續致力於小麥品種改良工作，先後育成抗銹病及具豐產的「臺中 33號」（1964 年）；抗銹病及白粉病之「臺中選 1 號」（1980 年）及「臺中選 2 號」（1983 年）等優良品種。小麥種植面積在 1960 年曾達到歷

史新高的 25,208 公頃、產量 45,574 公噸。但是在 1965 年美援結束之後，因從美國大量進口小麥，國產小麥即急遽萎縮。

國產小麥的產量在 1960 年之後持續減少，1969 年之後甚至未達 1 萬公噸，但政府仍不放棄小麥生產，故在產品用途上重新定位，不以麵食烘焙為主，而是朝向作為釀酒原料，企圖復興國產小麥。因此，在 1975 年開始推動國產小麥與菸酒公賣局契作，以保證價格收購方式鼓勵農民生產小麥。小麥主要種植面積為中部的臺中縣大雅、潭子、神岡，以及彰化縣秀水、二林、福興等鄉鎮。但後來因開放菸酒進口，紹興酒需求減少，作為紹興酒原料的小麥也隨之減少，故 1995 年起，公賣局取消保價收購契作政策，小麥種植也走向沒落。

目前國產小麥種植面積 2,241 公頃，主要在金門縣 1,752 公頃，是因金門酒廠製作高粱需要小麥，才保住臺灣小麥一線生機，目前金門地區的種原，都來自臺中市大雅區的「臺中選 2 號」品種。臺中市種植面積 132 公頃，但彰化縣 105 公頃也不遑多讓，主要在大城鄉的 89 公頃。

大城鄉靠海，砂質土壤排水良好，適合旱作的小麥種植，但在此又重新找到小麥的用途定位，也就是將小麥當作白米作為主食，小麥粒稍

▲國產小麥田
目前國產小麥種植面積 2,241 公頃，主要在金門縣 1,752 公頃，其他在臺灣本島主要在臺中市大雅區及彰化縣大城鄉。
照片來源：作者拍攝

微削去表面麩皮，保留豐富膳食纖維又不必事先浸泡，即可與白米依比例共同炊煮食用；或是利用國產小麥的香氣與新鮮度，成為小量生產的「精釀啤酒」原料。

目前國產小麥不到 3,000 公噸，相較於現在每年從國外進口約 130 萬公噸，仍微不足道，但仍努力在不同用途上找到市場的定位與發展機會。我國每年有 85% 的小麥（110 萬公噸）來自美國的進口，也顯示當年美援在培養市場的後續效應。

四、八卦山脈的產物

彰化縣因「八堡一圳」、「八堡二圳」、「二八圳」、「福馬圳」、「快官圳」、「東西二三圳」、「莿仔埤圳」相繼開鑿，引水灌溉平原之後，而成為富饒之地。但是在彰化縣境內仍有近 1 成的面積為丘陵地區，約有 1 萬公頃，主要是在八卦山脈，可惜沒有水源與灌溉，影響到農業的生產及發展。

臺灣在 1861 年開港之後，加速茶業在臺灣北部生產並外銷，1895 年日本統治之後，更以政府力量扶植臺灣茶業發展，但都與彰化無關。彰化不產茶，也錯失茶葉外銷的機會，可能是因缺乏灌溉設施，且非農田水利會灌區服務範圍。其實，在八卦山脈東西兩側均有灌溉需求的問題，所以政府在 2000 年才有八卦山旱灌工程計畫執行，屬集集共同引水工程後續計畫之一部分，但著重在南投市及名間鄉的農地，南投八卦山茶葉產區即為農業部積極推行擴大灌溉服務地區。在八卦山脈以西的彰化縣並沒有任何茶葉種植，勉強只有在頭尾兩端的芬園（0.77 公頃）和二水（1.40 公頃）零星面積。顯然八卦山西邊的彰化和東邊的南投，作物生長的條件並不一樣。

但是鳳梨是耐旱性的作物，過去即在八卦山脈種植許多。臺灣鳳梨產業的發展是從日治時期加工外銷開始，在 1930 年代，臺灣中部的彰

化等地大舉推廣「開英種」鳳梨，其酸味明顯、滋味濃郁，適合加工成鳳梨罐頭，八卦山脈更成為主要的種植地區。鳳梨加工廠有三分之二集中於臺中州，尤以員林地區最為密集，另一個生產重地高雄，則以鳳山地區為最多，其他地方則呈零星分布。在 1951 年全臺種植面積 5,010 公頃，其中在彰化縣即有 2,305 公頃（46%）。目前種植地區仍集中在芬園鄉，還有 203 公頃，而同樣位於八卦山脈的田中鎮及社頭鄉則不到 20 公頃。

　　目前在八卦山脈種植的水果以荔枝為大宗，同樣在芬園鄉即有 423 公頃，所以在芬園鄉三寶「荔枝、鳳梨、米粉」中，具有相當代表性。荔枝種植在彰化市（215 公頃）、社頭鄉（115 公頃）也不少。龍眼與荔枝種植地區經常相同，所以芬園鄉（114 公頃）、彰化市（130 公頃）、社頭鄉（188 公頃），剛好就是彰化縣沿著八卦山脈，從北到南三大主要種植龍眼的地方。此外，番石榴在社頭鄉的種植面積 253 公頃，也是屬於代表性的果樹之一，惟種植面積小於在平地溪州鄉的 546 公頃。員林市有座百果山，過去相當有名，在山腳路以東，一年四季都有不同的水果產出，桃、李、梅、龍眼、荔枝、楊桃、橄欖、椪柑都有，也造就員林市為「蜜餞故鄉」的美名。

　　日治時期，又大又甜的「員林椪柑」即已打響名號，但「員林椪柑」並非種植在山上，而是因日本人獎勵在員林郡種植，員林郡包括今日的員林市、二水鄉、田中鎮、社頭鄉、大村鄉、埔心鄉、永靖鄉、埔鹽鄉、溪湖鎮等九大鄉鎮，均有種植椪柑，產收時再送到員林市集散，因此椪柑成為員林的代名詞。在 1910 年並成立「員林果物組合」，進行水果柑橘分在銷售前的品質檢查，若不合格則禁止販賣，因此也造就柑橘加工物蜜餞的開發。

　　不過，在 1959 年左右，發生黃龍病肆虐，導致椪柑果樹根部腐爛，加上天牛等蟲害，短短兩三年之內，「員林椪柑」從此在市場上絕跡，也不禁令人懷念與嘆息。

五、鹿港鹽場

　　在清朝時期，鹿港隨著貿易興起，也成為鹽的重要買賣之地，但尚未有鹽田產鹽。1850 年以後鹿港因港口淤淺而沒落，海沙淤積而形成海埔新生地，鹿港在地的辜顯榮即看到機會，打算將海埔地開闢為鹽田，故於 1900 年向臺灣總督府申請獲准後，成立「大豐拓殖株式會社」，共開闢了 250 甲的鹽田；之後，鹿港人施來等 37 人也在附近申請開闢鹽田 199 甲，成立「鹿港製鹽株式會社」。1914 年時，鹿港一度成為全臺最大的鹽場。1933 年，「大豐拓殖株式會社」更名為「大和拓殖株式會社」。辜顯榮具有生意頭腦，看準鹽與糖皆為民生必需品，之前也提過他在 1919 年 10 月設立「大和製糖株式會社」。

　　在第二次世界大戰末期，臺灣總督府為加強統制調度戰時物資，實行鹽業一元化政策，兩處鹽田即在 1941 年被臺灣製鹽株式會社強制收購。鹿港鹽場是臺灣在二次大戰後由臺灣製鹽總廠所設的六大鹽場之一，位在彰化縣鹿港鎮西北沿海地帶，包括辜顯榮申請開墾的鹽田（第一、二生產區）與施來等 37 人申請開墾的鹽田（第三生產區）。但 1959 年的「八七水災」，鹽場遭泥沙淤積，遂開始規劃廢曬，改為農田或魚塭。這些魚塭後來甚至發展出養殖鰻魚外銷的榮景，一塊土地在不同的時空變遷，竟有不同的利用型態及產值。

▲鹿港鹽田
照片來源：彰化縣文化局

第四節　彰化早期漁牧發展

一、漁業發展

（一）討海

　　彰化縣不只有平原，也臨海，自然可以發展出更多樣的農業風貌。尤其在早期「靠山吃山、靠海吃海」的在地生產與消費情形下，海上捕撈即是最直接的漁獲方式，但因受限於竹筏或船隻及漁具，早期漁獲量勢必有限。例如：原住民善於用標槍射魚，或利用「挖洞困魚」的方式。來捕捉在沙灘上受困的魚介類，後稱之為「討散海」。原住民後來也學習漢人用「手網」與「竹籠」方式捕魚。

　　彰化縣海岸因有遼闊的沙灘潮間帶，大部分為砂質和礫石沉積物所堆積。每天兩次的漲退潮，因此孕育非常豐富的底棲生物，包括藻類、甲殼類、貝類、棘皮動物類和魚類等，潮間帶常見的生物有牡蠣、環文蛤（俗稱「赤嘴」）、藤壺、寄居蟹、和尚蟹、黎明蟹、海蟑螂、招潮蟹、彈塗魚、海茄苳、攬李等，也有別於螃蟹，還有美食奧螻蛄蝦（俗稱「蝦猴」）一生都活在洞穴中，且以濾食水中有機物為生。因此，除海上捕撈之外，彰化漁獲更多樣化。

（二）烏金

　　海上捕撈的風險及難度高，不如沿岸漁業較為容易。彰化近海地區又是黑潮暖流與親潮寒流交會之處，常吸引眾多的洄游魚類，故在荷蘭時期已是豐富的漁場之一。大陸漁民會從閩南地區來此捕魚，但在荷蘭時期需有許可證並繳稅才可捕魚。所捕捉的魚類以烏魚為最多，在每年冬至前後 10 天即是烏魚的汛期，應驗了「冬節食烏正當時」，每年冬季烏魚隨著親潮，從北向南洄游到較溫暖的海域產卵，游到彰化外海時，

也是烏魚卵最為飽滿之時，漁民爭相出海捕撈「烏金」，直到現在，線西鄉塭仔漁港或在芳苑鄉王功漁港，在冬至前後仍是盛況依舊。

（三）麻薩末

相較於烏魚捕撈的季節性，人為養殖的漁獲即較為穩定，在 1724年即有陳拱申請在鹿仔港的海邊填築魚塭，類似在陸地的開墾程序，仍需得到官府的批准才能進行，但陳拱在獲得開墾執照之後，卻將墾權轉賣給「施長齡」墾號，也就是開鑿「八堡一圳」的施世榜，集資募工圍堤築岸，魚塭範圍沿著海坨，北至草港、南到鹿仔港大車路，引海水養殖虱目魚。

其實，虱目魚由來已有，在荷蘭時期即有養殖紀錄，至於「虱目魚」的名稱來歷有許多傳說，其一為國姓爺鄭成功初抵臺南安平，看到漁民獻上的虱目魚，詢問這是「甚麼魚」，後人便相傳鄭成功賜此魚名為「甚麼魚」，而訛音為「虱目魚」，又稱「國姓魚」。而依連橫《臺灣通史》卷二十八＜虞衡志＞提及：「臺南沿海素以畜魚為業，其魚為麻薩末，番語也。」可見「麻薩末」為原始名稱，「麻薩」是平埔族西拉雅語「眼睛」的意思，因虱目魚的眼睛特別，原住民故以其特徵呼之「麻薩末！麻薩末！」，至今仍有許多人臺語稱虱目魚為「麻薩末」。

（四）插竹養蚵

此外，在海水或鹹淡水交界處也可以養殖牡蠣，以浮游生物為食，在芳苑鄉、鹿港鎮及伸港鄉等地方誌皆有記載「插竹養蚵」，伸港鄉蚵寮村原名「蚵仔寮」，其村名源由應該與當年村民大多以養殖牡蠣維生有關。其實，「蚵仔寮」或「蚵寮」的地名也出現在雲林縣口湖鄉、臺南市北門區、高雄市梓官區，可知先民早期即已在臺灣西南海岸普遍從事牡蠣養殖。

臺灣民謠「青蚵嫂」，就是在描述農村婦女認命打拚出頭天的心情：

「別人的阿君是穿西米諾，阮的阿君喂是賣青蚵，人人叫阮青蚵嫂，要呷青蚵喂是免驚無⋯別人的阿君住西洋樓，阮的阿君喂是土腳兜，命運好歹是無計較，那是打拼喂是會出頭。」

（五）淡水養殖

　　從沿岸養殖再進一步發展至陸地養殖，從海水變為淡水養殖。隨著水利灌溉系統逐漸建立之後，引水從事淡水養殖也變得可行。因此，在十八世紀末嘉慶時期，即有鯽魚、鯉魚、鯰魚等在地繁殖與養殖，還有從中國大陸輸入鰱魚及草魚的魚苗進行繁殖與養殖。在花壇鄉長沙村的「魚苗寮」，即是早期臺灣中部淡水魚苗養殖的集散中心，為計算魚苗數量進行買賣，還發展出「數魚歌」，藉由加、減的計算方式配合曲調，有如歌謠傳唱，非常有趣。其實，「數魚歌」或「數魚苗歌」（俗稱「算魚栽」）具有在地產業特色，在屏東縣楓港鄉及臺南市七股區及臺江一帶也都有，只是現在有失傳之虞。

　　目前彰化在魚類、貝類、蝦類的養殖面積分別為 69 公頃、2,247

▲民國 50 年代（1961）彰化縣花壇鄉魚苗寮魚池的打水車
圖片來源：蔣敏全

公頃、106 公頃，在貝類養殖中主要為牡蠣（270 公頃）、文蛤（1,656
公頃），以及臺灣蜆（322 公頃）。魚類養殖較少，主要為吳郭魚、日
本鰻，以及與文蛤混養的虱目魚。

（六）漁業現代化

　　傳統的漁業，在日治時期開始有現代化的經營觀念，包括對於漁業
資源調查、水產試驗調查等。1902 年開始進行水產試驗，總督府即在
地方稅勸業費中，提撥水產試驗費給彰化廳，進行牡蠣養殖、烏魚養殖、
烏魚子製作，以及鯛延繩釣等試驗，並於 1913 年在彰化郡鹿港街海埔
厝，設立鹿港水產試業所，應是官方在臺灣設立的第一家淡水養殖試驗
單位。

（七）漁業組合與漁會發展

　　1903 年彰化廳核准成立「鹿港漁業組合」，是臺灣第一家漁業組
合，由施範其代表發起，以漁具、漁筏改良及發展漁業為目的。1908
年總督府公布《水產組合規則》之後，原「鹿港漁業組合」即改組為「彰
化水產組合」。

　　日治時期臺灣的漁業團體，可分為「漁業組合」與「水產會」兩個
主要系統，「漁業組合」屬於合作社型態，以市庄街（即今鄉鎮）為單位，
屬於社員自願參與的經濟組織：而「水產會」則為半官方機構，以廳州
轄區為範圍，辦理漁業技術指導、水產獎勵、遭難救助及產銷事項。

　　1924 年，總督府頒布《漁業組合規則》及《水產會法》，各地陸續
成立漁業組合，在彰化地區包括「線西漁業組合」（1925 年）、「王功
漁業組合」（1927 年）、「沙山漁業組合」（1927 年）、「草尾港漁業
組合」（1927 年）、「鹿港漁業組合」（1931 年），原各漁業組合及水
產會才依法重新申請，成為有法源依據的社團法人，但成效未如預期。
故在 1933 年起修改《漁業法及漁業組合規則》，以擴充漁業組合業務，

並於 1936 年首先成立「保證責任鹿港漁業協同組合」，以從事漁獲共同販賣、社員之間資金融通、漁業用品共同購買，相當於現在漁會在共同運銷、信用部及供銷部的功能。之後，在 1939 年又同時成立「保證責任王功漁業協同組合」、「保證責任線西漁業協同組合」、「保證責任沙山漁業協同組合」。

　　在二戰期間，為加強經濟統制，總督府於 1943 年底發布「臺灣農業會令」，將各市街庄產業組合與州廳農會結合在同一體系，同時也在 1944 年公布《水產業團體法》，將市街庄漁業組合與漁業協同組合整合為「水產業會」。直到戰後的 1947 年，政府依漁會法與合作社法，將「水產業會」的技術指導與行政部門改組為「漁會」，並將經濟合作部門改為「漁業生產合作社」。惟「漁會」與「漁業生產合作社」的會員（社員）重疊及業務不易清楚區分，故在 1951 年仿三級制農會體制的運作架構，建立漁會在省、縣市、鄉鎮之三級制。但卻存在著漁民參與低、非漁民把持會務等問題，再度於 1955 年進行制度改革，取消縣市級漁會而成為二級制，並政府集合數鄉鎮漁會整合為區漁會，以增進組織溝通及規模擴大效益。當時彰化縣有 7 個區漁會：鹿港、伸港、線西、福興、王功、芳苑、大城。1976 年再度進行組織改制，也就是將原有 7 個區漁會合併成立「彰化區漁會」，而於原區漁會設立辦事處。二級制漁會體制至此確立至今，目前有 1 個中華民國全國漁會，以及各地一共 39 區漁會。

　　「彰化區漁會」於彰化縣鹿港、伸港、線西、草港、福興、王功、芳苑、大城、埔心共設有 8 處信用部及其信用分部、7 處辦事處及 1 處魚市場。「彰化區漁會」是漁會界的模範生，在總幹事陳諸讚領導之下，存款總額從 2004 年 45 億元增至 2023 年 8 月的 190 億元、原放款總額也由 19 億元增至 143 億元，存放比達 75.09%，且逾放比率由 8.99% 降至 0.26%；其中王功信用分部存款即達 51 億元，相當於一般農會的規模，不可小覷。

二、畜牧發展

（一）水牛與黃牛

臺灣早期是「鹿之島」，島上大量族群的梅花鹿生活於中低海拔的平原及丘陵地，另有臺灣野豬、山羌、臺灣野山羊的野生動物，原始居民以狩獵及採食維生，過著「近水取魚鱉，近山飽麋鹿」的生活。但在進入農耕時期之後，整地、搬運、拉車、載貨等粗活就需要獸力協助，因此，牛與馬即成為主要的勞役動物。

在荷蘭時期，以黃牛從事旱田耕作及開墾為主，之後隨著水田的大量開墾，開始以水牛從事耕作。「牛墟」就是牛隻買賣的交易場所，在

▲考車

是牛墟中最有看頭與吸引人之一，將牛車四車輪閂死，幾部牛車相連，加重牛車上載重，加石臼或請多人坐上牛車，由牛隻拉動，考驗牛拉力、耐力高低做為價位好壞。

圖片來源：彰化縣文化局

清朝彰化即有三處牛墟，分布於鹿港、北斗及溪湖，各地輪流，每隔三日輪流開市交易，由官方管理，確保交易合法完成，並有烙印以防偷竊。

　　牛為耕畜，也是農家重要的成員，臺灣人向來有不吃牛肉的觀念，不忍心在終身勞苦之後還要啃其肉，甚至用算命說吃牛肉會帶來惡運、不能當官等說法來禁止吃牛肉。但在日本人來臺之後，即開始有屠宰場及「鳥獸肉」店鋪的食用買賣，例如：1901 年彰化地區，屠宰水牛與黃牛分別為 1,059 頭、138 頭；1940 年增加至 3,472 頭、1,378 頭，自此勞役動物也具有經濟價值，但仍停留在農家副業的階段。

　　黃牛為外來種，但抗熱性及體力均較弱，在 1910 年總督府殖產局長新渡戶稻造建議下，採血緣較近的印度牛改良本地黃牛，才明顯改善黃牛體質與體力。在日治時期，牛隻主要配合農家耕作需求，故飼養頭數變動不大，在 1940 年彰化地區水牛與黃牛飼養頭數分別為 18,918 頭、2,559 頭，牛墟交易數量約為飼養頭數的一半。

　　黃牛（yellow cattle）與水牛（water buffalo）大有不同，彼此不能相互交配繁殖，黃牛外表鬆垮，而水牛皮緊實，但在早期都是作為旱作或水田的役用，刻苦耐勞，為臺灣農業生產做出很大的貢獻，是農民的好幫手。但在 1960 年代之後，農業機械化及曳引機出現後逐漸取代獸力，黃牛用途即轉變為肉用，但不敵 1974 年臺灣開放冷凍牛肉進口，所以黃牛和水牛的頭數都明顯減少了。

　　臺灣水牛為印度種沼澤型水牛，曾在 1624 年由荷蘭人從爪哇引進，也曾在 1630 年代左右明末清初時期，在「三金一牛制」（給大陸來臺每人三兩銀、三戶共用一頭牛）的鼓勵下，福建移民將水牛帶來臺灣屯墾。黃牛來到臺灣的時間較早，在漢人移居臺灣之前，西海岸的平埔族人已經開始飼養黃牛了。

　　目前因耕作型態改為機械化，水牛作為勞役動物的定位也完成階段性任務，全臺飼養水牛僅剩約 2,000 頭，而黃牛及雜種牛作為肉牛用途的飼養頭數則有 15,000 頭左右。政府在 1974 年開放肉牛進口，也設立

肉牛專業區，但國產牛的新鮮與進口牛的冷凍仍有市場區隔，肉牛自給率約為 8%。鑑於日本和牛市場的興起，李前總統登輝先生也在 2016 年起，於花蓮試養臺灣專屬的肉牛品種「源興牛」，以發展高級國產肉牛。

（二）乳牛

牛除了水牛、黃牛之外，還有乳牛，但在早期經濟及消費型態之下，乳牛事業發展緩慢，在 1936 年彰化地區的乳牛飼養戶僅 9 戶，共飼養 92 頭而已。乳牛的發展仍受美援提供免費奶粉的影響，在 1964 年開始提供學童乳，政府為推廣國人飲用鮮奶及發展我國酪農產業，政府於 1966 年成立臺灣省乳業發展小組，同時設置乳業發展基金，針對學校鮮乳供應計畫及酪農生乳進行補貼，凡收購國產生乳之乳品工廠均可參加學校鮮乳供應計畫。

為配合加速農村計畫，1972 年起彰化縣政府也在銀行山（60 戶）、快官（40 戶）、秀水（60 戶）、福興（100 戶）、田中（40 戶），以及埔鹽（10 戶）等地輔導養戶飼養乳牛並集乳運銷，共計有 310 戶酪農戶參與。時至今日，全臺共有 566 戶，飼養 65,000 頭乳牛；其中，在彰化縣的酪農戶 112 戶（20%）為最多，飼養 16,000 頭（25%）及產乳量 11.5 萬公噸（26%），均遠高於其他縣市。

（三）豬

相對於牛為勞役動物，豬即為經濟動物。自古以來人類即有打山豬、食豬肉的習性，在進入家畜圈養時期，毛豬即為主要的肉類消費來源，屋下有「豕」才是完整的家，農家幾乎都有豬舍圈養，餵食廚餘或「馬齒莧」野菜（俗稱「豬母奶」）。

在 1898 年全臺飼養毛豬約 42 萬頭，但仍不敷需求。日治時期，開始進行種豬改良及繁殖，從日本引進盤克夏種公豬與本地的桃園種母豬交配，產出優良的雜種豬，故在 1907 年由總督府訂頒獎勵規則，要

求各地農會進行豬種改良工作與飼養。全臺在 1929 年飼養毛豬 175 萬頭，平均每戶約飼養 3 頭；總飼養頭數中在彰化地區有 15 萬頭，幾乎均為雜種豬，但在太平洋戰爭爆發之後，毛豬頭數僅剩 8 萬頭。有趣的是，在 1929 年每頭毛豬價格約 39 元，而水牛價格為 78 元，水牛價格為毛豬的兩倍。

臺灣養豬產業，由家庭式副業經營轉向企業化經營，要等到戰後由台糖公司開始。配合農復會（即農業部前身）進口國外品種、畜試所提供技術支援雜交育種、農會普遍設立人工授精站及毛豬共同運銷，從此奠定我國養豬產業穩定基礎。飼養頭數在 1996 年最高達 1,069 萬頭，但因 1997 年口蹄疫事件重創養豬產業，目前全臺在養頭數約 524 萬頭；其中，彰化縣 73 萬頭，僅次於雲林縣的 111 萬頭及屏東縣的 121 萬頭。

（四）家禽

家禽為兩隻腳的經濟動物，在早期的養家主要飼養雞、鴨、鵝，為利用空地家庭式副業飼養，並非是農家對外銷售的經濟來源，而是在過年、過節或親朋好友到訪時，宰殺祭拜或加菜之用。彰化地區，在 1932 年約有 6 萬戶養雞戶，飼養 42 萬隻，平均每家飼養 7 隻，顯然並非專業飼養銷售。鴨、鵝及火雞的飼養情形，也是類似，採野放方式，就地啄食野菜與蟲類，因此每戶平均飼養隻數多為個位數。

倒是早期鴨蛋的產量較多，彰化地區在 1925 年鴨蛋產量原為 226 萬顆，竟然到 1940 年成長至 2,176 萬顆，成長近 10 倍之多。顯然鴨蛋為專業生產並銷售的經濟產物，此與鴨蛋用途較廣及加工後保存期限較長有關，可做為鹹蛋、皮蛋，或蛋黃肉粽等，同時鴨蛋蛋殼較厚，運輸破損率較低，也有助於市場買賣。

在臺灣發展家禽產業，要等到戰後 1951 年在北部飼養洋雞開始，也就是從國外進口種雞、繁殖之後出售，獲利不錯，加入者愈來愈多，蔚為風潮，於是生產業者在 1960 年成立「臺北市養雞協會」，1963 年

再擴大成立「中華民國養雞協會」，臺灣家禽產業發展才有組織性的推動與政府輔導。

今日，彰化縣畜禽飼養眾多，蛋雞（2,055萬隻，占全臺45%）、白肉雞（584萬隻，占全臺21%）、珍珠雞（3.3萬隻，占全臺15%）、鵪鶉（10萬隻，占全臺44%）、乳牛（3萬隻，占全臺24%）、肉羊（1.7萬隻，占全臺20%）均為全臺首屈一指，蛋鴨64萬隻（全臺第二）、肉鴨125萬隻（全臺第三）、毛豬73萬頭（全臺第三），生產總值達300億元，在2003年之後即已超過農作物產值，而成為真正的「畜牧大縣」。

如果將畜禽所有的在養隻（頭）加總起來，就高達3,010萬隻（頭），其中兩隻腳的家禽有2,930萬隻，而四隻腳的家畜有80萬頭。主要分布在芳苑鄉、大城鄉和二林鎮等沿海地區。具體而言，飼養地點除乳牛在福興鄉、白肉雞在二林鎮、肉鴨在大城鄉為主之外，肉羊、蛋雞、蛋鴨及毛豬均在芳苑鄉。因此，芳苑鄉更是「畜牧大鄉」。

第八章　彰化農業環境

　　要成為農業大縣是有條件的：適當的氣候、土壤、地質、水利，都缺一不可。彰化平原不只是臺灣五大平原之一，北有大肚溪、南有濁水溪、東有南北縱走的八卦臺地，更有西部臺灣沿海的廣大潮間帶，都讓這個農業大縣充滿豐富的動植物生機與活力。

第一節　彰化土地

一、地形與地質

　　彰化縣建縣於 1723 年（清雍正元年），縣治範圍是將原隸屬於諸羅縣轄域分治出來，當年涵蓋虎尾溪以北與大甲溪以南，面積較今天的濁水溪以北與大肚溪以南更大，並在半線（今彰化市）作為縣治所在地。

　　彰化縣南北縱長及東西寬度約為 40 公里，全縣形狀像等邊三角形的御飯糰，是全臺所有縣級行政區中面積最小的縣，但人口 124 萬人，是六都以外人口數最多的大縣。全縣面積 107,440 公頃，境內九成為平原，平原面積 94,240 公頃（87.71%），屬於現代沖積層，其餘為丘陵地區（9.33%）及八卦山嶺（2.96%）。

　　坡度在 5% 以上的丘陵地及淺山區有 10,020 公頃，主要分布於彰化縣東側的八卦山脈地區；另外，高山林區面積為 3,180 公頃，主要分布於東部的彰化市、花壇鄉、員林市、社頭鄉、田中鎮，以及二水鄉，其地勢陡峭，極少緩坡地，不適於農牧生產，為保安林地。

　　彰化平原的地理環境，地勢平緩、土壤肥沃、孔隙率大、易於排水；氣候暖濕、夏雨冬乾；河川型態規模短小，且多為區域性的排水系統，而濁水溪沖積扇擁有豐富地下水，有利於農業灌溉。彰化縣得天獨厚，是我國農業的重要基地。

二、土壤

八卦臺地多屬紅壤，而在彰化平原大部分則為砂頁岩母質化育的黃壤為主，地勢平緩（李三吉，1984）。沖積層的砂礫疏鬆、孔隙率大、含水性良好，土壤條件適宜農作。

彰化平原為沖積扇平原，是由濁水溪及大肚溪帶來河川沖積物所堆積形成的土壤，特別是因以前濁水溪經常氾濫，往往形成一層厚厚灰黑壤土的「土膏」，富含礦物質、微量元素及黏性，是各種農作物成長茁壯的基礎環境。

二水鄉的「土膏」，或在溪州鄉稱為「濁水膏土」或「黑金土」，都是指濁水溪水所帶來的濁黑泥土，與濁水溪發源於屬風化的黑色板岩及粘板岩地質區有關，愈靠近水圳源頭的農田，黑泥堆積的愈厚。在沒有化學肥料的年代，濁水溪灌溉區的農地可以享用到「肥水」與「土膏」，因此「濁水米」早已名聞全臺。

張素玢（2020）認為，濁水溪的黑泥膏土除了土質的肥沃度高，其沖積物堆積生成的土壤質地也較黏，對樹根的包覆黏著力佳，有利於移植、搬運。因此，彰化縣永靖鄉、田尾鄉一帶苗木業的興起，也與濁水膏土有密切關聯。

三、彰化平原

彰化縣境內近九成為平原，不同於臺灣全島有三分之二為山地與丘陵、其餘三分之一才是平原。彰化平原為臺灣五大平原之一，包括彰化平原、嘉南平原、屏東平原、宜蘭平原、花東縱谷平原，各具有不同地理條件與農業環境。

彰化地區的主要地形為彰化平原與八卦臺地。根據楊萬全（1989）的研究，彰化平原可分為三個主體：

1.　和美沖積扇區：大肚溪至洋子厝溪間，成因為大肚溪自臺中盆
　　地西流入海的過程中，於大肚臺地與八卦臺地間所構成的小沖
　　積扇，而大肚溪的溪水滲漏，成為本區的主要地下水源；

2.　彰化隆起海岸平原區：位於洋子厝溪至舊濁水溪以北之間，地
　　表與地面下構成物質中，不易找到礫石與粗砂，只有沙層與泥
　　質地層，地勢比沖積扇區低，但並無良好地下水做為天然補注；

3.　濁水溪沖積扇北翼：位於舊濁水溪至西螺溪（即濁水溪）之間，
　　扇頂海拔約 150 ～ 170 公尺，多為礫石層，而濁水溪匯入後會
　　大量滲漏，是地下水天然補注區，其西側沿海為近期形成的潮
　　灘地與海埔新生地。

　　整體而言，彰化平原屬現代沖積層，地質主要以黏土、粉砂、砂和
礫石組成，由濁水溪及大肚溪帶來河川沖積物的堆積，質地以近上游且
距河道越近者，顆粒也越粗。

▲彰化平原
　八卦山隧道是貫穿臺灣八卦台地的一條公路隧道，連接彰化縣員林
　市與南投縣草屯鎮。
　圖片來源：作者拍攝

四、作物特色

彰化縣由於土地開墾，引水灌溉，旱地變良田，稻米產量激增，在 1741 年（乾隆 6 年）鹿仔港已被形容為「水陸碼頭、穀米聚處」，有大量的稻穀可運送至大陸對岸。彰化盛產稻米，相對於茶葉與甘蔗分別集中於臺灣北部與南部生產，臺灣北、中、南三區的作物定位因地區分布而更加明確突顯。

彰化平原作為臺灣的農業重鎮，農業土地利用方式也隨著不同時期而有所差異。在清朝末期，彰化地區已呈現極高度的水田化地景，各區域的作物特色與組合，相當程度地受到政府政策、外銷、地形、土壤、水利，以及氣候條件的影響。

彰化平原的面積有 94,240 公頃，其中約三分之二為耕地面積 60,990 公頃，耕地分成短期耕地 43,718 公頃與長期耕地 14,629 公頃，短長期耕地比例約 3：1。短期耕地主要種植水稻（27,036 公頃）、蔬菜（青蔥、韭菜、蘆筍、花椰菜、豌豆等）、花卉（菊花、洋桔梗、香石竹、滿天星、非洲菊等）、雜糧（甘藷、花生等）；長期耕地主要種植果樹（葡萄、番石榴等）。雖然農地珍貴，但仍有 2,643 公頃（4%）處於長期休耕狀態。

彰化縣屬於低於 500 公尺的低海拔地區，理論上，葡萄、梨、甜柿、水蜜桃、蘋果、李及梅等溫帶果樹都較無法種植，但是葡萄因產期調節、技術研發，在溪湖鎮、大村鄉、埔心鄉竟可種植達 1,106 公頃，占全臺葡萄面積的一半；另外，在二林鎮、竹塘鄉、溪州鄉、埤頭鄉等鄉鎮，經多年的改良栽植的豐水梨，屬於高接梨品種之一，也可以在五月下旬到七月下旬盛產，種植面積也有 50 公頃之多。

第二節　彰化水利

一、濁水溪源遠流長

　　濁水溪是臺灣的「母親之河」，全長 187 公里，發源於合歡山主峰與東峰間，因流經板岩、頁岩、砂岩等地層，以致溪水夾帶大量泥沙，長年混濁而得名。濁水溪水有黏土成分，層層厚灰壤土的「土膏」，保水性佳，可以減少灌溉次數，而且耐肥性佳，大量施肥作物不會鹹死，所以可減少施肥次數，也造就了彰化成為農業大縣的基礎條件。

　　濁水溪流域面積幾乎占了臺灣面積的十分之一，在臺灣四百多年的開發史中，濁水溪就像一位堅強而溫柔的母親，呵護廣大的田園和生生不息的臺灣子民，代代繁衍，讓彰化農業得以利用厚生。

　　濁水溪含沙量高易發生氾濫，先後有分為新舊兩條，新濁水溪就是現在的濁水溪（以前稱為西螺溪），舊濁水溪就是現在彰化縣境內的東螺溪。以前因為溪水氾濫，東螺溪曾經有兩度是濁水溪的主流。1921 年新濁水溪護岸堤防工程完工之後，舊濁水溪就變成一般的排水渠道，水源與八堡圳及莿仔埤圳連結，完善彰化縣境內的水利灌溉網絡，所以在舊濁水溪兩岸都是農業生產區。

二、舊濁水溪為彰化的母親之河

　　舊濁水溪的源頭位於溪州鄉下水埔，水源是八堡圳與莿仔埤圳的圳水，但沿途是一條毫不起眼的排水溝，直到臺一線以西之後才見像樣的溪流。從舊濁水溪的源頭，一路朝向出海口，貫穿溪州鄉、北斗鎮、田尾鄉、埤頭鄉、溪湖鎮、埔鹽鄉、福興鄉等鄉鎮，兩旁的農業風光都是在地的生產特色，有水稻、羅漢松、臺北草、青蔥、葉菜、養豬、養雞，以及在福興鄉福寶村出海口附近的乳牛和魚塭，全長 34 公里。

▲東螺溪（舊濁水溪）
從舊濁水溪的源頭一路朝向出海口，貫穿溪州鄉、北斗鎮、田尾鄉、埤頭鄉、溪湖鎮、埔鹽鄉、福興鄉等鄉鎮。
圖片來源：作者拍攝

　　筆者曾騎腳踏車沿著舊濁水溪，希望更貼近地感受這條彰化的母親之河，以及生於斯長於斯的沿岸土地。途中，也繞到北斗渡船頭，是八堡二圳連接到舊濁水溪的水路。渡船頭以前是南來北往和海陸山區河運的集散地，也造就北斗的繁華。旁邊就是河濱公園，在美人樹花開季節之時，花瓣垂枝倒影或漂浮在水面。在舊溪路二段並有一整排的小葉欖仁樹，高挑樹冠在中午時分正可遮陽；隨後的埤頭鄉木棉道也矗立在舊濁水溪旁，兩旁路樹所圍成的綠色隧道，依然涼爽舒服。

　　從埤頭鄉騎過東螺溪的自行車道天橋之後，溪面變得開闊、水量充沛，連接著溪湖鎮的臺灣欒樹花道，也有溪湖糖廠的小火車鐵軌橫跨舊濁水溪上。美中不足的是，這裡聞到旁邊養豬場的惡臭。彰化縣政府除持續進行東螺溪各項生態環境的親水計畫之外，近來也打算在東螺溪公有地打造全縣第一座公有的「畜牧糞尿多元利用資源化共同處理中心」。

　　繼續由南往北騎，越過二溪路之後，舊濁水溪兩旁環境似無人整理，荒煙蔓草叢生，可惜了。所幸到了埔鹽鄉境內，環境整理得耳目一新，又有親水平臺，是鄉民在此休憩的好場所，仍然有不少的臺灣欒樹可供拍照。過了親水平臺之後，就是福興鄉境內的三和制水門，於 1980 年興建，用以改善因河床淤塞斷面狹窄，往往遇豪雨即漫及沿岸農田與村莊，造成浸水的問題。所以在制水門的上游水量飽滿，而下游就開始出現沙洲裸露和紅樹林，也是水鳥濕地的生態環境。

越過臺 17 線麥嶼厝之後，就是處處魚塭，福寶橋旁也有一處乳牛場，在傍晚時分，兩行排開正在進食，相當壯觀，不言自明：福興鄉是乳牛的故鄉。在黃昏時刻，來到舊濁水溪出海口，東邊是員林大排，北邊是吉安水道，在遠處風車襯托下，面對廣闊的出海口，送走夕陽。感恩老天眷顧，讓彰化擁有舊濁水溪，孕育這塊土地的斯土斯民。

三、南北水圳開發與水系

彰化縣為農業大縣，具有發展農業的得天獨厚條件，北有大肚溪、南有濁水溪、東倚八卦山脈、西濱臺灣海峽，有山有海圍繞的彰化平原，舊濁水溪、八堡圳及其圳道水系貫穿平原，農業灌溉渠道密度全臺之冠，而且彰化平原是由濁水溪及大肚溪的河川沖積物所堆積形成的沖積扇平原。因此，讓彰化的物產豐饒並成為臺灣穀倉。

1709 年施世榜開始在彰南地區開鑿「八堡一圳」（又稱施厝圳），是臺灣最早開鑿的水圳、1718 年楊志申在彰北地區開鑿「二八圳」、1721 年黃仕卿也在彰南開鑿「八堡二圳」（又稱十五庄圳），三人二南一北，分別從濁水溪與大肚溪引水灌溉，從此彰化平原變成肥沃的水田，奠定農業發展的永久根基。

四、抽取地下水

彰化縣沒有水庫，目前供水量為每日 39.6 萬噸，依經濟部水利署中區水資源局指出：主要水源為臺中市石岡壩供給 8 萬噸、雲林縣湖山水庫供給 5 萬噸，以及地下水供給 26.6 萬噸，但是農業用水則完全依靠濁水溪與大肚溪的兩溪流域引水及地下水。

雖然只有在夏季時，降雨量較充足，其餘季節降雨量較少，但大肚溪與濁水溪沖積扇地下水資源豐富，農民可藉由抽取地下水灌溉，以補降水量之不足。不過，受到氣候、地下抽水及作物型態用水的影響，長

期抽取地下水灌溉，也造成彰化地區地層下陷。

　　依國立成功大學水工試驗所團隊的長期監測，發現 1992 年以來，彰化地區累積下陷量在 30 公分以上的下陷區，涵蓋範圍包括大城鄉、芳苑鄉、二林鎮、竹塘鄉、埔鹽鄉、溪湖鎮、埤頭鄉、溪州鄉與埔心鄉，其中大城鄉長期的累積下陷量已超過 210 公分以上，未來大城鄉附近的海堤應列為監測的重點，同時應注意颱風季節與漲退潮時，可能發生海水倒灌的情形。近來年下陷速率雖已明顯減緩，但在 2021 年度，彰化地區最大年下陷速率為 4.9 公分（溪湖鎮湖西國小檢測點），下陷速率超過 3 公分以上的鄉鎮為溪湖鎮、溪州鄉與二林鎮，後續需持續追蹤當地產業用水型態與地下水用水的狀況。

五、彰化農田水利成功抗旱

　　彰化水利灌溉與農業生產息息相關，彰化南有濁水溪、北有大肚溪，為主要引水與地下水的來源，占灌溉水源 7 成。在水權限制下，如何開源與節流，成為很大的挑戰。開源方面，包括利用回歸水、抽取地下水；節流方面，包括渠道減少滲漏、調控排水，以及精準灌溉等。當然，鼓勵稻田轉作，也是一種節流並擴大灌區的方式。

　　目前農業部農田水利署彰化管理處，轄管彰化地區（含南投灌區）耕地面積 75,298 公頃，但是灌區 46,714 公頃僅占 62.0%。未來如何達到擴大灌區，確保糧食安全，是當初改制為公務機關的重要政策目標之一。在 2023 年 2 月已將「內三排引灌區」的一、二號圳改善完工，擴大 562 公頃的農業區灌溉。

　　另值得一提的是，由於彰化縣沒有水庫，在 2021 年上半年臺灣中南部發生百年乾旱時，卻靠著大區輪灌、小區調控、抗旱水井、回歸水利用、精準配水，以及夜間調水等六大措施，竟然順利完成灌溉！成為桃竹苗或雲嘉南地區以外的傳奇，農田水利管理處功不可沒。

第三節　八卦山脈

一、葫蘆吸露

　　八卦山脈是位於大肚溪南岸至濁水溪北岸的臺地，南北長約 32 公里，東西寬 4 至 7 公里，北窄南寬，中央部份較兩端窄，呈西北－東南走向的瘦長冬瓜狀，是臺灣的特殊地形景觀之一。

　　地勢南高北低，臺地西坡較東坡陡，區內有數條東西向的活斷層，將臺地切割成幾個地塊。北段與西緣的侵蝕明顯，已呈丘陵地貌，南部與東緣保留許多河階平坦面（林朝棨，1957）。臺地上以「礫岩相」，以及砂岩、粉砂岩、頁岩互層的「碎屑岩相」為主；其中，「礫岩相」分布於八卦臺地的西北方與花壇鄉的東邊，「碎屑岩相」分布於八卦臺地西側崖坡，以員林東坡至二水鼻仔頭一帶，呈狹長狀分布。

▲彰化東外環道
翻越八卦山的東外環道，是連結臺中市與彰化平原的直線道路。
圖片來源：作者拍攝

　　八卦山脈位於彰化縣的東側，為與南投縣的分界，山脈最高點位於中央偏南的橫山（約在社頭鄉與田中鎮交界處），海拔 442.6 公尺，頂部是呈無山峰的臺地，這塊臺地是烏溪與濁水溪侵蝕形成的河階，在南側呈東西走向一道河階斷崖，落差高達 100 公尺。

　　八卦山則是位於彰化市東方，當年知縣楊桂森於清嘉慶 16 年（1811年）在彰化市將縣城改建為磚城時，民間堪輿即流傳「蜈蚣照珠」（或謂「蜈蚣守珠」）一說，「就地形而度之，似蜈蚣展鬚以照珠」，也就是整個八卦山脈代表蜈蚣，而彰化縣城就是這顆璀璨的明珠；另有以地勢而言，也有「若葫蘆高懸以吸露」之「葫蘆吸露」一說，葫蘆亦是八卦山脈的形狀比喻。八卦山的海拔 97 公尺，古有「定寨望洋」的美名，1961 年竣工的八卦山大佛（或稱彰化大佛）已成為遠近馳名的彰化縣地標，這也是代表彰化縣優良農產品「彰化優鮮」的商標（LOGO）。

▲八卦山大佛
　1961 年大佛竣工，是彰化縣有名的地標，也是彰化平原的守護神。
圖片來源：作者拍攝

二、大佛遠眺

　　曾有亞洲第一大佛之稱的八卦山大佛，座高 23 公尺，為一尊盤坐蓮花座的釋迦牟尼佛，外觀仿日本鎌倉大佛，大佛內部從蓮花座到佛頂共 6 層。歷經 60 年歲月滄桑、表層塗漆脫落，

因此在建縣 300 週年的 2023 年時換新妝，從原本灰黑色重新上漆為「巧克力」色調，並已在農曆 4 月 8 日，也就是民間宗教習俗的佛誕日，舉辦修復工程竣工典禮。

　　從彰化大佛的視野，極目所及可看到臺灣海峽、遠處風車，以及彰化平原的富庶大地，也似乎守護著生活在這塊土地上的百姓安居樂業。在臺中市的望高寮，往八卦山的方向遠眺，即可很容易發現端座在山頭的彰化大佛，隔著大肚溪與在臺中的彰化遊子有所感應。

三、百果山

　　八卦山脈沒有水源可供灌溉，影響到農作物的生產，尤其臺地西坡又較東坡陡峭，耕種更為不易。但仍有不少果樹採粗放栽培，例如荔枝、龍眼、楊桃、梅子、李子、桃子、橄欖、芭樂、白柚等，也讓八卦山麓慢慢形成百果山。員林市早期因位處交通集散地，也就形成水果買賣的重要市集，品質或規格不合要求者，則做為加工用途，有名的蜜餞產業於是隨之發展。

　　在山頂的八卦臺地，早期也種植滿山遍野的鳳梨，「開英種」土鳳梨，適合加工成鳳梨罐頭外銷。八卦山陵線的臺 139 線，東西兩側分別是南投縣與彰化縣，現在依然種植不少土鳳梨，但卻是製作鳳梨酥的主要餡料。2009 年問世的「微熱山丘」，改變傳統以冬瓜為鳳梨酥餡料的做法及口味，一炮而紅，也帶動土鳳梨酥的消費風氣，甚至還是「臺灣最佳伴手禮」，年產值超過 300 億元，是大陸或香港觀光客的最愛。

第四節　西濱望海

一、臺灣的重要漁場之一

在彰化縣沿海地區，有黑潮暖流的支流與親潮寒流在此交會，因此海域中上層有眾多洄游性魚類；同時，因海底坡降平緩、海岸淺，為大陸棚地帶，海洋生物蘊藏豐富，而且水溫及潮差也都適合魚類棲息與繁殖，因此海域下層多為底棲性魚類。

此外，內陸河川如大肚溪、洋子溪、鹿港溪、魚寮溪等，流經各鄉鎮，將各種有機物推進海中，料源豐富，也適合水產生物的滋生繁殖，均有助於彰化縣外海成為臺灣的重要漁場之一。

二、海岸魚塭及養殖

彰化縣大面積魚塭養殖，分布在伸港鄉全興及什股海堤間，約 250 公頃，以及芳苑鄉的漢寶、新寶、王功及永興養殖區等，計約千餘公頃；

彰化縣有三大養殖專區，皆為海水養殖，共計 1,093 公頃，分別是：

1. 永興養殖漁業生產區：位於彰化縣芳苑鄉海岸的海埔新生地上，北起後港溪，南至二林排水，約有 425 公頃，主要養殖魚種為文蛤、草蝦、斑節蝦、虱目魚、龍鬚菜、鰻魚、鯛類。

2. 漢寶養殖漁業生產區：位於彰化縣芳苑鄉海岸的海埔新生地，北起漢寶溪口，南至新寶排水溝，西鄰漢寶海堤，東與海尾村為界，面積約 406 公頃，主要養殖魚種為文蛤、蜆、鱸魚、蝦。

3. 王功養殖漁業生產區，位於彰化縣芳苑鄉海岸的海埔新生地上，北起後港溪，南至二林排水，約有 262 公頃，主要養殖魚種為文蛤、草蝦、斑節蝦、虱目魚、龍鬚菜、鰻魚、鯛類。

海水水源為來自堤岸外海水，由於目前彰化縣仍沒有養殖專用海水

▲養殖文蛤魚塭
彰化縣有漢寶、王功及永興三
個養殖漁業生產區，主要養殖
文蛤為主，文蛤養殖面積 1,656
公頃，僅次於雲林縣及臺南市。
圖片來源：作者拍攝

引水設施，養殖漁民常利用排水溝渠，架設引水管線抽取海水，但是溝
渠海水水質不穩定，造成文蛤育成率降低且引水管線沿排水路佈設，降
低排水渠道排水能力，常造成養殖引水需求與防洪排水之間衝突，未來
仍需在基礎設施加以強化並興設養殖專用海水引水設施。

　　所謂「海水養殖」，其實也不純然是海水，因為海水鹽度大約為
35psu（千分之 35），意味著平均每一公升海水中就含有 35 克的鹽溶
解於其中，而 9 成以上的海水魚都是養在鹽度低於 1% 的水中（通稱半
鹹水魚類），臺灣養殖技術發達，所養殖的幾乎都是廣鹽性的魚種，成
長速度較純海水魚更快、可減少寄生蟲，但因滲透壓較低，肉質較不如
純海水養殖的緊實、清甜。

三、漁港

　　彰化縣目前僅有王功及崙尾灣二處漁港，另有塭仔等十處漁筏停泊
區據點。因受彰化縣海域的潮差、漂砂、港區規模及水深條件影響，漁
港及各漁筏停泊區位居內陸水道，不僅出海距離遠、漁船筏皆需候潮進
出、航道水路長，而且又受漂砂影響而淤淺，影響漁民出海作業便利與

安全，更限制海洋漁撈漁業發展與規模。

　　配合彰濱工業區的開發，根據 1992 年臺灣省漁業局完成的「彰濱工業區興建漁港可行性評估規劃報告」，經濟部工業局於是預留可直接面臨外海區位及港口水深條件佳的鹿港區西北角，作為「彰化漁港」用地以保障漁民生計。之後在縣府與彰化區漁會多年爭取並積極協商後，工業局於 2003 年 12 月 23 日函復原則同意無償撥用供縣府開發本漁港，同時兌現彰濱工業區影響鄰近漁民權利的補償承諾。

　　「彰化漁港」正建設中，並配合風力發電，未來在營運的定位為：

1. 作業漁港：可容納崙尾灣漁港及鄰近地區各泊地之動力漁船及沿岸舢筏，將為彰化縣最具規模漁港，且具有完整外廓防波堤設施與港型，可提供全天候不必候潮進出的漁港，以及颱風可避風的泊地空間；

▲王功漁港
王功漁港具有悠久歷史，早年並曾為鹿港淤塞之後的外港，現在王功漁港為單純的漁港，泊地停放小型動力漁船及舢筏，「王者之弓橋」橫亙在港口。
照片來源：作者拍攝

2. 運維碼頭：作為彰濱離岸風電運維碼頭，為離岸風機運輸及維護的專用碼頭，也可藉此增加泊位的租金收入。

　　另一個有名的漁港，即是「王功漁港」，已有悠久歷史，早年並曾為鹿港淤塞之後的外港，現在王功漁港為單純的漁港，泊地停放小型動力漁船及舢筏，「王者之弓橋」橫亙在港口，一雙鋼構拱型橋柱支撐橋面，遠望像是麥當勞標誌。王功漁港的周遭已結合生態、美食，潮間帶、紅樹林、水鳥、招潮蟹、彈塗魚等生態豐富，蚵嗲、炸粿、珍珠蚵、古早味蚵仔煎、炒蘆筍等在地美食，還有坐牛車到蚵田，行走在「海空步道」，佇足觀賞「王功夕照」、黑白直條紋相間及八角獨特造型的「王功燈塔」，都使得此地增添休閒與漁村特色，縣府從 2005 年起即每年都會舉辦「王功漁火節」，吸引遊客前來參與海洋音樂盛會，也呼應王功在烏魚季時許多漁船聚集此地，漁火點點的景象。

▲王功夕照
　彰化著名八景「王功夕照」，擁有絕佳的賞夕美景，前有蚵田、後有風車。
　照片來源：作者自攝

第五節　潮間帶與濕地生態

一、全臺最寬廣的潮間帶

彰化縣西臨臺灣海峽，在大肚溪口至濁水溪口間形成彰化海岸線，從北到南依序為伸港鄉、線西鄉、鹿港鎮、福興鄉、芳苑鄉、大城鄉等六鄉鎮，海岸線長達 76.9 公里（直線距離 47 公里）。

在大肚溪與濁水溪這兩大河流輸砂、海流漂砂的堆積下，日積月累形成大片的海埔灘地。海埔灘地坡降平緩，由於漲退潮的潮差可達 2 ～ 4 公尺，退潮時灘地寬度 1.4 ～ 5.6 公里，面積廣達 15,128 公頃，形成臺灣獨一無二面積最大的海岸潮間泥質灘地，又稱為「潮間帶」，屬於開放型潮埔。這些海埔灘地也孕育著牡蠣、花蛤、蛤蜊、招潮蟹、赤嘴蛤、蝦猴、蜆等經濟貝類。

彰化沿海地區潮間帶所形成的生態系極為多樣化且豐富，水利署以往在芳苑等段海岸種植紅樹林，生長情形良好，長期以來已形成茂密的

▲潮間帶

彰化海岸線在退潮時分，裸露一大片的泥質灘地，是臺灣最大的潮間帶。

照片來源：作者自攝

林相，紅樹林中有許許多多的白鷺鷥等水鳥棲息，在晨昏飛出覓食相當壯觀，是很棒的自然生態教室與賞鳥，可成為具生態復育、親水、遊憩功能的海岸。

近年來，爆紅的「海空步道」，即位在芳苑濕地紅樹林，為紅樹林、潮間帶與濱海生態環境的主要參觀路線。退潮時可以近距離觀察到萬歲大眼蟹、彈塗魚與海茄苳、水筆仔為主組成的紅樹林，有時還可在賞鳥亭看到小白鷺、黃頭鷺等鳥類。

二、國家級溼地

濕地是陸與水的交接地帶，蘊含豐富的動植物資源，尤其是臺灣西海岸海底坡降平緩、海岸淺，又有廣大潮間帶，正是可以提供生物庇護、覓食及生育的棲息環境，許多漁蝦貝類或鳥類都必須仰賴濕地生態的環境才得以存活，而且也自然形成食物鏈，環環相扣，一旦濕地環境發生變動，也就往往會直接反映生物資源在種類及數量的變化上。透過濕地環境及生態觀察，也可以作為長期監測環境變化及氣候變遷的指標。

我國已在 2013 年通過《濕地保育法》，目前有 42 個國家級濕地和 41 處暫定地方級重要濕地，共 83 處重要濕地，遍布在臺灣本島北中南東及離島。其中，彰化縣唯一的國家級濕地就在大肚溪口。這是在

大肚溪口賞鳥

依內政部濕地生態保育網的資料：「大肚溪口調查有 68 科 254 種的維管束植物，其中稀有植物為雲林莞草及三葉埔姜 2 種。保護區內歷年共記錄鳥類達 200 餘種（含保育類 22 種），其中水鳥約占 7 成，以鷸科、鴴科、雁鴨科、鷗科、鷺科、秧雞科較多；陸鳥約占 3 成，以麻雀、小雨燕、小雲雀、白頭翁及鳩鴿科、燕科較多。監測資料顯示，大肚溪口近年出現鳥種為大杓鷸、黑腹濱鷸、東方環頸鴴、翻石鷸、黃足鷸、小燕鷗及黑面琵鷺等。」

1997 年，彰化縣政府會銜時臺中縣政府重新修正公告設 「大肚溪口野生動物保護區」，以保護當地豐富的水鳥資源及其棲息、覓食與繁殖環境，也成為每年候鳥遷徙必經之地。

三、福寶濕地

　　相對於大肚溪口為國家級濕地，在福興鄉的福寶濕地、芳苑鄉的漢寶濕地，則被視為「暫定地方級重要濕地」。福寶濕地是在許多廢棄魚塭及休廢耕農地中自然形成的濕地，也是一個帶有實驗性質及地方合作經營的人工濕地，希望進一步發展濕地生態旅遊，呈現地方不同風貌。

　　福寶濕地位於彰化縣福興鄉，鄰近舊濁水溪出海口，原為從事各種農業活動的農牧區，在 1960 年以後，隨著養殖業的興起，沿海土地接連闢為魚塭，才形成今日我們所見的海岸地景。然而，養殖業也為本地區帶來了地層下陷和土壤鹽化的問題，許多農地被迫休、廢耕。一些離海堤較近的農地，甚至會在大潮時淹沒入海，變成內陸的潮間帶，加上

福寶溼地實驗園區

由彰化縣環境保護聯盟結合農業部所推動的「福寶溼地實驗園區」先期示範區計畫，基地係由海堤、舊濁水溪南堤防及縣 34 號道路三面框圍而成，面積約 130 餘公頃，範圍獨立而完整，人為干擾有限，具有優良的實驗條件。福寶濕地的所有棲地型態可區分為 18 種類型，其中發現鳥種有出現 10 種以上的棲地類型分別為魚塭、耕地、牧草地、泥灘地及牛舍，又以魚塭和泥灘地的鳥種出現豐度最高。在福寶濕地，水鳥和候鳥為重點鳥種，族群規模在每年的 9~10 月明顯增多。冬候鳥之前五種優勢鳥種分別為小環頸鴴、東方環頸鴴、小水鴨、金班鴴及鷹斑鷸。福寶濕地也是彩鷸的重要棲地之一，彩鷸在世界保育類野生動物名錄中，係屬於第二類珍貴稀有的留鳥。

部分廢棄的養殖池，整個福寶濕地因而零星散佈著大大小小低度人為干擾的地塊。這些地塊各自依地形及水源條件的差異，形成草原、低莖草澤、高莖草澤及深水潭的次生環境。

面對許多的廢耕地或棄養池，在地方看不到未來發展的活力與願景，加上 WTO 的衝擊，農畜生產勢必更加萎縮。所謂危機就是轉機，在福寶地區的農業生產已到了必須改弦易轍的關鍵點，否則不僅農畜產業加速被淘汰，即連地方社區發展也將失去立足的根基。1999 年，彰化縣環境保護聯盟即積極於該區推動設立「生態園區」，計畫以休耕農地來營造鳥類棲地環境，以回復到原有生態系統，發揮提供野生動植物多樣性棲息地的生態功能。由於福寶濕地在臺灣西海岸生態保育軸的地位愈來愈受重視，其廢耕農地經由棲地復育計畫，結合休閒農業或生態旅遊，另創產業的新價值，將為未來的地方發展和農業政策轉型有新的啟示。

四、螻蛄蝦繁殖保育區

在大肚溪口重要濕地範圍內，為臺灣招潮蟹及螻蛄蝦族群的群聚棲地，彰化縣政府並分別劃設「臺灣招潮蟹的故鄉」及公告「螻蛄蝦繁殖保育區」。其中，螻蛄蝦被視為美食珍餚。螻蛄蝦在臺灣西部的潮間帶泥質灘地皆有分布，挖洞而居，但主要產區在彰化沿海地區，又以伸港鄉至大城鄉的產量最多，美食奧螻蛄蝦（俗稱「蝦猴」）是螻蛄蝦屬唯一具有食用經濟價值的種類，因此在彰化鹿港處處可見酥炸「蝦猴」。

民眾在過去因沒有保育觀念、短視近利，利用機器抽水馬達，以強力水柱沖灌海灘土層，逼使螻蛄蝦紛紛由洞穴爬出，來快速並大量捕捉，捕捉量遠比用手挖掘方式要增加 3 倍以上！但是這種竭澤而漁的方式，也引發許多漁民的關心與擔心。在 2003 年，彰化區漁會的漁事研究班班會中，許多班員即開始討論、形成共識，並表達願意參與螻蛄蝦保育

志工行列，促成「伸港地區螻蛄蝦保育區」的成立，並獲得漁業署支持彰化區漁會提出的「伸港地區螻蛄蝦保育區計畫」，此項計畫執行至今，保育區的範圍得以管制及不時有志工巡視，實施禁漁區及捕捉量的限制與禁止，是個由下而上參與管理保育工作的成功案例。在 2006 年彰化縣政府於是公告伸港鄉潮間帶 36 公頃為「螻蛄蝦繁殖保育區」，後來在 2013 年再公告增設伸港 20 公頃，以及芳苑鄉王功漁港潮間帶 40.5 公頃，三個保育區總共 96.5 公頃，為臺灣 35 個海洋保護區之一。

　　在保育區內有瞭望高寮，並有漁民組成的巡護隊，藉以有效養護及管理螻蛄蝦資源及棲地，避免民眾誤闖，破壞螻蛄蝦的棲息。彰化區漁會除了組織漁民保育巡護班隊管理「螻蛄蝦繁殖保育區」之外，也辦理護溪封漁巡護隊、白海豚巡護隊等漁民志工組織，以兼顧漁業生產、漁民生活與漁業生態，彰化區漁會與漁民的長期努力成績相當受到肯定。

五、白海豚（媽祖魚）

　　在臺灣沿海地區，有被國際自然保育聯盟（International Union for Conservation of Nature, IUCN）列入極危物種（CR, Critically Endangered）：臺灣白海豚，是僅次於野外滅絕的等級，僅剩不到 100 隻。白海豚主要活動在沿海水深 5 公尺以內的範圍，海洋與內陸的交界也是牠們的棲地，大概就是潮間帶的外海不遠處。白海豚從小到大會變色，從灰色、藍色斑點，到長大後全身雪白，而且在活動時會因血液循環而變成粉紅色，故又稱為粉紅海豚。在每年農曆 3 月中旬以後，因沒有東北季風，海面較為平靜，就是白海豚開始活動的季節，不時跳躍在海面上，因時間約在 3 月 23 日媽祖誕辰前後，即被穿鑿附會的說是來向媽祖祝壽，所以又稱為「媽祖魚」。

　　彰化縣政府在伸港鄉打造一座生態教育中心，白色風帆意象的主體建物，矗立在慶安水道旁，館內展示大肚溪口國家級濕地的豐富生態，

白海豚更是其中的主角。其實，在臺灣沿海地區，從苗栗縣的中港溪口往南到臺南市將軍漁港，皆是白海豚的活動區域。當年 2010 年政府打算在大城鄉外海填海造陸，打造國光石化，但如此將會阻斷白海豚廊道，不利於族群交流，恐會加速物種滅絕，引發環保團體的反對，因為有些人認為「白海豚會轉彎」、或可以「教白海豚游人工水道」，可能都是不瞭解或不尊重生物習性的想法。

▲ 白色海豚屋

由於伸港鄉的生態資源豐富，彰化縣政府也在此設置生態教育中心，俗稱「白色海豚屋」，以臺灣西部沿海的極危物種白海豚為保育象徵，引導民眾認識生態環境與保育措施，具有相當的指標意義。

照片來源：作者拍攝

第九章　農業大縣

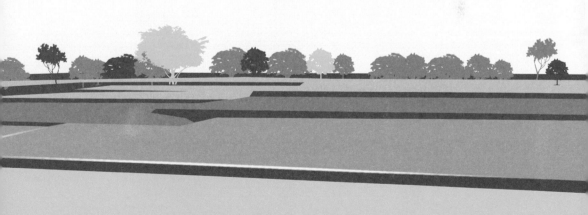

第一節　彰化農業產值與生產表現

一、寸土寸金

　　彰化縣 2021 年底農耕土地面積 60,990 公頃、農產產值 287.23 億元，分居臺灣地區 20 縣市（含直轄市）第 6 位及第 4 位。

　　各縣市的農耕土地面積以臺南市 91,540 公頃為最多，雲林縣 79,678 公頃次之，嘉義縣 73,024 公頃再次之，彰化縣 60,990 公頃排名第 6 位。彰化縣是全臺所有縣級行政區中面積最小的縣，全縣面積 107,440 公頃，但是可耕地的面積比例卻是全臺最高。

民國四十年版

臺灣農業年報

TAIWAN AGRICULTURAL YEARBOOK

1951 EDITION

716

臺灣省政府農林廳

DEPARTMENT OF AGRICULTURE & FORESTRY

PROVINCIAL GOVERNMENT OF TAIWAN

TAIPEI

NOVEMBER, 1951

▲農業年報 1951 年版
農業年報從 1951 年起，才有彰化縣單獨的農業統計資料。
圖片來源：作者拍攝

　　彰化縣 2022 年農產產值 276 億元，按作物分，包含蔬菜 86 億元
（31%）、稻米 74 億元（27%）、水果 56 億元（20%）、花卉 37 億元
（13%）。農產產值較雲林縣（429 億元）、臺中市（327 億元）及臺南
市（298 億元）為低，排名臺灣地區第 4 位。但如果以每公頃耕地產值
而言，則彰化縣每公頃產值達 45 萬元，在彰化縣的農地可說是寸土寸金。

　　除了農產之外，若將畜產與漁產也納入農業產值來合計，則彰化縣
的整體農業產值高達 706 億元，放眼臺灣，也僅有雲林縣及屏東縣較彰
化縣為高。彰化縣農業產值占全臺 13%，但是農耕面積僅占全臺 8%，
再次印證彰化縣農業追求產值及農業收入的事實。

表 9-1　臺灣主要農業縣市農業產值　　　　　　　　　　　　　　單位：千元

年	2017 年	2018 年	2019 年	2020 年	2021 年	2022 年
全臺	545,539,560	525,539,279	512,230,302	503,805,266	536,074,236	562,555,485
臺中市	34,341,898	34,968,893	31,091,453	33,000,692	35,425,339	37,159,500
彰化縣	59,684,219	59,188,597	60,976,530	61,092,036	65,809,790	70,563,327
雲林縣	79,374,351	77,068,396	77,759,575	79,377,529	85,497,180	88,980,981
嘉義縣	45,695,029	43,677,441	42,255,139	42,299,073	44,858,382	49,365,154
臺南市	62,350,530	57,080,599	57,334,106	56,193,445	60,733,542	64,300,880
高雄市	39,704,042	37,587,768	35,985,355	36,305,906	45,161,259	43,630,299
屏東縣	39,704,042	37,587,768	35,985,355	36,305,906	45,161,259	72,616,849

資料來源：農業部，農業統計資料查詢

二、農業產值

　　彰化縣是農業大縣，有豐富的農產、畜產與水產，在臺灣農業生產上具有舉足輕重的地位。

　　2022 年，彰化縣農業產值達 706 億元，是歷年來的新高，從 1996 年的 444 億元，增加 59%，其間因有加入 WTO，在 2000 ～ 2003 年的產值曾跌破 400 億元之外，其餘年度多持續成長，並在 2016 年進一步突破 600 億元。

　　農業產值包括農產、畜產與漁產，在 2022 年，農產、畜產與漁產的產值分別為 276 億元（39%）、417 億元（59%）、12 億元（2%）。畜產以豬、肉雞、蛋雞、肉鴨、蛋鴨、乳牛、肉牛、肉羊等為主，雖在 1997 年因口蹄疫重創毛豬產業，產值從 202 億元暴跌至 162 億元，但在 2004 年起即恢復至 200 億元以上，並持續成長至目前的 417 億元。不過，漁產卻從 1996 年的 39 億元不斷下降至 2022 年的 12 億元，主要是彰化縣並沒有遠洋漁業、沿岸捕撈又受限於漁業資源管制，故以養殖漁業為主，而養殖又以文蛤、牡蠣、虱目魚、吳郭魚的大宗魚貝類為

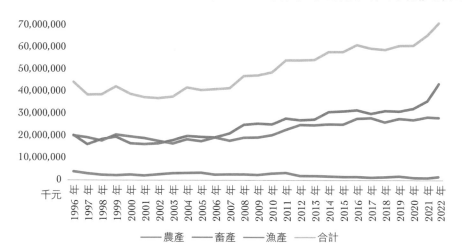

圖 9-1　　歷年來彰化縣農業產值

資料來源：農業部，農業統計資料查詢。

主，經濟產值也不如石斑、白蝦，近年加上因氣候變遷，導致文蛤及牡蠣的產量也大不如前，但是在文蛤、日本鰻、泰國蝦的產量高居全臺第三位，甚至蜆（又稱蜊仔或蚋仔）的產量獨占全國的 8 成，可說是小兵立大功。

三、農畜產大縣

畜產產值 417 億元，較農產為高，也超越雲林縣的 409 億元，因此，彰化縣不僅是農產大縣，也是畜產大縣。不管是沒有腳的農作物、兩隻腳的雞鴨，或是四隻腳的豬牛羊，都是在臺灣居於舉足輕重的地位。

表 9-2　彰化縣農業產值及其組成　　　　　　　　　　　　　　　　單位：千元

年	合計	農產	林產	畜產	漁產
2016 年	61,256,610	27,948,214	0	31,711,658	1,596,739
2017 年	59,684,219	28,261,212	0	30,149,750	1,273,256
2018 年	59,188,597	26,319,409	0	31,424,013	1,445,174
2019 年	60,976,530	27,946,438	0	31,262,195	1,767,897
2020 年	61,092,036	27,444,958	0	32,487,153	1,159,926
2021 年	65,809,790	28,723,246	0	35,964,337	1,122,208
2022 年	70,563,327	27,646,418	0	41,732,786	1,184,123

資料來源：農業部，農業統計資料查詢。

▲彰化優鮮
彰化農產品行銷的標語及標章「彰化優鮮」，代表彰化的農產品優質新鮮。
圖片來源：彰化縣政府農業處網站

四、生產表現

　　1950 年，彰化縣從臺中州分出，開始有自己的農業統計資料，可從生產指數觀察歷年產量變化，生產指數是涵蓋普通作物（米、雜糧）、特用作物、果實、蔬菜、菇類、花卉等農作物。以 2016 年為基期比較而言，1950 年為 59.38，2021 年為 101.71，表示在 71 年期間，彰化縣的產量也增加 71%。事實上，在 1977 年生產指數已達 135.44，產量已增加 1.28 倍。之後因不以強調增加產量，而以追求產值的提高為目的，故在 2004 年起，即多維持產量的穩定，生產指數均介於 100 ～ 110 之間。

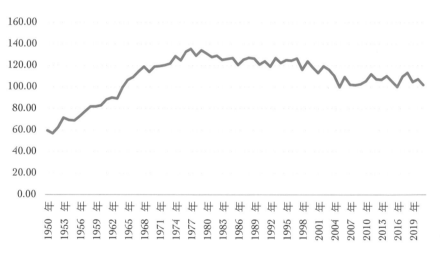

圖 9-2　　歷年來彰化縣生產指數
資料來源：農業統計資料查詢。

　　進一步觀察生產指數構成的細項，可以發現：雜糧（小麥、甘藷、落花生、紅豆、大豆）、特用作物（製糖甘蔗、生食甘蔗、芝麻）的生產有減少趨勢，而蔬菜生產早年快速增加，從 1950 年的 27.96 擴增至 1980 年的 142.49，增加達 5 倍以上！2022 年彰化縣蔬菜種植面積 10,203 公頃，占全臺 141,437 公頃的 7%，主要種植的蘆筍、韭菜、洋

蔥、蘿蔔、胡蘿蔔、結球白菜、加工番茄、蒜頭、蔥、蔥頭、荸薺、芹菜、芫荽、花椰菜、胡瓜、冬瓜、苦瓜、茄子、豌豆、節瓜、扁蒲等蔬菜，在全臺各縣市排名皆是前三位，或是數一數二。

　　果實生產也是明顯增加，在 1950 年僅 6.60，由於所得提高及擴展外銷，也帶動果樹種植，產量增加至 2021 年，生產指數 125.22，增加達 19 倍！果樹是經濟作物，產值也高於其他作物，故在供需兩方面都有利於水果市場的擴大。

　　彰化是花卉的故鄉，菊花、洋桔梗、香石竹、滿天星、非洲菊、天堂鳥、苗圃、盆花等種植面積都是全臺之首。彰化縣花卉種植面積 5,466 公頃，占全臺 14,033 公頃的 39%。田尾鄉農會理事長楊春枝回憶，早在 1950 年代，田尾鄉就已經開始栽種菊花，當時是由一位柳鳳村民將菊花種子帶進村子種植，村民擴大栽培而形成群聚效應，1973 年田尾公路花園設立之後，更彰顯這地方產業特色。

　　至於菇類的生產表現，則明顯大起大落，早期由於洋菇罐頭的外銷，帶動家家戶戶設置菇寮，在 1961 年開始種菇，快速成長至 1978 年的產量達到最高峰，1970 年代是洋菇外銷的黃金歲月。但後來因中國大陸與歐洲簽訂貿易協定、美國提高關稅，以及我國勞動工資上漲，在 1980 年之後即日漸沒落。不過，目前彰化縣種植洋菇的面積及產量仍是全臺第一，其餘白木耳、金針菇、蠔菇仍是前三位。

第二節　臺灣米倉

一、產量為全臺 2 成以上

　　彰化是「臺灣米倉」，稻米種植面積 4.7 萬公頃，占全臺的 21%。產量也占全臺的 22%，大約可提供全臺 2.67 個月的消費；簡單來講，我們吃的飯 5 粒中有 1 粒即是來自彰化。

　　彰化生產稻米一直有悠久的歷史，因從 1709 年開鑿「八堡一圳」以來，後續的「十五庄圳」、「二八圳」、「福馬圳」、「快官圳」、「東西二三圳」等不斷的興建水利及開墾，而使得彰化平原遍布綿密的灌溉渠道，所以自古以來即是稻米的重要產地，也才有餘力再輸出至中國大陸沿海，因此，鹿港在 1741 年已被形容為「水陸碼頭、穀米聚處」。當臺灣南部大力發展甘蔗及北部致力於推廣茶葉生產時，彰化即被定位為以生產稻米為主，此乃良田以生產糧食為主要考量。

　　而在日治時期改良蓬萊米，也是在臺中區農業改良場培育出「水稻臺中 65 號」，可克服稻熱病，而且一年可栽種兩次，臺灣 85% 以上的蓬萊米品種都是它的後代，對於稻米產量的增加貢獻很大。

二、稉秈糯各具特色

　　自古以來「吃飯皇帝大」，但我們對於所吃的飯又認識多少呢？！臺灣人早期吃「在來米」，米粒細細長長的，又稱為「秈米」。但是在日本人來臺之後，為將臺灣農業改造符合日本所需，即對臺灣稻米品種開始改良，後來終於在 1926 年培育出「蓬萊米」，就是我們現在所吃的「稉米」，米粒肥肥短短的。「稉米」與「秈米」的口感軟硬度及黏性不同，主要是「直鏈性澱粉值」的差異，「稉米」的直鏈性澱粉值較低，約在 16 ～ 21，口感較軟而黏，而「秈米」則在 26 ～ 32 之間，口感較硬而

乾。不過，因品種持續改良，「秈米」又可分為「硬秈」與「軟秈」，「硬秈」主要用為製作蘿蔔糕、發糕、碗粿等米食，而「軟秈」則口感與粳米接近，可直接食用，「臺中秈 10 號」即為代表品種，本品種亦由我國農技團攜往非洲、中南美洲等友邦種植，深獲好評。彰化縣所種「軟秈」的面積近 3,600 公頃，占全臺的 53%。

　　至於「糯米」，因直鏈性澱粉值非常低，黏性高，且因幾乎都是支鏈澱粉，不易消化，故也都成為米食製品的原料。「糯米」又可分為「粳糯」與「秈糯」，「粳糯」（又稱圓糯）最具有黏性，常被作為紅龜粿、甜粿、湯圓，而「秈糯」（又稱長糯）則用來製作油飯或肉粽。彰化縣的「秈糯」種植面積近 3,100 公頃，也占全臺的 51%，品種以「臺中秈糯 2 號」為主。

　　因此，彰化縣所生產的粳秈糯都是全國首屈一指，不論是所吃的米飯或米食，都跟彰化密不可分，「誰知盤中飧，粒粒自彰化」。

三、米之鄉

　　彰化縣每一鄉鎮市都有種水稻，在 2022 年，一期粳稻面積共22,583 公頃，以二林鎮最多達 2,944 公頃，最少的永靖鄉也有 189 公頃；而在二期粳稻面積共 14,787 公頃，也以二林鎮 1,865 公頃最多，最少

一樣米養百樣人		
水稻	白米	米食
粳稻	蓬萊米	白飯
秈稻	硬秈（長秈）	蘿蔔糕、發糕、碗粿
	軟秈（短秈）	白飯
糯稻	秈糯（長糯）	米糕、油飯、粽子
	粳糯（圓糯）	釀酒、湯圓、甜粿、紅龜粿

的線西鄉只有 33 公頃，且多為再生稻。彰化縣稉稻最有名的品種即是「臺稉 9 號」、「臺中 194 號」，是臺灣最好吃的良質米及香米品種。「臺中 194 號」，就是壽米屋所銷售的「馥米」，也是竹塘鄉農的「竹塘飄稻米」、秀水鄉農會的「禾稼米」，秀水鄉吳明信總幹事說：「194 禾稼米」諧音為「伊就是好吃米」，令人印象深刻。米質晶瑩剔透，口感滑潤順口，感覺黏又不黏口，有淡淡的七葉蘭香氣，即使米飯冷了，Q 度和香氣仍不減。米質和口感絕佳，和「臺稉 9 號」一樣，都是由許志聖博士育種研發的品種。

兩期水稻種植面積合計超過 1,000 公頃的鄉鎮比皆是，例如二林鎮、竹塘鄉、溪州鄉、埤頭鄉、大城鄉、鹿港鎮、埔鹽鄉、芳苑鄉、福興鄉、和美鎮、田中鎮、芬園鄉、大村鄉等都是「米之鄉」。

農糧署從 2005 年開始推動「稻米產銷專業區」(現已更名為「稻米產銷契作集團產區」)，各地糧商或農會響應擔任營運主體，與農民契作良質米、提升品質、建立生產履歷，並發展品牌，以增進國產稻米競爭力，降低農民對公糧保價收購政策的依賴。實施迄今成果輝煌，「冠軍米」家喻戶曉，竹塘鄉、永靖鄉、二林鎮都曾獲此殊榮。目前有彰化縣田中鎮農會、宏元米廠、保證責任彰化縣第一稻米蔬果生產合作社、米屋智農股份有限公司、正新製米（股）公司、億東企業股份有限公司、聯米企業股份有限公司、彰化縣竹塘鄉農會等 8 家營運主體，兩期共契作面積近 5,000 公頃。

福興鄉、埔鹽鄉、秀水鄉皆是以水稻為主，尤其是種植「秈糯稻」，三鄉互相毗鄰，成為「秈糯金三角」，為全臺種植秈糯稻前五大鄉鎮其中之三，是一大特色。彰化縣的「軟秈稻」種植面積也是全臺之首，因品種適地適種的特性，產地主要分布在沿海的芳苑鄉、二林鎮、鹿港鎮、和美鎮。「臺中秈 10 號」是食用口感相當好的在來米，米粒外觀大而飽滿，不黏不膩有嚼勁，有長輩說他們找到了小時候吃飯的滋味了。

四、黑米

俗語說「見黑三分補」，只要食物外觀是黑色的，就好像可以提升滋補效益，像是黑芝麻、黑豆、黑木耳、黑米。

位於濁水溪畔的彰化縣溪州鄉，得天獨厚用黑泥水來生產農作物，而且富含礦物質和微量元素，農產品品質具有優越性和完整營養。不只是「濁水米」有名，「黑米」也是如此。尤其黑米帶有麩皮（膳食纖維）且富含花青素，可以抗氧化、補腎、明目又活血，簡直就是保健食品了。

溪州鄉內最大的黑米契作面積就在「阿堂黑米」，種植 50 ～ 80 公頃，是青農林佳祐以阿公之名成立的農企業，產銷一條龍，與農民契作，要求友善耕作、通過 SGS 多項檢驗，並全程品管黑米乾燥、碾製與儲存，所以發展出許多黑米系列製品，包括黑米王、黑米香、黑米麩、穎果皮茶（黑米茶）。佳祐是念行銷系的，在生產無後顧之憂下，專注經營各種通路（宅配、市集、活動展售、電商平台、電視購物）與行銷，剛好可以學以致用，創造更大的產品價值。

田中鎮也是黑米的主要產區，黑米（臺農秈糯 24 號）也是第一個有品種權的植物，黑米的稻穗也是黑的喔！黑米因富含水溶性花青素，可在煮飯時跟白米一比三的比例混合，整鍋飯就會變成夢幻的紫色了。

不過，政府對於黑米生產並沒有採取積極的輔導措施，主要是因容易與一般稻米發生黑白米雜交或種子混雜的情形，政府希望劃設有色米種植專區，農民卻因農地使用受限並不領情。隨著黑米在市場需求成長趨勢下，現在臺灣從南到北各地都在種黑米，如何有效規範或輔導，是值得未雨綢繆的課題。

▲阿堂黑米
照片來源：作者拍攝

第三節　重要產物

一、葡萄

　　彰化縣是「葡萄的故鄉」，種植面積全臺最多，種類也最多元，有「巨峰葡萄」、「金香葡萄」、「黑后葡萄」、「蜜紅葡萄」，甚至還有「信濃微笑葡萄」、「麝香葡萄」，以及「安藝皇后葡萄」等；其中，以「巨峰葡萄」為最主要。

　　全臺的巨峰葡萄兩粒有一粒來自彰化，而最大的產地在彰化縣溪湖鎮，尤其是溫室早春葡萄占全臺 8 成以上，並打出「峰采葡萄」品牌。高速公路行經溪湖，在彰水路以東，基本上都是種葡萄的，在 12 ～ 2月間經常可見溫室晚上燈火通明，以促進新梢生長和著果，這是特別的電照栽培技術。溫室早春葡萄從三月下旬陸續上市，較一般露天栽培的夏果六月上市提早兩個月。溫室果園葡萄結實累累、果粒碩大飽滿、色澤紫黑，外表還覆蓋果粉，每果粒約 17 ～ 20 公克，每串約 1 公斤上下。吃起來果肉 Q實、甜度 18 ～ 20 度，風味極佳。

　　談起葡萄，埔心鄉農會總幹事張旗聞強調品質的關鍵，包括不追求量產與從事草生栽培自然農法，並要注意「三頭四度」：趴頭（一串約 30 ～ 50 粒）、粒頭（夏果 12 公克 / 粒、冬果 10公克 / 粒）、粉頭（新鮮的才有果粉，具有酵素）；香度（剛剪

▲巨峰葡萄果園
　彰化縣是「葡萄的故鄉」，種植面積全臺最多，種類也最多元。全臺巨峰葡萄種植面積 2,339 公頃，其中，彰化縣巨峰葡萄種植面積 1,145 公頃。
圖片來源：作者拍攝

下有清香）、甜度（14 ～ 17 度帶微酸）、硬度（壓下去有彈性）、色度（黑紫色）。

　　全臺巨峰葡萄種植面積 2,339 公頃，其中，彰化縣種植面積 1,145 公頃。全臺「巨峰葡萄四雄」分別是：彰化縣溪湖鎮 478 公頃、臺中市卓蘭區 431 公頃、彰化縣大村鄉 415 公頃、南投縣信義鄉 275 公頃。

　　除了「巨峰葡萄」作為鮮食之外，還有作為釀酒的「金香葡萄」及「黑后葡萄」，早期因有公賣局契作釀酒，也曾在二林鎮種植最多。「金香葡萄」用來釀白酒、「黑后葡萄」用來釀紅酒及果汁，甜度都以 15°Brix 為標準。當年公賣局收購價格若低於 15°Brix 以下，每公斤只收購 5.8 元；若符合 15°Brix 則是每公斤收購價 25.5 元，甜度每增加 1°Brix 則每公斤加收 1.9 元。由於契作價格支持釀酒產業的發展，也造福地方農村經濟，但是我國在 1990 年申請加入 GATT／WTO 之後，即可預見未來勢必要開放國外葡萄酒，國產葡萄酒的價格及品質可能無法與進口競爭，所以政府開始逐步輔導葡萄果農轉作，1997 年起並辦理「廢園獎勵金調整案」，補貼砍除葡萄植株契作戶每公頃 54 萬元、非契作戶補貼 40 萬元。原本在 1997 年的「金香葡萄」種植面積全臺有 739 公頃，其中在彰化縣 611 公頃，兩大產地為二林鎮（443 公頃）與竹塘鄉（158 公頃）；同年，「黑后葡萄」種植面積全臺有 139 公頃，其中在彰化縣 57 公頃，僅次於臺中市的 82 公頃，兩大產地為臺中市外埔區（54 公頃）、彰化縣二林鎮（50 公頃）。但在 1997 年之後釀酒用種植面積即急遽萎縮，目前全臺「金香葡萄」與「黑后葡萄」僅分別剩下 30 公頃、71 公頃，彰化縣分別為其中的 7 成及 4 成面積。

　　我國在 2002 年加入 WTO，同時廢止菸酒專賣制度，改課菸酒稅與關稅，使得酒類進口量增加。政府也因此開放民間設立酒廠，因緣際會，二林葡萄果農也開始思考設立酒莊的可能性。在二林社區大學與大葉大學教授開課之下，許多果農學習釀酒技術和品酒，並陸續設立酒莊。二林鎮的葡萄酒莊是當今臺灣酒莊家數密度最高的鄉鎮，目前有 12 家，

各具特色，並以參與國際競賽得獎而打開市場行銷。

　　雖然二林酒莊的規模仍屬於小農規模，與國外百年莊園不可同日而語，但他們不斷精進釀造技術，走出自己的特色。例如：「秉森酒莊」楊秉森莊主和「金玉湖酒莊」廖正興莊主，楊莊主說：「酒莊推出的BABUZA（巴布薩，當地平埔族名稱）系列白蘭地，採用葡萄酒蒸餾變成透明後，陳放於橡木桶中共四次，以突出尾韻的風味。在釀造過程中，還加入荔枝、芭樂、百香果和楊桃進行蒸餾，以水果香氣盈潤酒體，將臺灣水果的甜，化作縈繞鼻腔和舌尖的清香，帶來馥郁豐滿的味覺。」喝一口除了能感受到葡萄酒的香甜，還能感受到二林葡萄酒莊的獨特魅力，以及農民們對於品質的堅持。另外，廖莊主還跟我們分享他們會在葡萄棚架入口處，每一畦前面都種有一株玫瑰，因玫瑰花的嬌貴與易受病害侵襲的特性，成為了他們觀察葡萄健康的重要指標。廖莊主說：「夏季葡萄產量多可釀出比較多葡萄酒，而冬季葡萄產量少，可是冬果純厚度才夠，冬果酸度高、甜度也高，要想辦法除酸，除了自己種植以外，也會跟果農買葡萄，葡萄甜度多 1 度，價格就多 2 元，如若買到甜度、品質好的鮮食葡萄，就整批買下用來釀酒。」

二、紅龍果

　　二林鎮是「百果鎮」，生產許多豐富多元的農產品，也是紅龍果的最大產地，種植面積達 295 公頃，較其次的南投縣名間鄉 166 公頃還要大了許多。二林鎮原與公賣局契作釀酒葡萄，後因收購結束而轉種紅龍果，利用當時既有棚架改種在 1990 年代臺灣還不太普遍的紅龍果。

　　紅龍果可分白肉種及紅肉種，白肉種通稱為越南白肉種，早期栽培品種多屬越南白肉種，因技術尚未成熟，以致品質不穩定、口感差，且有草腥味，消費者接受度不高，種植面積曾在 2003 年之後減少。但在 2011 年起因品種及栽培技術改進，又開始不斷擴大種植面積，目前全臺

已有 2,720 公頃,其中約有 7 成為紅肉種。因為紅肉種果肉富含特殊的甜菜苷色素,抗氧化能力佳,且糖度較白肉種高,消費者接受程度較高;不過,紅肉種的果肉軟,較不具脆感,也不具有白肉種的清甜口感,故白肉種仍受不少消費者偏好。

　　紅龍果的生長適應性強,對土壤、氣候條件的要求較少,並且枝條扦插繁殖容易,每年產量高達 25,000 公斤 / 公頃,產期長又分散,果實耐貯運,耐旱,病蟲害少,是集保健、加工、鮮食、觀賞於一身的優良果樹,已在臺灣各地廣為種植。紅龍果的正常產期為 5 月至 11 月,聰明的農民於是利用電照技術,來延長產期至隔年 1 月,並可增加產量及提高甜度。當紅龍果夜間點燈時,整個果園彷彿不夜城,紅龍果搖身一變成亮晶晶的「紅寶石」,還可以發展為「夜逛果園賞花」的觀光契機,這些都是農民的財富象徵。

▲紅龍果

紅龍果在 2011 年起因品種及栽培技術改進,開始不斷擴大種植面積,目前全臺已有 2,720 公頃,其中,彰化縣種植 467 公頃。

圖片來源:作者拍攝

　　二林鎮的「新科果園」,由謝新科先生經營,即是將原有葡萄架改成紅龍果架種植紅龍果,除白肉及紅肉之外,也有實驗的紅白雙色紅龍果。紅龍果多刺,又要經常採收,夫婦兩人經營 5 分地已是極限,缺工的問題也限制了農場規模。

　　目前紅龍果在各地已算是常見的果樹之一了,田中鎮的「畯富農場」,游畯富先生經營草生栽培的紅龍果,讓一群櫻桃鴨漫步在果園中,沒有農藥和化學肥料,只應用光合菌、酵母菌和有機肥,是自然和諧的生態環

境。峻富種植紅龍果已經30年了，從最初紅色果皮、紅色果肉的紅龍果，到現在紅皮白肉、紅皮紅肉、紅皮雙色、紅皮果凍粉色、黃皮白肉等多品種，果皮及果肉顏色不斷改變，果實的外觀、香氣、水份、甜度，到耐保存、高產量等也不斷改良精進。

三、芭樂

芭樂的正式名稱是番石榴，番字冠名即代表臺灣不是這水果的原產地，但從國外引進已有300多年了。早期的芭樂是「土拔仔」，是1961年以前，民間零星栽種的野生種，果實小、產量低、果肉酸澀，但香氣濃郁。1976年有農民引進泰國芭樂，果實大、口感清脆，廣受歡迎，才開始推廣栽培。後續並從泰國芭樂系統改良選育出「珍珠拔」、「水晶拔」等優良品種，使番石榴產業在臺灣迅速紮根。

彰化縣芭樂的種植面積僅次於高雄市、臺南市，是中北部最大的產地。彰化縣主要產地為溪州鄉、社頭鄉、二水鄉；其中，社頭鄉是「芭樂的原鄉」，因為臺灣的芭樂，最早在1960年代即從社頭鄉開始大量種植，從土拔仔、泰國拔、二十世紀拔，到現在最普遍的珍珠拔、帝王拔、紅心芭樂。即使曾發生嚴重的立枯病，整個產業幾乎滅頂，但農民引進抗病率更高的品種，以及精進栽培管理技術，所以開枝散葉在臺灣各地種植芭樂。由於芭樂可以整年不斷開花、不斷結果、不斷採收，可以持續有收入，所以在林邊蓮霧、玉井芒果、或者摩天嶺柿子都有農民紛紛轉種芭樂。

但是芭樂是勞動密集的產業，施肥、灌溉、除草、套袋、採收、搬運都要用人工，在工作粗重和勞力短缺的情形下，也讓很多青農望之卻步。所以青農想要接手芭樂產業，就要在果園的植栽、動線和農水路重新規劃。

社頭鄉「山腳芭樂」的兩位兄弟青農陳建隆和陳建裕，一開始接手

經營，就從減少植栽株數開始，別人一分地種 150 棵，他們只種 70 棵，行株之間預留寬闊通道，便於噴霧車行進噴藥及採收後放在搬運車，並在每棵果樹設置噴灌，如此都可以減少人工。目前最費工的還是在摘心套袋及採收。

減少植栽會不會減少總產量？不會，因為每株生長有較開闊空間伸展，日照及通風充分，每株產量增加、品質也提升，總收入反而提高。芭樂品質也跟施肥有關，將爛果用木黴菌發酵成液肥，用磷溶菌、海藻鈣、茶渣培土等，都是一些撇步，但就是不能用化學肥料。另外，環境、氣候和土壤，也是影響品質的關鍵因素。

「山腳芭樂」就是種植在八卦山脈下的砂質肥沃黑土，濁水溪沖積的黑土蘊藏大量礦物質，提供芭樂生長營養所需，加上砂質土壤排水佳，使得芭樂吃來不會太硬，像吃梨子一樣清脆爽口，果肉細緻、果酸甜度合宜，真是吃得會涮嘴！因應氣候變遷，現在他們已試種新品種（高雄 2 號珍翠芭樂），還籌組合作社，打算進軍國際，可見品質就是最好競爭力的保證。

溪州鄉芭樂的種植面積最多，因獨特的濁水溪水和黑土，芭樂口感尤其清甜爽口。青農鄭豐融與曾虹蓁夫婦經營的三代芭樂園，品種繁多，包括珍珠、帝王、紅鑽、香水等。特別的是，以心葉薄荷草生栽培，果園中散發薄荷香味以驅趕害蟲，果園裡面也保有一塊可以作為食農教育基地的百果園和池塘。顯然青農在經營與祖先同樣的果園，已發展出不同的經營型態，具體而微的看出臺灣農業的未來面貌。

四、香菜

香菜，俗稱芫荽，是餐桌上的小兵，香菜也是彰化農產物隱形冠軍之一，彰化縣的香菜產量供應全臺 6 成，而且主要都是由北斗鎮的農民供貨，在夏季香菜有九成，冬季香菜也至少有七成五。不過，北斗香菜

不完全都是種在北斗鎮，因為香菜有嚴重的「連作障礙」，和芹菜一樣，同一塊田地頂多能夠連續種兩次，還要再隔至少五年之後才能夠再種，因此只能轉移陣地到其他地方或其他鄉鎮種香菜。

香菜採收也有缺工問題，農地上多是高齡婦女，在太陽傘下坐在可滑動的小板凳上割香菜，從早上六點就開始採收，只為賺每小時 150 元的工資。香菜耐冷不耐熱，香菜採收後如果沒有預冷設備，就要用冰袋或碎冰降溫冷藏運銷。

不是每個人都喜歡吃香菜，但有些東西如果不放香菜就少了一味，像肉圓、蚵仔麵線、豬血糕、花生捲、蘿蔔排骨湯、豆腐貢丸湯。不只如此，只要你喜歡，香菜粉就像海苔粉、抹茶、羅勒一樣，灑在義大利麵、白飯、炸物、糕點上，美味滿分。

北斗香菜生產合作社，也是全臺唯一的香菜合作社，三代生產經營至今，如今年輕人顏名源與顏佑任兩兄弟接手經營，進行生產安全管理與多元產品開發銷售，建立「香菜先生」口碑，包括香菜奶黃酥、香菜花生酥、香菜鳳梨酥、香菜拌麵、香菜粉，甚至還有香菜拿鐵咖啡，要充分利用香菜獨特的香味，再提高產品的價值。

五、溪湖蔥

北有三星蔥、南有溪湖蔥！蔥翠欲滴。臺灣青蔥有五種：白蔥（三星蔥）、粉蔥（溪湖蔥）、大蔥（東京蔥）、北蔥、珠蔥。粉蔥是一般家庭最常用的品種，全臺青蔥種植面積最多（3,946 公頃）的就在彰化縣，廣達 1,613 公頃，面積占比 41%，但產量占比 48%；也就是說，兩根蔥有一根蔥就來自彰化。別以為它是哪根蔥，彰化的蔥價往往是會撼動全臺蔥價的。

粉蔥最大產地就在溪湖鎮，較能適應炎熱氣候，全年可生產，一期三個月，在 11 ～ 5 月是品質較佳的產期。俗話說「正月蔥、二月韭、

卡贏呷肉脯」，是因為在農曆元月時雨水充足、陽光稀少，使得青蔥的
纖維細緻、吃起來很軟嫩，正是品質最好、最美味的季節。

六、花椰菜

　　彰化縣是花椰菜主要產地，種植面積861公頃，高居全臺6成以上，
而埔鹽鄉更是「花椰菜的故鄉」，種植面積達 417 公頃，是全臺各鄉鎮
最多的，全臺種植面積 1,521 公頃，幾乎是四顆花椰菜當中就有一顆來
自埔鹽鄉。埔鹽鄉之所以特別盛產花椰菜，除了氣候和土壤的因素，同
時也與當地人的經驗和技術傳承有關，這種特點於是形成了花椰菜的聚
落，吸引大家一同參與種植。花椰菜又稱白花菜，以白色花束般的白花
椰菜最常見。

　　花椰菜乾是 20 斤花椰菜才能曬成 1 斤的菜乾。過去在農村時代，
常常在冬季接近花椰菜盛產季節時，菜價下跌，農民付出的成本往往超
過所獲得的收益，因此農民不願意收成，但又捨不得丟棄，農民於是聚
集在一起思考花椰菜的出路。就想到在盛產季節時將花椰菜曬乾，這樣
一來可以延長保存期限，二來在非盛產季節仍可使用，從而增加其經濟
價值。埔鹽永樂社區的福利園區，即經常聚集高齡長者從事花椰菜乾的
生產，並供應給一般的餐廳和小吃店使用。此外，溪湖果菜公司為了避
免生產過剩價格崩盤，進場收購花椰菜並曬成花椰菜乾，卻成為餐桌上
的美味菜餚，是羊肉爐的絕配。

　　其實，彰化縣在 1970 年左右，即是臺灣蔬菜的主要生產區，永靖
鄉及溪湖鎮受到政府大力支持，成立蔬菜專業生產區及果菜批發市場。
在蔬菜生產區域的時空變遷上，1970 年代彰化縣蔬菜栽培集中於彰化
平原的溪湖鎮、永靖鄉一帶，種植葉菜、甘藍菜、花椰菜、韭菜等作物，
但在 2000 年之後，漸漸擴散到埔鹽鄉及芳苑鄉一帶發展，以甘藍菜、
花椰菜、西瓜、蘆筍等作物種植為主。

七、切花

　　彰化縣是「花卉的故鄉」，除在田尾鄉打造園藝專區及公路花園之外，毗鄰的永靖鄉也是果苗及盆栽重地，有 300 多家種苗、切花、苗木、盆花、庭園造景業者，以及休閒農園，並擴及溪洲鄉、北斗鎮，形成相當具有特色的園藝產業聚落，而且不只提供內需，也供應外銷。

　　以對日本的花卉外銷而言，主要以切花類為主，包括在 1970 ～ 1990 年代的菊花和唐菖蒲，1990 年代火鶴、海芋、金花石蒜、康乃馨、洋桔梗、文心蘭、蝴蝶蘭相繼接手外銷。這些切花在彰化縣都有生產，其中主要切花種植面積占比在全臺均為第一，例如：菊花（96%）、洋桔梗（38%）、香石竹（89%）、滿天星（75%）、非洲菊（74%）、天堂鳥（40%）；另在苗圃（43%）、盆花（42%）的面積占比也高居首位。

　　洋桔梗，是具外銷潛力的新興花卉，有單瓣和重瓣之分，重瓣品種狀似玫瑰，非常浪漫多姿。永靖鄉花卉產銷班第 11 班陳建興班長的洋桔梗突破栽培方式，是全臺唯一的水耕栽培，面積達 3.6 公頃的強固型溫室，就設在「彰化縣景觀苗木生產專區」。

　　此專區當年（2004 年）就是為了舉辦花卉博覽會所規劃開闢的專區，緊臨溪州公園，以回應彰化花卉及苗木等園藝業者的需求，打造國家級花卉園區。從無到有，在筆者當年擔任農業局長任內規劃推動，這裡有個人很深的感情和期待。

▲洋桔梗與採花女

彰化縣是「花卉的故鄉」，主要切花的種植面積占比在全臺均為第一，例如：菊花（96%）、洋桔梗（38%）、香石竹（89%）、滿天星（75%）、非洲菊（74%）、天堂鳥（40%）；另在苗圃（43%）、盆花（42%）的面積占比也高居首位。

圖片來源：作者拍攝

　　水耕栽培與土耕栽培的最大差別是可以避免連作障礙、減少重新翻土覆土作畦的時間、節省人力施肥，以及應用水循環節約用水。陳班長還導入智慧農業，應用感測記錄光量計、光照值、環境溫濕度、作物水溫度、pH 值、EC 值（導電度），以及環境溫度累積、光積值等大量數據，以自動啟動風扇、氣窗、捲揚或內網，並可以遠端監控。未來還要跟作物的生長資料做結合對照，成為智慧化栽培管理。不過，在除蕾和採花仍然需要大量人工，農業勞動缺工問題依然存在。

2022 年彰化縣主要農作物在全臺種植面積占比

作物	占比	排名	作物	占比	排名	作物	占比	排名
爬地蘭	100%	1	埃及三葉草	46%	2	盤固拉草	20%	3
菊花	96%	1	黑后葡萄	41%	2	洋蔥	20%	3
花豆	84%	1	胡蘿蔔	35%	2	番石榴	17%	3
豌豆	81%	1	其他菇類	33%	2	扁蒲	17%	3
香石竹	80%	1	結頭菜	33%	2	薏苡	15%	3
滿天星	76%	1	結球白菜	30%	2	茄子	14%	3
茉莉	74%	1	山藥	29%	2	胡瓜	13%	3
金香葡萄	71%	1	大心芥菜	28%	2	山葵	13%	3
非洲菊	67%	1	楊桃	28%	2	苦瓜	12%	3
豌豆（綠肥）	65%	1	四川榨菜	23%	2	越瓜	12%	3
韭菜	64%	1	抱子甘藍	21%	2	芫葉	9%	3
花椰菜	62%	1	蘿蔔	21%	2	貴黍	3%	3
荸薺	57%	1	白木耳	19%	2	玉蘭花	3%	3
芫荽	51%	1	芹菜	18%	2	大目釋迦	1%	3
巨峰葡萄	49%	1	紅龍果	17%	2	加工番茄	1%	3
洋桔梗	48%	1	落花生	17%	2			
果樹苗圃	47%	1	甘藷	16%	2			
苗圃	44%	1	冬瓜	15%	2			
盆花	43%	1	白柚	12%	2			
蔥	41%	1	蠔菇	9%	2			
天堂鳥	40%	1	鵲豆	9%	2			
其他短期切花	39%	1	鐵虎豆	7%	2			
蘆筍	38%	1	義大利葡萄	5%	2			
洋菇	34%	1	金針菇	4%	2			
黃梔	30%	1	蒜頭	3%	2			
其他葡萄	29%	1	金柑	2%	2			
狼尾草	17%	1						

資料來源：農業統計年報

第四節　畜牧大縣

一、雞蛋

　　臺灣在 2022 年爆發「缺蛋」危機，許多人才意識到原來雞蛋與我們生活如此密切相關，水煮蛋、溏心蛋、茶葉蛋、荷包蛋、蔥花蛋、滑蛋蝦仁……都要用到蛋，連便當或陽春麵都要再加顆滷蛋，糕餅烘焙也都要麵粉攪和著蛋清、蛋黃或全蛋。

　　但是大家可能不知道，雞蛋兩顆中有一顆來自彰化！臺灣一天約需要雞蛋 2,200 萬顆，幾乎是每人每天一顆雞蛋。在彰化縣有 912 家蛋雞場，有八成分布在芳苑鄉、二林鎮、大城鄉、竹塘鄉等沿海鄉鎮，共飼養蛋雞 2,021 萬隻，約占全臺 45%。此外，彰化縣也是全臺飼養白肉雞最多的縣市，185 家飼養近 600 萬隻肉雞，全臺占比 21%。

　　特別的是，大城鄉農會竟有自己營運的蛋雞場，設立於 2016 年，而且是全自動化餵食和集蛋的負壓水簾式禽舍，只有在包裝時才用到人力。看到這些蛋隨著輸送帶滾滾而下的時候，就像是財源滾滾而來。目前每天可以出蛋 4 萬顆，有紅蛋和白蛋兩種。

　　北斗鎮有一家青農張建豐經營「人道飼養」的「全佑蛋雞場」，他將傳統的格子籠飼養雞場打掉重練，改為平飼、符合歐盟標準的水簾式負壓環控溫控養雞場。

　　人要有權利，動物也要有福利，「動物福利」的議題在 1965 年就曾經被提出來了，如何善待動物，讓牠們也保有正常的生活和行為，例如傳統的蛋雞飼養方式，在擁擠惡臭不見天日的環境中生活，還要被迫斷水斷食強制換羽，都是人們為提高產蛋率和降低成本的不人道做法。其實，雞喜歡沙浴、曬太陽、停留在棲架上休息，當然也喜歡自由活動的空間，還想要有隱密的地方下蛋。

　　人道飼養的蛋叫做動物福利蛋，蛋較小殼較硬、蛋黃較黏稠、無腥

味、口感 Q 彈。建豐也建立「湯鮮卵」、「稻鮮卵」等品牌在北部及好市多等通路銷售。動物福利，需要靠消費者的認同和支持才有可能實現。

在埤頭鄉的「佳瑩畜牧場」，則是走在時代的先端，大規模經營的負壓式水簾養雞場，並結合循環經濟將雞糞轉化為有機肥料，足為企業化養雞的表率。場主謝文龍引進荷蘭自動化養雞設備，從養雞、生蛋、分級、清洗、包裝到出貨都採取自動化且有生產履歷，大幅提高雞蛋品質和產蛋率。「佳瑩畜牧場」共擁有三個養雞場，每個雞場約養有 4 至 6 萬隻雞，共飼養 17 萬隻雞，採用自動餵料系統，並使用乳頭式給水系統，以防止環境污染。因臺灣白雞較適合飼養，而紅雞飼養相對困難，體型也較大，所產的雞蛋有八成是白蛋，二成是紅蛋。雞蛋品牌眾多，會因通路不同而有些許差異。蛋雞的生命週期約為 1 至 2 年，大約每年進行一次換羽，以重啟產蛋循環，換羽過程約需一週時間。換羽期間不餵食，讓雞的生理機制重組。而淘汰的雞則送到外地屠宰場，取雞胸肉或整隻雞做成雞精，其餘部分則用於飼料。

二、鴨蛋與肉鴨

臺灣最大的蛋鴨場在芳苑鄉的「福華畜牧場」，是十大神農吳鴻基所經營的蛋鴨場。共有 8 棟，每棟約 4,000 多隻蛋鴨，每年產鴨蛋達 700 多萬顆。因為採非開放式畜舍，可避免禽流感威脅；利用升降式產蛋籃，可節省彎腰撿蛋的辛勞；與中興大學合作使用益生菌配方，使鴨蛋及畜舍無腥味與臭味；雖採平面飼養

▲蛋鴨場

全臺蛋鴨有 188 萬隻，其中，在彰化縣有 61 萬隻，約占三分之一。臺灣最大的蛋鴨場在芳苑鄉的「福華畜牧場」，是十大神農吳鴻基所經營的蛋鴨場。共有 8 棟，每棟約 4,000 多隻蛋鴨，每年產鴨蛋達 700 多萬顆。

圖片來源：作者拍攝

但墊有高床，容易清洗與排污處理等等，使得鴻基自豪地認為：「全世界最好的鴨蛋在他家！」。

鴨蛋的營養較雞蛋為高，蛋黃富含維生素 B2、礦物質、油脂與卵磷脂，重量稍比雞蛋為重，鴨蛋約 8 顆為 1 斤，而雞蛋為 10 顆 1 斤。重點是鴨蛋的蛋殼較硬，可做成鹹鴨蛋及皮蛋，也出口許多至國外華人市場。

彰化縣蛋鴨場已從線西鄉轉移至芳苑鄉，彰化縣共有 88 家蛋鴨場，其中在芳苑鄉有 56 家、大城鄉 20 家。蛋鴨前景看好，鴻基也不藏私地將非開放式畜舍設計推廣給其他人採用，難怪他是芳苑鄉青農的會長。

另外，彰化縣也是「肉鴨大縣」，肉鴨場 968 場在養肉鴨 104 萬隻，分占全臺的 46% 與 18%，惟飼養規模偏小，以飼養土番鴨為主；其中大城鄉的肉鴨在養隻數達 55 萬隻，是全臺是飼養肉鴨最多的鄉鎮，到處可見養鴨場，在空曠的環境中。大城鄉與芳苑鄉是全臺前兩大肉鴨飼養的地方，大城鄉有 723 場在養隻數 55 萬隻，而芳苑鄉 161 場在養隻數 25 萬隻，顯然大城鄉每場飼養規模 763 隻，只有芳苑鄉 1,557 隻的一半，大城鄉飼養肉鴨場域較分散，也與「鴨蜆共生」經營模式有關。

每逢冬天候鳥南下遷移，就是所有家禽業者最緊張的時候，不時傳出土雞或蛋雞禽場爆發感染 H5N2 禽流感，或是肉鴨、蛋鴨、種鴨感染 H5N1，必須撲殺多少萬隻等等。這與許多禽場是開放式的飼養環境有關，候鳥充當無症狀的病毒攜帶者，造成雞鴨直接或間接觸感染候鳥及禽隻分泌物。

目前還有 7 成的養雞場都為開放式，雖有加裝圍網防鳥，但似乎仍然防不勝防；而鴨子是屬於水禽動物，養鴨場都會有開放水池，但也使得禽流感藉由水池中野鳥傳播的風險增加。長期來看，應該還是要將開放式的環境，改為封閉式的水簾式或環控禽場會比較好。

三、肉羊

　　羊咩咩是好奇寶寶，膽小又喜歡靠近人們，來到彰化縣伸港鄉的「飛羊畜牧場」，進入高床飼養的架上參訪，一隻隻努比亞山羊紛紛探頭出來，就喜歡在你的頭頸磨蹭或咬咬褲管，讓我們也又愛又怕受傷害。其實，羊是溫馴的，尤其是在仔羊時即燒烙去角，已無攻擊性。

　　努比亞山羊是乳羊也是肉羊，長而下垂的雙耳是牠外型最大的特徵，具鷹勾鼻而與波爾山羊不同，若以波爾公羊與努比亞母羊雜交的成長及換肉率最好。努比亞山羊在臺灣普遍飼養，飼養 12 ～ 14 個月，體重達 65 公斤以上即可出售，是各地羊肉爐所用的最佳國產羊肉來源。聽說岡山羊肉爐都用女羊，而溪湖羊肉爐都用閹公羊。

　　「飛羊畜牧場」場主陳閔彥畢業於嘉義大學畜產系，已經回來接手三年多了，學以致用，每天巡視畜舍、親手餵食、做好排泄固液分離為有機肥或澆灌鄰田所種的牧草。調節產期，在冬季時將肉羊押運至肉品市場拍賣，目前是 1 公斤 370 元。最近閔彥打算將波爾山羊和努比亞山羊交配育種為「波爾改」，以兼具成長快與肉質佳的特質。

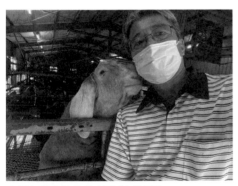

▲好奇寶寶羊咩咩（長耳努比亞）
膽小又喜歡靠近人們的羊咩咩，進入高床飼養的架上參訪，一隻隻努比亞山羊紛紛探頭出來，就喜歡在你的頭頸磨蹭或咬咬褲管，羊是溫馴的，尤其是在仔羊時即燒烙去角，已無攻擊性。

圖片來源：作者拍攝

　　筆者訪視在田尾鄉的「豐園羊牧場」，由百大青農黃建迪經營，回鄉接手已 7 年，從門外漢經由政府專案輔導及養羊協會講習，到現在已成為觀摩對象。建迪飼養 380 頭肉羊，也是以努比亞為主。重視生物防治，從滅菌開始，防止 CAE 病毒，重視育成率（9 成）及飼料換肉率（5 公斤飼料換 1 公斤肉），這是影響成

本與利潤的關鍵。他分享飼料配方有酒糟、狼尾草、苜宿、豆粕、玉米粉，以及鈣、磷粉，是影響肉質與成長的秘方。另外，羊糞可作為堆肥，1 個月發酵後即可提供農民在芭樂、茄子和番茄使用，讓農業廢棄物回到農業使用，是最好的循環經濟。

在大城鄉的「囍洋洋畜牧場」，主要飼養波爾和努比亞雜交種的肉羊，具有換肉率高及成長快速的雜交優勢。「囍洋洋畜牧場」是一條龍的畜牧場，自行種植 7 甲地的青割玉米，也有山羊繁殖場，目前由青農劉世賢接手經營。

羊肉是所有肉品中，單價最貴的，目前肉品市場的拍賣價格為每公斤 380 元，但較進口價格 150 ～ 200 元高出許多。因此，國產羊肉自給率只有 10% 左右。每隻羊拍賣重量約 70 公斤，飼養時間一年。

彰化縣肉品市場，於 2004 年即設立臺灣第一個專業羊隻屠宰線，是溪湖羊肉爐業者在肉品市場投資設立的一條羊肉電動屠宰線，配合市場集中拍賣制度，此與彰化縣為全臺肉羊飼養最多頭數相得益彰，可確保消費者食用國產羊肉安全衛生，以及農民銷售價格不致被運銷商剝削。目前在夏季每週四交易約 200 ～ 300 頭、冬季為每週一和週四交易約 500 頭，與另外一地的虎尾市場相隔一天。羊隻屠宰線的效益，楊明憲（2007）研究指出有五：(1) 新鮮衛生，安全有保障；(2) 增加肉品市場收入；(3) 提升運銷效率；(4) 提高農民所得分得比率；(5) 建立地方產業特色。

國產羊肉具有新鮮、肉質 Q、無羶味的優勢，適合吃白切肉，或清燉帶皮肉塊的羊肉爐。彰化較有名的羊肉爐，分布在溪湖鎮、溪州鄉，以及大城鄉。溪湖羊肉爐有分薑絲和藥膳兩種，而溪州鄉和大城鄉羊肉爐都以蘿蔔或苦瓜為湯底。

由於冬令進補的觀念和以羊肉爐的食用方式，羊肉的冬夏季消費相差很大，影響運銷、加工、屠宰及銷售等設施的全年有效使用。如何降低國產羊肉成本及開發其他食用方式，都是在供需兩方面值得努力的。

四、乳牛

全臺最大的乳牛產區在彰化，彰化主要的乳牛產區在福興鄉福寶村。黃常禎先生經營的「豐樂牧場」，是彰化最大的牧場，約 1,500 頭乳牛，已有 31 年養乳牛的經驗。

因為缺工問題，最近一年開始導入擠奶機器人，24 小時擠奶，乳牛可以隨時自動過來泌乳，每次泌乳約 10 公升，一天三次。泌乳量較過去增加一成，機器人同時可以隨時監測泌乳量是否有異常、品質有沒有因為乳房炎而改變（這可以從導電度監測得到），是智慧農業的典範，場主只要進行數據管理就可以。鮮乳品質與精飼料配方有關，基本上是牧草與甜燕麥和苜蓿的營養比例配方，所以喝起來才會濃純香，真的很好喝。

在秀水鄉的「岡聯牧場」，李岡明班長經營四個牧場，共約 370 頭乳牛，自己雖然也種牧草，但搭配進口牧草為飼料，進口牧草雖較貴，但較營養，也可讓乳牛泌乳較多（一天泌乳量至少 25 公升）。臺灣因天氣濕熱，較易生病，而且生產次數也較少，影響到泌乳量與成本。

相較於專業生產的乳牛場，在八卦山脈的銀行山，則有 3 家從原來的乳牛牧場轉型為休閒農場，包括日月山景、禾家和大山牧場，來此吃喝玩樂又可以賞夜景，難怪人潮絡繹不絕。其中，「日月山景休閒農場」更是彰化縣第一家合法的休閒農場，由許進生場主所經營的 5 公頃規模，乳牛採放牧式飼養，可以在野外開闊的空間或臥或自由行走，也可以說是人道飼養的牧場。在可愛動物區也飼養山羊和麝香豬，讓小朋友可以餵飼並與山羊互動，但這需要有展演證才可以唷！

銀行山的由來，是因在日治時期，有人用大片山坡地向株式會社彰化銀行抵押借貸而無法贖回，最後就成為彰化銀行所接管的「銀行山」，讓人有金山銀山的遐想。

五、肉牛

　　牛有分肉牛、乳牛和役牛，彰化縣的乳牛頭數雖是全臺第一，但肉牛頭數遠不如雲林、臺南和屏東等其他縣市，不過在大城鄉仍然可以看到黃牛、安格斯和黃牛雜交的黃雜牛。

　　陳清培先生在大城鄉經營的「臺灣牛畜牧場」已有 20 多年，飼養200 多頭，面對進口冷凍牛肉的競爭，要找出國產溫體牛肉的市場。因為日本和牛即使高價，但依然在市場上具有競爭力，給他很大的啟發。一頭牛的交易重量約在 500 ～ 700 公斤，每公斤價格以閹公牛 150 元左右最高，母牛價格稍低，而乳公牛大概只有 110 元。

六、毛豬

　　彰化縣目前有 576 家養豬的畜牧場，飼養 75 萬頭毛豬，居於全臺第三位。這已從 1997 年爆發口蹄疫之前的 1,668 家，減少了一千家以上。留下來的養豬場，不只規模變大，而且隨時代發展而有變化。

　　留英雙碩士資訊科技背景的張勝哲，在 2008 年回到田尾鄉接手從阿公開始的養豬事業，飼養 6,000 多頭豬，努力提高飼養效率，導入肉品行銷與沼氣發電。標榜吃紅蘿蔔的毛豬，建立「花田喜豨（ㄓ、）」品牌，是米其林餐廳指定的超優質肉品。試圖在市場中找到差異化的利基。努力提高產品價值與投資沼氣發電設施，顯然是打算長期經營毛豬事業，是傳承，更是發揚光大！

　　筆者曾到財團法人農業科技研究院（簡稱農科院）訪視養豬產業振興計劃執行績效，陳世平博士與曾去丹麥養豬實習培訓的兩位青農游國政、廖晃毅，都一再提到 PSY、PSY...。PSY，這是母豬年產離乳仔豬數；簡單來講，如果母豬一年生兩次，一次 12 ～ 16 胎，一頭母豬每年就可以生 24 ～ 32 胎仔豬。但實際上因為受孕率、分娩率、分娩日距、仔豬

存活率等因素及技術，我國養豬場平均為 PSY22.9，較丹麥的 PSY34.3
有相當的落差，這是成本及繁殖效率的問題，但也與環境溫度、母仔豬
養育空間有關。

　　PSY 是毛豬育成率的重要關鍵，我國不到 8 成，而丹麥、美加均在
9 成以上，影響毛豬產業的競爭力。農科院正推動 pigCHAMP 系統化經
實管理，並成立 28 俱樂部，希望可以持續提高 PSY。

2023 年彰化縣主要畜產在全臺飼養頭數占比

畜產	在養頭數比例	排名	畜產	在養頭數比例	排名
蛋雞	46%	1	蛋鴨	36%	2
鵪鶉	39%	1	兔	32%	2
乳牛	24%	1	肉鴨	18%	3
白肉雞	20%	1	豬	14%	3
肉羊	20%	1			

資料來源：農業部 112 年第 2 季畜禽統計調查結果

第五節　養殖漁業

一、文蛤

　　彰化縣有廣大的潮間帶，文蛤、西施舌、竹蟶、花蛤、環文蛤（赤嘴仔）等原本都在潮間帶上自然繁衍，在 1980 年代開始，農業部水產試驗所開始推廣養殖文蛤，配合後續興建的漢寶、王功及永興三個養殖漁業生產區，主要養殖文蛤為主，文蛤養殖面積 1,656 公頃，包括內陸鹹水魚塭養殖面積 1,279 公頃及淺海養殖 377 公頃，僅次於雲林縣及臺南市。

　　文蛤是底棲型的生物，食物來源為水中的浮游生物及微細藻類，為了讓藻類行光合作用，漁民都採淺坪養殖，魚塭深度不超過 1 公尺，但若天氣晴朗，藻類大量滋生也會帶來困擾，將影響文蛤呼吸，因此養殖文蛤大多混養虱目魚，來幫忙清除藻類。虱目魚即被定位為「工作魚」，不是主產物。但因水深不夠，所以在低溫降臨時，虱目魚即經常翻肚橫屍遍布在池面上，也將影響文蛤的產量。

　　文蛤放養量每公頃通常在 1,500 萬粒，但近 10 年來，因氣候變遷及環境變化，育成率已大幅下降至 5 成以下，文蛤大量死亡的事件頻傳。例如 2022 年 5 月連續豪雨，導致養殖池的鹽分發生急遽改變，加上大雨過後，溫度飆升，衝擊文蛤對環境的適應能力，更造成放養池的細菌滋生，導致文蛤大量死亡，許多養殖漁民收穫只有原先放養數量的 1 至 2 成。

　　中華民國養殖漁業發展協會前理事長許煌周，曾安排筆者在天寶宮與漁民座談，瞭解文蛤品質與產量受氣候變遷、臺中燃煤發電廠、彰濱工業廢水的影響，表示亟需建立環境品質長期監測系統，以及水產養殖的水質、泥質和產物的檢驗。漁民似乎很無奈，面對養殖風險增加，希望能先從這些監測系統的基本面的改善著手，卻常常反映之後不了了之…。

二、臺灣蜆

　　蜆（又稱蜊仔或蚋仔）跟文蛤（蛤仔）的主要差別，是蜆的顆粒小且淡水養殖。蜆中含有的肝醣及鳥胺酸，有助於肝臟的代謝與解毒，蜊仔湯加蒜頭，是一道簡單的護肝良方；蒜頭醬油浸漬成「鹹蜊仔」，也是最佳的清粥小菜。

　　蜆大多棲息於河川、湖泊或水田等淡水性砂泥質底的環境中，「摸蜊仔兼洗褲」，全臺養殖面積最多的地方就在彰化縣大城鄉，養殖面積達 322 公頃，占全臺 8 成面積。大城鄉處處水田養殖臺灣蜆（黃金蜆），而且養殖池旁通常有養鴨場，原來養鴨的水池富含有鴨子排泄的有機物，在發酵池優養化培養藻類及肥水，農民再將肥水抽放到蜆池中，並與吳郭魚、鯽魚混養以淨化水質，是為典型的「鴨蜆共生」模式。

　　筆者曾訪視芳苑鄉的通利水產行，漁青楊渝涵和父親、弟弟、妹妹

▲大和黑蜆

彰化縣是全臺養殖黃金蜆的主要產地，產量達全臺的八成，因沙質土壤，主要在大城鄉。而在芳苑鄉的「通利水產行」養殖大和黑蜆自有面積 35 公頃及契作面積 10 公頃，不只是臺灣最大，據說也是全世界第一！真是彰化的隱形冠軍之一。

圖片來源：作者拍攝

共同經營。主要養殖黑蜆和文蛤，其中，黑蜆是日本種的大和黑蜆，文蛤也不只在魚塭養殖還會海放養殖。自有黑蜆養殖面積 35 公頃，加上契作的 10 公頃，共 45 公頃的黑蜆養殖面積，不只是臺灣最大，聽渝涵說也是全世界第一！真是彰化的隱形冠軍之一。

彰化縣是全臺養殖黃金蜆的主要產地，產量達全臺的 8 成，因沙質土壤，主要在大城鄉。但是渝涵卻在芳苑鄉以黑蜆養出一片天。黑蜆較大顆，可達像 50 元硬幣大小，而一般的黃金蜆才如 5 元硬幣大小。黑蜆較文蛤可耐氣候變化，文蛤養殖鹽度（2 度）易受暴雨或乾旱直接影響，且較不耐熱，而黑蜆鹽度在 1 ～ 1.5 度即可。黑蜆是海水養殖，不同於黃金蜆的淡水養殖。目前黑蜆內銷量很少，7 成產量都外銷日本，2 成產量加工為蜆精，其餘 1 成才是國內消費者有機會可以嚐鮮。

聽說黑蜆含有豐富的 B 群、鳥胺酸、牛磺酸、肌醇、鋅、鐵、鈣等營養素，營養成分是一般蜆類的 7 倍，日本人視為養生聖品，難怪外銷日本那麼多。目前渝涵立志要建立彰化水產品牌，也正申請有機養殖和 ASC 產銷監管鏈的驗證，確保食安，更有助於內外銷。

三、日本鰻

日本鰻又名白鰻，是日本人命名的品種，也是日本人普遍食用的鰻魚。鰻魚是滋補聖品，國人喜歡在冬天燉補，但日本人則愛吃烤鰻，而且偏好在夏天進補。

彰化縣的日本鰻養殖面積 26 公頃、產量 487 公噸，為全臺第三多，但相較於 1980 年代全盛時期縮減不少，當時光是在鹿港地區的養殖面積即高達 500 公頃。

臺灣鰻魚產業的發展是從鹿港鎮開始，由於水產試驗所鹿港分所在 1956 之年養鰻實驗成功之後，即開始推廣鰻魚養殖，以鹿港為中心，擴展到宜蘭、雲林、嘉義、屏東等地。鹿港地區的鰻魚產量維持在每月

400～700 公噸，占全臺的二分之一，主要出口至日本，也使臺灣享有「鰻魚王國」的美譽。當時臺灣的鰻魚產業，一年外銷日本的金額高達新臺幣 200 億元，為國家賺取了大量外匯。鹿港地區因以前不少沿海土地是曬鹽場，土壤飽含鹽份，正是鰻魚所需要的生長棲息環境，因緣際會反而造就養殖鰻魚的黃金地。

但後來因中國大陸及韓國的崛起，及日本境內養殖技術精進，而使得我國對日本的外銷量持續減少，在 2011 年之後出口量已減少至 1 萬公噸以下。目前內外銷比重約 4：6，2022 年出口至日本 1,799 公噸，主要以活鰻為主，出口金額約新臺幣 17.4 億元。相較於 1989 年的 37,608 公噸已萎縮不少。

鰻魚是所有養殖魚種中，唯一尚須完全仰賴野生苗的魚種。受限於天然鰻線的取得，也是形成產業發展的主要瓶頸。

四、珍珠蚵

由於浮游生物豐富，自然而然成為養殖蚵仔的天然環境，只要在海裡放置蚵殼，蚵仔幼苗就會自動來著床成長，不需要投放飼料，只要濾食浮游生物，蚵仔就可以吃得肥美飽滿。

彰化王功、雲林臺西、嘉義東石、以及臺南七股為臺灣本島蚵仔四大產區，但各有不同的養殖方法，彰化王功用「平掛式」養殖法，也就是將一個個打洞的蚵殼串成一條條的繩子平掛在蚵架上來養殖，在漲潮時蚵仔幼苗附著並濾食浮游生物而成長，但在退潮時則懸掛在蚵棚享受日光浴，也必須忍受風吹日曬雨淋，所以蚵仔的肉質 Q 彈緊實但較小顆，這就是王功有名的「珍珠蚵」。不同於嘉義東石採用「浮筏式」的養殖方式，是讓蚵串長期浸泡在海水中，整天濾食，所以蚵仔成長速度更快更大顆，但肉質較軟爛。

蚵仔成長期約 7 個月，在農曆 3 月之後即可採收，但以端午至中秋

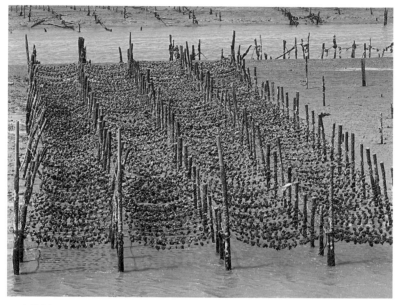

▲珍蛛蚵

彰化王功為臺灣本島蚵仔四大產區，王功在潮間帶的蚵田用「平掛式」養殖法。
類似於「插蚵法」，也就是早期從 1932 年起曾以竹枝插蚵方式養殖。

圖片來源：作者拍攝

期間最為肥美。農民必須利用退潮的時候，駕著鐵牛車或牛車到蚵田採
收或修補蚵串，在短短的 2 ～ 3 小時漲退潮之間就要完成作業，否則就
有滅頂的生命危險。拉著滿載蚵仔竹簍的牛車，其實是黃牛，又稱為「海
牛」，據說若是水牛就會直接泡水而不想拉車了。海牛不只要下海載蚵
仔，在陸地上也要犁田及載運花生和稻穀，說是兩棲動物也不為過。聽
說晚年不能工作時還被當肉牛賣掉，難怪農民都不吃牛肉。「男人養蚵，
女人剖蚵」是王功在地人的生活寫照，房屋外面或道路邊堆放滿地的廢
棄蚵殼，也是漁村的熟悉景象。

　　從日治時期 1904 年至今，王功仍保存著「海牛犁蚵田」的「海牛
文化」，是全國僅存的「海牛採蚵」特色文化，也從生產轉型為休閒體
驗。假日鐵牛車載著遊客到潮間帶，在蚵棚外圍烤蚵、扒文蛤、體驗坐
牛車、認識潮間帶生態，每人 350 元，比起採蚵的收入更好。

▲海牛

從日治時期 1904 年至今，王功仍保存著「海牛犁蚵田」的「海牛文化」，是全國僅存的「海牛採蚵」特色文化，也從生產轉型為休閒體驗。

圖片來源：作者拍攝

2022 年彰化縣主要養殖在全臺產量占比

漁產	產量占比	排名
蜆	80%	1
文蛤	12%	3
日本鰻	10%	3
泰國蝦	3%	3

資料來源：漁業統計年報

第參篇
地方行腳

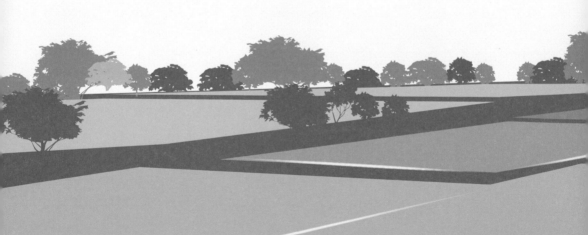

第十章　八卦山脈

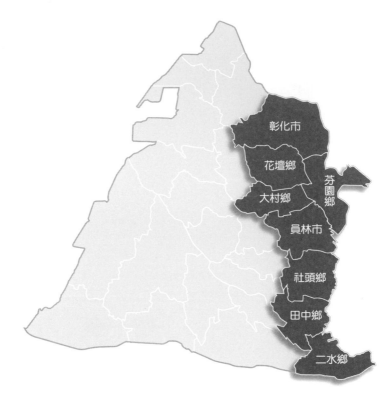

　　八卦山是彰化縣的聖山，八卦山大佛是彰化縣最具代表性的地標，遠近馳名。位於八卦山東北端丘陵的「牛埔遺址」，是彰化縣最早有先民生活的遺址。

　　八卦山並不高，有公園、綠地及步道，易與民眾接近；八卦山脈是彰化縣東側與南投縣的分界，從北到南貫穿彰化縣，分別與大肚溪與濁水溪對望。緊臨八卦山脈的平地，是人們定居與活動的區域，沿線地區從北到南分別是芬園鄉、彰化市、花壇鄉、大村鄉、員林市、社頭鄉、田中鎮，以及二水鄉，共 8 個鄉鎮市，總人口 55 萬人，將近彰化縣人口的一半。各有不同的地方特色，代表性的地方農特產品，分別為芬園三寶（荔枝、鳳梨、米粉）、彰化市八卦山咖啡及龍眼蜜、花壇茉莉及西施柚、大村葡萄、員林蜜餞及椪柑、社頭芭樂、田中黑米及白米、二水胭脂茄及白柚。

本章就從位在八卦山脈下的這些地方逐一娓娓道來……

表 10-1　2023 年彰化八卦山脈地方概況統計

鄉鎮市	面積（平方公里）	人口數（人）	農特產品
芬園鄉	38.0	22,295	荔枝、鳳梨、米粉
彰化市	65.7	226,518	咖啡、桂圓肉、龍眼蜜
花壇鄉	36.4	44,165	茉莉花、西施柚
大村鄉	30.8	40,258	葡萄、柳丁、蝴蝶蘭
員林市	40.0	122,814	椪柑、蜜餞、龍眼、楊桃
社頭鄉	36.1	41,513	芭樂、金剛桔、百香果
田中鎮	34.6	39,515	黑米、芭樂、紅龍果
二水鄉	29.5	14,008	胭脂茄、白柚

資料來源：作者整理

芬園鄉

菸仔園

　　一般人只知道高雄美濃，卻不知道早期的彰化芬園也是種菸葉，有許多菸樓的地方。但有些誤以為「芬園」的地名是因以前有許多種菸葉的田「菸仔園」的關係，但其實臺灣開啟菸草事業是在 1913 年，總督府在美濃南隆農場種下第一批試種菸葉開始，而「芬園庄」的地名早已在日治時期之前即出現，因此「芬園」一詞可能是「菸仔園」穿鑿附會的結果，而其實可能是平埔族音譯漢文而來，語意不詳。

　　芬園鄉以前隸屬半線堡貓羅社，因為境內有一條貓羅溪，發源於南投縣九份二山，是烏溪的支流。芬園鄉是彰化縣唯一在八卦山東麓的鄉鎮，也是彰化縣境內與二水鄉僅有零星茶園的地方。芬園鄉的地理位置，是彰化、南投和臺中縣市交界的地方。民眾常謂芬園鄉是彰化縣的後花園，但是芬園鄉的生活圈，反而跟草屯鎮連在一起，若要到都市逛街消費，也不是選擇去彰化市，而是直接到臺中市。現在二高直接從草屯交流道下來，以及環中路打通之後連結臺中市，交通越來越便利，反而有點像是臺中市的後花園了。但因交通便利，芬園鄉境內的「埔茂花市」、神農張洲府經營的「芬園花卉休憩園區」、春天時的黃金風鈴木大道、波斯菊花海都已吸引許多民眾前來，讓「芬園」這個有美麗名字的地方逐漸成為「四季芬芳的園地」。

訴說往事

　　筆者拜訪芬園鄉農會，總幹事黃翊愷特別安排與地方耆老一起聊聊過往，倍感親切，謝謝郭朝路老先生還記得我。

　　芬園以前種有許多菸葉，都載到公賣局南投酒廠的草屯收購站，小孩子都很喜歡跟著去，因為賣了錢之後就可以吃喝一頓了；芬園也種了許多甘蔗，由五分車載運到臺中糖廠；當時在八卦山上都種了許多鳳梨，也交到在彰化市的臺鳳公司做成鳳梨罐頭外銷，所以芬園農產品都送到南投、臺中、彰化縣市，是農家經濟的主要來源。

　　以前八卦山麓種了許多鳳梨、龍眼、橄欖和李子，荔枝出現較晚，是 1960 年代之後才有。靠山吃山，反而在平地種植蔬菜或花卉很少，其餘都是水稻田。近年來有一些農民開始種植咖啡，農會也組成咖啡產銷班，致力於行銷「八卦山咖啡」，並嘗試將國產咖啡豆和進口豆調和為特別風味，如同皇家禮炮威士忌也是調和勾兌的名酒。每年紫斑蝶、南路鷹都會停留飛經芬園鄉，所以定位為「生態咖啡」，也是很好的市場區隔行銷策略。

　　農會為營造良好的生態景觀並吸引遊客，花許多時間跟農民溝通，將二期後的休耕農地種植大波斯菊或蘿蔔，每年元旦百花齊放，並讓民眾一起來拔蘿蔔。翊愷兄有很好的行銷概念，以市場需求為導向，臺中市即為他鎖定的目標市場，要先以咖啡打開市場知名度和建立地方形象，並吸引外地民眾來芬園鄉休閒消費。

　　芬園鄉農會創立於 1923 年，當時名稱為「芬園信用販賣組合」，之後曾更名為「芬園農業會」，在 1953 年改組為現在名稱，當時農會的三巨頭：理事長、常務監事、總幹事分別為許義祥、陳世芳、黃世緊；而目前的三巨頭為葉豐樑、謝文

▲芬園鄉農會總幹事黃翊愷

為幫助農民解決缺工的問題，是彰化縣唯一執行農業技術團計畫的基層農會。

環、黃翊愷。農會正在蓋新大樓，預計在大樓蓋好之後，同時市場布局也作好準備，芬園鄉農會將是帶動地方發展的關鍵角色。

臺灣已經慢慢走上高齡化社會，讓老人家能夠「在地健康老化」是最好的安排，尤其在鄉村，有環境生態、開闊空間、各種健康食材，以及農會配合農業部推動的綠色照顧（綠飲食、綠療癒、綠照顧），讓老者安之，就是仁愛的體現。芬園鄉農會很貼心地將綠色照顧站設置在社區，例如與溪頭社區發展協會理事長吳繡廷合作，讓長者就近參與各項安排與活動。大家一起享用農會家政班設計的均衡飲食與高齡者友善餐飲，共餐、共善、共老，難怪每位老人家都充滿幸福洋溢的笑容！

農業技術團

芬園鄉農會是彰化縣境內唯一執行農業技術團計畫的基層農會，主要是為幫助農民解決缺工的問題，例如派工到草莓園幫忙採收。黃總幹事說：「農民的問題就是農會應該要想辦法解決的事，服務農民就是農會的核心價值。」所以芬園鄉農會的農民正會員人數不減反增，而且青農也有八十幾位，都是少見的現象。

▲農業技術團派工採草莓

時尚感的白草莓

一般的草莓是紅色的，榮獲百大青農的洪浩軒，從公務員轉職經營「536 無毒草莓園」，卻種出與眾不同的白草莓。

　　夢幻的白色草莓，甜度與一般紅色草莓差不多，但跟紅草莓是完全不同的品種。白草莓的口感比較紮實，酸度較低，吃起來有一點優酪乳和優格的感覺，價格較為昂貴，生長速度也比紅草莓慢。在白草莓的表皮，成熟時籽是全紅色的，一點一點鑲綴在表皮上，相當具時尚感，平常被食用的部分則是花托。實際上，在植物學的分類上，白草莓屬於「聚合果」（aggregate fruit），而不是「漿果」（berry），因為表皮上一點一點的才是果實。

　　「536 無毒草莓園」，種植面積近 2 分地，高床介質在溫室栽培，可減少許多病蟲害和噴藥，並且堅持使用免登記植物保護資材，不使用農藥，連液肥都不曾使用，自然無毒美味，吃得安心。採收的同時做好分級，次級品就作為果醬，或給雞吃。

　　目前白草莓的通路包括水果直播商、販運商和零售商，還有一些糕點店。其中，與糕點店是長期的合作關係。由於蛋糕店對草莓安全有一定的要求，因此他們的草莓價格較高。

▲新興作物香莢蘭

因不需全日照，是適合「營農型光電」的作物之一。香莢蘭具濃郁香氣，是許多化妝品、烹飪和藥品會用到的原料，香草冰淇淋就是用這個做的。

香莢蘭的錢景

　　在彰化縣芬園鄉發現「香莢蘭」的蹤跡，這個新興作物正在各地快速成長中，青農莊峴逸目前經營兩場溫室一千多坪，所採收的果莢長達 22 ～ 23 公分，較正常 18 公分以上的 A 級品更優。

　　香莢蘭原產地在馬達加斯加，跟臺灣的緯度是一樣的，只是馬達加斯加在南半球，臺灣在北半球。很適合在溫室種植，尤其在

中部的天氣最為合適，雖是熱帶作物，有一定的抗曬能力，但還是不能全日照，6～7成日照最佳，採用單斜背強固型溫網室通風效果，可避免熱障礙。若是再結合屋頂型太陽能板，將是「營農型光電」模式，符合「農電共生」的目的。

　　香莢蘭是香料植物，豆莢經過殺青、發酵、烘乾、陳化等加工過程，然後才發出濃郁香氣，是許多化妝品、烹飪和藥品會用到的原料，香草冰淇淋就是用這個做的。香莢蘭的生豆是高單價產出，我國生產完全外銷，加工程序和發酵技術是決定香草莢提高香莢蘭含量的關鍵，桃園區農業改良場已開發並與外界合作技術移轉。

蛻變中芬園

　　在彰化縣芬園鄉，我們看到了農業的多元化發展和創新的力量。從傳統的菸葉、甘蔗和鳳梨，到近年興起的香莢蘭及白草莓，農民們在不斷探索新的作物種植和市場需求的機會。農會在這個過程中也扮演了關鍵角色，致力於與農民合作，協助農民解決問題。祝福芬園，一個有美麗名字的地方。

▲彰化縣芬園鄉貓羅溪畔牛群

大約有 200 多頭牛群每天在溪畔悠閒逐水草，牛群集體行動時揚起的塵土，很有臺灣版的非洲草原動物大遷徙的錯覺。

彰化市

半線與山海線交會

　　彰化市舊名為「半線」，源自原住民巴布薩族「半線社」的地名。1723 年（清雍正元年）建立彰化縣，彰化市即是縣治所在。1908 年臺灣第一條基隆到打狗的縱貫鐵路通車，1922 年另闢海線完工通車，自此彰化市即是鐵路山線與海線交會的地方，顯現重要的交通節點。

　　日治時期，沿縱貫線鐵路興建的大型農業倉庫共有 11 座，目前碩果僅存彰化市農會管理的農業倉庫，具有特殊的半圓型屋頂（太子樓）和拱形迴廊，是日治時期的臺灣穀倉中受到現代建築的結構與造型影響最多的一座。

　　彰化市農會創立於 1918 年 9 月 26 日，最初名稱為「有限責任彰化振業信用組合」，後經業務分合數度易名或相關單位合併，1953 年 12 月 21 日改組更名為現今的名稱。當時會員人數有 4,996 人，農會三巨頭：理事長、常務監事、總幹事分別為李君曜、王紅美、賴通堯；而目前的三巨頭為林水木、劉仁民、白閔傑，會員人數 4,097 人。

▲彰化市日治時期農業倉庫

日治時期，沿縱貫線鐵路興建的大型農業倉庫共有 11 座，碩果僅存彰化市農會管理的農業倉庫，具有特殊的半圓型屋頂 (太子樓) 和拱形迴廊，是日治時期的臺灣穀倉中受到現代建築的結構與造型影響最多的一座。但是目前彰化農業倉庫已經呈現半毀的狀態，被縣府列為「暫定古蹟」。歷經地方搶救保存，文化部及縣府決定投入修復經費 7,680 萬元，規劃 2025 年完成修復，剛好是建築啟用百年。

八卦山咖啡

　　八卦山脈在海拔 100 到 500 公尺之間，近 20 年來，農民已陸續將既有的荔枝或龍眼改種咖啡。在八卦山脈沿線的芬園鄉、彰化市、花壇鄉、員林市、社頭鄉和二水鄉都有種植咖啡，其中又以彰化市的種植面積 40 公頃最多，占全縣面積的一半以上，與彰化市農會的輔導推廣有關。農會前總幹事林毓源與推廣主任盧永泉於十幾年經過市場調查，發現咖啡消費逐漸增加，進口量也不斷上升，因此成立了四個咖啡產銷班，並與當地農民及芬園鄉農會聯名行銷「八卦山咖啡」品牌。農會也致力於培養烘焙師和杯測師，並舉辦國產精品咖啡豆評鑑和教育活動，來培養專業與市場認同。白閔傑總幹事推廣彰化八卦山咖啡不遺餘力，進一步成立集團產區，契作收購後再烘焙成品打開行銷通路，已成為指定的彰化伴手禮之一。

　　由於八卦山地質為排水性良好的砂礫壤土，處於緯度 24 度亞熱帶氣候與溫帶之間，非常適合「阿拉比卡」品種咖啡生長。咖啡樹不能全日照，要有些遮蔭，地理環境剛好造就位於八卦山脈西側的彰化縣成為良好的咖啡種植環境，而在東側的南投縣境內則成為茶葉的產區之一。

　　「阿束社咖啡園」是彰化市咖啡產銷班中最大的一班，班長鄭錫鴻

▲彰化市農會總幹事白閔傑大力行銷地方農特產

先生種植咖啡已逾 15 年的經驗。
利用荒廢的林地進行林下經濟，
種植咖啡樹約 5 ～ 6 千株，約有
3 公頃多，一年多批次收成，每年
3 月開花，經 7 個月才成熟，約
在每年的 10 月以後收成。咖啡園
因位於山麓迎風面，不易有菌害，
有利於無毒有機栽培，所生長的
咖啡葉甚至可以拿來泡成咖啡茶。

▲銀行山上的「日月山景休閒農場」採放牧式飼
　養乳牛

一株可採收 5 ～ 6 公斤的果實，但僅能做成 1 公斤的生豆。

　　八卦山咖啡的特色是「甘、回甘」，餘韻不絕於口，香醇濃郁，口
感滑順不苦澀，值得品嚐看看。

五代養蜂人

　　青農鄭瑋欣所經營的「文彬養蜂場」，已經第五代了，100 多年來
的養蜂人家。瑋欣本來當護士，毅然決然協同夫婿回家接手文彬養蜂場，
從臺灣南部到中部逐花而居。

　　在春天的三到五月間，從荔枝花、龍眼花、烏臼，到咸豐草等百花
蜜源植物，載著三百多箱的蜂箱到處採集花蜜，也幫忙果園授粉，蜂農
與果農互蒙其利，只是累了免費的工蜂。一個蜂箱約有 3 萬隻工蜂，難
怪瑋欣一出門就帶著「千萬大軍長征」。很特別地，每一隻工蜂都會飛
回固定的蜂箱，但是工蜂只活兩個多月，是典型的勞碌命，而女王蜂壽

▲（右圖）蜜蜂是母系社會，蜂箱只有一隻蜜蜂有
　標記，這是蜂王（也是蜂后），其餘蜜蜂都是工
　蜂，但是工蜂也是雌蜂。雄蜂在哪？雄蜂不會採
　花蜜，要靠工蜂餵食，唯一的任務就是交配，而
　且交配後立即死亡，一般較少會看到雄蜂。

命可長達五年，一個蜂箱只有一隻女王蜂，接受大家供養，養尊處優，真是好命。

然而不是所有的花都有蜜，沒有蜜腺的荷花、桃花、梅花、桂花、李花、玫瑰花，當然不會吸引蜜蜂來採蜜。蜜源植物是一年四季都有花開也可以採蜜，包括椪柑、柳橙、桶柑、絲瓜、南瓜、冬瓜、苦瓜、大小黃瓜、茶花、油菜、田菁、太陽麻，都是可以採集的百花蜜。而採收的蜂蜜在含水度達到標準值之後，會送往濃縮廠進行低溫殺菌和分裝。

在管理蜜蜂時，鄭家使用煙薰來溝通或控制蜜蜂。他們使用一氧化碳的煙薰，通知蜜蜂有人要進入工作區域，蜜蜂因此會變得安靜，較不會攻擊人。他們也會控制蜜蜂的數量，根據不同時期的花期和蜜源情況，調整蜜蜂的數量，以提高採蜜量。在非開花期時，他們會維持蜂箱在基本數量，而在採蜜期時則會增加蜜蜂的數量。

但現今養蜂環境變得困難，因為氣候變遷導致各地開花期錯亂、蜜源減少，以及因農業用藥使得蜜蜂數量減少。這是目前養蜂產業發展的困境，但如果幫忙授粉的蜜蜂減少了，是不是也影響相關蔬果的生產，這是整個生態系運作的問題。

古城與創新

彰化市是歷史文化古城，也是工商業繁榮的現代都市，彰化市長林世賢的「清廉、勤政、大格局與行動力」形象頗受地方肯定。林市長致力於招商引進中友百貨、建置八卦山人文藝術特區與生態休閒農業觀光、推動臺化轉型配合都市更新，並且要將臺鐵宿舍群與中興庄打造為青年夢想三創基地，就是要將彰化翻轉新生。

白閔傑總幹事年輕有為，具有為農民服務的使命感。彰化市的阿束社咖啡園、日月山景休閒農場，以及文彬養蜂場，都代表著不同領域的農業創新與傳承的結合。這些經營者們以堅持與熱情，將咖啡、休閒農

場和蜂蜜這些獨特的產品與體驗帶給人們，同時也為地方經濟和觀光產業帶來了新的活力，是其他農業者值得借鏡和學習的對象。期許彰化市在都市農業中找到發展特色，例如花市、園藝專區、市民農園、休閒農業、以咖啡為主軸的食農教育等，都將有別於其他生產型的鄉鎮農業。

▲彰化市林世賢市長強調「彰化新生，百年大計」，
　致力於招商引資及都市規劃。

▲座落在八卦山東外環道旁原已荒廢的休息站，彰化市公所重新打造為「香山步
　道‧東方公園」，形成一個綠林休憩生態園區。

第 三 節
花壇鄉

Garden

　　談起花壇地名的原由，由蔣敏全老師來說故事，原來舊名為「茄苳腳」，在 1919 年間有位日本皇族親王來臺巡視地方，當御用火車停靠茄苳腳站時，站長頻呼站名「茄苳腳」，不巧「茄苳腳」的日語音與「下等客」日語音相同。車上親王聞聲不悅質問，才知道是因地名為「茄苳腳」而非有意辱罵，但也即下令將不雅地名更改。由於本地昔日多栽植香花（樹蘭花），種花久遠具淵源，且「茄苳」的臺語發音與「花壇」的日語音相似。所以在 1920 年 10 月 1 日通令更改為「花壇」沿用至今。為使「花壇」地如其名，花壇鄉農會致力於推行茉莉花茶復興運動，要使花壇成為「茉莉花的故鄉」。

　　花壇鄉農會創立於 1918 年，由地方士紳唐焜煌等發起籌組「有限責任白沙信用組合」，1949 年 11 月 15 日依據《臺灣省農會與合作社合併辦法及其實施大綱》合併成為現在的農會。農會三巨頭：理事長、常務監事、總幹事分別為陳榮和、鄭三明、顧碧琪，會員人數 4,543 人，其中贊助會員 2,004 人。農會因鄰近彰化市，都市化程度較高，贊助會員人數也多，有助於信用部的經營，2023 年 8 月的存款金額 115 億元，

▲ 蔣敏全老師耕讀水燭花與地方文史

放款金額 64 億元，存放比 56%，逾放比 0%，農會財務相當穩健。

茉莉花的故鄉

　　花壇是臺灣最大的茉莉花栽培區，同時也是薰製茉莉花茶的主要產地。蔣敏全老師回顧花壇過去主要種植的是「樹蘭花」，並將其乾燥後作為柱香的香料。當時這些樹蘭花都運送到臺北大稻埕銷售，因為大稻埕是當時兩岸貿易頻繁接觸的地方，也因此得知大陸福州是全世界茉莉花茶的主要產地。

　　在 1960 年代，臺灣開始流行喝茉莉花茶，也就是俗稱的「香片」。當時茉莉花的主要產地在三重和蘆洲，但由於氣溫較低，影響花苞的產量。在偶然機會下，一位顧姓商人引進茉莉花種苗並開始在花壇家鄉種植。花壇的氣溫和土質非常適合茉莉花的生長。原本他生產的茉莉花要運到北部的製茶工廠，但要趕在花苞綻放時將花香薰拌入茶菁，為免舟車勞頓，於是在花壇建立國泰茶廠（今名銨麒公司）薰製茉莉花茶。

　　蔣老師也分享了茉莉花茶的薰製方法，稱為「箸花」（音義同

▲茉莉愛你

「茉莉花茶復興運動」的推手：顧碧琪總幹事。

「薰」），利用「茶葉吸香、香花吐香」的原理，做成具有茶韻與花香的花茶，與西方的伯爵紅茶採用「香料調香」的方式不同。

　　然而，在 1990 年代中期之後，由於農業勞動力減少和進口競爭的衝擊，茉莉花的種植面積急劇減少，花壇的美名也逐漸黯然失色。花壇農業以稻米為主，其他作物少量多樣，難有特色。但在「一鄉一特產」的思維下，2011 年底就職的農會總幹事顧碧琪，於是與同仁凝聚共識，發起「茉莉花茶復興運動」，開始由農會與農民契作 5 公頃，強調無毒友善農法，建立產銷履歷，也導入有機驗證，由農會自行薰製茉莉花茶。目前已將茉莉花與紅茶、金萱、烏龍、高山茶結合，並開發咖啡、啤酒、氣泡飲等各種新創產品。至今鄉內也有近 30 公頃的茉莉花田。使茉莉花再次在花壇綻放香氣，讓花壇成為「茉莉花的故鄉」。

　　花壇不僅有茉莉花，還有樹蘭花、梔子花，都是香花。值得一提的是，茉莉花的病蟲害較多，因此農民曾經頻繁使用農藥。但自從 2013 年開始，農會開始推廣無毒茉莉花，並將老舊穀倉改造為「茉莉花壇夢想館」，定位為花壇遊客中心。這個中心充滿了設計感，深入介紹茉莉花產業的內容，連結在地關係，為遊客提供深度的旅行體驗。2021 年

▲製作茉莉花茶
用花薰茶，讓茶葉吸收花香。好的茉莉茶，要反覆薰茶、篩離、乾燥等製程。

▲茉莉花系列產品：四季茉莉蜂蜜氣泡酒、茉莉金萱啤酒、御品茉莉咖啡、有機茉莉語茶……。

又落成了「花研所」，是沈浸式互動體驗館，將茉莉花的形象和薰製茉莉花茶的竹篩，以及當地的磚窯文創磚雕等融入裝置藝術中。

英國諺語「贈人玫瑰，手有餘香」，將玫瑰改為茉莉花，一樣表示一件平凡微小的事情，只要心存善念，就會在送花者和收花者心中散發溫馨香氣。花壇鄉農會正是默默地為花壇鄉保有如此的美名與善念。

西施柚，果如其名

文旦是中秋節應景的水果，盛產於麻豆、斗六、鶴岡、西湖、八里等地，產期在中秋節之前，可來得及作為送禮，但是也經常出現生產過剩的問題。但是西施柚在中秋節之後約一個月才開始採收，避開文旦產期，反而可以維持穩定的收入。

筆者參訪花壇青農會長余仁豪所經營的「山富果園」，相當具有柑橘特色，主要種植茂谷柑、西施柚、帝王柑、砂糖橘。茂谷柑大約每年3至4月份開花，一年一收；同樣柑橘類的西施柚，也是3至4月開花，但西施柚只要照顧半年即可收成，而茂谷柑要照顧10個月。較特別的是，因茂谷柑紅皮嫩肉，要在表皮噴灑石灰粉防曬，收成時間約在農曆過年前三週，可來得及作為過年的伴手禮；而西施柚則以物理性防治方式，吸引果蠅並避免接近果實。香甜多汁的西施柚，品質以甜度超過11度為合格，甜度若是11～14度之間則屬高品質，西施柚果肉軟嫩甘味

▲穿白衣的茂谷柑

▲金蟬脫殼

多汁，有「蜜柚」之稱，因粉紅色果肉如「西施」少女粉頰而得名，為柚界人氣王。

農機代耕與時俱進

　　農業已逐漸由勞動密集走向資本密集，也由小農原本包辦所有工作，轉變為由提供農事服務的代耕中心來協助小農。筆者訪視家庭式的農機代耕中心梁致昌與梁世冠父子，該中心已經經營了 30 餘年，主要提供農機服務。由媽媽和媳婦負責接電話排單、兩位兒子依接單需求，開著卡車載不同規格的曳引機去整地打田、或乘座八行式插秧機、或操控無人機去噴藥、或駕駛聯合收穫機收割水稻並集運繳交稻穀。老爸負責機器維修與保養，全家五人共同經營農機代耕，除服務別人至少 50 公頃之外，也自己經營十多公頃的水稻。

　　水稻生產從頭到尾一條龍，完全機械化作業，一通電話服務到家，難怪被稱為「用電話種水稻」的產業。曳引機外掛旋轉犁或附掛整平器、施肥桶深層施肥，集多工於一機，省時省力有效率。曳引機的駕駛室有冷氣音響，彈簧座椅很舒適，高高在上視野極佳。整地要 2 ～ 3 次，每分地工錢 1,400 元。

　　若要操作農用無人機（也稱為植保機），需要擁有飛行和農藥代噴的證照。機身限重 25 公斤，可載 16 公升藥水噴灑，六軸螺旋槳中五軸有兩側噴嘴，螺旋槳一順一逆旋轉，以維持機身穩定。起飛前要向民航局申請空域，飛行結束後還要向防檢局繳交報告。一分地工錢不含藥水 200 元，來回噴灑 2 分鐘就搞定了。

　　噴藥已從過去固定式動力噴霧機，演變為自走式噴霧機，到現在的植保機，省時省力又安全，從農業生產機械化走向科技化，也是見證農業的進步之一。

大村鄉

村＋鄉＝大庄

　　大村鄉從前叫做「燕霧大庄」，意思是燕霧山（八卦臺地）下的一大集村，因而稱大村，舊稱「大庄」。日治時期燕霧下保涵蓋大村鄉全部及員林市北部。

　　大村鄉農會創立於 1919 年，當時名稱為「大村庄信用組合」，1940 年奉令將大村庄信用組合、農業組合、畜產組合合併更名為「大村庄農業會」，1946 年光復後改稱至今，當年擁有會員 1,076 人，贊助會員 322 人。目前農會三巨頭：理事長、常務監事、總幹事分別為黃正盛、吳雨水、廖瑞樺，會員人數 4,255 人，其中贊助會員 985 人。大村代表性的農產品為葡萄，是高經濟價值的作物，農民有錢就存農會，農會在 2023 年 8 月存款金額 97 億元，放款金額 61 億元，存放比 62％，逾放比 0.07％。

葡萄宿

　　大村葡萄的名氣響亮，以葡萄為主題的「雅育休閒農場」更是特別，結合釀酒與民宿，場主賴偉志正在打造六級化產業；他曾在德國 Geisenheim 葡萄酒大學修讀葡萄酒釀造學系，學習葡萄酒釀酒技術。也曾在臺北西華飯店掌管酒務擔任飲務管理。賴偉志是臺灣少數的葡萄酒專家，擁有種植葡萄、釀造葡萄酒、餐飲侍酒服務等經驗，也是高雄餐旅大學和大葉大學葡萄酒課程的講師，在臺灣擁有此學經歷的恐怕不到十人。因父親過世而返鄉承接一甲葡萄園，並建造以葡萄為特色的大村民宿，這是大村唯一的合法民宿。

▲彷彿置身歐洲莊園的葡萄宿 (雅育休閒農場)

　　「雅育休閒農場」曲徑通幽，森林綠意圍繞，大鄧伯花棚垂掛，具歐洲氛圍，葡萄果園就在後面，種有巨峰葡萄、信濃微笑葡萄、麝香葡萄，以及安藝皇后葡萄。農場所生產的巨峰葡萄顏色紫黑、果粒大、糖度高、香氣濃郁，為極優秀的鮮食品種；蜜紅葡萄則果色鮮紅，具有獨特蜂蜜與哈密瓜香氣。園區主要以種植巨峰葡萄為主，和少數的蜜紅葡萄，都是通過產銷履歷驗證。不同於其它垣籬式栽培方式，「雅育休閒農場」可讓民眾親手剪枝、誘引、除芽、採收葡萄，還提供釀酒教學和葡萄酒品評，讓對葡萄酒有興趣的民眾可以深度體驗葡萄種植和葡萄酒內涵。

　　在經營民宿的態度上，賴偉志完全符合《農業發展條例》對休閒農業的定義，也就是「利用田園景觀、自然生態、農村文化，提供國民休閒、增進國民對農業及農村之體驗的農業經營。」相當具有特色，值得來此享受葡萄田園之美。

果香綺境

　　子路字仲由，是孔子有名的弟子。「劍門生態花果園」的第四代經

營者正是賴仲由，也是神農獎得主。將祖傳的柳丁園營造成生態友善的
環境，踩在草皮綠毯上，聆聽莫札特音樂，欣賞各式各樣的柳丁、紅柑、
金桔，還有在生態池旁邊營造莫內花園一角，充滿美學和巧思。果園與
時俱進，也將生產、生活和生態的「三生農業」自然融合，而且也導入
循環農業，利用落葉、果皮和除草製成培養土，以及放入蚯蚓分解成液
肥，不僅處理農業廢棄物，也使得農作物長得又壯又美，是現代化農業
經營的典範。仲由對於農業充滿熱情，也是位田園攝影師，會用影像做
記錄，讓遊客知道果實的生長過程，他說：「運用光影和光的角度，瞬
間的快門就成為最好的解說！」

　　由於 1951 到 1960 年末，員林及大村地區盛產柑橘和柳丁，但在

▲（左上右上圖）「劍門生態花果園」
　隨時迴盪著莫札特音樂，還有在生態
　池旁邊營造莫內花園一角，充滿美學
　和巧思。

▲（左下圖）友善環境的柳丁園
　「劍門生態花果園」是祖傳的柳丁
　園，至今仍果實累累，而且是生態友
　善環境。

黃龍病感染猖虐之下，柑橘產業幾乎全毀，多數農民因此改為種植葡萄，持續種植柳丁的「劍門生態花果園」，算是碩果僅存。果園強調草生栽培及使用有機質肥料，透過嫁接技術，生產柳丁、砂糖橘、珍珠柑、帝王柑、美人柑等各種柑橘。原本以生產為主，但在 1997 年因臺灣即將加入 WTO，故將果園轉型為觀光休閒農場，結合生態導覽體驗，吸引許多慕名而來的民眾，也是學生校外教學的熱門景點。。

蘭花輸出與國際競爭

　　「展壯台大蘭園」是臺灣中北部最大的蘭園，座落在臺灣省大村鄉，故鑲嵌「台大」之名。因為賴本智畢業於國立中興大學植物研究所並且在農試所專研組織培養，父親賴大鷹考量到兒子成婚後，要換經營可長久的事業，毅然決然從養鵝改種蘭花，於 1981 年創辦蘭園。

　　賴本智太太侯美邑因懂得日語，是外銷日本的重要推手。在 1987 年帶蝴蝶蘭到日本在神奈川縣川崎市參加第十二屆世界蘭會議，獲得與會各界肯定，「展壯台大蘭園」的蝴蝶蘭自此聲名大噪，開啟了外銷之路。從 1987 年起就開始出口蝴蝶蘭到日本和歐洲，之後又外銷到美國。

　　早期美國對於進口農產品把關十分嚴格，為避免外來病蟲害的入侵，規定蝴蝶蘭必須以裸根方式輸出再重新種植，但如此在育成率和品質都會大打折扣，每一批耗損 4 成左右。賴本智向美國農業部檢疫人員和高階官員打聽到：「因為美國不曾以水草方式種植蝴蝶蘭，所以未列入法案。若要開放則必須兩國相互談判才可能解決，」之後防檢局組織專案團隊，與來自美國及臺灣的溫室設計、蘭花病害及蟲害的各 3 名學者專家，終於在 1994

▲ 蘭花組織培養，是品種研發及確保品質的關鍵

年7月由美國農業部動植物健康檢查署（APHIS）與我國動植物防疫檢疫局簽署「臺灣輸美附帶栽培介質植物工作計畫」，我國自此成為全球唯一可以將附帶栽培介質蝴蝶蘭輸銷美國的國家，而「展壯台大蘭園」也是第一家通過輸美驗證的業者。

剛開始沒經驗，第一個輸美貨櫃因為海運須耗時1個月，水草溼度控制不佳，以及包裝箱密閉造成苗株透氣不良，導致一半蘭株都爛了，損耗率超過5成，但直到成功研發出海運貯運技術之後，才終於將不良率降至2%–3%。目前在美國的紐澤西州和紐約州都有「展壯台大蘭園」的蘭花栽培場。

不過，目前中國大陸蘭花也可帶盆輸美，確實會擔憂低價競爭，為了對抗中國大陸的低價競爭，「展壯台大蘭園」除了不斷地研發新品種，也積極在各國申請專利。全世界受到消費者喜愛的蝴蝶蘭品種幾乎都出自於臺灣，歐洲甚至多數的品種權也都是模仿臺灣而來。關於花卉品種權的問題，侯美邑認為應該是國際間有共識的關係，她也強調：「研發能力是臺灣的優勢，但唯有握住生存命脈才有機會談判，如何把品種權留在臺灣是成敗的關鍵，更是業者與政府的當務之急。」

農業小知識

翁壹姿、盧慧真（1995）指出：以一棵經裸根處理的大苗為例，空運至美國到可開花階段的成本約8至11美元，苗株恢復及催花時間約4~6個月，若蝴蝶蘭能以附帶介質方式輸出，免去裸根過程的傷害及人工費用，其成本約可降低1.2美元，培育催花期亦可縮短一個月。因此，附帶栽培介質植株的損耗率不僅將可顯著降低，並可直接輸出高品質含苞植株，有助於提高輸美蝴蝶蘭之數量及品質，亦可提昇我國蝴蝶蘭的競爭力。

資料來源：翁壹姿、盧慧真（2005），「臺灣蝴蝶蘭附帶栽培介質獲准輸美」，農政與農情153。

第五節
員林市

圓林仔

　　康熙末年之後，移民來臺入墾者激增，到雍正初年已形成村莊，漸漸發展成市街。因為墾民啟林闢地，留下圓形林地，創建聚落於此，所以稱為「圓林仔」，之後簡稱「員林」。在臺灣與「員林」同名的尚有在新北市土城區、桃園市大溪區、苗栗縣南庄鄉，以及臺中市大雅區的一些以「員林」為名的村里、街路，可能都是類似的取名過程。

　　員林建立於 1728 年（清雍正六年），日治時期是臺中州在彰化縣境內的三大郡之一（彰化郡、員林郡、北斗郡）。員林郡管轄員林街、溪湖街、田中街、大村庄、埔鹽庄、坡心庄、永靖庄、社頭庄、二水庄。1946 年改制為「員林鎮」，2015 年 8 月 8 日再由員林鎮升格改制為「員林市」，成為彰化縣第二個縣轄市。

通行密碼 184

　　隨著工商業發展與都市化，農地越來越少，再加上不斷地繼承分割，農地零碎化，農民不禁怨嘆「越做越小塊」。在員林有一個通行密碼「184」，那就是 2013 年 9 月市地完成開發的重劃區有 184 公頃，到處在蓋房子，據說農會會員人數因此減少了不少人。員林的農地很貴又小，許多青農只好到鄰近的鄉鎮租地務農。

　　員林有座百果山很有名，在山腳路以東，一年四季都有不同的水果產出，桃、李、梅、龍眼、荔枝、楊桃、橄欖、椪柑都有，也造就員林為蜜餞故鄉的美名。但是在山腳路以西的平原，農業就非常少見，勉強在南邊臨社頭的地方，可以看到稻田，這是「都會型農業」所面臨的經

營挑戰。筆者小時候曾經住在員林，就在糧食局的對面，小學在僑信國小入學，一學期後轉學到靜修國小，當時因搬家到青果運銷合作社附近，假日就去青果社洗柳丁，賺點買文具用品的零用錢，這是人生的第一次打工經驗，還是童工喔。

農會服務農民到終老

員林市農會創立於 1914 年 2 月 15 日，原為「員林果物販賣信用組合」，之後因業務整併改為「員林信用購買利用組合」或「員林街農業會」；戰後，依據合作社與農會合併辦法，1949 年 11 月 15 日，改組合併為「臺中縣員林鎮農會」；1951 年 2 月依行政區域變更，再

▲農會的禮儀服務團隊，為農民服務到終老

改為「彰化縣員林鎮農會」迄今。目前農會三巨頭：理事長、常務監事、總幹事分別為張永鑫、王錫庸、黃豐盛，會員人數 6,834 人，其中贊助會員達 2,300 人。黃總幹事熟悉農產品批發市場與通路，也繼續為在地農民媒合商業通路。農會服務農民不遺餘力照顧到終老，所以也成立生命禮儀部門，有農民就特別交代後事要給農會來辦，這種對農會的信任與託付，令人感動。

員林蜜餞

「員林蜜餞」與員林百果山齊名，「泰泉食品」是製作「員林蜜餞」的代表性公司，總經理吳福泉說他們已經經營了四代，自光復前開始持續發展至今。專注於採購在地農產品進行加工，不加人工甘味劑，使用

▲員林市百果山風景區有座全國最長的磨石子溜滑梯，長 75 公尺，1970 年代啟用，是不少五、六年級生的兒時記憶。已於 2023 年 6 月 30 日拆除。

100% 的特砂進行製作。由於沒有使用防腐劑，所以在農忙時期必須進行徹夜工作，並藉由冷藏庫零下 5 度保存，以確保產品的新鮮度。泰泉食品生產的蜜餞具有產銷履歷系統，可以追溯產品的來源。全臺市占率約 8 成，所有設備都是自家投資，並且所加工的食材與新鮮食材相同。秉持無毒和養生路線，提供多樣化的產品系列，並提供客製化服務，也有進行外銷，使得「員林蜜餞」的名氣能與時俱進流傳至今。

甜楊桃和酸楊桃

　　楊桃有兩款：甜楊桃和酸楊桃，前者是鮮食、後者是加工用。

　　用作鮮食的甜楊桃的品種演變順序從白絲、五瓣頭、秤錘、青滰厚稔、軟枝（二林種）到現在普遍的馬來西亞種。但其實在臺灣的馬來西亞種是與早期的品種交花，創造雜交優勢，使果色桔黃、果肉細緻。

　　筆者訪視員林楊桃產銷班黃煥奎班長所種植 3.8 分地的果園，目前是第 4 代，因為市場反應好就持續種植楊桃。最早種植的品種是白絲，還有種植外觀較漂亮的秤錘，適合銷售到重視水果外觀的北部，再接著是青滰厚稔，是由當地農民培育出來的品種，因其耐存放，所以是冬期果外銷的主要品種。目前則是改種植較為常見的馬來西亞種，不過相較於青枝紅，馬來西亞種的楊桃較不適合外銷，大約放置一個月後，果皮

就會變黑且變軟。

▲無處不生楊桃

　　楊桃可全年採收，楊桃套袋之後，夏季高溫，約 45 天即可採收。冬季因低溫，楊桃生長慢，要 100 天才可採收，但冬季的品質較佳。此外，為了提高果實的結果率，會在樹幹上接一株軟枝種，因為軟枝種容易開花，不過軟枝種本身外觀不佳，口感不及馬來西亞種。因此，楊桃品種不完全是純馬來西亞種，而是軟枝品種和馬來西亞種的混種。軟枝的肉質顏色偏黃，馬來西亞種則偏綠，雜交後的果實呈現中間色調。

　　關於酸楊桃的採收，因為氣候變化，原本是全年有三期採收，現在則變成了可採收四期。酸楊桃從開花到結果需要約兩個多月的時間。製作酸楊桃汁時，大小顆的果實都可以使用，但太青的果實不太適合，加工用的酸楊桃可加鹽或加糖醃漬，成為酸酸甜甜的楊桃汁或蜜餞。

　　一位電臺主持人藝名為曹明昌，本名曹森裕，同時他也是種植酸楊桃的農民，檸檬種四分地，楊桃種三分地，就分享上述種酸楊桃的經驗。他的電臺「五三俱樂部」就架設在果園旁，每晚半夜 2 點到 5 點現場直播，與聽眾空中交流已有 30 多年，也算是農民中的奇葩。

古早風味的「焙龍眼」

　　龍眼是員林百果山的盛產水果之一，在龍眼產期往往都可以看到家家戶戶在「剪龍眼」、「焙龍眼」、「剝龍眼」。龍眼乾（又稱桂圓肉）是一種受歡迎的水果乾，具有獨特的香氣和口感，可以入菜也可以單吃。

　　產銷班班長張鎮祥和農民陳西彬分享了製作龍眼乾的傳統古法秘笈，也就是利用土窯慢火烘焙龍眼乾，第一次要 48 小時，還要每兩小時翻攪一遍，在靜置冷卻後，還有第二次再烘焙 12 小時。小火不能熄，

還要不時添加樹枝及翻攪，不眠不休，整個過程就可以想像顧爐火的辛苦，還要被煙燻得眼淚直流。但是土窯烘焙的龍眼乾的確有煙燻香，像是煙燻鮭魚或柴燒窯烤披薩一樣。現在有不少改為用烘乾機、熱風爐方式，可以縮短第一次烘焙時間為 24 小時，但仍要再第二次烘焙 12 小時，只是少了柴燒煙燻味。

　　龍眼乾的製作歷史可以追溯到清朝，並一直由農民進行。因為龍眼果實較小，若以帶殼形式販售，外觀不佳不易銷售，因此通常將果肉剝出並經烘焙製成龍眼乾，但由於手工剝肉的成本較高，因此當市場價格價低時，農民會直接不採收。除了員林，社頭和中寮等地區也有龍眼乾的製作。農民們自己也會留下品質優良的龍眼，來製作龍眼乾，製作需花費 3 ～ 4 天的時間。

天然ㄟ尚好

　　蜜餞、龍眼和楊桃是員林農業的寶藏，展現了獨特的魅力和吸引力。龍眼乾散發著誘人的香甜氣息，楊桃以酸甜清爽和獨特的形狀成為水果界中的靚麗風景線，而泰泉食品公司堅持使用在地本土新鮮水果，保持蜜餞的純淨和新鮮。這些百果都呈現真實風味以吸引消費者，正印驗了「天然ㄟ尚好」，是立足員林市場的不二法門。

▲土窯慢火烘焙龍眼乾

▲製作芭樂乾

社頭鄉

社頭蕭一半

　　清乾隆年間移民舉族入墾，建莊在平埔族「大武郡社」，漢人稱平埔族人聚集的部落為「社」，而「社」的頭目即稱為「社頭」，此地也是代表「社頭」所居住的地方。社頭鄉水利灌溉發達、良田千頃，一直是以農業生產為主的地方。

　　社頭鄉農會創立於 1917 年 9 月 1 日，初名為「社頭興農信用組合」，之後歷經「社頭信用購買組合」、「社頭庄農業會」，1949 年 11 月 12 日依法將「社頭鄉合作社」與「社頭庄農業會」合併改組為現今農會。在農會大門入口處，有當年農會創辦人蕭煥奎先生的銅像，這在其他農會極為少見，也時時提醒所有農會同仁要持續服務農民、照顧農民，這是農會的核心價值。

　　目前農會三巨頭為蕭成洽理事長，蕭文鏘常務監事，以及蕭良珍總幹事，前總幹事蕭浚二在 2022 年底就職為社頭鄉鄉長。這些頭人都姓「蕭」，非常典型地代表在地人，因為地方常流傳著「鹿港施一半、社頭蕭一半」。其實，在彰化縣境內許多鄉鎮也都有類似漢人舉族來臺開墾並形成聚落的現象，例如：大村賴賴趖、溪湖楊（溶化）了了、二林洪（紅）半天，福興粘（黏）條條，竹塘詹（針）一筒。

芭樂原鄉

　　社頭鄉是「襪子的故鄉」，也是「芭樂的原鄉」。臺灣的芭樂，最早在 1960 年代從社頭開始大量種植，從土拔仔、泰國拔、二十世紀拔，到現在最普遍的珍珠拔、帝王拔、紅心芭樂。即使曾發生嚴重的立枯病，

▲種在八卦山腳下的芭樂

整個產業幾乎滅頂，但農民引進抗病率更高的品種，以及精進栽培管理技術，所以開枝散葉在臺灣各地種植芭樂。

　　青農陳建隆和陳建裕兩位兄弟合力經營「山腳芭樂」，果園就在八卦山腳，充分利用砂質肥沃黑土種植芭樂，果肉細緻、果酸甜度合宜，因此吸引許多中盤商前來收購。

　　目前市場上八成的芭樂是珍珠芭樂，然而因全球暖化使得芭樂種植變得越來越困難，夏天過熱，冬天也過熱，經常會面臨乾旱和病蟲害等問題。冬天的芭樂會更加美味，是因為早晚溫差大、生長週期較長，而夏天則因為溫度高而容易催熟，生長過快導致果肉薄且軟。為了克服這個問題，建隆正引進新品種（高雄 2 號珍翠）栽種，希望能夠鎖定高端客戶群體，進軍國際，並克服夏天芭樂生長困境。據說高雄 2 號珍翠每株苗價格為 300 元，而一般的珍珠芭樂的苗價格為 40 元，帝王芭樂的苗價格為 120 元，因此少有人購買。

▲「台香種苗」是亞洲最大的百香果種苗育苗場，專門培育無病毒健康種苗。

果苗獨霸天下

　　「台香種苗」是亞洲最大的百香果種苗育苗場，專注於百香果單一種苗的專業研發生產，而且能夠做到如此龐大的規模，以及內外銷和對外投資，就只有董事長劉清尊才能做得到，他也是 2005 年十大神農的得主，獲得政府肯定。在社頭鄉高達 10 公頃的種苗場，培育無病毒健康種苗，主要外銷越南、泰國、馬來西亞、寮國，還有歐洲、南美洲。尤其在東南亞的市場占有率超過七成。另在中國大陸廣西投資設廠，完全是整廠輸出經營在地的市場，是典型的水平式直接對外投資（foreign direct investment, FDI）；而臺灣內銷量雖僅占其總量的 5%，即達臺灣市場占有率的八成以上，也是彰化隱形冠軍之一。

　　同時，「台香種苗」也致力打造產業價值鏈，從果苗研發、生產，到將百香果的籽、殼、花、蒂頭等開發百香果周邊系列產品，像是面膜、精華液、乾洗手，創造百香果的附加價值，並達到循環經濟的目的，將百香果的價值發揮到淋漓盡致，足為現代農企業經營的典範。

品種權保護的金剛金桔

　　品種是農產品差異化的源頭，也是在市場激烈競爭中與眾不同、獨特品質的關鍵。金桔，是極為常見的果樹，一般人談到金桔都會想到宜蘭，但是在彰化縣社頭鄉也有金桔特別品種，是「伸達金剛橘農場」場主蕭永仁偶然發現的突變種。之後將這個品種註冊登記，命名為「金剛蜜桔」，比一般品種更為強壯，結果存活時間更長，適合在過年前作為室內盆栽，象徵大吉大利！

　　尊重品種權是現代農民應有的觀念，雖然要付出一點權利金，但可以確保品質或更強壯的植株，仍然值得。天下沒有白吃的午餐，更好的品種也不會憑空而降！蕭永仁得意的說：「雖然也有其他人種植金桔，但重點不在於面積的多寡，而是價值的競爭。品種就是競爭的利器，並以品種權保護，讓金桔產業得以發展及提高農民收益。」

　　目前農場共有一萬多株的金桔，都是種植在盆栽內，為了要方便移動，盆栽的高度約 4 尺多，有的 1.2 尺或 1.3 尺，而從種植到出售約莫需要 2 ～ 3 年。金剛金桔較一般傳統金桔的價格約高出三分之一，這就是品種差異外並可以增加收入的關鍵。

▲有品種權保護的「金剛金桔」

從總幹事到鄉長

　　社頭鄉是農業之鄉，傳統的農業正隨氣候變化及市場發展走向精緻農業。以「高雄 2 號珍翠芭樂」來克服氣候逆境提高品質、專注百香果的外銷健康種苗，以及以品種權保護的金剛金桔，具體而微的呈現農業的轉變。

　　前總幹事蕭浚二在農會服務 14 年又 7 個月，之前曾在臺中區農業改良場服務 20 餘年，深知農業發展的關鍵，專業經驗豐富並具有服務熱誠，也指導農民剪枝、摘心、強剪進行產期調節，讓芭樂全年生產穩定，價格也穩定。

　　在 2022 年 12 月 25 日即將到鄉公所就職鄉長之前，蕭總仍然念念不忘對農民的服務，還特別召開推廣工作會議耳提面命。他提到上任前的感言是：「不要驕傲，要自愛、要珍惜，過去感謝大家的支持，未來努力為大家服務。」筆者特別在蕭總幹事就職鄉長之前拜訪，恭賀他當選社頭鄉長，期盼以後不只要服務農民，更要造福鄉民！

▲蕭浚二總幹事在就職鄉長之前的殷殷叮嚀

第 七 節
田中鎮

在田中央

　　田中鎮，地如其名，在田中央，四周都是水田。早期由於八堡圳水利的開鑿，且因濁水溪氾濫形成沖積扇，富有機質壤土，是得天獨厚的優質農業區。田中的「濁水米」也一直是自古有名。

▲天道酬勤，認真的張瑞欣總幹事

　　田中鎮農會創立於 1921 年 10 月，初名為「田中信用組合」，之後增設業務，改稱「田中信用購買販賣利用組合」；在二次大戰期間，為謀糧食增產，於 1944 年將原有的農業組合、畜產組合與信用購買販賣利用組合合併，改組成立「田中街農業會」。戰後，依法將「田中鎮農會」（推廣部門）及「田中鎮合作社」（金融經濟部門）合併為「田中鎮農會」至今。目前會員人數 5,146 人，理事長為陳明圳，常務監事為葉文東，總幹事為張瑞欣。

農業變遷

　　田中鎮農會見證許多在地農業的變遷，張總幹事娓娓道來，田中鎮以前是臺灣種植玫瑰最主要的產地，但因為全球暖化，玫瑰種植地點逐漸移到草屯，再移到埔里。以前田中鎮還盛產大目釋迦，以及八卦山坡種植許多梨子、桃子，平地也種植許多韭菜和芹菜，還有 25 家酪農戶養乳牛 2,000 多頭。但後來都因全球暖化，導致農業生產結構的改變。

▲ 田中鎮有名的黑米

黑米(臺農秈糯24號)看稻穗的顏色就知道。

▲ 望高瞭的稻草藝術季

青農陸續在田中鎮發展，多數參與「小地主大專業農」計畫。經營 50 公頃土地以上的大專業農業即有 25 位，占總數的三分之一。為避免大專業農壓抑小地主，農會也出面進行整合，以提高農業機械化水平、減輕勞動負擔及增加收益。然而，近年來農民人數和農會會員數逐漸減少，農會將面臨未來發展及農業轉型的挑戰。

米倉

　　現在田中主要種植水稻，以白米（臺粳 9 號）和黑米（臺農秈糯 24 號）最具代表性，是臺灣重要的米倉之一。臺農秈糯 24 號也是第一個有品種權的植物。黑米因富含水溶性花青素，可在煮飯時跟白米一比三的比例混合，整鍋飯就會變成夢幻的紫色了。特別的是，黑米的稻穗也是黑的喔！張總幹事積極鼓勵稻農參與產銷履歷，讓稻農不受限稻作「四選三政策」的限制，可以繼續繳交公糧，共創農民與農會雙贏。

　　彰化田中的望高瞭，在八卦山腳下的遼闊稻田，在稻穗成熟季節來此，大地充滿黃金澄澄！農會也往往在二期稻作收割之後，舉辦田中稻草藝術節，12 公頃繽紛大波斯菊花海，結合稻草堆和各種稻草裝置藝術，感覺好療癒又充滿童趣，真是「歡樂幸福稻田中」。

　　但農民最關心的還是產量有幾割、農會收購的濕穀價格有多少。筆者在 2022 年一期收割的季節來此訪視，瞭解某農民收成是一分地 16 割，也就是 1,600 台斤濕穀，濕穀含水率 24 度，乾濕穀折算率 83%，等於是一分地 796.8 公斤，等於一公頃 7,968 公斤，略低於 2021 年一期稻作田中的每公頃產量為 8,713 公斤稻穀（換算為 6,896 公斤糙米）。24 度的濕穀價格為每百台斤 1,040 元，可換算為每公斤乾穀為 20.88 元。低於政府的餘糧收購價格 21.6 元，看來應該都會進入公糧倉庫。農民所繳交的稻穀，在收割之前一週要先取樣經過藥檢合格之後才能夠收割，而且每公升的容重量至少要 540 公克以上才可以，如此確保食品安全與稻米品質。

農村旅遊

　　田中農業走過從前，2018 年因緣際會，由筆者牽線，前總幹事曾招英與東吳大學傅祖壇院長團隊共同參與農委會水保局和輔導處的計

▲ 田中農旅

筆者擔任社區主委時安排社區住戶到田中鎮進行農村旅遊及體驗，由前總幹事曾招英熱情接待。

畫，規劃並培訓農村旅遊 11 個產業點，讓田中農業以生產為基礎，結合加工、網路行銷與農村小旅行，創造多元價值。「農村旅遊」從無到有、從有到獲利，尤努斯社會企業中心執行長王祥鑫非常熱心，經常在週末與業者「農村共學」，經由篩選、培訓、示範觀摩、共學分享，共同參與農村旅遊的規劃、導覽和行銷，如今已在雄獅旅行社上架了。在 2020 年 7 ～ 12 月就接待了 143 團、5,434 人次，體驗收入 163 萬元、產品銷售收入 190 萬元，成績頗為可觀。

土肉桂的六級化與傳奇

「279 順福天然農場」位於田中鎮復興路 279 巷，以此為名。農場種植 2,000 多株土肉桂及各類香草植物，葉子蒸餾加工做成純露、精油、酵素、洗髮精、護手霜等，還有碩大的義大利檸檬，令人驚艷。農場的遊客中心是以舊牛欄改造的，經由場主陳耀南先生撰寫金剛經文佈置，變成充滿能量小屋。

場主陳耀南和鄒碧鑾夫婦經營著這個特色農場，邁向六級化產業經營，也就是一級產業種植臺灣土肉桂、萊姆果、紅寶石、佛手柑和香藥草植物；二級產業加工土肉桂洗髮精、護手霜、護脣膏，以及將土肉桂磨成粉後製成精油，還有土肉桂相關的料理、食品、酵素和醋；三級產業則是運用精油、茶包和香霧，提供 DIY 調香劑和採摘土肉桂葉，感受淡淡肉桂香氣。農場還推行 5G 旅遊，5 種綠色元素的結合，主打景色天然、食材新鮮、手作有趣、農民友善、留下好時光。

▲ 碩大的義大利萊姆果

　　場主陳耀南分享了研發臺灣土肉桂洗髮精的故事，有位出家師父雖然剃度了，但頭皮發癢的問題一直困擾著他，看過醫生，也買遍便宜到昂貴的洗髮精都沒見效，但用了「279順福天然農場」臺灣土肉桂洗髮精後，頭皮就止癢了，於是訂購不少數量，因為怕以後買不到這個有效的產品。

草生栽培自然和諧

　　「畯富農場」以種植紅龍果為主，由青農游畯富經營。使用蚯蚓土及草生栽培，同時讓一群櫻桃鴨漫步在寬敞的果園中，讓牠們在田間吃草、蝸牛和昆蟲，沒有農藥和化學肥料，只應用光合菌、酵母菌和有機肥，是自然和諧的生態環境。

　　農場裡有一巨型桶，是有農廢有機物混合益生菌、牛奶和糖蜜，經過長期發酵製成有機酵素液肥，直接透過滴灌系統送到紅龍果的根系。此外，畯富在灌溉時添加特定酵母菌和奈米化的黑糖液，有助於保持紅龍果根系的堅硬和強壯，以及提供營養素。草生栽培幫助土壤保水、疏水，土壤養份不易流失，並減輕農田長期栽種所產生的酸化問題，而割下的草不是發酵做成液肥，就是堆到紅龍果底下腐化。為了使紅龍果生長均勻，農場調整種植方式，讓單數和雙數的果實朝向相反，可以避免搶奪陽光、空氣和水分，這些都是用心栽培管理的撇步喔。

▲櫻桃鴨漫步在紅龍果果園中

二水鄉

二八水

　　二水鄉是八堡圳的源頭，今日彰化縣之所以形成農業大縣，關鍵在於水利灌溉發達，更重要的是300多年前的八堡圳水利開鑿開始，因此，二水鄉是值得我們飲水思源及感念的地方。二水鄉古稱「二八水」，主要因位於施厝圳（八堡一圳）、十五庄圳（八堡二圳）之間，兩圳分叉狀如八字形而得名。

▲與蔡文琳前總幹事及鄒元燈工程師在石笱旁合影

　　二水鄉農會創立於 1921 年 11 月 1 日，稱為「二水庄信用組合」，1944 年 2 月 17 日將「二水庄購買利用組合」、「二水庄農業組合」、「二水庄畜產組合」，合併改稱為「二水庄農業會」。戰後，再奉命將「二水鄉合作社」與「二水鄉農會」，合併改稱至今。1951 年 1 月農復會及糧食局補助，興建碾米工廠及倉儲，並開辦農倉業物。

　　目前會員人數 2,497 人，理事長為藍世雄，常務監事為陳奇煒，總幹事為羅崴騰。前總幹事蔡文琳則轉任為鄉民代表，繼續為鄉民服務。

水源管理

　　農業部農田水利署彰化管理處，灌溉面積達 4 萬 6 千多公頃，在全

國 17 個管理處中排名第三。組織架構包括管理處、工作站、區段管理員、
組長和班長。工作站根據灌溉水路劃分，協調灌溉事務。組長和班長是
義務職位，由農民代表和地方仕紳擔任。處長陳文祺對於彰化農田水利
的過去、現在和未來有深入的了解。他說：「彰化地區的水利灌溉與農
業生產息息相關，彰化南有濁水溪、北有烏溪，為主要引水來源，占灌
溉水源 7 成。」

　　每個管理處所擁有的水權是固定的，但由於農業用水的經濟效益較
工業用水為低，所以經濟部在經濟效益考量，會做水權控管，通常分配
下來的農業用水是不夠的。在水權受限的情況下，如何開源與節流，成
為很大的挑戰。開源方面，彰化管理處積極利用回歸水和抽取地下水來
補充水源。節流方面，包括渠道減少滲漏、調控排水及精準灌溉。當然，
鼓勵稻田轉作，也是一種節流並擴大灌區的方式。

飲水思源

　　彰化是臺灣的穀倉，稻穀產量占全臺五分之一，造就這片富庶彰化
平原的關鍵在於八堡圳及其發達的水系支幹。八堡圳是臺灣三大古圳之
一，取水自濁水溪， 在彰化二水分為八堡一圳與八堡二圳。八堡一圳早
期稱為施厝圳，由施世榜興建完工於 1719 年，八堡二圳早期稱為十五
庄圳，由黃仕卿開鑿並於 1721 年啟用。八堡圳已有三百年歷史了，將

▲八堡圳的引水道流經二水鄉「龍仔頭山」

▲八堡圳舊進水口

濁水溪富含鈣磷鎂的黑泥水，灌溉彰化平原，讓後代子孫永享豐饒物產。

　　傳說中的「林先生」，即是協助施世榜利用「石笱」連結成圍的水工法，攔堵水流導入圳內，並且改變導水路延伸至南投名間的濁水地區引水，果然引水成功！從此濁水源源不斷流到鹿港、和美、埔心、員林、溪州、北斗、花壇、大村等。林先生功成不居，來無影去無蹤，只留下姓氏，最後消失在兩株樹木中，後世感念建廟為「林先生廟」，並於每年中元節由彰化農田水利處與民眾共同祭拜，感恩先人的開墾與智慧，我們才能坐享其成。

　　農田水利處鄒元燈工程師和蔡文琳前總幹事的引導筆者認識八堡圳，面對取水口、引水道、分水道、制排水門，以及滾滾的濁水，內心有說不出的感動。

呷茄欶秋屎

　　茄子的形狀有兩種：長的、圓的。在臺灣一般所看到的大多是長的，主要是胭脂茄和麻糬茄，前者顏色較淡、長度較短，尾端也較圓；後者顏色較深、長度較長，尾端也較尖。俗稱「呷茄欶秋屎」，也就是吃茄

▲麻糬茄

子會意氣風發、走路有風的意思，尤其在端午節，茄子、菜豆、匏瓜是必吃的夏季應景蔬菜。

麻糬茄的最大產地就在彰化二水，皮薄 Q 軟，口感似麻糬而得名。二水鄉農會從 1970 年代就辦理果菜共同運銷，將農民生產的麻糬茄運送到臺北果菜批發市場，因二水鄉的土質佳，所以種適合茄子，加上農民悉心照料，自然品質好，拍賣價格也較胭脂茄高，二水鄉農會蔡文琳前總幹事為農民爭取更高收益，一直不遺餘力！

蕭樹枝先生是一位茄農，他指出茄子生長受天氣影響明顯，天氣熱時，茄子就不易長長；天氣冷時，茄子會縮小如燈炮。茄子以直的賣相為佳，但較少，品質較差的茄子會被剪掉不收成，因無法符合成本。茄子適合在攝氏 20 幾度的溫度下生長，但在當前全球暖化的趨勢下，對於茄子的生產挑戰勢必更加嚴峻。

鼻仔頭休閒農業區

二水鄉是一個好山好水的地方，八卦山脈橫亙在此，有一壟起的山頭，儼然就像一條龍的龍頭，稱為「龍仔頭山」，於八堡圳取水口就在「龍仔頭山」的南面，山與水的結合，坐擁山水，形成二水鄉發展休閒農業最佳的環境。「龍仔頭山」附近的源泉社區，自古統稱「鼻仔頭」，在縣政府輔導下，2003 年 6 月經農委會核定設置「二水鄉鼻仔頭休閒農業區」，為彰化縣第一個休閒農業區。目前彰化縣有三個休閒農業區，其餘兩個為 2004 年 1 月核定的「二林鎮斗苑休閒農業區」，以及 2021 年 7 月核定的「田尾鄉公路花園休閒農業區」。

在「二水鄉鼻仔頭休閒農業區」中的「大丘園休閒農場」由劉炳賀先生所經營，標榜以生態與生活為主題的休閒農場，園中充滿蛙鳴、鳥叫、蟬聲、獨角仙，以及波羅蜜樹與無患子樹形成的綠色的農場走廊。在此放空「望天看樹，聽風過日子」，是一種生活態度與生態融合的方

式。而「蓮荷果休閒農場」又有另一種生活品味，顧名思義，園內種滿美麗的蓮、荷，還有新鮮水果。由於鄰近濁水溪，園區保留了前人渡河使用的流籠及膠筏，能實際體會撐船樂，是保留純真農村味道的休閒農園。

還有在此設置全臺唯一以臺灣獼猴為主題物種的「二水臺灣獼猴生態教育館」，是在 2006 年將原先臺灣獼猴監測站改建而成，也代表對於獼猴態度的一種轉變，由敵對轉為認識，到接納並融入在自然生態之中。歷經多年努力保育推廣有成，獼猴數量在八卦山山脈明顯回升，繼而在八卦山山脈各登山步道人猴共處機會增多，教育館更肩負起協調衝突，將人類生活、生產與自然生態結合，促進三生共榮。

臺灣荔枝王

2023 年是彰化縣建縣 300 年，剛好在二水鄉也有一株三百年的老樹－「荔枝王」，在二水鄉惠民村的八卦山脈。根據地主王庭僚先生及地方耆老口述，相傳本來有五棵荔枝樹，但並非人為種植，而係自然長成的。目前僅存兩株荔枝老樹，縣府請專家考證自清朝道光年間以前即存在，樹齡估計約 200 餘年，其中一株高達 280 餘年，其樹圍分別為約 340 公分、640 公分（四個成人合抱），樹高為 12 公尺、15 公尺，最

▲ 與時任縣長翁金珠在荔枝王揭牌前合影

大一株的樹冠覆蓋達 40 餘平方公尺。至今仍然枝葉茂盛，青翠如昔，被覆著大地，在全省可謂碩果僅存，彌足珍貴，堪稱「臺灣荔枝王」。前縣長翁金珠在 2002 年 6 月 29 日特立牌為誌，供後人景仰留念。目前果園主人王子建表示，每年荔枝王一株的產量尚有 1,000 公斤，彌足珍貴。

臺灣經典山城小鎮

　　二水鄉是一個典型的農業鄉，好山好水，無工業污染，龍仔頭山、八堡圳、濁水溪取水源頭、螺溪石硯、鼻仔頭休閒農業區、豐柏登山健行步道及觀光自行車園道、集集線火車、縱貫鐵路，更有白柚、帝王柚、白玉苦瓜、麻糬茄、珍珠芭樂等。每年 4 月盛開的花旗木及 11 月在八堡圳水道舉辦的跑水節，都吸引許多遊客前來，但二水鄉的好山好水，更值得花點時間在此停留或長宿（long stay）體驗田園饗宴及水圳探源，從好山好水到樂山樂水，你也可以成為仁者與智者，難怪在 2020 年二水鄉入選為臺灣經典山城小鎮之一。

第十一章　彰化平原（一）

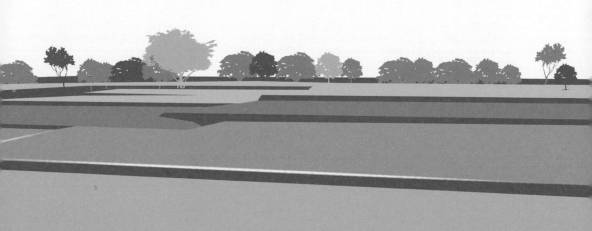

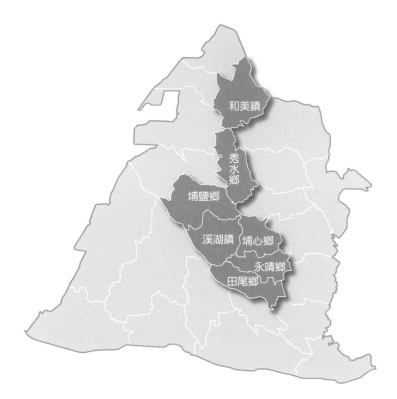

　　彰化平原是臺灣五大平原之一，彰化全縣面積中有九成都是平原。結合肥沃土壤及水利灌溉網絡，是彰化成為農業大縣生產豐富物產的重要基礎。在八卦山上或高鐵行經彰化境內時，都可以俯瞰整個彰化平原，直到臺灣海峽的邊際。

　　彰化平原從北到南，完全不臨海或山邊的鄉鎮，分別是和美鎮、秀水鄉、埔鹽鄉、溪湖鎮、埔心鄉、永靖鄉、田尾鄉、二林鎮、埤頭鄉、北斗鎮、溪州鄉，以及竹塘鄉等12個鄉鎮。由於為平衡每章篇幅考量，故分為兩章來完整介紹分布在彰化平原上的這些鄉鎮。

　　本章主要涵蓋和美鎮、秀水鄉、埔鹽鄉、溪湖鎮、埔心鄉、永靖鄉以及田尾鄉，共7個鄉鎮，總人口31萬人，約占彰化縣人口的四分之一。行走在這些鄉鎮，雖有些中小企業或工廠，但四處仍充滿田園風情與農產特色。和美鎮大肚溪邊的溪埔地一望無際，是各種農業生產的天堂；

秀水鄉的「好呷米」與鄰近的福興鄉與埔鹽鄉，是臺灣的「秈糯金三角」；埔鹽鄉的花椰菜及高麗菜等菜香，是充滿田園芬芳氣息的「菜鄉」；溪湖鎮的巨峰葡萄紫色果粉充滿夢幻；埔心鄉的「三蜜香」也因果香及花香讓嗅覺清香；永靖鄉的果苗及盆栽，與田尾鄉的公路花園，形成臺灣最具特色的園藝聚落。讓我們走一趟彰化平原之旅吧。

表 11-1　2023 年彰化平原（一）鄉鎮概況統計

鄉鎮市	面積（平方公里）	人口數（人）	農特產品
和美鎮	39.9	88,466	溪埔物產、米菓、黑木耳
秀水鄉	29.4	38,122	禾稼米、小番茄、秈糯
埔鹽鄉	38.6	31,177	秈糯、花椰菜
溪湖鎮	32.1	53,967	巨峰葡萄、溪湖蔥、韭菜
埔心鄉	21.0	33,750	金蜜芒果、蜜紅葡萄、寶島蜜拔
永靖鄉	20.6	35,315	果苗、盆栽
田尾鄉	24.0	25,981	花卉、園藝

資料來源：作者整理

和美鎮

和平美滿

　　17 世紀中葉到 18 世紀末期，臺灣各地經常發生「漳泉械鬥」，其中，在和美鎮即曾發生多起嚴重衝突，清廷即以「詔安橋」為界，將漳州人與泉州人隔離，防止再次衝突。規定漳州人一律住在「詔安橋」（詔安圳）以東延

▲和美鎮農會前後總幹事的傳承與開創

伸到八卦山，泉州人則一律遷往「詔安橋」以西（含今伸港、線西）海線地帶居住，不准越界，越界就認定是肇事者。於是有「線西」、「線東」的區別之稱，和美作為緩衝區，地名上取名「和美」，是希望地方「和平美滿」之意，原本稱為「和美線」，1920 年改稱「和美」至今。現今有「詔安厝」，是福建省漳州府詔安縣移民的聚落。

助農為善

　　和美鎮農會創立於 1918 年，初期稱為「和美線信用組合」，1934年改組為「保證責任和美恆生信用販賣購買利用組合」，之後又因業務改組而在名稱上有「和美街農業會」、「和美鎮農業會」，並整併「和美鎮合作社」，成為「和美鎮農會」至今。和美鎮農會在 2023 年 8 月存款金額 88.65 億元，放款金額 60.63 億元，存放比 68.39％，逾放比

0％。會員人數 6,569 人，其中贊助會員 2,879 人。理事長為郭德勝，常務監事為李明成，總幹事為謝燕如。

　　謝總幹事之前是信用部主任，農會在地方金融要面對其他 10 家銀行的競爭，也更感受到如何發揮農會存在價值的重要性。謝總幹事相當重視推廣業務，包括家政、四健、綠照、食農教育和青農輔導，希望能多對老中青和男女老幼提供更多的服務，加強他們與農會之間的連結，2023 年和美鎮農會即因此獲選農業部全國十大特色家政班；同時，也活化農會倉庫，重新改造為農特產直銷站和家政教室，新的空間將在地的道東書院和古典元素融入，令人驚艷。農會也致力於推動稻米產銷履歷和集團品管驗證，並積極邀請核心農民共同參與。祝福走過百年的和美鎮農會，如地名般的「人和為美」，一直保有「助農為善」的永續存在價值！

為和美留一片淨土

　　和美鎮在大肚溪河床與中二高橋下堤防外側，有一大片的溪埔地，

▲溪埔地
和美鎮在大肚溪河床與中二高橋下堤防外側，有一大片的溪埔地。

完全避開工業廢水污染，是發展無毒有機或友善耕作的良好農業環境。
在這一大片的溪埔地上，種植作物多樣化，除了甘藷之外，還有黑寶玉
米、牧草、洋蔥等。

　　專業農民林晉昱所經營的「和田玉農場」，在此種植有機甘藷。他
說：「若是想要轉做有機，需要兩年的轉型期，所以在這之前我已經做
了八九年無毒蒜，但當時還沒有驗證，而目前以種植臺農 57 號的有機
甘藷為主。」臺農 57 號的有機甘藷適合在八九月的時候種，因為若是
等到冬天才種的話，地瓜長成的形狀就不好，但若是春天種，就會一直
長藤不結地瓜，因為平地的雨水多、氣候好，沒有逆境的環境，就只會
一直長藤。

　　另外，農場內還有篩出雜交過的紫色地瓜及新的品種，整年度都有
地瓜可收成。甘藷品種分為根類和葉類，根類的地瓜葉形狀比較尖，口
感較老，葉類的地瓜葉形狀比較圓，也較好吃，根類跟葉類就代表了不
同品種有不同的較佳食用部位。

太空博士的農業之路

　　青農真的是臥虎藏龍！和美青農會會長巫武恭，是美國名校的太空
生化博士。之前曾在大陸開工廠，後來工廠外移到越南和印度，目前雖

仍繼續生產，但是巫博士為
要照顧雙親而回來臺灣。從
一個農業的門外漢，在參加
農試所的培訓和實習之後，
就在和美找地簽約 20 年蓋
起溫室了。

　　巫博士經營著 5.1 分地
的溫室，主要種植一年四季

▲溫室裡的小黃瓜

都可生產的小黃瓜、耐熱的美濃瓜及哈密瓜，當談及未來是否會改變作物種類或生產模式，他說：「目前仍持續在觀察氣候變化及俄烏戰爭的影響。」也認為「臺灣小農生產和氣候變遷，可選擇的作物種類並不多，未來如何擴大經營規模及投入資本，將是農業發展的關鍵。」誠哉斯言，以國外及非農業背景來看待未來臺灣農業發展，應與傳統農民的想法不一樣。

無花結果

　　青農夫婦胡宏瑜和藍小雯經營的果園「我家幸福無花果」，2.8 分的溫室，三年前從零開始，到現在果實累累的無花果。無花果從小苗開始，在成長的過程中，會不斷地結果，所以產果期可以拉長到半年以上。若是碰上風災或雨災的話，只會影響快熟成的果，而比較硬的果實則比較不受到影響，所以等於可以分散風險。

　　無花果適應溫度大概在 15 度以上，若是臺灣暖冬、沒有寒流或寒害，無花果可以一直生長、一直結果，一直不斷地延伸。胡宏瑜表示從農後的生活、時間反而都被綁住。因為種植無花果需要邊長邊收，大約要花半年的時間都在照顧無花果。

　　對於種植無花果，他們堅持採用無毒友善草生栽培，無花果樹品種約有 10 種，較大宗的有三種顏色：紅皮大瑪、黃綠皮香蕉、爆開的紫黑皮黑鑽石。而在市場上較普遍的是紅皮大瑪無花果，果皮帶淡淡桃香、黃綠皮香蕉無花果口感較濃稠甜蜜，以及黑鑽石無花果表皮較厚較紮實，但良率低，這是「我家幸福無花果」果園獨家特色品種！

　　無花果看似沒有花朵，但它仍能結出果實。這是因為無花果的花朵實際上是生長在果實內部，就像愛玉和薜荔一樣，它們都是隱花果。所以，我們所吃的無花果是果中紅色部分其實是花，與其稱它為無花果，不如稱它「蜜花果」呢！

第二節
秀水鄉

透水變秀水

　　彰化縣秀水鄉，感覺上是一個山明水秀的地方，但是境內無山，僅有水圳：石苟排水和沙仔溝。原來「秀水」以前叫作「透水」（臺語音），是清水的石苟排水混合（透）濁水的沙仔溝的地方。後來將「透水」的跑馬旁（辵部）拿掉，就變為現在「秀水」的名稱了。

　　山明水秀的地方，當然就是發展農業的良好環境。有農業就有農民，有農民就有農會。秀水鄉農會於 1924 年 10 月成立「秀水庄產業組合」籌備會，1925 年 1 月 17 日正式創立為「有限責任秀水信用組合」，1931 年改組為「保證責任秀水信用購買販賣利用組合」，1944 年整合「產業組合」、「農業組合」、「畜產組合」，合併改組為「秀水庄農業會」，隔年 1945 年再改稱「秀水鄉農業會」。戰後，1946 年將「秀水鄉農業會」一分為二為「秀水鄉農會」與「秀水鄉合作社」，至 1949 再合併為現今的「秀水鄉農會」。秀水鄉農會的存款金額達 133 億元，在彰化縣基層農會中僅次於二林鎮農會，也表示農民所得不錯。目前會員人數 4,698 人，其中贊助會員 1,515 人。理事長為梁慶堂，常務監事為陳性友，總幹事為吳明信。

伊就是好吃米

　　秀水鄉農業以水稻為主，農會也引進臺中 194 號香米，並以「禾稼米」品牌推廣，吳總幹事以「194 禾稼米」諧音稱為「伊就是好吃米」！現在秀水鄉所種植的秈糯稻，已與毗鄰的福興鄉和埔鹽鄉，成為「秈糯金三角」的重要產地，為全臺種植秈糯稻前五大鄉鎮其中之三，是一大

▲ 伊就是好吃米

吳明信總幹事以「194 禾稼米」諧音稱為「伊就是好吃米」！

特色。「秈糯」兼具細長「秈米」與黏性「糯米」的特性，是做飯糰、油飯、粽子的原料，有別於黏性更高的「粳糯」，其是做為湯圓或年糕的原料。

　　吳明信總幹事積極推動精緻農業，從 10 年前開始輔導青農生產溫室的玉女小蕃茄，屢獲評鑑大賽首獎，並以「秀水晶艷」品牌行銷。秀水鄉農會為慶祝成立 100 週年，即以「十載蘊晶艷，百年創禾稼」的標語，即說明農會的努力與發展。

愛卿的黑指甲

　　秀水鄉目前溫室小番茄的種植面積約有六、七甲，主要是供應給有簽約的大賣場，同時以「秀水晶艷」共同品牌銷售。小番茄在每年縣內評鑑屢獲前茅，但仍有不易取得農地及缺工等問題需要克服。

　　梁愛卿曾獲健康小番茄評鑑亞軍，這位偉大的農村婦女，雙手因為摘小蕃茄側芽，使得黏黏的汁液滲透指甲縫隙，經年累月就變成黑指甲，這印記是為家庭經濟打拚的結果。以前蕉農的衣服都有褐色蕉斑的香蕉乳汁，代表有錢的「金蕉」象徵。今日看到種蕃茄的黑指甲，似乎也透

露著身價不凡。

　　梁愛卿女士和先生共同經營 9 分地的
溫室玉女小蕃茄，一般夫婦兩個頂多種植 3
分地就忙不過來了，而他們比別人還多三
倍，所以需要在採收期雇用八位女工幫忙。
梁愛卿女士對於缺工問題也說：「目前來做
的阿姨年紀都較大，也比較無法做。但也因
為年紀大，所以她們比較願意去做，夏天約
清晨 5 點就上工，冬天約 6 點半上班，一
直做到下午四點，因為下午的陽光較少，小
番茄顏色也比較看不清楚。下午四點多他們
就回去做晚餐了。」溫室用實生苗專種小蕃

▲摘蕃茄的黑指甲是為家庭經濟
打拼的印記

茄，也比別人早收，12 月底前主要交行口，之後就自行銷售宅配。

　　梁愛卿女士的名字很特別，這名字是她父親取的，因為每次她爸爸
叫她「愛卿」的時候，就好像她爸爸在當皇帝一樣！

農作物興衰輪替

　　秀水鄉農作物興衰輪替明顯，以前種植不少的豌豆，又稱為荷蘭豆，
當時豌豆種植約有 500 ～ 600 公頃，主要是外銷日本。以前當地的秀水
國中甚至還有提供農耕假，讓學生回家協助播種或採收豌豆，不過此假
別現已取消，唯有保留每年三月份舉行的豌豆獎才藝競賽，除了先前因
新冠疫情停辦過一年，至今已連續舉辦了 32 屆。

　　鼎盛時期，秀水還有自己的豌豆市場，農會員工常要支援算帳等工
作，後來秀水工業化後，就轉移到福興鄉外中村的豌豆集貨場。值得一
提的是，在以往豌豆採收後總會遺留一些過熟的豌豆，甚至有些豌豆豆
莢已經裂開，所以在將豌豆藤放火燒之後，劈哩啪啦的豌豆莢爆開，火

▲水稻育苗場 (圖片來源：彰化縣政府農業處)

　稻米的品種純度與青苗，是整個水稻產業發展的重要開始。

烤過的豌豆特別香酥，變成農村兒童最好的零食。豌豆的集貨場轉移、豌豆種植面積的減少，以及對於不同作物的轉換，都反映出農業發展的變遷。

　　早期秀水鄉以其出色的豌豆著名，如今雖然不再為豌豆的主要產地，但豌豆帶給秀水的轉變卻一直存在。秀水鄉也仍有屬於自己的特產，像是稻米、玉女小番茄，也推出屬於自己的品牌。農民們在這片肥沃的土地上付出了大量辛勤努力，儘管也因工業化和人口老化造成缺工等問題，但農民自始至終都沒有放棄。這種堅持和努力使得秀水鄉的農業持續繁榮發展，並為消費者提供新鮮、高品質的農產品。

農會飼料廠

　　由於秀水鄉以前的畜牧業相當發達，飼養毛豬、白肉雞和乳牛數量都非常的多，所以農會也在 1970 年成立飼料廠，規模在全臺農會中僅次於雲林縣斗南鎮，飼料廠會採購玉米、碾製玉米粉，或依顧客配方需求生產飼料服務農民，並提供飼料運輸服務。如果有客戶訂購飼料，可以直接送到客戶的牧場，協助把飼料打到儲存桶，飼料包括單位飼料和

一些副料，如磷、鈣和穀粉。

　　雖然目前鄉內的毛豬和白肉雞飼養多已搬遷至沿海地區，但是飼料廠仍然提供全彰化縣的服務，主要是以酪農戶及中小型的畜牧場為主，每個農戶飼養的頭數通常在 5,000 到 8,000 頭左右。因為飼養上萬頭的大規模農戶往往自行進行期貨交易購買玉米，並自行調配飼料，甚至自己處理運輸等事宜。

　　飼料的主要成分是玉米，由於臺灣的耕地面積有限，無法像巴西和美國一樣大量採收，故成本較高。農戶雖然也會注重品質，但仍以價格取向，所以目前飼料以進口為主，而且因現在資訊傳播迅速，飼料價格可以輕易查詢，導致國產飼料利潤更少，只能透過期貨來賺取一些價差。吳明信總幹事和白鴻恭推廣主任分享經驗：「一般而言，期貨都買在夏天或冬天，最近七月買明年一月的，夏天豬吃得少，夏天進口太多，價格會跌，等冬天豬吃得多，價格就會上漲，依這樣的比例來做，有七成的勝算會獲利。」

▲秀水鄉農會飼料廠成立於 1970 年

埔鹽鄉

小龍村

　　埔鹽鄉是筆者媽媽的故鄉，小時候常隨媽媽回娘家，因此對此地也有一份特別情懷。埔鹽鄉是一個交通便利，但又不經意被忽略的地方。歲月靜好的田園，日出而作、日落而息，仍是相當以農業為主的傳統社會。

　　1957～1958 年美國人類學家葛伯納（Bernard Gallin）與新婚妻子瑞黛，在農復會安排下，曾在臺灣市區及鄉村做過多次的實地調查。其中，在埔鹽鄉新興村駐村 16 個月，以民族誌方式進行人類學田野調查研究，以新興村為個案，忠實記錄臺灣農村在經濟發展過程中的變遷面貌，並呈現原本以農民為中心的農業社會，如何轉變為以都市和工業為中心的社會。葛伯納之後將此研究成果，撰寫成《小龍村—蛻變中的臺灣農村》（Hsin Hsing, Taiwan: A Chinese Village in Change），在 1961 年 9 月提交康乃爾大學為博士論文並出版。目前在新興社區的黃

▲燉煌堂

埔鹽鄉也是筆者先母洪月姬女士的故鄉，世居崙崙村，家族至少有 10 位以上的醫生，在地方享有名望。

家古厝，已整修成「小龍村文化館」，即是記錄這段歷史。

　　「小龍村」即是「新興村」，葛伯納在書中序言提到:「為避免不便，特改名為小龍村─位於臺灣西部海岸平原的一個農村」，當時全村人口約600人，祖先在200多年前從福建泉州移居至臺灣。龍為中國的象徵，當年中國大陸為鐵幕，外界不得而知，但或許從「小龍村」，可具體而微的在臺灣農村中瞭解中國傳統文化及人民生活習性。

埔鹽不是鹽埔

　　埔鹽鄉不靠海，應該不是曬鹽的地方，地名的由來已不可考，有謂因遍地「蒲鹽菁」植物，也有謂是因福建移民來臺的聚落取名跟故鄉的「部岩」村落相同的關係。日治時期，1920年地方制度改正為臺中州員林郡埔鹽庄。楊福地前鄉長也特別請許多專家學者編撰「埔鹽鄉文化生活史」，以流傳地方文史。

　　埔鹽鄉農會創立於1925年，原為「保證責任埔鹽庄信用購買販賣利用組合」，至1944年，整合農業組合、農產組合、信用組合、畜產組合等合併改組為「埔鹽庄農業會」。戰後，1945年改稱「埔鹽鄉農業會」，1949年奉令合併改組為目前的農會。目前會員人數3,860人，

▲ 咱的農會，咱的希望

理事長為李阿琴，常務監事為王添炳，總幹事為楊鶉禎。楊總幹事為農會注入活力，重新整頓農會，將以前被彰化銀行接管的大樓重新買回，也更新設備，打造稻米收購一條龍服務，穩健經營讓公糧管理有穩定的收入。信用部也脫胎換骨，現在的逾放比甚至只有 0.05%。

「皺臉の麵」

糯米有兩種：長糯又稱作秈糯、圓糯又稱作粳糯。長糯較不黏，用來包粽子，圓糯較黏，用來做湯圓。國人在逢年過節或喜慶時都會用到糯米，像是春節年糕、冬至湯圓、端午粽子，或是滿月油飯等。

埔鹽鄉是臺灣種植秈糯的代表性產地，種植歷史可以追溯到 20 世紀初期，又以西湖村、瓦磘村和廍子村種植糯米的比例較多。那時候糯米的價格在每年端午節時節達到頂峰。其中，盛產糯米的「廍子社區」是有名的農村再生社區，村民共同整理環境、整修三合院並提供作為社區活動中心、保存百年古井、維護近兩百年茄苳老樹，以及開發社區特產「皺臉の麵」。

「皺臉の麵」是是由麵粉和糯米混合製成的米麵，述說著老農辛勞而滿佈風霜的皺臉，也低吟著收穫之後不知如何銷售而皺著眉頭。其

▲ 皺臉の麵是由麵粉和糯米混合製成的米麵

實，「皺臉の麵」就直接簡稱為「皺面」（皺麵）吧。「皺面」有點黏性，口感有彈性具嚼勁，別有一番風味！曾獲選為彰化縣十大伴手禮之一。

農村再生的風氣

面對工業化發展及都市化興起，農村人口不斷地流失，原有社會組織結構也面臨崩解，農村已出現沒落跡象。政府在 2010 年開始推動「農村再生」，目前在埔鹽鄉的新水社區、西湖社區、太平社區、永平社區、永樂社區、打廉社區、大有社區、南新社區、廍子社區、埔南社區，以及三省社區等社區都有執行「農村再生」計畫，已在埔鹽鄉蔚為風氣，並使農村的活力與生機再現。

每個社區各具特色，例如：筆者曾訪視「永樂社區」看到許多長輩志工曬製花椰菜乾，花椰菜乾即相當具有在地產業特色，專案經理陳思帆並以「草地學堂」營造成社區活動中心；大有社區的施素秋總幹事是靈魂人物，以生物炭埋入土壤，種植有機水稻的「金碳稻」，強調環保低碳，並將原先的廢棄豬舍改建為「築巢書院」，做為社區活動及食農教育基地，處處充滿驚嘆；南新社區的花海及農村彩繪，都會讓行經遊客駐足停留；「打廉社區」致力於將在地的魚池竹林營造為「白鷺鷥生態園區」；「廍子社區」的「皺臉の麵」及百年古井、茄苳老樹，都是居民努力開發及維護的成果等。

菜金菜土

埔鹽鄉是典型的農業之鄉，農作物以水稻（秈糯）、甘藍、花椰菜為主。栽培制度多以第一期作種植水稻、第二期作及裡作種植蔬菜，蔬菜多為甘藍、花椰菜或青蔥。行經埔鹽鄉盡是一畦畦的菜田、稻田，泥土散發著菜根香，還有傳統農村的人情味。有次筆者騎腳踏車經過看到

▲滿滿的花椰菜，農村的人情味

正在採收花椰菜的農婦，只是停車下來拍拍照，她就很熱情地馬上割幾顆花椰菜送給我，滿滿的人情味，願現在臺灣的農村仍然繼續保有這種溫暖。

由於埔鹽鄉與毗鄰的溪湖鎮均是臺灣蔬菜的重要產地，彰化縣內大型蔬菜育苗場之一的「博華蔬菜育苗場」，就分別在溪湖鎮、埔鹽鄉設場以就近供應菜苗。每年可生產 54 萬株菜苗，供應彰化縣 2,000 公頃農地耕種。場主謝悉文也是現任臺灣蔬菜育苗協會理事長，積極開發蔬菜種苗智慧化生產管理系統，並在埔鹽場採「加強型力霸溫室」搭配移動式床架與自動化穴盤設施育苗，以節省勞力、對抗颱風，以及提高育苗的周轉率。由於甘藍與花椰菜是冬季裡作的大宗蔬菜，經常發生產量過剩造成菜價暴跌情形，而在夏季又常因颱風豪雨造成甘藍菜價暴漲現象，這種「菜金菜土」的問題，一直困擾著消費者與農民，如何維持穩定菜價也是政府一直要解決的課題。

為掌握生產資訊，政府曾希望農民在種植大宗蔬菜之前來農會登記，才有資格獲得一旦生產過剩的耕鋤補助。為鼓勵農民來登記，政府甚至提供登記後可參加機車摸彩，但是登記率仍不到兩成。後來改從源頭掌握生產資訊，也就是依菜苗的出貨量，來推估種植面積及收成時間，並將此資訊公布給農民，作為是否要繼續種植大宗蔬菜的參考，也是預警系統的指標。彰化縣政府農業處長邱奕志表示，蔬菜種植周期短，產業發展需靠育苗場精準估算培育周期，才能即時出苗、形成良好循環，並適時監控育苗量，避免搶種發生產銷失衡。但如讓農民重視預警資訊，並調整生產行為，才是問題的核心；當然，政府如何充份掌握產銷資訊，也是維持供需平衡的關鍵。

溪湖鎮

以前有溪有湖

溪湖鎮是彰化縣的地理中心，因在濁水「溪」舊河道，以及附近沙丘環繞的「湖」盆地（崙仔厝湖、沙仔湖）所形成的聚落，清朝時期叫「溪湖厝」。日治時期，1920 年實施街庄制度，合併鄰近地方成立「溪湖庄」，轄屬臺中州員林郡。戰後，1945 年改隸屬臺中縣管轄，並在1950 年 10 月因彰化縣從臺中縣分出，故溪湖鎮改歸彰化縣管轄。

溪湖鎮農會自 1918 年成立，初名為「有限責任溪湖信用組合」，1928 年更名為「有限責任溪湖信用購買販賣利用組合」，1935 年改為「保證責任溪湖信用購買販賣利用組合」，同年 4 月日本政府將所有農業團體合併（溪湖農業組合、溪湖畜產組合、溪湖信用購買販賣利用組合、溪湖興農倡合會等），改為「溪湖街農業會」。戰後，1946 年經政府頒令改為「溪湖鎮合作社」，1949 年奉令再改組為「溪湖鎮農會」至今。

溪湖鎮農會在 2023 年 8 月存款金額 95.08 億元，放款金額 61.15億元，存放比 64.31％，逾放比 0.17％，金融業務穩健。目前會員人數5,663 人，理事長為楊良昌，常務監事為陳嘉修，總幹事為陳金源。

蔬果之鄉

溪湖鎮農業生產分布很有趣，彰水路以西多是青蔥、花椰菜、韭菜、韭菜花等蔬菜和水稻產區，以東則多是葡萄產區。巨峰葡萄種植面積約為全臺的四分之一、全彰化的二分之一。溪湖鎮，是臺灣葡萄最大的產地，也是筆者的故鄉，農會陳金源總幹事寄來品嚐的「早春葡萄」，香

▲蔬果共同運銷的模範生：陳金源總幹事

▲葡萄農婦的辛苦全寫在臉上？這可不是四川變臉秀喔

甜多汁肉質 Q，好像是故鄉的召喚，竟哼起「葡萄成熟時」的歌曲：「葡萄成熟時，我一定回來！」

臺灣青蔥有五種：白蔥、粉蔥、大蔥（東京蔥）、北蔥、珠蔥。市場有謂：「北有三星蔥、南有溪湖蔥。」但此蔥非彼蔥，三星蔥是白蔥，而溪湖蔥是粉蔥。粉蔥是一般家庭最常用的品種，全臺粉蔥的最大產地就在彰化縣溪湖鎮，全年可生產，一期三個月，但在 11 ～ 5 月是品質較佳的產期。

陳總幹事致力於推展蔬果共同運銷，照顧農民不遺餘力，其中葡萄和青蔥共同運銷量占北農（臺北農產運銷公司）的比重都是最高的，並且建立「溫室早春葡萄」、「峰采葡萄」、「溪湖蔥」品牌，有效提高拍賣價格。

此外，溪湖韭菜花也享有盛名，在時序進入九月時，正值韭菜花期，片片白花宛如雪花美，稱為「九月雪」。我們一般所吃的韭菜花並沒有開花，而是取其莖菜或花苔而食，因為韭菜花開花就表示莖桿過熟，纖維太粗了，而之所以會讓韭菜花開是為要採集種子的關係。

果菜市場的興衰蛻變

高速公路通車於臺灣經濟快速成長的年代，彰化縣有兩個交流道分

別在彰化市及溪湖鎮。因交通便利，促使彰化產地的農產品可以藉由高速公路運送至北部消費地批發市場拍賣，爭取更高的價格收入。因此，也促成溪湖果菜批發市場在 1977 年遷建至現址。溪湖鎮果菜運銷公司曾經是最大的產地批發市場，但隨著西螺果菜批發市場的遷建並擴大面積，以及超市和直銷的興起，交易量已減少到過去最高的一半，年交易量約 4 萬公噸。

前總經理蔡健文是專業經理人，重視員工福利和加薪，穩健經營溪湖鎮果菜運銷公司。蔡健文總經理說：「市場收入主要來自於管理費、中盤商場地租金、週五夜市租金，以及自行加工的花椰菜乾。」

溪湖果菜批發市場是中盤商交易的場所，採自由議價，從半夜兩點半開始到白天，農民可以視生活作息隨時都可以進場，不必限於半夜交易而被盤商壓抑價格和影響白天耕種。市場就在交流道附近，擁有很好的地理位置，但因場地只有 4 點多公頃，無法容納吸引梨山和清境山頂菜，以及南部季節性蔬菜在此卸貨。

蔡總經理表示，如果市場北邊的市地重劃可以來由公所主導進行，則預計會有 5 公頃的公共設施保留地作為市場遷建，原有市場空間將可以作為上下游的包裝處理、冷藏，以及發展冷鏈物流，如此將可成為現代化的果菜運銷公司。

▲溪湖蔥

粉蔥是一般家庭最常用的品種，全臺粉蔥的最大產地就在彰化縣溪湖鎮。

▲溪湖果菜批發市場的電子看板與議價交易

玉女變瘋叢

　　彰化縣青農最大的聚落在溪湖，有 140 幾位。青農聯誼會會長黃富聰，身體力行經營 4 分地的溫室玉女蕃茄，強調無毒農法，用「蔡 18 菌」分解氨基酸和有機質，並經無毒檢驗報告，不迷信過度施肥與盲目追求甜度或量多果大，當然他的蕃茄就有天然風味與適度糖酸比，是討喜的酸，一口接一口欲罷不能。難怪在採收前一個月訂單即不斷湧入，有「秒殺蕃茄」之稱，團購最高回購六次！即使在產期的尾聲，品質、規格和口感仍然維持穩定，是栽培管理的典範，比賽獲獎及消費者肯定，就是富聰最大的成就感。

　　一年只種一期，九月栽種，年底就陸續採收到隔年四月底，之後淹水養地，可減少病蟲害和溶解鹽基，並補充有機質，讓土壤和根系健康，是品質最佳保證的基礎。

　　筆者曾在元旦回老家，受到故鄉的泥土芬芳菜根香所吸引，與農會陳總幹事共同關心 2023 年小蕃茄生長情形，因為氣候變化造成的許多裂果和「瘋叢」問題，導致產量減少許多。富聰直說生產方式必須再重新調整。顯然的，氣候變遷已經對農業生產造成直接衝擊，不可小覷。

▲玉女變瘋叢

溪湖糖廠

　　溪湖糖廠創設於 1909 年 10 月，原為每日壓榨 750 噸的粗糖工場，1929 年擴增為 1,500 噸，1934 年復擴充為 3,000 噸。但在二次大戰末期，遭受盟機轟炸，已無法開工生產。戰後幾經整修恢復生產。1973 年 6 月投資開發彰化大城海埔地增加原料供應，並擴建工場壓榨能力，故在 1976 年 10 月擴建完竣，使每日壓榨能力達 4,000 公噸，是當時全臺產能最大的製糖廠。後來因製糖成本不斷提高，且我國在 2002 年 1 月加入 WTO，溪湖製糖工場機器在 2002 年 3 月 8 日不得不正式停止運轉。但至今仍完整保存所有製糖機器設備，是全臺昔日退役製糖廠保存最為完整的，還有台糖昔日擁有的三種蒸汽小火車及五分車車站，也都集中在溪湖糖廠。

希望和幸福的小鎮

　　溪湖鎮以其獨特的農產豐富多樣和悠久的糖廠歷史，展現了農業和產業的多元發展。青蔥、葡萄和花椰菜等農產品在這片土地上苗壯成長，吸引著眾多人們的目光和味蕾。溪湖鎮的果菜市場也經歷變遷，面臨新的挑戰，但仍努力適應市場環境，經營並保護農產品的價值。同時，溪湖糖廠的轉型成為一個獨特的觀光休閒景點，為遊客帶來不一樣的體驗。而溪湖鎮農會作為當地農民生產和生活的重心，也不遺餘力地支持

▲ 溪湖糖廠

和推動農業的發展，成為農民最堅強的後盾。

　　人親土親，溪湖有名的羊肉爐溫暖了大家。筆者與黃瑞珠前鎮長、農會陳總幹事、果菜公司蔡總經理、鎮民代表陳隆芳有次餐敘，聊到地方慈善會、樂湖 LOVE 食物銀行、中小學生圓夢計畫以及社區老人共餐等，對弱勢家庭、邊緣戶和老人家的照顧等，都非選舉考量，而是希望他們以後有能力可以再幫助別人，讓愛心能夠傳遞下去，聽得讓在地人感到「我溪湖、我驕傲」，直認為溪湖鎮就是充滿希望和幸福的小鎮。

▲筆者老家「四知堂」

筆者老家「四知堂」，是楊姓堂號，興建於昭和己巳年 (1929)，由曾祖母李藝與祖父楊守孤兒寡母胼手胝足蓋起來的。整個祖厝基地約 1,000 坪，有正身、左右各兩條護龍，分為內埕及外埕。以前四周外圍都是竹子，外埕種了許多果樹 (龍眼、芒果、番石榴)。正身屋脊和窗儑鑲嵌花磚，神明廳內左右兩側各題詩句並繪有花鳥仕女圖。

第 五 節
埔心鄉

福佬客

　　埔心鄉在過去稱為「大埔心」，因為此地位於廣闊未開墾的埔地中央位置，另有「小埔心」地名，位於今埤頭鄉合興村。在日治時期改稱為「坡心」，戰後再正名為現在的「埔心」。在 17 世紀末，開始有漢人移民來彰化，從鹿港登陸，其中從廣東饒平（潮州府）的張姓客族多選擇尚未開墾的「大埔心」，因此埔心鄉就是彰化典型的客家莊，居民大多數為客家人後裔，只是被周遭的福佬人同化，變成不會客語的「福佬客」了。

三蜜香

　　埔心鄉農會創立於 1924 年，初名為「有限責任坡心庄信用組合」，1940 年奉令將坡心庄信用、農業、畜產組合合併更名為「坡心庄農業組合」；戰後，1946 年改組為「臺中縣埔心鄉農業會」及「埔心鄉合作社」，1949 年再合併改組為「臺中縣埔心鄉農會」，並在 1950 年 8 月因臺灣省行政區重新劃分更名為「彰化縣埔心鄉農會」至今。目前會員人數 3,217 人，其中贊助會員 596 人。理事長為黃也早，常務監事為張榮昌，總幹事為張旗聞。

　　張總幹事為行銷碩士，2011 年接掌農會以來，徹底改造農會經營，將在地具有特色的金蜜芒果、蜜紅葡萄、寶島蜜拔建立為「三蜜香」品牌，並在農會後方一大片的戶外空間打造為三蜜香園區，也將舊倉庫整修成穀倉餐廳及咖啡館。

　　金蜜芒果是彰化埔心的特產，農會還將金蜜芒果做成冰棒，因冰凍

▲三蜜香園區

　　會將甜度從原先的 21 度降至 15 度，剛好甜度適中而不膩，口感像雪糕，是很特別的冰品。張總幹事也自己親力親為種了金蜜芒果 1 分多地，他說：「這樣才能跟農民分享栽培管理的經驗。」張總幹事以專業經理人的角色來經營農會，供銷部已占農會盈餘的 3 成，難能可貴！

肖查某

　　大花咸豐草，又名「肖查某」，是讓農民又愛又恨的蜜源植物也是雜草，是外來種，四季開花而且四處傳播，強勢的族群成長，簡直是「斬草不除根，春風吹又生」。難怪強調草生栽培的彰化青農副會長陳正杰，幾乎每天要開著除草機，在金蜜芒果林間竄行。

　　阿杰因父親離世而回鄉接手芒果園，是傳承也是責任，但也將芒果園改造，毅然決然將 970 顆芒果樹疏伐至僅剩 450 顆，減少密植，重質不重量，強調自然農法，並在 1.5 公頃果園中有 1.2 公頃參與產銷履歷。

　　埔心鄉的金蜜芒果產量占全臺達 95%，有金黃色的外皮，富含蜂蜜般的汁液，香氣濃郁，口感綿密，跟較普遍的愛文或金煌芒果有很大的差別。芒果是雖是熱帶果樹，但在臺灣各縣市都有種植，以臺南市及屏東縣為最多，而在嘉義縣以北的種植面積，則以彰化縣為最多。

有雞葡萄園

　　彰化縣種植葡萄的產地主要在溪湖鎮、大村鄉、埔心鄉及埔鹽鄉，均以溪湖鎮為中心再擴散種植。這是農業生產的普遍現象，往往因農民經驗及示範，而形成農作物生產的群聚效果（cluster effect）。

　　在彰化縣埔心鄉的「古月葡萄農場」，由產銷履歷達人胡志豪精心經營。主要種植巨豐葡萄，同時還栽種蜜紅葡萄、安麗皇后和麝香葡萄。葡萄園分為夏果和冬果兩個收成季節；其中，冬果預計在 12 月到農曆過年前就可以完全採收。

　　果園遵循草生栽培的原則，透過觀察雜草生長情況，農夫可以判斷葡萄葉片的透光率，進而決定是否進行疏葉。葡萄棚架下有不少免費勞工：雞和鵝，雞吃蟲、鵝負責除草，還長得又肥又胖，可說是「有雞」（有機）的葡萄園喔。

▲古月葡萄農場是由產銷履歷達人胡志豪所經營的 1.5 甲果園
　葡萄棚架下的免費勞工，雞吃蟲、鵝會會除草，還長得又肥又胖！是「有雞」葡萄園喔。

魔菇部落

　　「魔菇部落」生態休閒農場在彰化縣埔心鄉，是以菇蕈為主題，結合菌種研發、各種菇類生產、加工、行銷、休閒及生態的六級化農場，

▲魔菇部落 X 藍光採菇體驗

全臺灣唯一環控室藍光採菇體驗，黑美人菇在藍光照射下生長最為快速健壯。

也是菇蕈價值鏈的一條龍。所生產的各類菇蕈流通於國內各主要大型通路，也外銷生鮮菇類與加工製品至亞洲及歐美各國。在農場中，所有你可以想到的創新、前瞻作法都有，包括有機生產、智能環控、無塵場域、循環經濟，還有休閒農場的生態、體驗、導覽、風味料理都有。因為創辦人方世文曾獲神農獎，他也開起集合所有神農獎得主所生產極品為食材的神農餐廳，以及神農集英會議室。真不愧是臺大農經碩士，也是農業專家！

第 六 節
永靖鄉

永靖枝仔冰，冷冷硬硬

永靖鄉以前稱作「關帝廳」。世居於永靖鄉的鄉民約有七成是來自廣東潮州府饒平縣的客家人，因為臺灣開墾初期「閩粵械鬥」嚴重衝突不斷，永靖鄉曾一度毀於戰火。永靖鄉的地名是被賜福的地名，清

▲ 與農民在一起的農會

代彰化知縣楊桂森故命名為「永靖」，祈望消弭械鬥「永久安靖」。

300 多年來，永靖人說話因閩客同化而變成有特殊臺語發音的「永靖腔」，例如：「永靖枝仔冰，冷冷硬硬」，即說明現今已自然融合而不再「閩粵械鬥」了。

永靖鄉農會於 1919 年 2 月 19 日創立，初名為「有限責任永靖鄉信用購買販賣利用組合」，1944 年 2 月 4 日，改稱「永靖庄農業會」；戰後，1947 年 4 月分為「永靖鄉合作社」與「永靖鄉農會」，1950 年 11 月 11 日再改組合併為「永靖鄉農會」至今。農會財務穩健，2023 年 8 月存款金額 83.99 億元，放款金額 52.05 億元，存放比 61.99％，逾放比 0.3％，淨值占風險性資產比率 12.39％。會員人數 4,757 人，其中贊助會員 1,243 人。理事長為詹日新，常務監事為邱創典，總幹事為陳翠玲。陳總幹事也是資深農會人，歷練許多不同部門。談起以前輔導產銷班的經驗歷歷在目，農會還配合政府補助，一起出資協助產銷班農民

設施改善，並且做好果菜共同運銷，改善農民收入。農民與農會的關係互動密切，是一段美好的歲月。

果苗之鄉

　　早期的先民從大陸帶來黑葉荔枝的苗木來到臺灣，高厝是當時的大家族，他們從事苗木繁殖的工作。最初，只有 4 到 5 個村莊進行果樹苗木的繁殖，但現在已經超過 10 個村莊。陳總幹事說：「永靖鄉已成了果苗的故鄉，全臺各種果苗大多在此地繁殖買賣，雖因為嫁接技術普及，所以後來苗木買賣較少。但以前永靖鄉曾達八成的市占率。此外，永靖鄉培育果苗已有百年歷史，在永靖鄉隨處都可以買到果苗。」

　　筆者訪視盛名的果苗之鄉，即親睹高傳勝師傅當場示範各種嫁接、靠接、壓條等方法，只見高師傅拿起一把嫁接刀或削或切，再將枝條與砧木纏繞繩子並包覆糯米紙，即大功告成。不同果樹的嫁接時間不同，大部分都在清明節前後，但是桃、李、梅要等落葉後尚未結果之前進行，約莫在節氣大寒前後，才能確保存活率。總而言之，苗木繁殖的方式有多種，每種方式都有其特點和適用情況，並且需要考慮時間、工作量和產量等因素。

▲一把嫁接刀走遍天下

綠金傳奇

　　不說不知道，永靖鄉是荖葉的發源地！以前甚至還有荖葉市場，就可以想像規模之大與代表性。雖然現在荖葉種植面積最多的地方在臺東，但都是永靖人去種的。這是由於在 1959 年八七水災之後，有許多的彰化鄉親都移居到臺東發展的結果，並也逐漸擴展至埔里地區。但永靖鄉仍是臺灣種植荖葉的重要地區，只是種植面積已縮減到 70 ～ 80 公頃左右。

　　荖葉種植需要面臨多項挑戰，其中一項是對天氣的依賴性，如過熱天氣可能導致葉子過小，故溫室種植比露天種植更有優勢，還能夠避免寒害及因潮濕或雨水引發的細菌性葉斑病對荖葉造成的影響。在荖葉的採收過程中，需要摘取比較老的葉子，且葉子需要生長超過 20 天後才能摘取，否則葉子會在運輸過程中容易損壞。銷售方面，荖葉的價格與景氣狀況有關，當景氣好時，貨運需求量增加連帶貨運公司對荖葉需求的增加。荖葉種植對農民帶來不錯的收益，因為荖葉除非得病死亡之外，都可以持續成長和收成，每分地收益約 30 ～ 40 萬元，所以荖葉又被稱做作「綠金」。種植荖葉就像放一台提款機，不時就有現金收入，難怪永靖鄉農會的存款還曾是全省第一。雖說如此，種植荖葉時需要投入大

▲在溫室中介質栽培的荖葉

彰化永靖是「荖葉的原鄉」，以前還有荖葉市場，可以想像規模之大與代表性。雖然現在荖葉種植面積最多的地方在臺東，但都是永靖人去種的。

量勞動力，且需要有固定的工人，故茖葉的種植對於農民來說具有一定
的挑戰性。

　　張耿龍先生是一位有著多年茖葉種植經驗的農民，他擁有約 4 分地
的溫室，以前則有 8 分地。在過去的 20 ～ 30 年裡，他曾種植過非洲菊，
而目前則專注於茖葉的種植。他使用介質栽培法，因為相較於一般土地，
介質栽培法能夠減少病蟲害的問題。介質栽培法的做法，是把茖葉的莖
一年一年拉下來，再用土一年一層慢慢鋪上去，把土上面的根蓋住即可，
目前已經 7 ～ 8 年還沒換盆。茖葉的葉子都可以摘取，只是葉子的品質
有所差異；從莖骨長出的葉子也可以摘取，但這樣的葉子比較薄且價格
較便宜，口感也相對粗糙；相比之下，虎口葉和枝仔葉的品質較好。

　　在溫室中種植的茖葉一年大約採收 10 次，冬天時，需要等待約
30 ～ 40 天才能進行摘取。通常會分區域採摘，是一項費工的工作，多
需要聘請女性工人來進行。摘取後，茖葉會直接交給大盤商，價格為
每斤 180 元，市場價格約為每斤 300 元，好品質的茖葉甚至可達每斤
300 ～ 500 元。

堅持有機夢

　　著名的「台盛有機農場」，從 1995 年開始種植有機蔬果，走在時
代的前端。創辦人詹仁銓先生堅持的有機夢想，以「一親二心三堅持」
為創立宗旨，並帶領四個小孩共同經營，算是臺灣實踐有機農業的先驅
之一。

　　一開始是詹先生的朋友提起可以不使用農藥來種植芭樂，再加上食
安問題愈來愈受到大家的重視，家人於是陸續投入有機生產。雖然二代
都是非農科背景，但也都希望下一代也可以在自然環境中長大。目前台
盛農場主要種植短期葉菜類，如空心菜、小白菜、油菜、青江菜等，會
根據市場需求種植蔬菜，以消費者能夠接受的蔬菜為主，大多是農場自

行生產，少部分則採契作。契作以花果類、芽菜類和葉菜類為主，未來也打算持續擴大規模。

　　面對氣候變遷，「台盛有機農場」設置捲揚式溫室減少病蟲害、降低鄰田污染，以及降低雨水對蔬菜造成損害，並在溫室外圍堆起擋土牆，避免淹水及外來水對土壤的污染。此外，為了除草和處理菜渣，也養了近千隻的白羅曼鵝，有效地控制雜草的生長，同時也可以解決菜渣積存過久引起的水源異味問題，還可以驅趕病蟲。此外，農場堅持不使用化學農藥和肥料，也不使用動物性堆肥。他們採用自然植物堆肥，如甘蔗渣和豆粕（俗稱豆餅）。甘蔗渣具有較高的有機纖維含量，但成本較高，供不應求；豆餅則含有豐富的有機蛋白，種出來的蔬菜口感更清脆美味。農場採用全天然的種植方式，水溝中的水沒有受到污染，甚至魚、蝦可見，顯示水質的良好狀態。農場如此種植蔬果的方式，不但維護了環境與人體健康，並兼顧生態平衡。

▲有機蔬菜包裝
　「台盛有機農場」，從 1995 年開始種植有機蔬果。

　　在生產流程方面，從品管到物流再到賣場，「台盛有機農場」實行一貫作業，並統一以品牌「鮮採」進行販售。在早期，由於黑貓沒有冷藏車，農場自己送貨。現在有統倉可以使用，因此部分委外作業，但大部分仍然由農場自己的車輛運輸。從採收到包裝場，所有蔬菜都會用籃子裝載，每個籃子上都有吊牌，標明產地區域。在進貨時，也會記錄產地，以便追溯。包裝上會標示有機認證標誌，每個產品都有自己的編號。而包裝場與生產基地是分開的，包裝場內有許多員工忙

著將有機蔬菜依重量、規格及通路需求裝成小包裝，相當費工。機器包裝仍未達理想，需持續改善，以減少人力需求。現代化的包裝場都有預冷室和冷凍庫，以保持品質的生鮮。目前主要是供應給大型連鎖超市和校園午餐等。此外，農場還計劃開設一個新的場區，作為農校實習及學校戶外教學相配合，進行食農教育。

　　透過農民的辛勤勞動和堅持不懈的努力，永靖鄉的農業生產得以蓬勃發展，為人們提供了豐富多樣的農產品。他們以農業為生命的一部分，守護着這片土地和農業傳統。無論是在綠油油的田野中，還是在溫暖的陽光下，永靖鄉的農業景象都彰顯着生命的力量和對大自然的感恩惜福。

農業小知識

果苗靠繁殖，繁殖可分為有性和無性。用種子播種就是有性繁殖，但往往不能遺傳父母固有的特性，品質會產生退化或變異的現象，反而必須利用嫁接的方法，將優良品種嫁接在砧木（實生苗）上，才能確保品質的穩定。例如用玉荷包的種子直接來播種生長，所採收的玉荷包品質往往不好，大部分都要靠嫁接技術才行。而嫁接、靠接、壓條、高壓、扦插、分株，都是無性繁殖的方法。

第 七 節
田尾鄉

▲在菁芳園用餐

吳政憲總幹事與青農互動密切，相挺為農會永續發展。

花鄉

　　田尾鄉是臺灣有名的「花鄉」，因緣際會形成臺灣園藝產業的重要
聚落。「田尾」得名於早期墾民聚落於「十五庄圳」流域的水田下游。
日治初期，田尾鄉改屬臺中縣彰化支廳所轄，1920 年改制隸屬臺中州
北斗郡田尾庄。1950 年 10 月臺灣省實施地方自治，調整行政區域，田
尾鄉劃歸彰化縣。

農會與花鄉

　　田尾鄉農會創立於 1929 年，初名為「保證責任田尾信用販賣購買
利用組合」，1944 年將「田尾庄產業組合」、「田尾庄農業組合」、「田
尾庄畜產組合」、「田尾村興農倡和會」，合併改稱「田尾庄農業會」；
戰後，1947 年改組分「田尾鄉農會」及「田尾鄉合作社」，1949 年再
合併名「田尾鄉農會」至今。農會目前會員人數 2,978 人，第 19 屆理
事長為楊春枝，常務監事為傅旺歷，總幹事為吳政憲。其中，楊春枝理
事長曾擔任第 11 至 18 屆總幹事，一屆 4 年，長達 32 年，是田尾鄉農

會發展的關鍵人物，例如：農會與
農民契作康乃馨來支撐市場價格、
鼓勵青農在農會辦理多肉植物、觀
葉植物與熱帶雨林展，均獲得非常
熱烈回響，帶動在地花卉產業發
展，以及保障農民種稻收益等。農
會發展與時俱進，成為在地農民和
許多青農的最佳後盾。

▲與楊春枝總幹事（中）及張桂連總幹事（右）
去日本新潟考察稻米並至佐渡島一遊

　　吳總幹事是第 19 屆才上任的新總幹事，但在農會歷練過信用部、
供銷部、推廣部，也是資深的員工，對農民服務親切謙虛，也很敬重長
輩先進，有守有為，繼往開來，未來應該也是一位績優總幹事。

在地花博與花都

　　臺灣花卉產業最大聚落在彰化田尾，也是有名的公路花園。在臺 1
線縱貫路旁。其實，公路花園在 1973 年成立時稱為「公路公園」，是
當時省政府謝東閔主席發想與吳榮興縣長規劃的結果。但當時「公路公
園」這個名字也曾造成了困擾，因為大家來到這裡卻找不到公園，之後
在 1981 年改為「公路花園園藝特定區」。

　　田尾在 1900 年左右，因打簾村巫修齊先生插枝種花而興起，之後
羅老庚曾與農民組合長（即今農會總幹事）合作培育種苗，供農民低價
購買，有助於日後田尾園藝產業的發展。1950 年代也從柳鳳村開始種
植菊花，在 1970 ～ 1990 年是我國菊花外銷日本的輝煌時期，此期間
也經歷國家推動十大建設，所需要用到的綠化材料非常多，田尾是最大
的供應地，田尾的花卉產業聚落於是形成。目前已經有 300 多家業者，
包括種苗、切花、苗木、盆花、庭園造景，以及休閒農園。在 2021 年，
農業部也核定「田尾公路花園休閒農業區」，面積近 300 公頃，是彰化

縣繼二水鄉和二林鎮之後的第三個休閒農業區。

　　田尾花卉產業的發展，另有一個功不可沒的推手，那就是 1998 年當時的劉淑芳鄉長，積極爭取申請經濟部商業司輔導田尾公路花園形象商圈計畫。之後也是地方配合縣政府推動休閒農業，於 2002 年在地自主成立「田尾公路花園協會」，協會長期在地深耕、整合業者共同參與、推廣花卉觀光休閒活動，以及辦理與生活美學結合的課程和人才培訓，是臺灣少有以在地產業為推廣的民間組織。協會劉漢欽理事長期許田尾以「在地花博」的概念，四時皆有不同的園藝花卉與生活美學結合，要將田尾從「花鄉」變成「花都」。

　　目前已有不少青農返鄉，也是繼續參與花卉園藝，可以看到田尾的未來希望，將不只是一個產業供應鏈的聚落，更是以產業價值鏈的概念來提升花卉與生活價值的環境。

綠境饗宴與品味

　　「菁芳園」，應該是田尾最具有代表性的庭園餐廳，老闆巫鴻澤同時是田尾休閒農業協會理事長，一直堅持生活美學與品味。巫理事長以療愈為出發點，將原本種植蘭花的玻璃溫室改裝為庭園。1997 年轉型至今，室內充滿許多花草與植栽，大片的落地窗則映照著戶外高大的落羽松及莫內幻象的睡蓮池塘，讓民眾在綠意包圍的環境中享用美食。室內原本六百多張的椅子也撤走許多，只留下 160 張椅子，重歸以自然環境為主的空間，與一般餐廳以人為本的生意思維完全不同。

　　巫理事長更直接在網站上告

▲綠境饗宴與品味的「菁芳園」

訴客人：「敝園謹歡迎對於園藝景觀有興趣的朋友光臨惠顧！園區總面積只有 10,812 平方公尺，對於僅止於想要出外散心、走走、逛逛兼運動的朋友們，恐怕不適合。」菁芳園的目標是提供客人在此釋放壓力，巫理事長堅持要有品味，不隨波逐流，要找到最小的市場，而非追求最大的市場。

雖然現在田尾有四、五間類似的餐廳，還有大約十間較小型的餐廳，但像菁芳園這樣的庭院式餐廳並不多見。這是因為庭院式餐廳的維護成本非常高，也與老闆的堅持有關。在決定經營方式時，經營者常常面臨兩難的抉擇：是以觀光區收門票為優先，還是以餐廳為優先？這對經營者來說的確是一個兩難的問題。

此外，巫理事長也致力於推動田尾休閒農業區的成立，強調在地特色不落俗套，以四季不同的環境變化和美學，來迎接每位到訪的民眾。除了用餐之外，值得大家花更多的時間在此駐足品味、沈思放空。

無聲之美

「綠果庭院」是一家結合庭園造景企業。經營者是田尾型農張鑫源（熊農）是一位從事設計和行銷工作的人，原本在外地創業，但由於種種原因回到了家鄉，接手家族園藝造景。回來後，卻支持老婆種植與販賣多肉植物，無心插柳柳成蔭，因為韓劇，帶動多肉植物產業蓬勃發展的風潮。多肉植物可放在室內，容易照顧管理，有各式各樣的造型和種類，在桌上擺一盆就很療癒。後來又因疫情導致人們居家工作，一些特殊品種的觀葉植物頗受歡迎，甚至因其珍稀性和獨特性而價格昂貴，以葉片數計價，一片葉子 8 千至上萬元都有。

鑫源也將「綠果庭院」營造為懷舊復古的 Junky Style，收集許多老舊窗櫺再組合成一大片窗戶，也用縫紉機為柱，作為支撐植栽的展售平臺，並開放其他空間為小農市集。在 2017 年田尾農會舉辦的第一次

多肉植物展，鑫源和幾位青農的創意策展，竟然人潮爆滿，吸引許多年輕人來此朝聖，創造田尾和花卉產業的外部效益甚多。之後再繼續辦理兩屆多肉植物展，並接力辦理觀葉植物展、熱帶雨林展。在花卉產業就是要求新求變，因為青農的活力與創意參與，讓田尾鄉充滿著青春洋溢。

　　熊農對外行銷從不談自己的「綠果庭院」，秉持「共好」理念來推廣田尾花卉，誠如劉淑芳前鄉長所講的「你好、我好，大家才會好」。田尾鄉農會楊春枝前總幹事的鼓勵與支持，也讓青農有機會可以好好發揮，更是一大關鍵。現任的吳政憲總幹事持續發揚光大，讓農會和農民成為最佳的夥伴，讓在地最具特色的花卉產業持續成長茁壯，「田尾」已經是花卉美學流行的代名詞了。

花卉交易

　　花卉生產也要有花卉交易的支持，產業發展才能持續。吳總幹事述說：「早期農民得要騎腳踏車或是用擔子載花苗，坐客運到都市賣花，用當面交易的方式，從桂花至簡易原始的庭園木，賣給客人去栽種。」但早期沒有拍賣市場，那時候中盤商會直接跟農民包下整塊地，但有時候中盤商付不起款項給農民，所以最後才會成立花卉拍賣市場，並且是仿照荷蘭的拍賣制度。

　　田尾花卉拍賣市場，是全臺 5 家花卉批發市場中唯一在產地的批發

▲劉淑芳議員 (前鄉長) 述說田尾鄉發展經過

市場，由彰化縣花卉生產合作社經營。貨源主要來自彰化、南投、屏東和進口商，交易量約占全臺的兩成，僅次於臺北的濱江花卉批發市場。從 1994 年底正式啟用國內首座仿荷蘭式拍賣鐘電腦系統，交易效率較以往人工拍賣提高一倍以上，荷蘭式拍賣的價格是由上往下，依實務經驗，價格比較不會一直往下跌。

　　由於電腦拍賣的公開競價和交易貨款直接入帳，對農民有保障，交易秩序、結果、價格等資訊，也都可以直接在官網上查詢得到，所以九成以上的花農都樂於將花卉送來批發市場拍賣。這是我國農產運銷制度的進步，讓供應人和承銷商在公平公開的環境中交易，發揮市場集貨、交易、分散在均衡供需的功能。

　　在這個市場中，有一個引人注目的東西是拍賣市場的三個大型拍賣鐘的電子看板。這些看板不僅提供承銷商們參考進貨量的資訊，還提供昨天和今天的進貨量以及價格相關的資訊。在價格方面，市場提供了最高價、上價、均價、下價和最低價等五種價格指標，幫助承銷商做出明智的決策。拍賣系統是多件式的，就是花農的一批貨中假設有十件，十件一次拍賣，但不一定是同樣的價格。這十件可以分成四個花商來買，也可以只有一個花商來買，這十件完全交易之後才會換下一批。工作人員在拍賣時會開箱驗貨，拿一把展示給大家看，讓大家來開價。這種拍賣方式保證了交易的公平性，每個承銷商都有機會抽球決定進貨的順序，整個拍賣過程大約需要一個小時左右。

　　臺灣的花卉市場主要由婚喪喜慶支撐，而在每個月初一十五的前 2 天，花市的交易量也會明顯增加。在 2001 ～ 2022 年的

▲田尾花卉批發市場
是全臺 5 家花卉批發市場中唯一在產地的批發市場，由彰化縣花卉生產合作社經營。

COVID–19 疫情期間，花市經理鐘嘉彥指出，由於祭祀或喪禮的切花用量明顯減少，或是許多切花都被蝴蝶蘭取代，使得田尾花市營業額減少了 3 成以上，而沒拍賣掉的殘貨直接銷毀，免得影響價格和品質。

讓花卉走入生活

依臺北花卉運銷公司調查，臺灣消費者買花 30% 用在祭祀，婚喪喜慶占了另外 30%，25% 用來送禮，只有 15% 是日常居家擺飾。平時生活中會買花的比例與歐美民眾有相當差距，在歐美的捷運站或超市內經常可見花店，民眾下班或購物時就順便買花回家。買花，已成為先進國家的生活日常，甚至每人消費金額也成為生活水準的一種指標。農糧署曾統計在 2018 年各國每人每年花卉消費金額，德國為 3,812 元、美國為 3,071 元、日本為 1,341 元，而臺灣是 926 元。在疫情期間因婚喪喜慶從簡，切花用量大幅減少，對於花卉產業衝擊甚大。如何讓花卉與生活結合，有待國人美學素養的提升，或許食農教育也可以推廣，但不是只有從「食」的角度來推廣農業。讓花卉走入生活，走進家庭，或許田尾鄉可以先來帶動風氣。

田尾鄉，一個充滿花卉魅力的地方，將花卉、盆栽及多肉植物的生產，與民眾生活的美學、餐飲及休閒充分融合，並有交易市場機制與農會協助，期待田尾鄉從「花鄉」變成「花都」，以生活來支持生產的發展。

▲菊花田中正專注在摘菊花側芽的農婦／菊花田

第十二章　彰化平原（二）

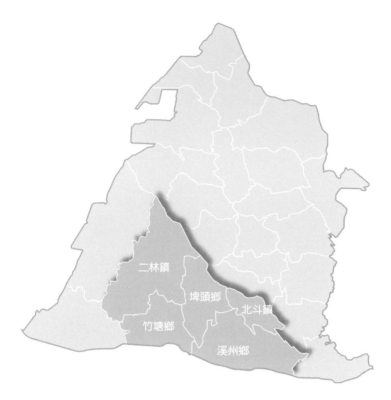

　　本章接續上一章的彰化平原行腳，繼續采風彰化縣內其他完全不臨海或山邊的鄉鎮，包括二林鎮、埤頭鄉、北斗鎮、溪州鄉，以及竹塘鄉，共 5 個鄉鎮，總人口 15 萬人，約占彰化縣人口的八分之一。各地的農業特色明顯，二林鎮農產豐饒，是集眾多蔬菜、果樹、雜糧、水稻與特用作物於一地的農業重鎮；埤頭鄉、溪州鄉，以及竹塘鄉也均以水稻為主，善於利用沖積扇平原的肥沃黑土，來種植早有盛名的「濁水米」。因此，此地是臺灣米倉的重要基地之一。除了水稻之外，從大宗蔬菜的甘藍，到小兵立大功的香菜，此地也是重要的蔬菜產區。果樹則以芭樂、水梨、紅龍果、釀酒葡萄為主。沿著舊濁水溪的兩岸行走，將可發現許多農村風貌及農作物生產，少有工廠林立，是為彰化農業留下一片淨土之地。

表 12-1 2023 年彰化平原（二）鄉鎮概況統計

鄉鎮市	面積（平方公里）	人口數（人）	農特產品
二林鎮	92.9	48,144	蕎麥、葡萄、紅龍果、水稻
埤頭鄉	42.8	29,089	包心白菜、青蔥、水梨、水稻
北斗鎮	19.3	33,296	香菜、雞蛋、水稻
溪州鄉	75.8	28,419	芭樂、水稻
竹塘鄉	42.2	14,335	白蛋、白米、白洋菇（三白）

資料來源：作者整理

二林鎮

二林四鄉鎮

　　二林鎮名的由來，是因為從前這一帶是平埔原住民巴布薩族
（Babuza）「二林社」（Gielim）的所在地。1721 年（康熙六十年）
因漢人入墾設保，名為「二林保」，之後再分設「二林上保」、「二林
下保」、「深耕保」至日治初期。直至 1920 年市區改正為「臺中州北
斗郡二林街」。戰後，改隸臺中縣北斗區二林鎮，並於 1950 年實施地
方自治，改隸彰化縣二林鎮至今。二林鎮是彰化縣西南方生活圈的重心，
經常與芳苑鄉、大城鄉、竹塘鄉等鄉合稱「二林四鄉鎮」，二林亦有「儒
林」別名，以彰顯重視儒家文化的涵義。

　　二林農地遼闊肥沃，適合農業發展，從早期的甘蔗、洋菇、蘆筍、
柳丁、金香葡萄、黑后葡萄，到紅龍果、豐水梨、蕎麥、薏仁、水稻，
物產豐饒各具特色。從北斗交流道下來，在斗苑路兩旁就有許多的紅龍
果園，特別是在冬天晚上都點著燈，非常壯觀。

▲ 彰化縣最有錢的農會

最有錢的農會

二林鎮農會創自 1916 年 8 月，由二林、沙山、大城、竹塘等四庄地方人士發起創設「財團法人有限責任二林組合」，1935 年改組為「保證責任二林信用販賣購買利用組合」，之後歷經「二林街農業會」、「二林鎮農業會」、「二林鎮合作社」等名稱分合，及至 1949 年 11 月正名為「二林鎮農會」至今。目前會員人數 6,275 人，其中，贊助會員僅982 人，顯示當地仍以農業為主要經濟活動。理事長為莊萬恭，常務監事為陳光輝，總幹事為邱士平。邱總幹事曾任農會理事長、彰化縣政府農業處處長、民政處處長，具豐富資歷，有助於農會發展。農會在 2023年 8 月的存款金額高達 163 億元，是彰化縣基層農會的第一名，且放款金額 124 億元，存放比達 76%，但逾放比僅 0.16%，農會財務相當穩健，且為許多農會所稱羨。

葡萄酒的傳奇

二林鎮是當今臺灣酒莊密度最高的鄉鎮，有「臺灣波爾多」的美稱。原因是早期地方農民與公賣局契作收購釀酒用葡萄，包括釀白酒的「金香葡萄」及紅酒的「黑后葡萄」。但後來因我國要加入 WTO 必須開放國外葡萄酒進口，於是公賣局在 1996 年停止契作收購葡萄，當時二林葡萄園即面臨「廢園」、「轉作」或「轉型」的選擇困境。廢園方面，政府提出「廢園獎勵金調整案」，補貼砍除葡萄植株契作戶每公頃54 萬元；轉作方面，也就是利用原有棚架改種紅龍果，二十年來如今已成為臺灣紅龍果最大的產地；轉型方面，就是從生產走向加工，從種植葡萄提升為釀製葡萄酒，強調在地風味、提高產品價值，這就形成許多果農紛紛學習釀酒技術和品酒，並陸續設立酒莊的背景。每家酒莊不斷精進釀造技術，結合在地葡萄與不同水果的風味或不同葡萄品種進行蒸

餾，或以陳年橡木桶釀出水果白蘭地，各具特色，並以參與國際評鑑得獎而打開市場行銷。

▲金香葡萄的棚架改種紅龍果

▲葡萄園的玫瑰花成為觀察葡萄健康的重要指

▲二林鎮是「百果鎮」，也是紅龍果重鎮

與時俱進的壽米屋

　　彰化縣是臺灣米倉，而二林鎮是彰化縣稻作面積最大的鄉鎮。二林的「壽米屋」，是臺灣最早導入農民契作栽培管理的碾米廠，擁有稻米產銷專業區及逾 500 位契作農民，首創 RICE HOUSE SYSTEM（產學銷合一營運模式）是我國第一家建立稻作智慧農業 4.0 示範場域的糧商，展示現代科技如何提升稻米品質，同時也是臺灣最早由日本新潟引進越光米專業栽培與規模最大的生產專區。

　　「壽米屋」的經營者陳肇浩先生是米三代，也是臺大農經碩士，致力於提升稻米品質，透過秧苗選育、生產管理、安全檢驗、溯源登錄和產銷履歷等一系列的流程，確保了稻米的品質和食用安全，並同步引入智能科技，跟上時代的潮流，成功建立「大橋米」、「米屋」品牌，行銷至國內外市場，還成為故宮博物院的精品伴手禮。目前進一步結合在地的香田國小進行食農教育、長者關懷，與社區大學共同推動城鄉創生，善盡企業社會責任與地方共榮共存，是農業六級化的典範。

　　阿基米德曾說過：「只要給我一個支點，我就可以撐起地球。」期許位在二林鎮的「壽米屋」，其營運模式可以成為我國稻米在產量、品

▲稻米王子陳肇浩

質與經營的支點，透過這個支點，加上政府輔導與市場支持的槓桿，將可以改變稻米產業，讓我國稻米產業更具有競爭力！

健康雜糧

在臺中區農業改良場的輔導推廣之下，1982 年在臺灣區雜糧發展基金會經費資助下，開始輔導二林鎮農會成立蕎麥產銷推廣中心，與農民契作收購，並加工成蕎麥粒、蕎麥生粉、蕎麥雪花片、蕎麥速食粉及蕎麥麵等，是發展多元農特產品的開始。

臺灣蕎麥由於在冬季裡作栽培且極為粗放，每公頃產量偏低，經由農改場的品種選育及栽培技術改進的試驗研究工作，已育成蕎麥臺中 1 號，可作為裡作、旱作，以及糧食自給的雜糧作物選項。二林鎮公所還配合蕎麥花季舉辦「二林蕎麥文化季」，約 30 公頃的蕎麥田開花，在每年 11 月底至 12 月為最佳觀賞期，宛若一片白色雪景，還舉辦了蕎麥小農夫體驗，吸引不少遊客前來參與。

此外，考量消費者對於健康養生觀念的重視，二林鎮農會亦配合農改場的輔導，推廣種植薏苡。薏苡的種實脫殼後俗稱「薏仁」，而國產薏苡，則強調脫殼後留下紅色麩皮而不精白，稱為「紅薏仁」（如同糙米的原理），如此可保留麩皮的維生素 B 群、纖維質及薏仁脂，減少營養素流失。

蕎麥和紅薏仁都是二林鎮在地的健康雜糧，在鎮長蔡詩傑博士也是農會前總幹事與現任邱總幹事的持續開發加工產品之下，電商平臺「蕎薏小舖」即販售紅薏仁與蕎麥相關產品，包括蕎麥紅薏仁隨身包、蕎麥紅薏仁營養棒、蕎麥紅薏仁海苔脆片、蕎麥薏仁水果脆片、紅薏仁日式黑糖奶茶、山藥紅薏仁葡萄籽粉、紅薏仁清酒粕、紅薏仁洗顏霜、蕎麥麵、濾掛式蕎麥咖啡等各式各樣的蕎薏特產。這是在地農業找出特色，也是與進口區隔的市場競爭利基。

農民自主與地方農業發展

　　二林鎮是臺灣農民運動的發源地，始作俑者是林本源製糖對農民的剝削。1925 年爆發「二林蔗農事件」，是臺灣農民運動的啟蒙，也對臺灣的農業發展和社會變革產生深遠的影響。在 1947 年也曾發生台糖公司強制收回租給農民的土地，引發「大排沙農場事件」，以及在我國加入 WTO 之後，2003 ～ 2004 年出現了反對稻米進口的白米炸彈客楊儒門，也是二林人。這些事件表明，二林鎮農民不僅在面對不公時表現出堅定的抵抗，更在社會變革的浪潮中扮演著積極的角色。

　　二林農業的發展歷經起伏，但農民們的自主意識和求新求變精神始終不減。每一個農產品背後都有堅持和努力的故事。對於未來，蔡鎮長說：「二林鎮正積極尋求應對極端氣候的農業生產方式改變，試圖將二林打造成農業發展基地，並帶動地方創生。」他們積極參與市場銷售和品牌形塑，推廣二林農業價值。二林農業的蓬勃發展源自鎮公所、農會和農民們的努力，祝福「二林農業」成為健康安心優質的「愛你農業」。

▲王惠美縣長參加壽米屋企業舉辦的「翻轉！農業起飛」，由總經理陳肇浩帶領智慧農業並帶動鄉鄰共榮共生。

埤頭鄉

大埤之頭

　　埤頭鄉位在濁水溪沖積扇上，舊濁水溪流經該鄉，與北斗鎮、田尾鄉為界。為取得水源灌溉農田，故在今埤頭村、和豐村、興農村、田尾鄉交界處開闢一個大埤（埤塘），以供農田灌溉，本地位於這「大埤之頭」，故稱之為「埤頭」。

　　埤頭鄉農會創立於 1918 年 4 月 5 日，原為「埤頭庄信用組合」，1944 年 1 月 29 日改組為「埤頭庄農業會」；戰後，因業務分合，而在 1949 年 11 月 20 日將農會與合作社合併為現在的「埤頭鄉農會」。目前會員人數 3,479 人，其中，贊助會員 291 人；農會三巨頭分別為陳世勳理事長、楊宏超常務監事、王宋民總幹事。

埤頭 F4

　　王總幹事為臺大農經碩士，曾在省農會擔任鮮乳加工廠廠長，具有行銷與拚經濟的觀念，強調「農民好，農會才會好」的理念，大力推廣行銷埤頭鄉的 F4（四大特色作物，或稱「埤頭四」）：臺粳 9 號契作米、冠軍的包心白菜、水噹噹的青蔥、甜美多汁的平地高接梨。

　　其中，包心白菜共同運銷量高居全臺之冠，單項金額拍賣營收達 2 億元以上，品質較優的還以白色紙箱包裝增加識別度，並在集貨場預冷降溫以減少損耗，

▲ 青蔥共同運銷前先預冷降溫

▲ 埤頭 F4

未來希望能進一步發展冷鏈系統。多年來共同運銷量不斷增加，農民存款也水漲船高笑嘻嘻，這是農會服務農民、強化供銷部以帶動信用部的具體案例。埤頭鄉農業以水稻為主，但水稻以外也發展大規模栽培的作物，例如包心白菜、12公頃的溫室小黃瓜市占率達46%、2公頃溫室百香果種苗場、1.2公頃桑椹園無毒自然農法等，都是彰化農業的隱形冠軍。

　　埤頭鄉的稻米以臺粳9號米為主，臺中區農業改良場開始試種地點就是在埤頭鄉，可說是臺粳9號米的發源地。全臺五大糧商中有三大（中興米、三好米、泉順山水米）在埤頭鄉收購，可見埤頭稻米的品質受到重視。

溝通價值

　　筆者訪視埤頭青農會長許宏賓經營的「樂農發休閒農場」，農場種植桑椹園，堅持採無毒自然農法、草生栽培，結合休閒農場、食農教育基地與初級農產品加工場，除冷凍桑椹鮮果，也做桑椹茶葉烘焙，將桑椹的價值發揮到淋漓盡致。

　　「創造價值、傳遞價值、溝通價值」是宏賓的信念，認真參與產業價值鏈的每一環結，雖畢業於中興大學畜產系，卻偏好於植物。因父親

▲桑椹園

「樂農發」果園採無毒自然農法草
生栽培，結合休閒農場、食農教育
基地與初級農產品加工場，除冷凍
桑椹鮮果，也做桑椹茶葉烘焙，要
將桑椹的價值發揮到淋漓盡致。

逝世而辭職生技公司，回家種田也照顧母親，從此發現到農業的價值，
不只是產品價值，還有生態價值與社會價值，所以投入大量資金開始種
植，也希望可以創造在地就業機會。

　　宏賓是響應 2007 年農委會推動「漂鳥計畫」的第一批青農，也是
第一屆百大青農之一，「樂農發休閒農場」是埤頭鄉第一個合法休閒農
場，近年更是第一個取得在彰化縣的農產品初級加工場登記證，都走在
地方農業發展之先。更重要的是，秉持「共好」理念，「我好，大家好」，
要與農會和許多青農共同推動埤頭鄉農業的發展，從他身上正可印證
「樂農發」的名稱涵義：樂在農業發展之中。

　　此外，宏賓考慮到缺乏勞動的問題，致力於改善桑椹的品種和栽培
方式。例如：種疏一點，面積大一點，果實大顆一點，這樣一來工人採
摘起來更方便，同時也節省了成本。一公頃的桑椹種植可以達到 30 公
噸以上的產量，種植近 1,000 株桑椹樹。儘管桑椹栽培需要耗費大量勞
力，但這也為當地創造了就業機會。

百香果苗

　　「藝龍種苗場」的場主張義鑫，曾獲選百大青農之一。他曾在田尾

鄉租地作種苗，目前轉移到埤頭鄉經營，經營管理約 1.1 甲的土地，其中溫室佔了 6 分半地。義鑫已經從事種苗業多年，終於在 2010 年 7 月投資興建溫室，除了培育百香果健康種苗外，也種植百香果，並搭配小黃瓜進行輪作。

　　由於義鑫國中時期曾在農藥公司工作，接觸到百香果，並在家中種植及進行研究，這成了他培育百香果健康種苗的契機。目前租地進行百香果的育苗，也進行食農教育。百香果的品種包括滿天星、香蜜、金三角、黃金、大果、臺農一號等，其中以臺農一號為主力品種。百香果相較於其他作物較為省工，採摘可以一次性完成，就是等百香果落地之後再撿起。

　　百香果可以鮮食或加工，以前多以加工為主，但近年來鮮食消費已在快速成長。在 1980 年代曾盛極一時，達 1,200 公頃，然因百香果實病毒蔓延，造成果實品質下滑、果形畸型，失去商品價格，而使種植面積快速下滑僅剩四分之一（300 公頃）。之後開始建立健康種苗的觀念，並以園區全園更新方式避免病毒蔓延，而使百香果產業再度復甦，目前全臺已有 940 公頃。顯然的，果苗是整個產業發展的關鍵，義鑫的確做到了。

　　通常高品質的百香果會作為新鮮水果銷售，而次級品質的則可以加工製作成其他產品，如果醬、果凍和果汁等。但目前「藝龍種苗場」仍以百香果種苗的培育和銷售為主要業務，並透過社群網路行銷自家品牌，義鑫希望多元化應用百香果，也希望打造一個可以體驗百香果一生的生態園區。

▲百香果的花，像一個時鐘，而且有時針、分針、秒針的構造，還有六十分鐘的刻痕，日本人叫它「時計果」。

十三甲農場

　　「十三甲農場」是邱鈺卿與邱柏翔父子合力經營的一家農企業，只因位處埤頭鄉的十三甲地區，常會讓人誤以為種植規模有 13 甲。不過，實際上，這家農企業自己種植 2 甲、契作面積 12 甲，合計面積已不只 13 甲了。同時，也的確在大黃瓜、小黃瓜及牛番茄的產銷做到有相當的規模，才有能力全年供應全聯、好市多等大型超市。

　　邱鈺卿是埤頭鄉農會退休的員工，而邱柏翔是國立嘉義大學農業公費專班所培育的第一期菁英。強調農作物都必須要遵守安全用藥的標準，以及農產品皆應通過產銷履歷驗證，才能與市場通路接軌。

　　所生產的小黃瓜會適當的分級，作為家庭消費、涼麵切絲、團膳等不同用途。但分級包裝的人工成本及運輸費用仍居高不下，是有待改善的項目。

　　柏翔看到小農合作的重要性，所以協助農友們一同加入產銷履歷集團驗證，並協助農友進行產品行銷、團購肥料及園藝耗材，以增加銷售與降低成本。他也願意分享農業經營之路，將所走過的每一步引導的新進青農學習並回饋給社會，預期未來將可看得到未來農業經營的新風貌。

▲單一品項的小黃瓜包裝線

第三節
北斗鎮

一府二鹿三艋舺四寶斗

北斗，地方習慣稱之為「寶斗」，地名發音有可能來自以前此地為原住民巴布薩族「東螺社」（Dabale–Boatao）的 Boatao 音譯。在清治時期曾是臺灣中部重要的河港與貨物集散地，沿東螺溪（舊濁水溪）可與鹿港連結並發展對外及對內貿易，但北斗在河道日漸淤積及日治時期整治濁水溪之後而日漸沒落。

▲一府二鹿三艋舺四寶斗

北斗在清治時期曾是臺灣中部重要的河港與貨物集散地，沿東螺溪（舊濁水溪）可與鹿港連結並發展對外及對內貿易。

風華不再的北斗小鎮，人口始終維持在 33,000 人上下，沒有成長，也沒有流失，就像歲月長河靜靜流淌在北斗鎮的鄉間、聚落，以及舊濁水溪之中。

三元及第

北斗鎮是「三元及第」的小鎮，肉圓、教員、警員數量都很多，外地人都吃肉圓生，但其實在地人都吃肉圓詹、肉圓儀、肉圓瑞、肉圓火…。北斗肉圓是用手掌包覆餡料捏出的，每粒肉圓上都留有三捏痕，造型像金字塔，跟彰化肉圓用湯勺包料成圓扁型不同，有機會可以比較看看。肉圓要加上香菜才好吃，難怪北斗香菜也那麼有名！

▲農婦採芫荽

農會與農民關係密切

　　北斗鎮農會創設於 1916 年，初名為「有限責任北斗信用組合」，1933 年變更為「有限責任北斗信用購買販賣利用組合」，1936 年再度更名為「保證責任北斗信用購買販賣利用組合」，1944 年改組為「北斗街農業會」；戰後，1946 年改組為「北斗鎮農業會」，再經業務的分合改組，於 1949 年改組為「北斗鎮農會」至今。目前會員人數 3,648 人，其中贊助會員 1,243 人，約占三分之一強。理事長為廖泳達，常務監事為黃萬乙，總幹事為陳瑩昇。前任總幹事張桂連甫於 2022 年底退休。張總幹事於社會處服務，關懷社會弱勢家庭，也一直擔任志工至今，包括鳳凰志工、少年輔導委員會志工、榮譽觀護人，因此對於農民的生產和收入也非常的關心，讓農會與農民的關係更加密切。

科技新貴農業夢

　　北斗青農陳光鏡不是農二代，也完全沒有任何農業背景，只因為在 IC 設計的高壓科技工作中，想要找回自我與生活平衡的模式，便毅然決

然投入農業。雖然沒有農業背景，但透過農會幫忙轉介到農業改良場的專家輔導，致力於學習國產黃豆和黑豆的種植及加工。學習自然農法生產、學習製作豆製品，很自然地就建立「田野勤學」的品牌，並登上國家地理雜誌報導。

　　目前主要銷售渠道是在一些合作的綠色餐廳和直接販售，同時也提供線上購買。團購約占總銷量的三分之一，之後計劃將建立雲端訂購系統。光鏡夫婦採用的自然友善的耕作方式，利用自身學習背景，設計了食農教育的課程，並在學校推廣，這些努力的成果已被外界看見並認可。

　　筆者訪問光鏡為何轉職選擇農業呢？他笑道：「科技業確實賺錢，但缺乏永續性，因為產品的淘汰速度太快，三年之後就會被取而代之。然而，黃豆不同，只要持續耕耘就會積累價值，這是農業的優勢所在。在科技業裡，生活方式相對不太健康，也對地球的永續性造成負擔。」現在的光鏡，充滿著陽光與汗水，侃侃而談心路歷程與夢想，未來還要再打造大豆生態園區，計劃將亞洲的黃豆飲食生態納入其中。他以人為本的價值與快樂，再度從農業中找回來了！

人道飼養的動物福利蛋

　　北斗鎮的「全佑蛋雞場」原本是傳統雞舍，自 2015 年傳至二代便改成「人道飼養」，青農張建豐將傳統的格子籠飼養雞場，重新改造為符合歐盟標準的水簾式負壓環控養雞場。負壓水簾式雞舍只有一個通

道，不論是在生物防治或是室內降溫都是靠這通道，會定時在水簾裡放
消毒水，讓抽進去的空氣是有經過消毒和滅菌的，如此對於生物防治的
工作會比較輕鬆一點。

　　人道飼養所生的蛋叫做「動物福利蛋」，建豐分享對於目前動物福
利雞蛋的四個類別：(1) 有機雞蛋：這意味著雞蛋的生產過程中所使用
的土壤、水源和飼料都必須符合有機標準。由於規格較高，市場上的有
機蛋價格通常較高，每顆大約需要 20 ～ 30 元；(2) 放牧雞蛋：讓雞有
機會走出雞舍，接觸到戶外的陽光、空氣、水等。然而在臺灣進行放牧
雞蛋生產相對風險較高，因為雞有機會接觸到禽鳥或外界的高傳染性病
源。因此，建豐表示目前在臺灣雞隻仍不建議放牧；(3) 平飼雞蛋：這
意味著雞隻不會被關在籠子，但雞只能在雞舍內活動，無法到戶外；(4)
基本動物福利籠雞蛋：雞隻在加大加寬的籠子飼養，且符合一些基本的
動物福利的需要，像是雞下蛋時，還是要有巢箱；牠要睡覺時，要預備
棲架。因為雞的生物天性就是要高高在上，才會有安全感，才會睡得舒
適。

　　北斗風華展現在農民們對於永續發展的堅持和努力，他們以整體和
宏觀的角度思考農業的未來，努力探索綠色、可持續的發展模式，也對
未來都有一份農業的夢想與理想。

▲有棲架的蛋雞場

溪州鄉

新舊濁水溪之間的沙洲

　　彰化縣溪州鄉，以前是位於新舊濁水溪之間的沙洲（浮覆地），故稱之「溪洲」，後改名為「溪州」。溪州鄉在清治時期屬於東螺西保，之後在日治時期歸屬臺中州北斗郡所轄的「溪州庄」，戰後改稱為溪州鄉至今。

　　莿仔埤圳是溪州鄉主要的灌溉水源，是在乾隆年間由陳四芳集資修築，1901 年日本人公布《公共埤圳規則》之後，即將葉惠清管理之莿仔埤圳收歸官有，並於 1909 年重新整建完畢，是為臺灣第一條官設水圳。濁水溪黑泥水的「土膏」，結合完整的灌溉水圳，有土有水，是溪州發展優質農業的重要條件。

農業之鄉

　　溪州鄉農會目前會員人數 4,337 人，贊助會員只有 423 人，顯然當地工商業並不發達，經濟活動主要以農業為主。理事長為黃坤益，常務監事為鄭輝煌，總幹事為彭顯賦。

　　黃坤益理事長也是之前的總幹事，談起溪州鄉農業變遷的情況歷歷在目。以前

▲ 前後任總幹事的傳承

溪州糖廠製糖、家家戶戶種植甘蔗、洋菇和蘆筍，竟都與外銷有關，可見外銷帶動農村經濟的繁榮極為明顯。

現在的溪州鄉人口持續減少，人口已不到三萬人，但是農會正會員人數四千多位，青農超過 150 位，說明農業生產在溪州鄉仍與大多數人息息相關，這跟溪州鄉擁有絕佳的濁水溪水和黑土的優良農業環境有關，當然農會對於青農的重視和輔導，也功不可沒。

農產品興替

溪州鄉的農地約有 3,000 多公頃，其中約有四成是糖廠的土地。這些土地包括苗木專區、商用倉庫、糖廠員工宿舍，以及國宅宿舍。溪州鄉曾因糖廠而帶動地方經濟發展，但二戰期間遭受轟炸後逐漸沒落。

農會彭總幹事提到溪州地區曾種植的經濟作物，包括山藥、花卉、蘆筍、洋菇和馬拉巴栗。然而由於各種原因，這些作物的種植面積逐漸減少。目前鄉內以種植芭樂居多，因其一年多收、價格較其他作物好，故受農民喜愛。過去溪州鄉許多農地也種植食用的紅甘蔗，但因需要較多的勞力，包括施肥、培土、挖掘甘蔗溝，以及施用農藥和肥料，加上現今食用紅甘蔗的需求也減少，導致價格一直不佳，故種植面積已逐漸減少，目前已不超過兩甲地。

青農阿公

訪視溪州青農聯誼會副會長謝健志，雖是青農但已經當阿公了。很特別的是，他在溫室裡面種綠蘆筍，而不是種小蕃茄或洋香瓜。綠蘆筍可以全年採收，母株存活 10 年沒問題，在溫室裡不用擔心颱風、下雨，也可以減少病蟲害，是確保穩定收益的最好方式。

青農畢竟較有風險管理概念，不只有溫室蘆筍，也有網室南瓜，以

及 6 公頃的水稻經營，錯開不同作物的產期，讓勞動平均分配，並且平衡資金供需，建立一套最佳的農業經營模式。

芭樂的故鄉

彰化縣芭樂的種植面積 1,363 公頃，僅次於高雄市 2,801 公頃和臺南市 1,579 公頃。而彰化縣內種植芭樂的面積又以溪州鄉為最多，達 546 公頃。溪州鄉因獨特的濁水溪水和黑土，芭樂口感尤其清甜爽口。

筆者訪視青農鄭豐融與曾虹蓁夫婦經營的三代芭樂園，種植品種繁多，包括珍珠、帝王、紅鑽、香水等 20 個以上品種。果園以心葉薄荷草生栽培，同時也推動套袋回收和藥物驗證等相關措施。他們分享說：「帝王芭樂在市場上銷售最佳，特別受到臺北市場的歡迎，因其口感較脆，芭樂的風味較為明顯。」另外，他們也參加了芭樂的評鑑比賽，以珍珠芭樂在評鑑中獲得亞軍的成績。評鑑標準包括外觀、口感、質地和甜度等因素來評估芭樂的品質，要有生產追溯、產銷履歷才能報名，若是有機則可加分。

此外，「菁芩芭樂休閒農場」是由青農鄭俊達夫婦共同經營，農場多品種及草生栽培技術的「彩色芭樂」是農場的最主要特色，農場內有親手摘芭樂的樂趣，以及甘草芭樂搖搖樂 DIY 體驗，鮮採的芭樂，體驗親手作，用鄉土道地的方

▲芭樂果園中的心葉薄荷草生栽培

法，作出最甘甜的甘草芭樂好滋味。草生栽培法是以人工除草方式，除完的雜草覆蓋在土地上形成了漸次腐熟的有機腐植層，芭樂樹下都是鬆軟的腐質土，提供芭樂果樹土壤養分利用，並通過 SGS 驗證，讓消費者吃得安全安心，也讓環境循環永續。

　　顯然的，青農重視品種、品質，以及環境生態的想法，已不同於傳統農業。站在消費者及環境永續的角度，這樣農業才有未來性。

溪州尚水

　　溪州的莿仔埤圳與黑泥，是老天爺賜給溪州最好的禮物。但因政府決定在彰化縣二林鎮設置中科四期，由於園區工業用水必須取水自莿仔埤圳，因而造成工業用水與農業用水之間的調用競爭問題，2011 ～ 2013 年地方農民即展開「反中科搶水運動」。為了保衛家園及水源，地方甚至成立「反中科搶水自救會」呼籲政府應立即停止搶水工程，以及重新檢討臺灣的農業政策。這是人們如何對待這塊農業土地與水源的深沉哀鳴，沒有土與水，哪來農業！

　　「溪州尚水農產公司」的創辦人之一巫宛萍，因緣際會來到溪州駐村，參與溪州文化季的策劃，從此認識溪州並定居下來，開啟了她與溪州之間的故事。

　　巫宛萍和團隊成立了「彰化縣莿仔埤圳產業文化協會」，以協會名義向中央申請計畫並推動文化活動，包括在 2015 年起每年舉辦黑泥季活動，讓大家更加認識人與土地的關係。也共同創辦「溪州尚水農產公司」，結合許多小農契作與友善耕作，進行生態多樣性的營造，讓這片美好農業環境的生產、生態與生活，和諧平衡發展。宛萍說：「都是在地的孩子，但是吃的食物卻是由中央廚房供應，明明生活在產地，卻食用非當地食材，是件很奇怪的事。」因此，「溪州尚水農產公司」積極推動在地食材的使用，特別提供給溪州鄉立幼兒園。

　　溪州之美，或許外人看得更清楚，宛萍雖是板橋來的外地人，卻比在地人更關心溪州的農業環境。她住在這裡已經超過 10 年了，時間終將證明她對溪州土與水的堅持與實踐，是值得的。

▲護水運動

2011 年因中科四期開發計畫而引起的護水運動，莿仔埤圳扮演著關鍵角色。

圖片來源：作者翻拍海報

竹塘鄉

竹蘆水塘

　　地如其名的竹塘鄉，從前是蘆竹叢生、水塘遍布之鄉村。在彰化縣西南方，隔濁水溪與雲林縣為鄰。此地為濁水溪扇狀平原中心地帶，係東螺溪、西螺溪、新舊虎尾溪沖積而成，昔稱「內蘆竹塘庄」，1920年改稱「竹塘庄」；1946 年將庄改為鄉，得為今名。

　　「慈航宮」是地方的信仰中心，結緣於觀音菩薩在一次交通意外事故，選擇留在此地來護佑鄉民。竹塘鄉是臺灣重要的米倉之一，水稻種植面積達 1,890 公頃，也是臺灣洋菇、雞蛋的重要產地，所以竹塘的代表產物有「三白」：白米、洋菇、雞蛋。再加上白衣大士（觀音菩薩）護佑，其實是一白＋三白。竹塘可謂風水寶地，值得珍惜。

　　竹塘鄉地處濁水溪沖積扇之上，地勢低平、土質肥沃，水源充足，氣候溫和，除濁水米之外，尚有蔬菜、葡萄、釋迦、紅龍果、水蜜桃、高接梨、西瓜等，都可在這塊土地上生長出來，竹塘鄉儼然就是一個農業的百寶「鄉」，「只要流汗，要什麼有什麼。」

農會沿革

　　竹塘鄉農會從 1921 年設立「竹塘信用組合」開始，1924 年將原加入二林信用組合之股東劃分，編歸於竹塘信用組合；1934 年因組合法變更，故將原「有限責任竹塘信用組合」名稱，改為「保證責任竹塘信用組合」；1937 年增設販賣及利用兩部，更名為「竹塘信用販賣購買利用組合」，因此規模逐漸擴大，業務日益發展，迨至 1944 年，將組合改為以糧食增產為主體的機構，稱為「竹塘庄農業會」。戰後，奉令改

▲冠軍米的推手：詹光信總幹事　　　　　　▲竹塘飄稀米

為合作社與農會兩機構，至 1949 年再將合作社與農會合併，並於 1953 年 12 月改組為完全由農民組成的現在農會。

農會目前會員人數 2,347 人，占當地人口數 16%，其中贊助會員只有 152 人，顯示竹塘鄉為典型的農業鄉。理事長為莊焜勝，常務監事為陳森麟，總幹事為詹光信。

濁水米

竹塘鄉因濁水溪黑泥沖積的土膏及灌溉水源，自古以來的「濁水米」即相當有名。竹塘鄉農會近年以輔導栽培臺粳 9 號、臺南 11 號良質米，都是受歡迎的品種，品質頗受消費者肯定。參加全國稻米品質競賽，曾連續多年獲得「全國十大經典好米」的殊榮，也榮獲「全國名米產地冠軍賽 – 臺粳 9 號組」的冠軍、顯示竹塘鄉的「土、水、米」是最好的結合。

近年來，農會推廣的「竹塘飄稀米」更是獨特，這是臺中 194 號品種，米粒晶瑩剔透，口感滑潤順口，感覺黏又不黏口，口味蘊含草香，煮飯時香氣四溢處處飄香，即使米飯冷了，Q 度和香氣仍不減。

農會詹總幹事有感於竹塘在地雖有優質米，卻沒有一套完整的產銷系統，為此帶領團隊以循序漸進的方式，逐步完成臺灣冠軍米鄉的理想，包括 2009 年起陸續建置新型平倉之冷藏管理方式、使用稻穀低溫儲存

桶設備、率先採用日本原裝進口的新型精選白米機械，以全程電腦化作業選別分級，嚴選精碾出晶瑩剔透好米，穀物乾燥中心亦興建竣工營運中。詹總幹事致力於推廣優質米生產，長期執行稻米專區計畫，整合產製儲銷系統，有乾燥中心、低溫儲存桶、精米碾製，包裝成「竹塘米」或「竹塘飄稻米」品牌行銷，為農民創造最大的收益，是農會在我國稻米產業的典範。

黑貓洋菇

　　洋菇是竹塘鄉是代表性農產品之一，也是臺灣種植洋菇最主要的產地，全臺洋菇 5 顆有 1 顆即來自竹塘。1960 年代，「三罐王」之一的洋菇罐頭外銷曾帶動農村繁榮，現在雖不再外銷洋菇罐頭，但在鮮食方面仍大有可為。莊孟引和李美玲夫婦所經營的「興家菇類栽培農場」，即仍堅持此份理想。

　　人稱「黑貓」的李美玲女士，具有江湖霸氣的爆炸頭，講起話來極具魅力！從板橋嫁來竹塘，與丈夫胼手胝足共同創業生產洋菇，以夫為貴又有娘家堅強支援，先生負責品質管控和研發，「黑貓」負責洋菇市場的開拓（好市多、家樂福），夫妻兩人產與銷的結合，成為事業的最佳拍檔和生活伴侶。

▲洋菇場

洋菇是竹塘鄉是代表性農產品之一，也是臺灣種植洋菇最主要的產地，全臺洋菇 5 顆有 1 顆即來自竹塘。以前 1960 年代，「三罐王」之一的洋菇罐頭外銷曾帶動農村繁榮。

　　從 2008 年發展至今，已有兩處大型洋菇場，而且還在繼續擴建強固型溫室中，是臺灣規模最大的洋菇場，難怪「黑貓」在業界喊水會結凍！「霸王洋菇」直徑 4 ～ 5 公分，是霸王級的洋菇，潔白無瑕（沒有漂白喔），在空調溫室中生長，吃起來口感 Q 實又有脆度。他們也引進了原生種洋菇，透過持續的改良和創新，並開發出最適合種植的培植土配方，以確保洋菇的生長和口感的優越性。

有機蛋

　　曾文昌經營兩家牧場，「人行牧場」和「瑞溪牧場」分別生產「紅麴養生蛋」及「優視蛋」，各有不同的品牌定位與通路。共飼養 4 萬多隻雞，產蛋率大約在 75% 到 80% 之間，平均每 28 小時下一顆蛋，這些雞蛋都是有機蛋，有青殼和紅殼之分。青殼蛋較小，而紅殼蛋實際上是紅麴蛋，顏色較淡的是新雞產的新鮮蛋。

　　雞蛋的產量和換羽週期方面，蛋雞通常在從 130 日齡開始產蛋，在 6 個月達到產蛋高峰期，可產蛋 2 年。當產量過剩且價格低時，養雞場會自行進行換羽。在每年 1 個月的換羽期間，蛋雞會停止產蛋。

　　近來，雞蛋價格上漲的原因主要是種雞、飼料成本的上升，以及禽流感疫情的影響。曾文昌認為：「密閉水簾式雞舍要能有效避免禽流感病毒的傳播，仍要再將水簾負壓系統由橫向改為上下方向（縱向）。」這是他在參觀過美國養雞場之後的發現，如此一來可利用溫差創造負壓效應，更能防止禽流感的傳播。

善用資訊價值的菜農

　　從菜販變成大專業農的現代神農蔡宜修，並非農業世家出身，只有他的爺爺是農民。因為菜販經驗，宜修懂得市場需求，也注意到應整合

育苗場、官方和其他生產者動態等資訊的重要性，可解決資訊不對稱問題，再決定種植時間和批量。

在臺中區農業改良場的專家指導之下，2004 年從菜販踏入農業生產行列，從個人種植到成立產銷班，再組織生產合作社，結合技術、資訊、規模和組織，兢兢業業專門種植高麗菜和白菜，就是宜修成功的關鍵。

為避免「菜金菜土」的問題，也為解決種菜經常會面臨一下子遇上病蟲害、一下子遇上梅雨，時好時壞，陷入賺了賠、賠了賺的循環困境。最終，宜修下定決心參加農改場專業農民訓練課程，學習土壤改良和行銷等專業技術；同時，還利用載貨為老農賺取外快時，偷學老農的栽種技巧，逐漸建立了種植專業技術的基礎。他也意識到必須聯合其他菜農讓規模擴大銷售上才有贏面，於是跟農會說要組產銷班，班員都是青農，產銷班的規模優勢，並打出「竹塘鄉蔬菜產銷班第九班」的名號，搭配產銷履歷，讓所有班員的獲利都因而提高。

他們在市場方面已經有一定的預測能力，並且能夠根據需求量和供應情況調整種植時間。未來還計劃引進日本的智慧化農機，以更精準地管理水源和生長過程，並構建未來的智慧化生產模式。

▲大面積甘藍結合技術、資訊、規模和組織，是成功的關鍵

第十三章　彰化海岸

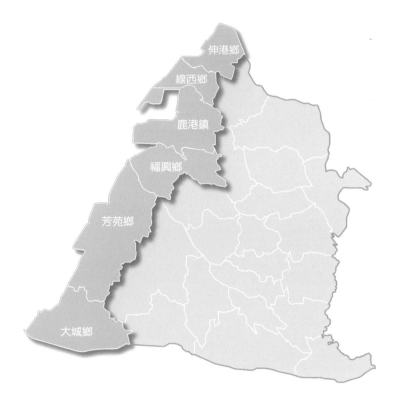

　　彰化縣西臨臺灣海峽，在大肚溪口至濁水溪口間形成彰化海岸線，從北到南依序為伸港鄉、線西鄉、鹿港鎮、福興鄉、芳苑鄉、大城鄉等六鄉鎮，海岸線長達 **76.9** 公里（直線距離 **47** 公里）。人口 **23** 萬人，約占彰化縣人口的五分之一。

　　在大肚溪與濁水溪這兩大河流輸砂、海流漂砂的堆積下，日積月累形成大片的海埔灘地，面積廣達 **15,128** 公頃，形成臺灣獨一無二、最大的海岸潮間泥質灘地，又稱為「潮間帶」，這些海埔灘地也成為孕育牡蠣、花蛤、蛤蜊、招潮蟹、赤嘴蛤、蝦猴、蜆等經濟貝類的場域。

　　這些沿海鄉鎮的農業特色，與平原截然不同，因為「靠海吃海」，近海漁撈、沿岸及陸地養殖就成為最直接的經濟活動；而因農地易受海風鹽分影響及較缺乏灌溉水源，甘藷、蘆筍、花生等旱作即較為普遍。另因地處偏僻，人口相對稀少，雞、鴨、毛豬、乳牛等畜牧業也多集中

於此地。這一帶居民常說沿海鄉鎮是「風頭水尾」的所在，也反映生活艱辛與堅毅豪爽性格。

　　本章就行走在這些沿海鄉鎮，感受吹著海風、東北季風，看著潮間帶生態與漁村風光，以及農作物及畜牧場交錯的農村風貌，應該會有別於八卦山脈或平原農業的認識。

表 13-1　2023 年彰化海岸鄉鎮概況統計

鄉鎮市	面積（平方公里）	人口數（人）	農特產品
伸港鄉	22.3	38,231	蒜頭、花生、洋蔥
線西鄉	18.1	16,240	皮蛋、蘭草、洋蔥
鹿港鎮	71.8	85,007	黑豆、鰻魚
福興鄉	49.9	45,350	豌豆、牛乳、秈稻
芳苑鄉	91.4	31,364	鴨蛋、毛豬、文蛤、虱目魚
大城鄉	14.8	15,182	雞蛋、肉牛、肉羊、甘藷

資料來源：作者整理

第 一 節
伸港鄉

新港變伸港

伸港舊稱「新港」，位於
彰化縣西北端。在過去，伸港
一直是屬於清治時期的彰化廳
線西保，或是日治時期的彰化
郡線西庄。直到戰後，1950
年 7 月 1 日從線西鄉分出，因
是新闢港口的關係，故定名為
新港鄉。然因與嘉義縣新港鄉
同名，易造成民眾與政府混淆
不清，於是政府邀請兩地溝通

▲與伸港鄉農會理事長陳秀菊（小菊姊）及總幹事楊忠諺合影

協調並抽籤決定，結果於 1959 年 7 月 1 日正式更名為伸港鄉（因為伸港與新港的臺語發音相同），並沿用至今。

伸港鄉農會是彰化縣最年輕的農會，因隨鄉行政區域的劃分，於 1950 年 9 月 25 日從線西鄉農會劃出，而成立現在的伸港鄉農會。目前會員人數 4,231 人，贊助會員 1,862 人。理事長為陳秀菊（小菊姊），常務監事為柯金朝，總幹事為楊忠諺。

筆者拜訪農會，與陳理事長相談甚歡，畢竟是與一起出國考察所建立的情感有關。她還硬塞給我六大袋的洋蔥，一袋 12 公斤，說可以讓我回去當「阿哥」。也與楊總幹事共同認識伸港農業的過去與未來的發展，認為農業勞動的質與量以及氣候變遷，對於未來作物的種類、規模和生產區位都構成極大的挑戰。在伸港鄉農會也巧遇阿姑楊足块，她再送我一箱臺粳 9 號帶回去。回鄉的感覺真好，滿滿濃情味！

生態保育

伸港鄉濱臨臺灣海峽與大肚溪入海處，有大一片的潮間帶濕地，生態資源豐富，是賞鳥勝地，1997 年縣政府特別在此設「大肚溪口野生動物保護區」，以及「伸港螻蛄蝦繁殖保育區」。大肚溪口的溼地，是彰化縣唯一的國家級濕地，也是每年候鳥遷徙必經之地，可見其重要性，設置保護區可保護當地豐富的水鳥資源及其棲息、覓食與繁殖環境。

螻蛄蝦是沿海潮間帶的穴居動物，其中，美食奧螻蛄蝦（俗稱蝦猴）是螻蛄蝦屬唯一具有食用經濟價值的種類，過去因利用機器抽水馬達強力水柱沖灌灘地，快速並大量捕捉蝦猴，導致蝦猴捕獲量大幅減少。當保育觀念興起之後，螻蛄蝦的保育就是一個活生生最好的教育案例。目前在伸港劃設有兩處、王功一處的「螻蛄蝦繁殖保育區」，分為核心區與養護區；核心區是完全禁漁區，不得以任何方式進入採捕保育種類或進行破壞水產生物棲地環境之行為，而養護區可在許可期間及區域內採捕螻蛄蝦，但禁止採捕太小尺寸，且應按月向彰化區漁會或當地「螻蛄蝦管理委員會」申報採捕量，全年採捕量達 200 萬尾時，則由縣府公告全面禁止採捕。

在「伸港螻蛄蝦繁殖保育區」附近，也是臺灣招潮蟹的故鄉，招潮蟹最大的特徵是大小懸殊的一對螯，經常會做出舞動大螯的動作；其中，「臺灣招潮蟹」是臺灣罕見的特有種海洋蟹類，分布於臺灣西海岸的泥質灘地上。招潮蟹族群數量多寡，也是反映潮間帶生態是否受

▲ 潮間帶上的螻蛄蝦繁殖保育區

到人為破壞，值得作為生態保育觀察的一個指標。

　　由於伸港鄉的生態資源豐富，彰化縣政府也在此設置生態教育中心，俗稱「白色海豚屋」，以臺灣西部沿海的極危物種白海豚為保育象徵，引導民眾認識生態環境與保育措施的重要性。

國產洋蔥與進口

　　彰化縣洋蔥的種植面積 228 公頃，僅次於屏東線和雲林縣，而彰化縣種植面積最多的在伸港鄉達 127 公頃。臺灣每年的洋蔥從伸港鄉 11 月開始收成，再一路南下收到屏東，所以年度的開盤價很重要，2022 年因軟腐病及炭疽病造成減產不少，價格就比往年同期為高。

　　「伸港鄉果菜生產合作社」專營洋蔥契作、收購及銷售，第三代的少主柯志宏已能獨當一面，站穩在臺灣市場占有率，至少兩成以上，也同時從日本、紐西蘭和美國進口洋蔥，讓洋蔥可以全年銷售。洋蔥可以貯藏達半年時間，應該是比較不會發生價格崩盤的問題。因為國內產量不夠需求，2022 年產量為 47,186 噸，但仍從日本及美國進口 78,371 噸。日本洋蔥遠從北海道的北見進口，因品質與臺灣洋蔥相當接近，炒熟容易軟爛且甘甜，較易入口，而美國的洋蔥較硬且辛辣，各有不同用途。

▲ 伸港洋蔥具價格指標性

　　就生食而言，臺灣洋蔥的口感更好，其次是日本洋蔥。相較之下，美國洋蔥較辣且脆度較高。因此在價格合理的情況下，大部分的洋蔥仍然是從日本北海道進口，日本進口洋蔥到

臺灣，大約需要一周左右的時間，因北海道地區無直航航線，需要轉運到本島。

　　除此之外，日本與美國洋蔥的進口流程也不盡相同，例如：對於日本進口，就必須與日本農協合作，但農協中只有少數人有資格進行洽談，而對於美國只需要打電話訂購即可。另外，日本洋蔥出口堅持使用紙箱包裝，以前曾提出使用網袋的建議，但日本以網袋容易造成碰撞損壞回絕，而歐美國家則通常使用網袋包裝。不同包裝方式，也表現不同國家的文化內涵及品質要求。

洋蔥與蒜頭

　　伸港蒜頭是小黑葉的和美種，與南部的大黑葉不同。和美蒜屬硬骨小葉種，為早熟種，每年 2 月間即可採收蒜球上市。植株矮小、蒜球小、瓣數多、外膜帶紅紫色，故又稱「紅蒜頭」，但產量較低，只適合早生栽培；不過蒜油多，味辛辣，又沒照過紫外線防止發芽，所以味道最香！

　　因氣候變遷，紅蒜頭是冬季的作物，現在居民都提早種，以避免與雲林縣採收時間重疊，過去一般都在農曆八月後才種，但也同時面臨可能因天氣越來越熱，蒜頭在土裡的時間變長，甚至變成不會發芽的問題。

　　在 1970 年代，全鄉約種植 400 ～ 500 公頃，但是現在只剩 20 幾公頃，主要是因氣候變遷及種植時間需要六個月之久，反而現在農地比較多種洋蔥，成長到收穫約四個月。

▲77 歲的農婦獨坐在伸港溪埔地，靜靜地整理紅蔥，在大太陽底下，面對遼闊的大地，忽然有種天地人和諧的景象感覺。

勞動的困境

　　目前伸港鄉面臨嚴重缺工的問題。因為現在能夠耐得住辛苦，在田地工作的也只有老農，約 60 幾歲至 80 幾歲左右。洋蔥缺工最嚴重，因為洋蔥苗要在水田定植，種的時候，畦都是滿水，而且要泡水彎腰來種，1 小時也許還好，但是 2 小時、8 小時…長期下來，許多年輕人都無法接受。

　　有關缺工問題，農會楊忠諺總幹事很深刻地述說：「伸港鄉種植的都是短期作物，無法 365 天提供工作，所以很難尋覓工人。現今的派工，就是要讓工人 365 天都有工作可做，而每個農場的時間規劃，幾乎把工人綁住了，所以要工人抽空再到別的農場工作很困難。農場主通常喜歡固定式工人來做，以前也有移動式工人，之前上面有規定這一個場只能做三個月、六個月，一段時間之後就要換場，但是執行起來就是有困難，農場主也抱怨：『這個人在我這裡做得很好，你為什麼要把人調走？』另外還有人只是消磨時間，沒有什麼勞動力，東摸摸西摸摸，一天就過了，也沒做到什麼。移工以前稱為「人力活化」，現在稱「派遣工作」，我們約有 20 個人力本地派遣勞工，由農會派遣工作，提供本地短期種洋蔥、大蒜期間的人力。但就算如此，人力還是沒能補上。能夠掌握的派遣工有 20 位而已，因為是要種 150 公頃面積的洋蔥，20 個人都不夠的。」

　　勞動老化及缺工問題，不只在伸港鄉，已普遍發生在大部分的農場，而且缺工的問題也使得青農卻步，或限制規模的擴大。政府雖持續推動「農業技術團」，或以外展外勞（外籍移工外展農務服務）方式因應，但與農民需求仍有相當大的落差。若是外勞引進政策與管理，無法與農事適時適地的勞動需求配合，或是省工栽培模式及機械化不能有效推廣，則未來農業發展終將受到限制，此為隱憂之一。

第二節
線西鄉

半線以西

　　彰化縣線西鄉，「線西」意即「半線（彰化市）以西的地方」，清廷將半線保分為「半線東保」、「半線西保」，1887 年「半線西保」簡化為「線西保」，之後即沿用「線西」一詞。日治時期，1920 年實施街庄制度，將下見口、新港兩區合併為線西庄，並隸屬於臺中州彰化郡；戰後，才改為線西鄉，在 1950 年 7 月 1 日劃分為線西、新港（後改為伸港）兩鄉；同時，線西鄉是彰化縣面積最小的行政區。線西鄉是一個風頭水尾的地方，謀生不易，靠水稻、洋蔥、大蒜、甘藷，以及魚塭勉強求溫飽。

　　線西鄉農會創立於 1917 年，名稱為「線西信用販賣利用組合」，當年由黃呈聰任組合長，1921 年改稱「線西信用組合」，1944 年再改稱「線西庄農業會」；戰後，1946 年變更為「線西鄉合作社」，1955 年奉令合作社與農會合併，定名為「彰化縣線西鄉農會」至今。目前會

▲蕃薯阿嬤楊玲珠總幹事

員人數 2,062 人，包括自耕農 1,587 人，佃農 52 人，雇農 36 人，學校
畢業 1 人，贊助會員 386 人。理事長為黃銘輝，常務監事為謝順為，總
幹事為楊玲珠。楊總幹事，也是臺大農經碩士，談起線西鄉農業如數家
珍，說到農民視同家人，從 1979 年起就在農會服務至今。線西鄉是風
頭水尾的地方，農民和農會努力求生存與發展，有如當地的蕃薯，不怕
風雨仍然根繁葉茂。

　　農會信用部嚴守金融紀律，雖然只有存款 38 億元，但是存放款比
達 67%、逾放比僅 0.32%；重點是在供銷部業績持續成長，因為楊總
幹事採明確的工作獎金激勵制度，每人年度的盈餘目標為個人薪水的兩
倍，連總幹事也不例外，達成盈餘目標就可以分紅七成，有些員工的薪
水加上工作獎金甚至於比總幹事領的還要多。

有洋蔥的故事

　　在風頭水尾的線西鄉謀生不易，當地人口外流，但是有一家企業卻
留住當地人口並吸引外人前來。「臺灣優格餅乾學院」是臺版的哈利波

▲「臺灣優格餅乾學院」是臺版的哈利波特魔法學院

特魔法學院，每年吸引超過 100 萬人潮來此參觀、體驗、選購，是線西鄉 1.6 萬人口的 60 倍以上規模，僅一家企業卻帶動全鄉的發展。

線西子弟吳睿麒於 1998 年創辦這家食品工廠，用一片餅乾翻轉線西鄉，並走入世界。用高標準的國際規格與認證，為世界食品大廠、國內主要食品公司和超商代工餅乾。於 2007 年進行擴建，並於 2014 年開始建立「臺灣優格餅乾學院」自有品牌。吳董事長的女兒吳珮淳經理說：「這裡的目標，是將臺灣的農產品，加工發展成可在各通路上銷售的商品。」目前廠房約有九成員工來自線西、和美、伸港和鹿港地區。

臺灣優格餅乾學院的規模從最初的 2,000 坪，擴展到現在接近 4,000 坪，除了餅乾學院以外，其餘的空間都被用來作為產線。「臺灣優格餅乾學院」希望推動地方觀光、社區建設以及在地農產的推廣，落實地方共好。四年前，他們選擇以在地洋蔥作為產品特色，帶領民眾去洋蔥田體驗摘取洋蔥，然後將這些洋蔥製成洋蔥圈餅乾，讓人們完整體驗從土地到餐桌的六級化產業。目前已經進入第四年的活動，每年參與的人數都非常踴躍，通常在 12 月舉行，數百個名額在一個禮拜內就會被搶光，因民眾對於洋蔥的採摘體驗非常感興趣。

此外，「臺灣優格餅乾學院」秉持企業社會責任，支持地方教育、參與環境保護，並且與地方追求共好，包括提供安心教育基金、急難救助基金、獎學金及課後社團基金、認養海岸線並淨灘，還有定期訪視弱勢家庭、關懷獨居老人，以及與在地契作洋蔥做成洋蔥餅、協助農會代工推廣黃金蕃薯燒等等。

要翻轉偏鄉，不要寄望別人伸援或政府補助，還是要靠自己家鄉的子弟，成功的企業家不只要榮歸故里，更要讓企業在地生根創造活水，這樣的企業家才值得尊敬！吳董事長的女兒吳珮淳經理，為臺大生傳所碩士，正在打造企業的品牌工程，而魔法城堡仍然會持續創新求變，且讓我們拭目以待！

轉進的人生

　　在線西鄉遇見愛琴海的藍白建築，而且這座「白馬的家」真的有白馬！莊園主人林進行先生的人生也很精彩。在臺灣經濟起飛的年代，這個地方本來在 1979 年開始養蛋鴨，由於養鴨需要大量水資源，且排放廢水會引起環境爭議，因此他決定轉型為不具爭議的事業。10 年後在股市狂飆的年代轉型為騎馬俱樂部，大約養了 20 幾隻馬，有錢的客人來騎馬馳騁在草原或海邊；經濟泡沫破滅後，此地再轉型為「白馬酒莊」釀酒，之後再打造為目前的休閒農園。目前莊園裡還有三隻小馬，準備在取得合法的「動物展演證」之後，就要再引進更多的馬匹，來結合戶外教學和食農教育。

　　線西鄉以前有許多的養鴨人家，合計約 25 個養鴨場，飼養 15 萬隻鴨，也是鴨蛋製品皮蛋和鹹蛋的故鄉。但在 2005 年 6 月被驗出戴奧辛含量過高的毒鴨蛋事件之後，從此養鴨產業一蹶不振。觀光局推廣海線觀光，又找「莊園」來設計鹹蛋 DIY 體驗活動，所以現在「莊園」也拾起老本行，又多一項特色！此外，林進行還成立「彰化縣線西鄉文化創意產業協會」，致力於地方文史、老屋和產業變遷紀錄，是一位與在地共存共榮的性情中人，人生只有不斷的轉進，沒所謂退休或淘汰。

▲白馬的家

在線西遇見愛琴海藍白建築，這座「白馬的家」真的有白馬！

藺草編織

　　藺草，生長在河鄉川出海口、潮間帶灘地、或濕地，是耐鹽性高的植物，在強風惡地依然可以生存，像是具有「海口人」的精神。藺草有三種：大甲藺（蓆草）、三角藺（鹹草）、圓藺草（燈心草）。特別的是，草桿硬而直、三角或圓柱體，可用來編織、綑綁、或浸油後當蠟燭。

　　早年臺灣農村幾乎家家戶戶的婦女都在做「手工」，用藺草編織草帽、草席，甚至西方尼帽外銷，以增加家庭收入。

　　在線西鄉「白馬的家」，莊園夫人還特別示範藺草編織，喚起我們童年回憶。藺草曬乾後有股淡淡的草香，草席、褟褟米也是藺草編織的，睡在上面應該容易安神入睡吧。

療癒的多肉植物

　　多肉植物的根、莖、葉都是肉肉的，很療癒！自己組合小品的多肉植物，每件作品都是獨一無二的，可以自娛娛人。多肉植物在 2015 年就曾有一波熱潮，在近年觀葉植物被過度炒作之後，多肉植物又回來了。

▲線西鄉以前有許多的養鴨人家，現已轉移到大城鄉

　　線西鄉的「繽紛多肉」園藝場，場主黃淑菁形容此地是「臺灣沿海地區最大的多肉植物場域」。她的開朗，也正印證多肉植物的療癒性，此地有許多多樣及多年生的多肉植物，真是好事多多！

　　線西鄉的環境對多肉植物的生長有一定影響。由於風大且冷，多肉植物在這種環境下生長會更加美麗，此地環境適合種植景天科的多肉植物，而南部則更適合種植仙人掌。由於線西鄉地處偏遠，淑菁最初對於能否在這裡成功經營多肉植物抱有疑慮，所以她選擇逐漸嘗試，在各個地方種植不同的物種，不敢投入太多資金。開始時，鳥類並不來吃多肉植物，但近年來情況有所改變，為了保護植物免受鳥類侵害，淑菁嘗試過使用 CD 片和頻率干擾，但都沒有成效，最後不得不搭建網子。

　　線西鄉位屬偏僻，所以平日沒有什麼人來，但在假日來的客人不少，都是透過網路慕名而來，最遠有從基隆來的。因為市場上較少賣大型多肉植物，在田尾鄉頂多賣今年剛繁殖的新植栽，但像多年生又大棵的多肉植物，市場上幾乎沒有。另外，對於植物的照顧，她建議不要過度澆水，多肉植物喜歡冷環境，不喜歡熱。

▲繽紛多肉

第 三 節
鹿港鎮

鹿港風華

　　「鹿港」為早年為平埔原住民巴布薩族（Babuza）盤據之地「Rokau-an」的音譯，但也反映當時全島到處都有梅花鹿，並在鹿港發展為鹿皮貿易的地方，故稱為「鹿仔港」。鹿港開發得很早，在臺灣一直享有盛名。在 1741 年已被形容為「水陸碼頭、穀米聚處」，是對外貿易的重要港口，只是當時還不能直航至中國大陸。直到 1784 年清廷開放鹿港為通商口岸之後，因可以直航至大陸進行貿易而更加發達。鹿港為臺灣最接近中國大陸的港口，與泉州府晉江縣對渡，有許多泉州人即移民至此，因此鹿港處處可見雕刻精美的古蹟建築及漢學文風。乾隆 50 年起至道光年間（1821 ～ 1850 年）為鹿港的全盛時期，之後因港口泥沙淤積而逐漸沒落。在嘉慶中葉後，因淤塞問題而使港口陸續轉移至沖西港（鹿港街西方 4 公里處）、番仔挖（今芳苑鄉），淤塞也使得鹿港離海邊愈來愈遠而陸地化。1982 年羅大佑的一首「鹿港小鎮」，再度喚起大家一股發思古之幽情。

農會

　　鹿港雖早期商業發達，但 1850 年之後由絢爛歸於平淡，回歸農耕捕魚的傳統農業社會。鹿港因處於風頭水尾，特別是每年九月即開始吹起東北季風，隨著冬季的來臨，風速不斷增強，月平均風速達每秒 9.5 公尺以上，耆老稱之為「九降風」，可以想見農耕的辛苦。

　　鹿港鎮農會創立於 1905 年的「鹿港信用組合」，1931 年改組為「保證責任鹿港信用販賣購買利用組合」，1940 年興建農業倉庫，1944 年

▲ 鹿農墨豆坊

鹿港鎮農會創立「鹿農墨豆坊」品牌，強調「三品」(品種佳、品質好、品牌讚)，及「二安」(安心食用、安全健康)。

2 月合併「鹿港街農業組合」和「鹿港街畜產組合」，改組為「鹿港街農業會」；戰後，經業務分合，在 1949 年 11 月改稱為「鹿港鎮農會」至今。

農會在 2023 年 8 月存款金額為 95 億元，放款金額 47 億元，存放比 50%，逾放比 0.05%。會員人數 5,385 人，包括自耕農 3,710 人，佃農 227 人，雇農 6 人，學校畢業 5 人，農林牧場員工 1 人，贊助會員 1,436 人。理事長為張家堂，常務監事為施進益，總幹事為梁竣傑。

梁總幹事曾在華南銀行服務，是鹿港子弟，返鄉為農民服務，有意發展品牌及開發加工的農特產品。筆者亦跟他分享一些觀察，包括結合鹿港文化底蘊開發農業文創產品、重視青農培育，以及參與小地主大專業農計畫等。

漁會

彰化區漁會為全臺第一個漁會，在 1901 年由彰化鹿港地區漁民施範其代表發起成立「鹿港漁業組合」，1907 年改組為「彰化水產組合」，1924 年臺灣總督府頒布施行漁業法、漁業組合會等，彰化縣境內各漁

▲第一名的總幹事陳諸讚，彰化區
漁會為全臺第一個漁會，存放款
也是全臺漁會第一名。

民集中地區，陸續成立漁業組合。1936 年「鹿港漁業組合」改組為「保
證責任鹿港漁業協同組合」，1944 年日本政府為加強統治，公布《水產
業團體法》，所有漁業組合均改為「水產業會」；戰後，1947 年政府
依據漁會法及合法社法的規定，將「水產業會」的技術指導與行政部門
改組為漁會，經濟部門改為「漁業生產合作社」，1950 年將「水產業會」
與「漁業生產合作社」兩者合併。

　　1951 年，隨著行政區域的調整再改組，沿海鄉鎮均設鄉鎮漁會，
並設縣漁會於鹿港。1955 年漁會改組，取消縣漁會並將鄉鎮漁會改為
區漁會，計有鹿港、新（伸）港、線西、福興、王功、芳苑、大城等區
漁會。

　　1976 年彰化縣政府依政府頒布之漁會法修正案，將縣內七個區漁
會合併成立「彰化區漁會」，並分設伸港、線西、鹿港、福興、王功、
芳苑、大城等七個辦事處。

　　為服務會員或漁民第一線，目前在鹿港、伸港、線西、草港、福興、
王功、芳苑、大城、埔心共設有 8 處信用分部、7 處辦事處及 1 處魚市場。
彰化區漁會的三巨頭：理事長林明壽、常務監事陳宗義、總幹事陳諸讚，
對於漁會穩健經營及服務漁民，貢獻卓著。

▲有錢存漁會、需錢漁借貸
彰化區漁會廣設信用分部及辦事處達 8 處，其中王功信用分部存款
就相當於一般農會的規模。

經營卓越的漁會

陳總幹事自 2004 年獲聘以來，經營績效卓越有目共睹，例如：以
2023 年 6 月資料而言，原存款總額 45 億元增至 190 億元、原放款總
額 19 億元增至 141 億元，存放比達 74%，且逾放比率由 8.99% 降至
0.0036%，如此佳績當然歷年連獲農業部的農金獎多項肯定。

除信用部之外，漁會直營的埔心魚市場及設置 5 千公噸的大型冷凍
倉儲，近年交易金額突破 11 億元，有助於穩定魚貨產銷；同時，推廣
漁產品不遺餘力，建立品牌及電商平臺，在 2021 年供銷業績快速成長
達 6,500 萬元。此外，廣設信用分部及辦事處達 8 處，促進漁會服務漁
民的功能，其中王功信用分部存款達 51 億元，相當於一般農會的規模，
不可小覷，李永同主任服務熱忱亦令人留下深刻印象。

漁會的所作所為不只在信用及經濟部門，還包括組織漁民成立巡護
志工班隊，參與漁業資源美食奧螻蛄蝦保育、護溪封漁、白海豚巡護等，
並在 2021 年成立綠色照顧工作站關懷漁村長者，兼顧生產、生活與生
態，全方位發揮漁業的「三生一體」功能，也具體呈現漁會的存在價值
與社會責任，堪為農漁民組織的典範。

高粱再現

　　鹿港也有種高粱！其實，鹿港以前就曾經種過高粱，只因為過去品種容易發生穗上發芽或發霉的問題就停種了，而這個問題也曾出現在雲嘉南地區。

　　但是 2022 年起政府為擴大推動國產雜糧種植，配合新品種研發（臺南 7 號、8 號）、與金酒公司契作，以及實施高粱收入保險，所以在2022 年一期即在桃竹苗雲嘉南等縣市種植 624 公頃，但這些都是種植臺南 7 號或 8 號品種。很特別的是，在鹿港種植的品種是外來的豐糯 4號高粱，與臺灣全糯性品種不同。但是 2022 年因為第一次種，栽植密度與田間管理都有待改善，所以雖在 8 月 15 日種植已接近收成，但是結穗不夠緊實，產量還無法達到每分地 1 噸的預期水準。

　　目前負責營運主體是紀氏源豐集團，是大糧商，家族所掌握的碾米量約占臺灣一成。少主紀信宇在加拿大留學七年，主修工業工程，但也義無反顧地回來參與家族事業，接地氣地下田與農民博暖。目前在鹿港承租 31 公頃及龍井 26 公頃農地，大家都很努力要復興臺灣高粱的種植，只是仍需要時間才有好的表現。

黑豆系列

　　鹿港鎮因東北季風及水源關係，水稻種植面積在第二期減少許多，例如 2022 年第一期稻作有 1,189 公頃，而第二期稻作銳減

▲ 鹿港也有種高粱！

其實，鹿港以前就曾經種過高粱，但因為過去品種容易發生穗上發芽或發霉的問題就停種了，2022 年起配合政府為擴大推動國產雜糧又開始種植高粱了。

為 237 公頃，減幅達 8 成。因為環境氣候關係，農改場從 2016 年起即在彰化地區推動轉作大豆，依品種差別，生育期在 90～110 天之間，可配合一期作水稻進行水旱田輪作。因為大豆根部有根瘤菌共生，可將空氣中的氮轉換成大豆所需養分，預估每公頃可較水稻減少氮素肥 80 公斤，減少化學肥施用及培養地力，並提升糧食自給率、減少進口大豆的依賴。大豆屬於土地利用型作物，生產過程可藉由機械化取代人工，是再生稻田或休耕田轉作的最佳選擇。

國產大豆走鮮食及供消費者食用的路線，以與進口大豆作為油脂及飼料的需求市場有所區隔。黑豆因黑色種皮而與黃豆不同，但優質蛋白質與黃豆的相當，不過維生素 A 遠高於黃豆，適合作為各式加工原料。

鹿港鎮農會即推廣在地特色黑豆產業，從契作到將黑豆開發成一系列的伴手禮，有黑豆茶、黑豆炊粉、黑豆粉、黑豆花生蛋捲、黑豆千層棒、黑豆醉雞腿，以及讚豆雞等，並自創「鹿農墨豆坊」品牌，強調「三品」（品種佳、品質好、品牌讚）及「二安」（安心食用、安全健康），以追求黑豆價值的提高。

鰻金歲月

臺灣鰻魚產業的發展是從鹿港鎮開始，在 1980 年代全盛時期，在鹿港地區的養殖面積即高達 500 公頃，鰻魚產量維持在每月 400～700 公噸，占全臺的二分之一，主要出口至日本，一年外銷日本的金額高達新臺幣 200 億元，也使臺灣享有「鰻魚王國」的美譽。那是一段「鰻金」的歲月，大家都很懷念，但後來因中國大陸及韓國的崛起，及日本境內養殖技術精進，而使得我國出口量持續減少，2022 年的只剩 1,799 公噸。目前在彰化縣的日本鰻養殖面積仍有 26 公頃、產量 487 公噸，為全臺第 3 高。

第四節
福興鄉

福氣興隆

　　「福興」的地名，是福建省泉州移民來此希望「福氣」、「興隆」的寓意。日治時期稱為「福興庄」，隸屬臺中州彰化郡；戰後正名為福興鄉。

　　福興鄉農會於 1924 年創立，初名為「有限責任福興信用組合」。在 1935 年依照產業組合法，

▲福興穀倉

福興鄉農會的「福興穀倉」，在 1935 ～ 1938 年陸續興建碾米廠與穀倉，是臺灣少數的日式穀倉，至今仍然保有完整傳統的「老虎窗」，兼具通風及採光；還有以粗糠穀和稻草、黏土所塑造而成牆壁，已登錄為彰化縣歷史建築，是重要的文化資產。

改為「保證責任福興信用購買販賣利用組合」，至 1944 年奉令改組為農業會；戰後，1946 年改為福興鄉合作社，至 1947 年 11 月復再奉令改組分為合作社與農會兩個團體，1949 年復又奉令改組，將合作社與農會合併為「福興鄉農會」至今。目前會員人數 3,742 人，包括自耕農 3,346 人，佃農 10 人，贊助會員 386 人。理事長為粘銘燦，常務監事為蔡成芳，總幹事為林坤宏。農會在 2023 年 8 月的存款金額 47 億元，放款金額 29 億元，存放比 62%，逾放比 0.03%，是信用部小而美的農會。

糧食國家隊

福興鄉的地理環境很有趣，以員鹿路為界，分為「東福興」與「西福興」兩地。「東福興」未靠海，土質鬆軟適合農業發展，可種植水稻、碗豆和蔬菜，其中水稻又以秈糯最具有特色，也是全臺種植秈糯面積最大的產區；「西福興」靠海，土壤貧瘠，以旱作為主，主要種植西瓜、花生、甘藷，飼養乳牛、鰻魚和文蛤也都在西福興，「一鄉兩地」各具特色！

過去的農會組織起源於日本，最早可追溯到 1924 年，當時農會的角色主要是提供農民耕種所需的資金支援和結算服務。農會在促進農產品多樣化和協助農民計劃生產方面發揮重要作用，並以生產為主，成為農民在生產方面的基本支持機構。農會在農業發展政策方面也扮演著扎根的角色，與農民攜手取得成果並維持穩定的生產。因此，農會的定位是為農民及生產服務。

福興鄉農會是全國唯一具有農耕隊的農會，長期經營牧草專區達150 公頃，農耕隊的幾位同仁和外勞都是農耕隊的專業技術人員。農會林總幹事說：「農會的核心價值在於服務農民與確保國家糧食生產，以其農耕隊的經驗，認為農會除了在倉儲、乾燥及加工之外，可以進一步

▲ 草捲（每粒牧草捲重達 250 公斤）

農會和農戶契作牧草達 150 公頃，建立全國唯一「彰化縣國產芻料供應中心」。農會有自己的耕作機器、車輛與團隊，為國家糧食安全盡心盡力。

整合農民和農地，成立代耕中心，以供應鏈方式進行生產管理，為國家掌握基本的糧食生產。在當今糧食安全越來越受到重視的情形下，我們可以思考由農會扮演「糧食國家隊」的角色。」

有道理！尤其是現在糧食安全及糧食自給的議題，愈來愈受到重視，藉由農會整合地方農民與農地，投入在水稻及雜糧的糧食作物的生產、收購、儲銷，並在政府統籌規劃下各就各位，實在值得深思如何來推動「糧食國家隊」的實現。

機器人也可以擠牛乳

全臺最大的乳牛產區在彰化縣，彰化縣主要的乳牛產區在福興鄉福寶村。筆者參訪「豐樂牧場」，是彰化縣最大的牧場，約 1,500 頭乳牛，場主黃常禎已有超過 30 年飼養乳牛的經驗。

「豐樂牧場」以前使用傳統的 3.0 擠乳方法，需要人力監督，因為缺工問題，2021 年開始導入瑞典進口的 4.0 自動擠乳機器人，24 小時擠奶，乳牛可以隨時自動過來泌乳，每次泌乳約 10 公升。傳統的擠乳方式限制了泌乳牛一天只能擠乳兩次，但使用擠乳機器人後，泌乳牛可以每天擠乳三次，機器人同時可以隨時監測泌乳量是否有異常，以及品質有沒有因為乳房炎而改變，這可以從導電度監測得到。另外，機器人還會識別牛號，如果有乳牛進入機器擠乳超過三次，機器會停止操作來控制，確保負責的牛每天都只能擠三次乳，可謂是智慧農業的典範，場主只要進行數據管理就可以。

「豐樂牧場」飼養的乳牛是原生種，基

▲自動擠乳機器人

因來自於國外，都是高緯度地區的品種。因此，在牧場內設有密集的大風扇，並且牛隻上方還有灑水系統，以幫助牛隻降溫。牧場使用草料供應給還未泌乳的牛隻食用，而泌乳牛則需要食用更營養豐富的精料。牧場使用農機拌料，比例由營養師調配；此外，他們也已經引進拌料機器人，並計劃在未來啟用。鮮乳品質與精料配方有關，基本上，主要是由牧草、甜燕麥、苜蓿的調配而成，所以喝起來才會濃純香，真的很好喝，並已建立「鮮乳坊」的品牌在市場銷售。

鰻魚沉浮與地方改變

福興鄉在 1960 年代盛行養殖鰻魚，與鹿港鎮一樣，養殖漁業發達，但是因為超抽地下水造成地層下陷、土壤鹽化，加上鰻苗價格及養殖成本不斷上升，以及外銷市場因國外的競爭，故現在鰻魚產業已經沒落了。

1973 年，政府在福興鄉成立「福寶酪農專業區」，所以才開始致力於發展酪農產業，而部分土壤鹽化的農地也逐漸轉變為水鳥豐富的「福寶濕地」，也是生態保育的重要區域。

近年來，政府推動「魚電共生」已成為趨勢，養殖業開始在養殖池上安裝太陽能板以發電。然而，現實和政策之間存在著矛盾。例如：魚塭在超抽地下水引起地層下陷問題後，已有 20 至 30 年不再核發養殖用水權，儘管這些地區的土地被劃定為養殖用地，卻不給予水權，無法進行養殖，只能荒廢。應考慮將這些地區劃為養殖專區，以合法方式引進乾淨的海水復興養殖產業；儘管淡水使用不多，但地層下陷的問題已經獲得控制，養殖業可以繼續發展。另外，離岸風電風機引起的噪音和震動對文蛤和牡蠣等生物造成影響，因為震動造成閉殼及死亡的問題，也應尋求改善及補償。

芳苑鄉

番仔挖

　　芳苑鄉原稱為「番仔挖」，因這一帶過去是原住民巴布薩族的居住地，所以冠上「番仔」，且有一條航道轉折入海於此，臺語稱彎折為「挖」，故將「番仔」與「挖」合併而成地名「番仔挖」，清治時期亦稱為「番挖」，在日治時期改稱為「沙山」；戰後，改以當地舉人洪算諒的宅號「芳苑」為鄉名，算是較「番挖」文雅的名稱。芳苑鄉是彰化縣僅次於二林鎮的面積第二大行政區。

浴火重生的農會

　　芳苑鄉農會於 1943 年由二林鎮農會劃出，時稱「沙山庄農業會」。在彰化縣基層農會中算是僅次於伸港鄉農會第二年輕的農會。1947 年改組分為農業會及合作社兩機構，及至 1949 年再行合併改組至今。目前會員人數 3,419 人，包括自耕農 2,474 人，佃農 66 人，雇農 3 人，贊助會員 876 人。農會在 2023 年 8 月存款金額 56 億元，放款金額 37 億元，存放比 66%，逾放比 0.01%，淨值占風險性資產比率

▲氣勢非凡的芳苑鄉農會

農會在謝介民總幹事的大力重整之下，已經蓋起漂亮的大樓，而且在草湖分部也已動土要蓋大樓，今非昔比，可謂是浴火重生的鳳凰。

13.04%。農會信用部財務相當穩健。理事長為林木村，常務監事為林國揚，總幹事為謝介民。

　　想當年芳苑鄉農會曾經在 1997 年 9 月 15 日奉命整理而後成立管理委員會，在 2001 年 8 月 13 日信用部被彰銀接管，並在 2009 年 7 月 16 日歸還農會。謝介民總幹事就是在農會最艱困時期與同仁辛苦奮鬥，透過輔導畜牧業和青農的生產，讓政策性農業貸款能夠發揮綜效，並為農會創造主要的獲利來源，而獲得農金獎的肯定；同樣的，供銷部的蔬菜共同運銷業務也做得有聲有色，占農會獲利的一成。未來還要在草湖分部蓋大樓，並協助發展畜牧產品的加工，以創造更大的附加價值。筆者利用假日拜訪謝總幹事，他開著賓士進口車來接我，並帶我參觀去年剛落成的新大樓，真為他感到高興。農會在謝總幹事的大力重整之下，今天已經蓋起漂亮的大樓，今非昔比，可謂是浴火重生的鳳凰。

改造農會信用部

　　農業信用部是農會營運的核心與獲利來源，但因存放及借貸金錢往來，也經常是營運風險之所在。

　　由於芳苑鄉農會曾被接管，如何重整信用部，並發揮為農會營運與農業金融的積極功能，謝總幹事有一些不藏私的作法值得參考，包括：

1. 一條龍式輔導：農會同仁去輔導農民，從頭輔導到尾，從生產開始輔導，並媒合通路，到生產規模化、企業化，農民為擴大投資或添購機器設備才來向農會借錢。不但有助於產業升級，也使農會放款成長。

2. 放款審查嚴謹：因農會員工有些是外縣市，對貸款農民不甚了解，放款審查不只看抵押品，更要看人的背景，故會在地方向鄰里詳細探問調查貸款人的相關背景，但盡量僅貸款給鄉內、或返鄉的青農。同時，注重貸款的營運計畫，針對過去經歷、

未來計畫達成的可能性、目標發展是否正確、有無符合未來趨勢等加以瞭解，並且一路陪伴輔導，輔導時間往往超過 10 年，以成就一家營運成長的畜牧場，而且輔導好的牧場會吸引到同類型、程度水準相當的潛力農民，介紹進來給農會輔導，農會的放款業績就會越來越好，形成正向的循環。

3. 善用農信保機制：鼓勵貸款農民加入農業信用保證（簡稱農信保），避免擔保能力不足的問題，因有農信保 7 成處理，擔保品有 4 成就可借，以協助農民獲得農業經營所需資金，並促使農會信用部積極推展農業貸款業務，以發揮其融資功能，是為農民與農會雙贏的結果。

4. 推廣農業政策性貸款：農業貸款多以農地為擔保品，處分不易，農業貸款性質不同於一般商業及房地貸款，農漁民不易自一般商業銀行取得資金，縱能獲貸亦須負擔較高利率。農業部自 1973 年起推動專案農貸，現行專案農貸計 19 項，涵蓋農、林、漁、牧經營，包含改善經營體質、購買機器設備、防治污染，或是循環經濟等有利於產業發展及政策目標，均可申請貸款，並以優惠貸款利率繳交利息，減輕農漁民的負擔，例如提升畜禽產業經營貸款優惠利率僅 1.415%，農會也會因此獲得政策性農業專案貸款之利息差額補貼。

▲蚵田

王功著名的「珍珠蚵」，養殖在潮間帶上的蚵田。從前靠「海牛」運蚵仔，現在靠「鐵牛」。

▲人參山藥

芳苑鄉適合旱作，人參山藥一團一團的莖蔓籠罩在田間，跟甘藷一樣，都屬於多年蔓生植物。

　　由於積極輔導及活化農業金融機制，農會信用部的存放比達 66%，而且逾放比只有 0.01%，嚴格控管逾期未還的情形。從 2009 年 7 月 16 日信用部歸還芳苑鄉農會，當時員工只有 21 位，現已有 46 位，回歸後招募員工，要求素質要夠，每個員工的貢獻率高，貸放占總業績 91% 以上，信用部盈餘不斷成長，均是明顯可見的成果。

臺 17 線的東西不同

　　基本上，芳苑鄉的農業和漁業以臺 17 線為界，臺 17 線以西靠海，農地土壤鹽化不適合農作物生長，因此有許多魚塭，主要養殖文蛤，並混養虱目魚或白蝦，早期也曾養殖鰻魚，近十幾年來受到臺中火力發電廠和六輕的影響，文蛤產量明顯減少。

　　對外地人而言，可能王功比芳苑更為有名。王功海埔地及永興海埔地分別於 1969 年及 1983 年興工完成，造就王功沿岸養殖業的興起。魚塭的收入比農地的收入好，又沒有蚵仔養殖的辛苦和危險，很快成為王功人的新選擇。最初以輸出日本的鰻魚、斑節蝦、草蝦的飼養為主，現在則以文蛤的養殖為大宗，虱目魚、豆仔魚、烏仔魚、蜆等混養。

　　臺 17 線以東，則種植水稻、花生和蔬菜，以前也曾大量生產綠蘆筍外銷，有助於當地經濟的改善。芳苑目前還是全國水耕蔬菜最多的鄉鎮，面積達 15 公頃，臺中區農業改良場高德錚博士曾開發導入水耕蔬菜。水耕蔬菜有管理簡單、節省勞力、肥料利用率高、病蟲害減少、縮短培育期、增加收穫次數等優點，更可全年穩定生產，避免颱風、旱季、梅雨來時市場上蔬果的缺乏。目前芳苑鄉的水耕蔬菜產量已占全臺一半，全年生產蔬菜類，依適合季節生產萵苣、芹菜、青江菜、莧菜、小白菜、空心菜、小黃瓜、蕃茄、生菜等。

畜牧大鄉

　　彰化縣是農業大縣，也是畜牧大縣。乳牛、肉羊、蛋雞、白肉雞、珍珠雞、鵪鶉的在養隻數都是全臺第一，而乳羊、兔、蛋雞也不遑多讓居於第二，肉鴨和豬的在養隻（頭）數為第三。如果將畜禽所有的在養隻（頭）加總起來，就高達 3,010 萬隻（頭），其中兩隻腳的家禽有 2,930 萬隻，而四隻腳的家畜有 80 萬頭。主要分布在芳苑鄉、大城鄉和二林鎮等沿海地區。具體而言，飼養地點除乳牛在福興鄉、白肉雞在二林鎮、肉鴨在大城鄉為主之外，肉羊、蛋雞、蛋鴨及毛豬均在芳苑鄉。因此，芳苑鄉更是「畜牧大鄉」。

　　芳苑鄉現在是全國畜牧業最主要的鄉鎮，但是畜牧廢水排放仍然需要有效監控，以免影響沿岸漁業資源和農作物生長。在未來的發展方向上，中華民國養殖漁業發展協會前理事長許煌周，同時也是天寶宮主委，認為法規已規劃完善，再三強調只要守法即可；同時，應該更加關注魚電共生的機會，並進一步探討畜牧業和漁業之間的衝突解決辦法，以及如何推動可持續發展的措施。這些努力將有助於保護當地農漁業的永續發展，並為芳苑鄉帶來更繁榮的未來。

▲蛋鴨場

彰化縣是畜牧大縣，有多項畜禽的在養頭數都是全臺第一，其中，肉羊、蛋雞、蛋鴨及毛豬均在芳苑鄉。因此，芳苑鄉更是畜牧大鄉。

光電收益

由於芳苑鄉為「畜牧大鄉」，農會謝總幹事也積極配合政府推動「畜電共生」，推廣在畜舍屋頂出租給綠能業者設置屋頂型太陽能光電設施，不僅有額外租金收入，畜禽舍更因遮蔭而降溫，有節電效益。

另外，因臺 17 線以西土壤鹽化嚴重，農業部針對不利耕作地區，可允許推動農地設置地面型太陽能設施，由能源業者承租農民土地之租金，以增加農民收益。

農地銀行

彰化縣芳苑鄉，一個濱海的鄉鎮，全鄉農地面積 8,636 公頃，休耕農地占 863 公頃，其中於農地銀行網站已登錄休耕農地面積 476 公頃，是全臺灣登錄待租休耕農地面積最多的鄉鎮。

政府在 2007 年即建立「農地銀行」平臺，並在 2009 年推動「小地主大佃農」（現為「小地主大專業農」）計畫，協助老農有地但無力耕種與青農沒地但想耕種的農地供需，由於農會相當瞭解當地的農民及農地動態，在農會設置「農地銀行」來媒合老農與青農的農地利用權租賃，不但可活化休耕地、輔導青農經營，以及創造貸款需求，這些都是農會增加收入機會，也同時可以發揮服務農民的功能，而且也只有農會才能做得到，不是其他單位所能介入，可彰顯農會存在的價值。

芳苑鄉農會的農地銀行承辦人洪坤照主任，即是完全將此理念做到位的農會人，在全彰化縣都還沒有承辦小地主大佃農業務經驗時，他走出了重要的一步，從看地、找地至解說、簽約都靠洪主任一肩扛起，並成功媒合超過 30 位以上的大佃農，為地方農業發展及配合政策推動，均有相當貢獻。

第 六 節
大城鄉

大的城堡

「大城」地名由來，傳說有一名叫「魏大城」的人首先遷入本地，故以人名為地名；另有一說是清道光初年時有移民墾殖於此，築土壘而成為「大的城堡」，以防禦盜匪。

大城鄉位於彰化縣的西南角，臨臺灣海峽與濁水溪，人煙稀少、偏僻荒涼，無任何屏障，終年海風或東北季風強勁，作物生長條件惡劣，是典型的風頭水尾的地方。

農民依靠的農會

大城鄉農會創自 1941 年，當時名為「大城庄產業組合」，至 1944 年合併為「大城庄農業會」；戰後，1945 年將農會劃分為大城鄉農會及大城鄉合作社兩機構，及至 1949 年再將農會合作社合併，改稱為「大城鄉農會」至今。在 1953 年重新改選時的會員數人有 1,947 人，贊助會員 293 人，當時許文化為理事長，許川上為常務監事，遴聘許登煜為總幹事。

目前（2023 年）會員人數 2,012 人，包括自耕農 1,323 人，

▲大城鄉農會因地處偏鄉，也成為地方民眾的服務中心

蔡南輝總幹事強調農會的核心價值是「服務農民、照顧農民」，所以設有全臺第一間禮儀部，以及附設農會診所。而其實服務的對象，不只是農民，而是擴及到當地所有的民眾。

學校畢業 2 人，贊助會員 687 人。理事長為蔡隱居，常務監事為莊登讚，總幹事為蔡南輝。農會在 2023 年 8 月存款金額 48 億元，放款金額 16 億元，存放比 34%，逾放比 0.17%。

　　大城鄉沒有一家銀行，僅有農會信用部、彰化區漁會大城辦事處，以及郵局。放款對象有限，多為畜牧場及青農創業貸款，提供畜舍、溫室設施及小地主大專業農之農機設備資金需求。

小地主大專業農

　　「小地主大專業農」計畫在此推行得不錯，大概有 65 個大專業農，合計面積至少有 550 公頃，最大的 30 幾公頃。他們大部分一期種水稻，二期種甘藷或落花生，因為這些作物比較粗放，所以他們的耕作面積較大，才有辦法這樣做。若規模較小的話，可能他們就會多種一些蔬菜類，像洋蔥、高麗菜、花椰菜等這類勞力比較密集的作物。有位大專業農，自己有農機具，跟台糖承租 22 公頃土地，種植雜糧。因為台糖地不能種水稻和蔬菜，農業部也有限制要種植的作物品項，才能在「綠色環境給付計劃」中每公頃再多領 1 萬元。

▲ 活到老做到老

熱情的大城鄉農會蔡總幹事媽媽，親自下田摘了許多大蒜給我過年，85 歲了，仍然在田裏幹活，而且將大蒜照顧得比鄰田還翠綠，「活到老做到老」跟王永慶的人生哲學一樣。

蕃薯不驚落土爛

大城鄉因風勢強勁、沙質壤土及缺乏水源，一般農作物不易種植，但較適合種植雜糧，包括小麥、甘藷、落花生、飼料玉米等。筆者訪談農友蔡朝進，也是農會理事，一輩子都在種甘藷，至今已經種了三四十年，種約一二甲地，現在也面臨缺工問題，因為在種植及採收時，都需要人工，即使在機器耙完後，也要人工來撿拾、選果、包裝。夏天半夜三點多時要戴頭燈就去田裡工作，早上六七點就休息，晚上八點就睡了；冬天則五點出門。因為全球暖化，氣候變得愈來愈熱，過去的「日出而作、日落而息」，現在好像已變為「半夜而作、上午而息」了。

▲紅肉地瓜

大城甘藷大多以種臺農 66 號為主，栗子甘藷，紅皮紅肉，又稱為「紅肉地瓜」。

甘藷種植時，是用甘藷的藤蔓，大約 8 寸長，而不是塊莖。大城鄉大多以種臺農 66 號為主，栗子甘藷，紅皮紅肉，又稱為「紅肉地瓜」。有別於臺農 57 號是黃皮黃肉，但在大城鄉比較種不起來。66 號的特色為水分多、纖維細嫩，有著柔軟微 Q 的口感，因甜度適中，不論是蒸食、或是切塊煮成地瓜粥都很適合。

甘藷一年可收 1 ～ 2 次，生長期約 5 ～ 6 個月，約立春後開始種甘藷，沒有分什麼時候才能種，若比較冷，則會種不起來。收成後農地還要淹水，甘藷藤要爛才能種得起來。真是應驗「蕃薯不驚落土爛，只願枝葉代代湠」的俚語。甘藷採收完之後的藤蔓，還有一些較劣質的甘藷

沒有收，在耕耘之後還要淹水，讓它腐爛。淹水大約要 1 個月。

　　甘藷雖不怕淹水，但受氣溫影響明題，若是忽冷忽熱，甘藷就會裂開，變成次級品，尤其是在冬天農曆十月後比較容易發生這樣狀況。

　　大城鄉雖然臨濁水溪，但時有時有水，有時沒水。在這邊每塊農地差不多都有一個水井，九成以上都是抽地下水，若要有水就要用八堡圳的水，有水圳，但約十天才來一次水。

大城西瓜

　　早期「大城西瓜」相當大名，在 1997 年的種植面積達 727 公頃，是彰化縣種植西瓜最多的鄉鎮，但現已減少到只有 13 公頃。目前彰化縣種植西瓜面積為 368 公頃，面積最多的分別在竹塘鄉（120 公頃）及二林鎮（94 公頃），遠少於濁水溪一溪之隔的雲林縣的 952 公頃。雲林縣主要種植西瓜的鄉鎮係沿著濁水溪的崙背鄉（277 公頃）和二崙鄉（221 公頃），連麥寮鄉也有 69 公頃。

　　以前農民就知道在濁水溪的高灘地上種西瓜最好，每當清明過後至端午節期間之西瓜產期時，臺 17 線及西螺大橋旁就有許多攤販堆放西瓜熱絡交易。

▲肉鴨場

大城鄉是「肉鴨大鄉」，有 723 場，飼養達 55 萬隻肉鴨，是全臺第一。

▲大城鄉農會附設蛋雞場

設立於 2016 年的現代化蛋雞場，是全自動化餵食和集蛋的負壓水簾式禽舍。

　　但為何在大城鄉的種植面積急遽減少，農民懷疑是受空氣污染的關係，夏天吹西南風時，因為污染的空氣滯留，下雨時就變成酸雨，容易造成西瓜腐爛，高麗菜也是如此。可見不只是氣候變就會影響作物結構，連空氣污染也是重要的影響因素之一。

是全民的農會

　　大城鄉農會因地處偏鄉，也成為地方民眾的服務中心，總幹事蔡南輝強調農會的核心價值是「服務農民、照顧農民」，所以設有全臺第一間禮儀部，以及附設農會診所。其實服務的對象，不只是農民，而是擴及到當地所有的民眾。

　　農會禮儀部成立於 2003 年，秉持「葬之以禮、祭之以禮」的精神服務民眾，目前有三名同事，並有外聘人員協助工作，農會的同仁也會協助擔任司儀的角色。平均每年約處理 70 個個案，數量會因季節交替而有所變動。農會的禮儀部和一般的禮儀公司不同，農民們不會排斥他

▲大城鄉農會附設診所成立於 1992 年，診所的駐院醫師蘇晴峰醫師自 1999 年起即在診所服務至今，視病如親，偏鄉的醫師完全融入當地。

們，反而像家人一樣親近。農會的禮儀部願意協助辦理一些禮儀公司通常不涉及的事務，例如：幫忙辦除戶手續和農保申請等。

　　大城鄉農會的診所是當地居民的主要醫療機構之一。診所成立於1992年，至今已有三十年以上的歷史，共有五位專職人員。診所提供一般科和簡單的外科服務，主要處理慢性病、三高、酸痛和小傷口等問題。診所的駐院醫師蘇晴峰醫師擁有多年的經驗，今年（2023年）76歲，已經在大城農會診所服務24年了。偏鄉的醫師完全融入當地，視病如親，診所的病患主要是70～80歲的居民，每天平均服務50～60位病患，有時甚至高達100位。診所的存在填補了地區醫療資源的不足，方便居民的就醫需求，且不以營利為目的，65歲以上的長者掛號費只需負擔50元，真是佛心！

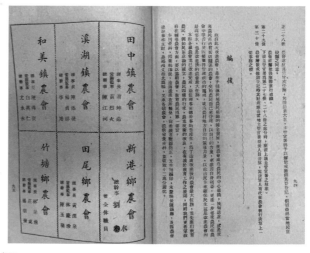

▲彰化縣各級農會改進後專輯 (1954 年)

戰後初期農民組織的曾進行分立與整合，之後並進行會員資格整理，以及建立權責劃分的營運模式與總幹事制度，終於在 1954 年完成農會改組，事業營運逐漸獲得改善。

圖片來源：作者拍攝／資料來源：蔡南輝（大城鄉農會總幹事）

人與地的深刻情感

　　在彰化大城鄉的農業之旅中，筆者目睹了農業的蓬勃發展和挑戰，展現這個地區多元、繁盛及韌性的農業景象。感謝總幹事夫人王碧玲小姐的導覽，碧玲表示：「我不是專業解說員，但身為農村孩子的我，用我對大城這片土地的情感與了解，帶您一起來感受這風頭水尾的地方，以及另一種生活態度與對政府的寄望。」她的話發人深省，道盡在地人的感受，也更深刻展現此地農業的獨特魅力和人情味。不論如何，大城鄉的發展，都值得我們共同關注，也不應該被社會所忽略。

▲人與地的深刻情感

總幹事夫人王碧玲小姐帶筆者走訪大城鄉，用她對大城這片土地的情感與了解，「帶您一起來感受這風頭水尾的地方，另一種生活態度與對政府的寄望」。

第肆篇
彰農厚生

第十四章　彰化農業未來展望

　　農業環境與條件始終在改變，過去如此，現在如此，未來也必將如此。農業生產活動與農漁產品不會是一成不變的。我們從過去臺灣與彰化農業發展的經驗，到對於目前的各地農業情形瞭解，當更有信心來面對未來的挑戰。本章即從內外部環境變化與趨勢，以及政府在未來農業發展方向的認識，檢視彰化農業所存在的內在優勢與劣勢，外在的機會與威脅，尋求未來發展藍圖及策略，並想像未來可能的農業新風貌。以彰化縣優良的農業條件及科技應用，繼續厚植民生。

第一節　內外部環境變化與趨勢

一、氣候變遷

　　天氣越來越熱了，乾旱和大雨、高溫和低溫極端氣候不斷出現，這是氣候變遷明顯的證據，我們也都正在見證氣候的改變。很多原因都指向是二氧化碳排放量太高所造成的結果，所以從 1977 年京都議定書（Kyoto Protocol）到 2015 年巴黎協定（Paris Agreement），都不斷地規範要求各國減少二氧化碳排放，但至今成效非常有限。全球平均氣溫仍然在上升中，全球暖化也是氣候變遷最為明顯的感受。在 2023 年 7 月的全球平均溫度甚至打破有史以來的最高記錄。南北極的冰山和冰原在快速融化、海平面在上升、許多國家在淹大水、但也有許多國家在面臨乾旱造成的森林野火，這是一個什麼樣的地球啊？

　　臺灣也正面臨極端氣候所帶來的衝擊，2016 年年初霸王級寒流，當年暑假發生接二連三的強烈颱風，之後颱風碰到臺灣就大轉彎過境不入，2020 年 10 月已開始出現缺水危機，即使桃竹苗地區的水稻正在抽穗，政府仍不得不選擇停灌。2021 年上半年臺灣出現百年大旱，烏山

頭水庫灌區停灌休耕 1.9 萬公頃，但竟然在下半年八月發生豪雨水災。
2023 年上半年烏山頭水庫再次停灌休耕 1.9 萬公頃，也是因為南部已經
有超過 500 天都沒有降雨了，曾文水庫蓄水量降到僅有 6%，無獨有偶，
2023 年下半年烏山頭水庫繼續擴大停灌休耕區域 2.9 萬公頃，這些都是
以前不曾出現過的，而且發生的頻率越來越高。但是 2023 年 8 月在暌
違四年後，終於有海葵颱風了，不久後又有小犬颱風，曾文水庫也滿滿
水位，反差真大。

　　農業是靠天吃飯的產業，面對氣候變遷、全球暖化或極端氣候，一
定是首當其衝，將影響到我們糧食生產的穩定性，如果發生糧食供應不
足或糧價飆漲的現象，將會造成社會動盪不安，民眾開始搶糧、搶購或
囤積的亂象，這就是「糧食危機」。以打造國家糧食基地為主軸，彰化
縣農業在面對未來趨勢與挑戰將更加重要，以提供糧食與穩定生產，來
厚植民生、安定社會，正是「新農厚生」的寫照。光是「缺蛋」，社會
就已經紛擾不已，真不敢想像「缺糧」的結果。因此，在氣候變遷下如
何確保我國的「糧食安全」，就是我們當前所面臨的嚴峻課題，而且隨
著全球暖化的趨勢和極端氣候的經常出現，這項課題未來將不斷地接受
挑戰與考驗。

二、新興經濟

　　各國為因應氣候變遷與全球暖化，都強調必須節能減碳，減少二氧
化碳排放量，因此，促使新興經濟的出現，這也將改變傳統農業經濟的
範疇，包括碳經濟、綠能經濟、循環經濟。

（一）碳經濟

　　碳經濟，是為達到減碳所衍生碳盤查、固碳、碳匯、碳權、碳費，
以及碳交易等經濟活動，也帶動相關法規、技術、機制、組織、人力、

資金需求，從而創造產業化，也將改變既有產品的成本、價格、收入、利潤，以及生產者與消費者行為。

農產品及其原物料、肥料及農藥、農用資材，從產地到消費地的碳足跡與食物哩程所產生的碳排放就開始受到檢視。特別是來自國外的東西，不遠千里而來，碳足跡遙遠，碳排放量很多，並不符合當前節能減碳的要求，所以強調在地生產、在地消費（「地產地消」）的觀念因運而生，這也是推動國產農產品的契機。

另外，植物因為光合作用可吸收二氧化碳，樹木和森林具有固碳或碳匯效果，企業如果去種樹或購買森林碳匯增量，就可取得碳排放的權利，不致於讓企業在生產製程的碳排放量不斷增加，這就是碳權的概念，而且碳權的碳排放量如果沒有使用完，還可以轉售給其他企業，形成一種碳交易市場。因此，農業部門中若能夠尋找碳匯，並經由第三方驗證，就可以取得碳權再售出，也會創造農業在生產以外的收入來源。

（二）綠能經濟

綠能經濟，指以再生能源為基礎所發展的經濟活動，相較於化石燃料或火力發電所產生的空氣污染及大量排碳，當以風力、水力、地熱、或太陽能作為發電與能源來源，就不用擔心能源耗竭，而且也有助於減碳、減排的要求。只是當越來越多的太陽能板架設在農地或魚塭上，如何兼顧農業及養殖漁業的生產，讓「農電共生」與「漁電共生」，也面臨相當的挑戰。還有因為光電業者為取得太陽能板設置場域，可以高額租金長期租用農地，每公頃 40 萬元的租金收入，遠高於許多農作物的生產所得，影響許多農作物不再追求生產，且租金上漲，導致許多青農不易租得土地，這對於未來農業的發展都將是負面的影響，不可不審慎看待之。

綠能經濟既然是以太陽能、風力或水力發電，來取代火力發電，衍生製造太陽能板、風車等設備與技術的需求，以及發電場域的需求，將

創造產值與就業機會；其中，發電場域因為需求的空間很大，很自然地，廠商就看上農業廣大的土地、各地魚塭與沿近海面，在農地或魚塭上架設太陽能板或風車，但如何兼顧農業和漁業的正常生產，會是一個相當受到考驗的課題。

（三）循環經濟

循環經濟也是一個當前非常夯，而且具有未來性的產業。過去從原物料、生產製造、運送、消費，到產生廢棄物，是一個「直線式」的過程與結果，而現在是想辦法將廢棄物再回頭作為原物料，成為另外一個產品的生產製造及消費，這就變成一個「迴圈循環」的過程。

在農業部門中所產生的廢棄物五花八門，有疏伐的樹枝、藤蔓、疏果、採收後的稻稈、玉米稈、落葉、為求賣相所刻意剝落的外層菜葉、菇蕈業所使用過的廢棄太空包、畜牧業所產生的沼氣、沼液、糞便，以及消費後所產生的果皮、殘渣及廚餘等等，估計一年所產生的農業廢棄物高達 500 萬噸以上，包括罐裝飲料茶渣約 3 萬公噸、畜禽屠宰後廢棄物 5 萬公噸（含羽毛約 2.7 萬公噸）、菇類木屑每年使用 48 萬公噸、廢菇包為 22.6 萬公噸、廢棄菇腳 500 公噸、畜禽糞 217 萬公噸、果菜市場廢棄物 70 萬公噸等。

由於農業廢棄物經適當的集運、處理、分解或發酵之後，可以變成有機肥、液肥、土壤改良劑、或是成為熱源、能源，這些都是有價值的東西，「將垃圾變成黃金」，所以農業廢棄物已經被重新定位並更名為「農業剩餘資源」。如何將農業剩餘資源建立適當的商業模式，是非常具有潛力的商機，也可以創造農業的另外收入來源。

三、開放經濟

臺灣土地狹小資源有限，沒有本錢閉關自守，我們必須引進國外資

源和技術來壯大自己的能力，我們也必須以國外的市場為市場來拓銷自己的產品，因此，貿易是推動臺灣經濟發展的引擎。過去臺灣農產品在出口蔗糖、稻米、茶葉和蘆筍、鳳梨、洋菇罐頭都為國家賺取大量外匯，也帶動農村經濟繁榮；而進口飼料玉米也有利於我國畜牧產業的發展。但是臺灣畢竟是小農經濟，每戶農家平均耕地規模只有 1 公頃，生產成本偏高，難以與國外競爭。為避免進口對我國農業的衝擊，政府用高關稅壁壘和貿易限制來保護我國農業，並用補貼方式來支持農民所得與農業發展。這些做法，在開放經濟環境中就常引發國際之間的貿易衝突，而且被認為是一種不公平貿易的方式。

歷經 7 年的關稅及貿易總協定（GATT）烏拉圭回合談判，在 1993 年底達成的農業協定，就要求所有會員要調降關稅、降低政府補貼等境內支持，以及取消出口補貼，這對當時要申請加入成為會員的我國，在農業部門產生高度的恐慌，以為我國農業從此就將被消滅。世界貿易組織（WTO）在 1995 年成立，讓 GATT 轉換為常設組織，致力於推動貿易自由化及督促各項協定的落實執行。我國在 2002 年 1 月 1 日終於正式成為 WTO 的會員，所面對的就是與國際接軌、調降關稅、開放進口，小農如何在貿易自由化的環境，找到生存利基與發展機會，就是必須面對的挑戰。貿易自由化已是各國經濟發展的趨勢，對於臺灣在國際的政經處境，應積極設法多方參與，包括 CPTPP、RCEP 等區域自由貿易協定也是如此。

四、生產要素

農業生產需要土地、勞動、資本及技術的投入，這些生產要素的量與質是否可支持農業的持續生產，將是我國未來農業發展的關鍵。

- 土地方面，維護農地為確保糧食安全的核心，但實際上農地面積卻不斷地減少，農地上違規工廠、農舍、光電板等蠶食鯨吞

農地，使得可耕地愈來愈少，而且零碎不堪，難有完整大面積可機械化耕作。政府已經在 2016 年通過《國土計畫法》，並將全國土地劃分為「國土保育區」、「海洋資源區」、「農業發展區」、「城鄉發展區」4 種地區，以促使我國土地的利用更為明確，達成「適地適用」，逐步落實國土永續發展。其中，「農業發展區」的農地總量，基於糧食安全，全國應維持的最低農地總量為 74 萬至 81 萬公頃。但經由各地方政府劃設的結果，屬於第一類農業發展區的面積數量偏低，少於過去特定農業區的數量，且地方政府受制於地方利益的考量，多傾向於劃設第二類發展區，以及劃設城鄉發展區和部分農地，都可能面臨農地轉用的壓力，造成農地持續流失的危機。

- 勞動方面，農民高齡化和勞動缺工的問題，將影響栽培管理模式的改變及規模擴大。由於目前機械化並不能完全替代生產和採收勞動，未來除非大幅改變生產模式和作業環境，否則仍然是勞力密集的產業，有相當的勞動需求，而且若以機械化來替代勞動，也需要投資購買機械設備，不一定是小農可負擔得起。因此，農事服務的代耕產業因運而生，目前已可看到許多大專業農在自行生產之外也從事代工服務，這將是未來的趨勢。

- 在資本方面，面對氣候變遷與勞動需求，未來都必須改變生產方式，例如設施農業或機械化。但這些轉型與升級工作，都需要花錢投資，而且可能都不是一筆小錢，政府雖已有政策性貸款，但農民可能更重視的是投資報酬率和是否子女願意接手管理，因此，如何做好投資決策，也是農民必須面對的課題。

- 在技術方面，耐逆境品種可耐熱、耐旱或耐寒的新品種亟待研發；產業鏈每一環節的機械化、自動化、智慧化也有待突破；科技進步會如何顛覆傳統農業，實難想像，例如從戶外農地生產到溫室介質栽培，再到密閉環控立體栽培甚至植物工廠。從

勞力密集到資本密集，再到技術密集，從農民變成機器人生產、從人工經驗變成人工智慧、從戶外到室內、從平面到立體、農民從手拿鐮刀鋤頭到開曳引機，再到用手機遙控管理。科技日新月異，農業生產方式也不可能一成不變，但是我們農民是否有科技觀念、數位能力，以及面對改變的心理準備？

五、未來農業的想像

（一）農作物產業

在科技日新月異及氣候變遷的趨勢之下，未來農作物產業可能會大幅改變現狀，包括：(1) 智慧農業技術應用：農業將充分利用人工智慧、物聯網和大數據分析等技術，自動化機械將普遍應用於耕作、種植、收割和施肥，提高生產效率和品質，減少人力成本和能源消耗。(2) 精準農業：利用感測技術和數據分析，農民能夠精準測量土壤狀態、植物健康和天氣情況，達到精準施肥、節水和使用農藥的目的，減少浪費並維護生態平衡。(3) 垂直農業和城市農業：垂直農業和城市農業將得到更廣泛的應用，利用立體空間在城市中種植作物，有助於縮短供應鏈，減少運輸和能源消耗，提高城市自給自足的能力。(4) 生態農業設計：將生態學原則融入農業規劃，創建生態平衡的農業生產系統，最大程度模仿自然生態，降低對環境的衝擊。(5) 多功能農業生態系統：設計多功能農業生態系統，同時耕種多種作物、提供棲息地、保護水質等，促進生態多樣性。(6) 生態栽培技術：推廣生態栽培技術，通過植物多樣性和多層次結構，模擬自然生態系統，改善土壤質量，減少化肥和農藥的使用。(7)CRISPR 基因編輯技術應用：使用 CRISPR-Cas9(常間回文重複序列叢集關聯蛋白) 等技術改良作物基因，增強抗病能力、營養價值和適應力，以應對不同環境條件。(8) 奈米技術施肥：使用奈米技術

▲AI 生成未來農業想像的圖片

製造特定釋放速度的肥料，達到更精準、節約用量的施肥效果。(9) 區塊鏈技術於農業溯源：運用區塊鏈技術建立農產品溯源系統，追溯產品的生產過程，確保食品安全和品質。(10) 農業太陽能應用：將太陽能板應用於農地覆蓋物或農業設施，提供清潔能源，同時保護作物。

（二）漁業

　　未來漁業的面貌，包括：(1) 可持續漁業：漁業將更加注重可持續性，尋找更環保和負責任的捕撈方法，透過漁業管理和監測系統，確保漁業資源的合理利用，保護海洋生態系統和維護漁業的可持續性。(2) 生態友善漁業：強調漁業生態可持續性，制定規則以保護海洋生態系統，限制捕撈量和方法，以確保漁業資源的可再生性。(3) 人工魚礁與海草床建設：建立人工魚礁和恢復海草床，提供魚類繁殖場所，增加生態多樣性，並保護海洋生態系統。(4) 水產養殖智慧化：應用物聯網技術，監測海洋養殖環境，提高魚類飼養效率和品質。(5) 水下農場：建立水下養殖系統，

利用水下空間進行養殖，充分利用海洋資源。(6) 遠程操控潛艇採捕：運用遠程操控技術，設計無人潛艇進行深海漁業，減少人力風險，提高捕撈效率。(7) 海洋生態保護機器人：設計能檢測海洋污染、干擾生態系統的機器人，保護海洋生態環境。(8) 海洋氣象預測技術：發展先進的海洋氣象預測系統，幫助漁民避免惡劣天氣，保護漁船和生命安全。(9) 魚群 AI 監測：使用人工智慧技術監測魚群分布、行為，協助漁民找到最佳捕撈位置。(10) 細胞培養肉技術應用：利用細胞培養技術生產人造魚肉，減少對自然魚類的依賴，同時減輕對海洋生態的壓力。

（三）畜牧業：

同樣的，畜牧業的改變也有可能超乎想像，包括：(1) 人工智慧監控畜牧健康：應用人工智慧技術開發智能監控系統，即時監測牲畜的健康狀態，提高畜牧效率。(2) 奈米技術應用於飼料：利用奈米技術改良飼料，提高營養吸收率和生長速度，減少飼料浪費。(3) 生物印刷食肉技術：利用生物印刷技術生產人造肉，降低對傳統畜牧的需求，減少環境負擔。(4) 綠色畜牧飼料：開發以藻類、昆蟲等為基礎的綠色飼料，降低對糧食的需求，綠化畜牧產業。(5) 草地生態恢復：透過草地生態恢復計劃，將過度放牧或開發的地區復原成自然草地，提高生態系統穩定性和水土保持能力。(6) 循環畜牧系統：建立循環畜牧系統，將畜牧和作物種植緊密結合，利用動物糞便作為有機肥料，實現資源的循環利用，減少環境污染。(7) 畜牧業碳中和技術：研發碳中和技術，將畜牧業的碳排放降至最低，以達到環保目標。(8) 虛擬實境訓練畜牧人員：使用虛擬實境技術訓練畜牧人員，提高技能和知識水準，優化畜牧管理。(9) 智慧化畜舍設計：設計智慧畜舍，配備自動化控制系統，提供最適宜的生活環境，增進畜牧健康。(10) 利用機器學習優化飼養方案：利用機器學習分析大量數據，優化飼養方案，達到節約飼料、提高產量和保護環境的目的。

第二節　臺灣農業發展之世紀挑戰與方向

成立農業部

　　歷經 35 年漫長的等待，「行政院農業委員會」在 2023 年 8 月 1 日終於正式掛牌改制為「農業部」，這是歷史的一刻，以回應在 1988 年「520 農民運動」所提出要求政府成立農業部的訴求。

　　首任農業部部長也是前農委會主委陳吉仲表示，農業部成立將以氣候變遷調適為首要任務，做好調適才能確保農民所得增加及糧食安全。揭牌儀式中，副總統賴清德代表總統蔡英文帶來期許，希望農業部永遠做農漁民的靠山、提升農民收入，因應氣候變遷、數位轉型，推動農業永續發展，以及確保糧食安全。

　　農業部成立有四個重要的組織創新，包括為提升動物福利、完善動物保護行政體系，新增「動物保護司」；推動 2040 年農業淨零，啟動氣候變遷調適策略，新增「資源永續利用司」；強化棲地、物種與生態地景保育，將林務局改制成立「林業及自然保育署」；以及建構永續發展的農村環境與建設，將水土保持局改制成立「農村發展及水土保持署」等。

農業部沿革		
機關名稱	時間	概述
實業部	1912 年	掌理農、林、工、商事務
農林部	1913 年	實業部分為農林、工商 2 部
農商部	1914 年	掌管農林、水產、畜牧、工商、礦冶等事宜。
實業部	1925 年	國民政府成立於廣州，設實業部。
農漁部	1928 年	迨北伐統一，改名為農漁部，隸行政院。
實業部	1930 年	合併為農漁部與工商部。
經濟部	1938 年	經濟部，下設農林司。

農林部	1940 年	農林司擴大為農林部。
糧食部	1941 年	抗日期間國民政府為調配軍糧民食而成立糧食部。
農林署	1947 年	政府為精簡組織，遂將原農林部改為農林署。
農復會	1948 年	抗戰勝利，政府為復興農村，於 10 月 1 日，依據中美兩國所簽經濟合作協定，在南京成立「中國農村復興聯合委員會」（簡稱農復會）
經濟部農林司	1949 年	在經濟部下設置農業司，負責農政事務；嗣為擴大其掌理範圍，復易名為農林司。
農發會	1979 年	3 月 16 日將農復會改組成立「行政院農業發展委員會」（簡稱農發會），為行政院之農業諮詢、設計、協調單位。
經濟部農業局	1981 年	因應經濟發展需要，農林司擴大人員組織與職掌，升級為經濟部農業局。
農委會	1984 年	7 月 20 日，政府為集中中央農政事權，將農發會與經濟部農業局合併改組為「行政院農業委員會」（簡稱農委會），同年 9 月 20 日正式成立。
	1998 年	8 月 1 日，將農委會漁業處升格成立漁業署。農委會農糧處及畜牧處部分人員與經濟部商品檢驗局部分人員合併成立動植物防疫檢疫局。
	1999 年	7 月 1 日，臺灣省政府功能業務與組織調整，原臺灣省政府農林廳及糧食處裁併為農委會中部辦公室及第二辦公室。
	2004 年	1 月 30 日，將農委會原農糧處與中部辦公室及第二辦公室等單位之業務整併成立農糧署；另配合農業金融法通過，新設農委會農業金融局。
	2020 年	10 月 1 日，為辦理農田水利業務，農委會成立農田水利署。
農業部	2023 年	8 月 1 日，配合行政院組織改造，改制為農業部，計有直屬機關 (構)24 個，直屬機關之所屬機關 (構)31 個，總計 55 個所屬機關 (構)。

資料來源：農業部網站。

氣候變遷之挑戰

　　氣候變遷已是顯學，對於農業的影響最為直接且無所不在。氣候變遷直接影響生產，颱風、暴雨、寒害、乾旱，甚或引發病蟲害、禽流感

均使產量減少，造成產銷失衡、糧食短缺、價格暴漲，屆時出現搶購及囤積行為，引發民眾怨聲載道及社會動盪不安，都將可預見得到。因此，如何維持產銷平衡、安定市場供需，以及確保糧食安全，的確是未來所要面對的課題與挑戰。

在農業風險提高的趨勢下，農業生產與經營變得更加嚴峻，除非農業有高報酬，才會有人甘冒風險，願意從事農業生產。但問題是農業往往是高風險、低報酬，一分耕耘不一定有一分收穫，這將影響到許多人從農意願，所以為何要確保農民所得增加，也同時是希望留住農業勞動，並吸引青農投入農業生產，農業後繼有人，才會有繼續農業生產及糧食供應。因此，在氣候變遷的趨勢之下，如何確保及增加農民所得，是要達到維護糧食安全最高政策目標的根本。

面對氣候變遷及全球暖化，農業可以在減少排碳及碳匯有所貢獻。由於森林砍伐及土壤有機質分解會造成二氧化碳排放，不只是二氧化碳，甲烷也是溫室氣體的元兇之一，畜牧業在排氣及排泄產生大量的甲烷與二氧化碳排放增量，稻作、農業土壤、草原及農業廢棄物的焚燒等，也會排放甲烷與氧化亞氮等溫室氣體。農業部已在 2021 年 9 月 1 日成立「氣候變遷調適及淨零排放專案辦公室」，統籌規劃農業因應氣候變遷政策、推動農產業調適及減緩溫室效應。因此，如何在減碳與增匯策略推動之下，調整農業生產方式與生產結構，不只要達到淨零排放的目標，也要兼顧糧食自給及維護糧食安全，都考驗著未來的農業發展。

農業資源的維護，是未來農業永續發展的關鍵。農業資源包括土地、水利。「國土計畫法」已在 2016 年 5 月 1 日施行，並經由地方政府劃定「國土功能分區」之後，在 2022 年 5 月 1 日前全面上路。其中，考量維護臺灣糧食安全，保留農地總量 81 萬公頃，以確保 40% 糧食自給率。地方政府將在 2025 年 4 月底前，完成國土功能分區圖（含農業發展區）的公告。未來這些農地的數量、品質、位置及完整性，如何支持農業生產，也將是一大考驗。

　　此外，近年乾旱缺水頻傳，像是臺南市後壁區在最近三年是水稻的重災區。2021 年一期作百年乾旱停灌休耕、2022 年一期作大區輪作也不能種水稻、2023 年一期作又因缺水被迫停灌休耕，同年二期作繼續停灌休耕！這是以前從未發生過的情形。後壁區是臺灣西部種植水稻面積最多的地方，一期作超過 3,000 公頃。若是經常發生停灌休耕的情形，可能也將使得長期已建立的稻作產業供應鏈出現鬆脫的問題，不可不慎。

　　農業資源是支持農業永續發展的基礎，但也面臨農工競用的問題，包括農地變更為非農業用途、農地上的農舍及產業聚落、農地種電、工業用水等，如何維護農地完整與 74 ～ 81 萬公頃的基本數量，以及擴大水利灌溉地區與水資源供需調度，也都考驗著未來農業永續的基礎。而農業以生態系服務價值，鏈結環境綠色補貼制度以及貢獻淨零排放路徑實現，將使得補貼政策與農業永續獲得更好的結合。

氣候變遷之調適目標

　　為調適氣候變遷，農業部門已具體訂定淨零目標，包含要達成減少溫室氣體 50% 排放、推動公私有地造林面積、提昇國產材自給率、建立農林漁畜低碳永續循環場域、農業綠能發電滿足農業用電比例達百分百等多項執行目標，藉由全面加速推動我國農業淨零排放措施，農業部門決心提早於 2040 年達成農業淨零排放的目標。在此調適目標之下，將展開相關的農業政策與推動措施。

農業補貼之挑戰

　　如何確保和增加農民所得，一直是農業施政上的主要目標，也是農民最為關心的話題，農業補貼似乎也是達到許多目的之主要手段。但是

補貼的方式、金額、對象，以及所造成的所得分配和政府財務負擔也是經常被議論紛紛。WTO雖然對於境內支持措施有所規範並要求削減，但是農民依賴政府補貼的心態並未減少，各國也在不斷地調整農業補貼政策，以期達到支持農民所得、確保糧食安全、維護環境生態或促進鄉村發展等等目標，但成效不一。補貼政策沒有所謂的絕對標準或對錯，但農民是否可以有感，並引導生產結構的改變或達到政策目標，一直有待評估和探討。

我國從稻穀保價收購制度以來，政府即開始以價格支持、要素補貼、休耕給付、轉作獎勵、老農津貼、天災救助、受進口損害救助等各種名義補貼農民所得，甚至也將各種補貼整合為對地綠色環境給付，以堆疊加碼補貼的方式，即在原有的基本補貼之上，再加上產銷履歷、有機農業、友善耕作、集團產區的補助，試圖讓補貼差異化，並更精準地達到政策目標的要求，也開始導入農業環境基本給付，但仍不是以結果論（outcome-based）來決定不同的補貼，以及並未強化不同政策之間的關聯性（cross compliance）。此外，不只是支持農民所得，政府也開始用農業保險的方式來確保農民所得，並且強化農民健康保險、建立農民職災保險制度、設置農民退休儲金帳戶，來打造農業安全網，讓農民生產所得、工作安全與生活照顧有所保障。

不過，即使補貼的名義眾多，以及政府補貼支出不斷地增加，農家所得仍然只有非農家所得的四分之三、農業所得也只占農家所得的四分之一。由於農業的高風險、低報酬，所以補貼仍然是未來的必要趨勢，但如何補貼、補貼給誰、補貼多少，以及補貼成效，仍然充滿著許多的挑戰。同時，也不可不注意補貼所衍生的問題，包括扭曲市場機能、降低資源配置效率、養成農民依賴補貼心態、造成地主與實耕者之間的糾紛、提高地租和要素價格、導致所得分配惡化等，在既得利益以及補貼不斷墊高的情況下，如何去惡揚善，也是未來政策改革所要面對的挑戰。

提高市場收入才是正道

相對於農業補貼的問題與種種挑戰，如何讓農民面對市場，從市場銷售中增加收入，才是提高所得的正道，而政府補貼應退居幕後，作為農民的後盾。

以前的茶葉、蔗糖、香蕉、鰻魚、鳳梨罐頭、洋菇罐頭、蘆筍罐頭等外銷，帶動農村經濟繁榮，那是一段值得懷念的歲月，並沒有政府補貼，但工作有活力、充滿拼勁，再辛苦也不怕累。如何找回昔日的驕傲與光榮感，在時空環境不同的情形下，必須要有新的策略思維與做法。

小農國家不易拓展外銷，供應數量和價格都很難與國外競爭，如何以組織力量，尋找國外市場利基，著重品質、安全及品牌等非價格競爭策略，仍然可以達到開拓國外市場的結果。但是外銷不一定是我國農業發展的目的，那是一種手段，以外銷模式來帶動內銷的轉型與升級，避免進口衝擊，促進市場供需平衡，強化產業供應鏈和價值鏈，以普遍提高所有農民的所得才是真正目的。

因此，讓市場收入驅動農民所得，讓政府補助只針對非市場價值，使市場與政府做最好的互補；減少用政府補貼來取代市場收入，政府致力於市場機能不足之處，則可提高農民所得與兼顧農業永續發展。

投資農業

面對氣候變遷，生產方式必然要改變，從勞動密集走向資本密集與技術密集，是必要的趨勢，無論是設施農業、智慧農業，或是冷鏈、倉儲、水利等基礎設施，都需要大力投資興建和更新。不只是硬體的投資，在軟體系統建置和人才培育及數位能力應用，也要符合產業未來需求，有大數據、人工智慧、物聯網的「大人物」計畫，才能翻轉農業，而且必須公私部門聯合投資及獎補助投資才有成效。因此，配合農業部的成

立，擴大編列資本門預算，大力投資農業，正是時候！

農業改造工程

　　將一級生產、二級加工、三級行銷結合的六級化產業，可提高農產價值，已是當前朗朗上口的農業轉型模式之一。但面對氣候變遷的趨勢，六級化產業仍不具有因應能力，也不一定具有面對開放市場的國際競爭力，因此，仍有必要進行根本的農業改造工程，也就是農業品種＋工業生產＋商業模式，是農工商的系統整合。

　　農業品種方面，品種研發創新是農業永續與競爭力的關鍵，面對氣候變遷，最根本的即是從研發耐逆境品種，包括耐熱、耐旱、耐浸水、耐冷性、抗白葉枯病、銹病；工業生產方面，所強調的是精準與標準化作業，精準農業的概念在 20 年前早已被提出，是一種以資訊科技為基礎的農業經營管理系統，適時適量的滴灌、施肥、噴藥、瞭解作物生長狀態，以及穩定品質、預測產量、產期，甚至生產環境也由戶外、或開放式溫室，改為密閉環控方式，層次甚至可發展到植物工廠形式；而標準化作業，則是一般農業栽培方式所不易實現的，但也往往使得農產品質不穩定及規格大小不一，影響市場推廣；商業模式方面，則是農業生產要有成本觀念，並將潛在商機加以實現，包括處理許多農業剩餘資源（舊稱農業廢棄物）的循環經濟，形成可獲利及可持續性的操作模式。

　　我們可以想像，若有新的品種足以面對未來氣候變遷的考驗，並將既有的及新的品種改變生產為工業化生產方式，或具有工業化精準與標準化作業的思維，在市場導向下建立商業獲利及操作模式，以市場利潤支持農業持續研發、投資及生產，政府的角色即是將系統環節加以有效串連，並輔導每一環節的具體實踐及建立推廣的示範典範，則我國農業將成為強壯又有韌性的強韌農業。

農企業為發展骨幹

我國為小農經營特性，導致規模過小、難以在市場競爭，且農民人數眾多、參差不齊，難以掌握生產資訊及經營動態。過去有組織小農為產銷班或合作社的經營模式，但許多仍未法人化或規模不夠，尚不易在市場立足競爭。而策略聯盟的概念，也是組織策略之一，但因權利義務的對等關係不明，缺乏有效監督及獎懲，仍易流於形式。不過，隨著公司型態的導入，農企業已逐漸在市場出現，其規模及營運思維顯然與小農有所不同，也為改變小農及農業困境帶來新的可能。

以農企業瞭解市場及面對通路的優勢，可與眾多小農合作或契作生產，依市場所要求的品質、規格及數量，規範小農生產作業，等於是由農企業輔導小農生產，會較政府輔導眾多小農更有效率，而政府協助農企業發展即可。農企業具有規模與通路優勢，可與市場思維接軌，容易帶動小農生產方式的改變。因此，未來的農業組織策略如何實施，如何讓農企業為農業發展的骨幹，不管是在內外銷均應如此，則政府許多改變農業的想法，也可以透過農企業加以實現。

建構農業安全網

農業在未來需面臨的衝擊與挑戰絕對不亞於現在，不論是外部的氣候變遷、開放經濟，或是內部的勞動、土地與資本問題，都需要有更穩定的環境讓農民願意持續務農與投入經營。目前政府對於農業補貼或支持政策措施非常多樣，有必要經由全面盤點並統合在農業安全網（farm safety net）的架構加以檢視，以完整保障農業發展基礎與農民所得。同時，也必須考量不同政策之間的競合關係、不同政策的連結性、政府補貼的重覆性，以及保障對象之釐清等，以使政策執行更為精準有效。

基本上，農業安全網可由五大支柱所構成：(1) 安全防衛：境內外

市場波動干預之安全防衛機制（safeguard mechanism），包括境內的產銷調節、產銷失衡收購及行銷，以及邊境的進口管制、受進口損害救助等；(2) 直接給付：以「綠色環境給付」計畫為基礎的農業環境基本給付、作物補助、耕作制度獎勵、友善環境補貼等有條件的堆疊式補貼；(3) 農村發展：以「農村再生」計畫為主的地方環境生態保護、偏鄉或不利發展地區之協助，提供安全管理的農地與環境；(4) 風險管理：針對自然災害、市場波動、畜禽疫情等所這成的農業損害予以補償，包括最基本的天災救助、農業保險，以及建立業者共保、再保與政府承擔巨災損失之危險分擔機制；(5) 生活照顧：提供農民人身安全及退休生活保障，包括最普遍的農民健康保險（農保）、農業職業災害保險（農職災險）、農民退休儲金制度、老農津貼，以及接軌至國民年金等福利措施。

　　五大支柱所構成的我國農業安全網將較歐美更完整，兼顧現行政策措施，可發揮生產、生活、生態之農業特性，保障農業所得安定、照顧農民生活安心，以及維護農村生態安全之"三安"終極目標。

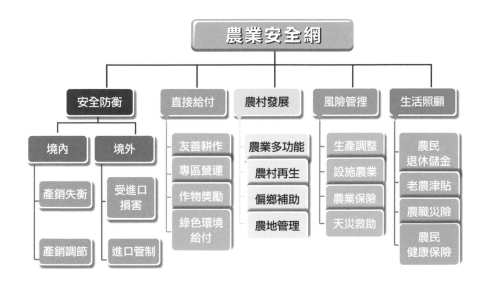

水稻政策與保險

　　水稻政策是我國農業政策的主軸，與糧食安全、糧價穩定與農民所得息息相關，在因應氣候變遷及增進產業競爭力的方向，水稻收入保險已於 2022 年第一 期開始實施。保險分為基本型與加強型，且在加強型中又再區分為一般與優質。保單內涵係將既有的天災救助轉化為基本型，又將稻作現金給付轉化為加強型，並與既有的保價收購政策比較，以考量收入保障情形，再與既有的契作集團產銷專區、產銷履歷及有機農業連結。因此，本保單具有高度的政策考量及對農民收入保障的承諾，而且是有明顯的政策性保險及政策改革的涵義，也與農業安全網架構有一致性的規劃，有助於政策改革與農民所得的保障。

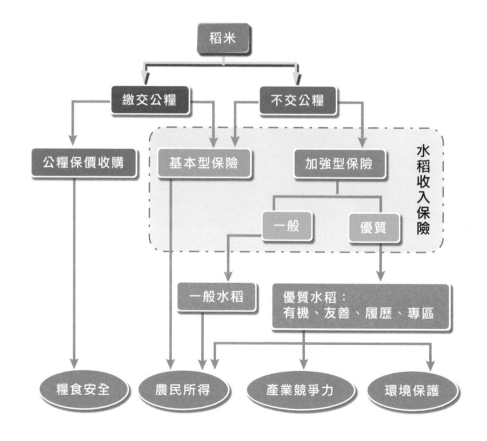

第三節　彰化農業未來發展

彰化農業的未來

在面對氣候變遷的大趨勢，如何確保糧食安全，以及增進農民所得，地方政府也責無旁貸。彰化是農業大縣、畜牧大縣，也是臺灣米倉，彰化農業生產穩定，臺灣農業供需失衡的問題也就解決大半了。我們如何想像 10 年、20 年或 100 年後，未來的彰化農業會變成什麼風貌？

如果我們沒有做任何的改變，在氣候變遷、全球暖化、颱風、暴雨、低溫、乾旱的狀況下，我們很難樂觀的認為，彰化仍然可以為臺灣提供 2 成的稻米產量、5 成的雞蛋、5 成的葡萄、6 成花椰菜、8 成碗豆嗎？！

當勞動不斷老化及缺工、固定資本形成減少、農地愈趨零碎及流失、倉儲及農會倉庫老舊、水利灌排不分離等，如何可以確保糧食生產能力，以及擴充庫存作為安全存糧及穩定市場供需呢？

如果不是以工業化的思維來發展地方，以彰化的地利及水利，如何再提升彰化農業的產能？但如果應用工業化生產與商業觀念導入科技、資本、研發、組織，改造傳統農業生產方式，結合倉儲、物流、通路，將可為國家的糧食安全、市場穩定，以及增進農民所得有更大的貢獻。

當科技不斷推陳出新，我們已快跟不上科技的腳步，甚至愈來愈無法瞭解及掌控科技的發展，我們不禁要問：是要陷於永無止境的科技追求？還是跳脫科技思維，以超越自我與時空的觀點，重新檢視人類與農業存在的關係與價值？這也是農業的基本特性所在。

SWOT

因應任何現狀及未來發展，許多人都從自身的優勢、劣勢及所面臨的機會、威脅加以檢視，則彰化縣農業內部具有一些優勢、劣勢，同時

所面臨外部環境的機會與威脅，觀察如下：

1. 優勢（Strength）：

   水利發達、土壤肥沃、彰化平原、潮間帶、稻作體系完善、物
   產豐富、臨近臺中市都會。

2. 劣勢（Weakness）：

   農地零散、小農經營、老農觀念傳統、過度依賴人力、農村再
   生參與低、農業數位落差、農業資材成本逐年上漲、缺乏區域
   性農業投資、休閒農業缺乏點線面連結。

3. 機會（Opportunity）：

   糧食安全受到重視、消費者具有食品安全觀念、電商平台興起、
   碳經濟來臨、循環經濟已成趨勢、國民旅遊形成風氣。

4. 威脅（Threat）：

   氣候變遷之減緩與調適、農工部門之用水及用地競爭、綠能與
   農業有待磨合、進口低價衝擊、農業勞動斷層及缺工、青農返
   鄉缺乏土地及技術。

TOWS 策略

面對上述的自我檢視，則如何化危機為轉機、為商機，如何因勢利
導，或轉型升級，可從 TOWS 交叉分析提供四個策略方向：

1. 優勢 X 機會（SO）：

   利用優勢並把握機會，這是積極型策略，乘勝追擊。例如：以
   糧食產業為農業發展主軸，迎合糧食安全的國家目標及食品安
   全的市場機會；進行碳盤查因應淨零碳排與計算碳匯數量與碳
   權價值；發展多樣少量具特色的農產品，以滿足內銷目標市場
   之利基需求。

2. 優勢 X 威脅（ST）：

運用優勢去降低外部威脅帶來的傷害，這是緩衝型策略。例如：調整作物及栽培管理因應氣候變遷與用水需求；強化設施農業及機械化作業因應氣候變遷與缺工；推廣消費者對於生產履歷及安全標章之優質產品認識，以因應食安恐慌。

3. 劣勢 X 機會（WO）：

把握外部機會及趨勢，藉機消除內部劣勢，此為改善型策略。例如：在國民旅遊及紓壓療癒的氛圍趨勢，整合休閒農業提供都會民眾農村旅遊及體驗田園活動；集合小農媒合電商平台及主要通路；強化組織力量，鼓勵小農參與專區營運。

4. 劣勢 X 威脅（WT）：

盡可能的避開內部劣勢及外部威脅，此稱防禦型策略。例如：以非價格競爭策略及市場區隔面對進口競爭；以農企業組織小農面對進口衝擊；強化原料、加工與行銷之價值鏈及與小農鏈結；建立畜禽糞尿區域處理中心，結合循環經濟，打造商業營運模式。

樂活願景：讓彰化成為宜居樂活的地方

回首彰化建縣三百年，開疆闢土建設成今日的富庶大地，而科技進步及氣候變遷，更將左右未來彰化縣的農業發展，農業將展現什麼新的風貌，值得期待，也有點惶恐。

筆者個人主觀期望彰化縣能成為臺灣「宜居樂活」的地方，可以打造農業與科技互補、傳統與現代並重，重建樂活淨土的新農業。

由於在科技持續進步的趨勢下，農業成長相對落後，但並不代表農業不重要。農業在提供糧食、維護環境生態，以及延續農村文化有其不可取代的地位；而科技進步所帶來的競爭壓力，也常令人需要找尋生命的出口及紓壓。有不少科技新貴變成青農，就是希望從農業當中找回生

命價值與存在意義；也有許多科技人成為假日農夫或在田園中獲得快樂，可見科技不是一切，農業也不可能被淘汰，農業與科技這兩者之間，應有互補空間與不可偏廢之處。

但農業在科技浪潮中，反而更能突顯存在的必要性，不論是在提供糧食及農漁產品、維護環境生態，以及延續農村文化，都有其重要性。可因勢利導藉由科技方式來提升農業生產力與效率，以農業環境來提供科技所需的綠能與碳權，農業與科技互為依存，可使國家進步與社會安定和諧。

彰化縣農業，擁有良好的農業環境及農村文化，立足大時代的趨勢之中，不會被湮沒，反而要如何扮演中流砥柱的角色，讓彰化成為宜居樂活的地方。如果彰化縣是充滿田園生態與保有農村文化的地方，有著人與自然和諧融合的關係，將會讓在這塊土地生產與生活的人們，實實在在地感受到幸福，科技已無所不在，如何讓農業、農民與農村連結應用科技，而仍保有農業特性，正是此時此地值得擘劃與前瞻。

三基定位：國家糧食基地＋社會安定基石＋農業永續基礎

讓彰化縣農業成為國家發展的農業基地，確保國家的糧食安全，同時達到維護環境生態及延續農村文化的價值，是在臺灣各縣市中責無旁貸的角色。以打造國家糧食基地為主軸，定位明確，國家資源與規劃亦將配合投入，地方政府藉此整植農業環境，包括水圳網路、灌排分確、土壤檢測、農地重劃、適地適期適種、農產業聚落形成、農會倉儲整建現代化、區域物流及冷鏈中心等。要作為國家糧食基地，維護農業資源及農業環境是最基本的要件，但同時也要引進科技與投資，提高農業生產力與效率，善用資訊科技，改變農漁畜的產運儲銷體系，以確保糧食及農漁畜產品的產量、品質、市場供需平衡，以及淨零碳排，並結合離岸風力及畜舍光電，可為國家同時創造綠能。

　　致力於維持國家糧食基地，將是社會安定基石，也是農業永續基礎，在未來的變動環境中將可突顯彰化縣農業不可或缺的角色；此外，維持鄉村發展，保護田園生態，可讓彰化縣在鄉村與城市、農業與科技成為最佳結合的典範。

以糧食產業為根本

　　彰化縣自古以來即是以生產稻米為主的地方，從濁水溪的沖積扇平原、八堡圳的水利灌溉網絡、稻米品種持續育種研發，加上建構完善的產業鏈（育苗場、代耕中心、收穫、乾燥、儲存、流通），有眾多的農民、農企業、農會、糧商的參與，是臺灣糧食自給與糧食安全的重要基石，也是展開所有農業活動及農村文化的基礎。在未來以生產稻米為主的角色，將是彰化農業的核心價值。

　　因此，我們應該好好檢視稻米產業鏈的每一環節，是否具備未來趨勢的調適與因應能力？基本的農地及水資源在質與量是否有效維護？是否應以研發、資本及科技來強化產業體質？是否收穫之後的儲運設施及空間需要大幅更新擴大？以及水稻與雜糧之間的水旱田是否有計畫性的輪作，以保障糧食不同來源及平衡用水需求？這些都需要政府宏觀的擘劃與安排。因為糧食作物是基於糧食安全的考量，難以從市場經濟的角度來定位，且在糧食安全、環境保護及鄉村發展的重要性不是可由市場價格決定，因此，更需要政府大力介入及獎補助的支持。

　　彰化縣每一鄉鎮都種植水稻，至少可以將農民與農會組成「糧食國家隊」，強化農會在代耕及儲運的功能，為國家保有最基本的糧食自給來源。早期特別重視糧食安全意識，政府的保價收購及糧食局在各農會廣建倉庫，是有系統的在確保稻米的生產及儲存，但現在許多倉庫都已老舊或報廢。未來如何確保糧食安全，重新整建各地農會倉庫，結合民間力量，組成「糧食國家隊」，配合基本設施的投資興建與生產，是值

得努力的方向。

扶植農企業

　　政府自 2009 年推動「小地主大專業農」以來，已在彰化縣初具成效。稻米、雜糧、蔬菜等土地利用型產業，已有青農參與，並不斷擴大規模，動輒在 10 幾 20 公頃以上，已逐漸發揮規模經濟效益，並掌握相當產量可與通路商談判，更是政府在穩定市場供需的重要助力。這些大專業農已發展出不同經營型態，包括提供農事代耕服務、擴大更多小農參與契作、建立品牌、或設置育苗場等。有些大專業農也朝組織型態的改變著手，例如組成生產合作社或公司；換言之，他們可能已從原本的小農，集合一些志同道合的青農，成為大專業農之後，再打算以農企業方式持續經營。

　　這是地方農業發展的契機，政府可多加協助技術、租地、勞力、資金，並媒合契作、產銷及通路，相信會有改變的機會。彰化縣具有地方特色的農漁產品都有機會可以發展農企業，例如：洋蔥、甘藷、雜糧、芭樂、花椰菜、甘藍、香菜、蜆、文蛤等。

　　一旦農業經營改以農企業為主體，不再是小農，或不分專兼業農，將改變政府補助資源的分配對象，而且合作及組織意識將會形成風氣，進而建立產銷模式或產銷供應鏈，並以目標市場（含外銷）為導向，屆時可預期農業將因此脫胎換骨，彰化縣將有機會將成為領頭羊，引領未來世紀發展的風騷。

建構循環經濟專區

　　彰化縣是農業大縣，想必農業剩餘資源（舊稱農業廢棄物）也不少，無論是動植物的排泄物或廢棄物，在循環經濟的趨勢之下，如何善加利

用並成為獲利來源，其商業模式為何，也是值得發展方向。基本上，這些農業剩餘資源因分散在各地，如何集運為相當數量，再集中處理，處理場的規模及地點，以及製成品與市場既有產品的差異，均有成本考量及價格競爭的問題，還有處理場是否成為另一嫌惡設施，如何核准設置及輔導，確實為地方政府權責，應致力於打造運作模式的標竿。

　　彰化縣也是畜牧大縣，近來彰化縣政府向農業部爭取到 3.4 億元經費，擬在東螺溪畔公有地打造一座畜牧糞尿多元利用資源化共同處理中心，即是朝集中處理與循環經濟的正確方向推動。芳苑鄉的漢寶牧場，飼養 4 萬多頭的豬隻，由業者自建處理中心，是全國第一個獲得綠色碳權憑證的養豬場，此運作模式可以放大規模並典範移轉。例如：設置毛豬經濟循環專區，係基於實施獨立生物安全體系、建構智能化光電綠能畜舍、落實精準生產管理模式、精進廢污處理與資源化、確保三段式廢水處理系統符合放流水標準，以及可提高沼氣發電的效益與可行性，有助於併網饋線容量及工程費用降低。此外，雞糞問題常引來病媒蠅孳生，也會汙染土壤及水源，而且釋放的甲烷所造成的溫室效應更甚於二氧化碳，但雞糞所含的氮磷鉀卻有助於植物生長，因此，如何將回收雞糞與廢水轉換為綠電與液態肥料，也是可以思考以專區集中處理及發電；同時，基於生物安全也應配合積極打造負壓水濂密閉雞舍，以避免禽流感及穩定產蛋效率。這些畜禽業都是循環經濟可在彰化縣大力發展的對象。

第四節　彰化農業世紀展望

篳路藍縷以興水利

　　臺灣在四百年前開啟一波波的開墾與拓荒，當時主要仍以南部為開發重心。彰化地區要等到明鄭王朝（1662～1683年）「寓兵於農」的政策，實施屯田制度，逐水拓墾並進行水田農業，從南往北形成一種風氣，彰化縣的開發才開始進行，而大規模的開發，要從1709年的「施厝圳」（後稱為「八堡一圳」）的水利建設開始。一時之間，1711年開鑿的「十五庄圳」（後稱為「八堡二圳」）及1718年的「二八圳」水利灌溉愈來愈普及。

　　緊接著1723年（雍正元年）彰化建縣，行政地位獨立，更加速彰化平原的開墾，大陸來臺移民因而激增，也造就鹿港更加繁榮熱鬧，惟當時的行政版圖較今日為廣，是虎尾溪以北與大甲溪以南。1885年（光緒十一年）臺灣建省，彰化縣版圖縮小為虎尾溪以北與大肚溪以南。「彰化縣」一詞在日治時期曾一度消失，曾改設為彰化廳或之後被併入臺中廳及臺中州，直到戰後1950年，彰化縣才再度出現，行政版圖為今日的範圍，即濁水溪以北與大甲溪以南。

　　彰化縣農業開發歷程，從荒煙漫草到平原開發，從原住民狩獵、漁撈，採集野生植物，到漢人開墾種植農作物、飼養動物，並從事以物易物，或是開始走向貨幣經濟進行商業活動，以及與大陸發展貿易，皆可看到農業生產活動的變化，同時也看到農村聚落的形成及興衰。

農業現代化及成長

　　及至日治時期推動品種改良、工業製糖及發展外銷經濟事業，也都可以在彰化縣看到種植粳稻、甘蔗、鳳梨的興起，以及在戰後國民政府

進行土地改革、大力恢復糧食產量、拓展農產外銷的努力，亦帶動農村
經濟的繁榮及農業快速成長。

　　臺灣農業發展歷經戰後恢復、快速成長、成熟、停滯、轉型等階段，
各有不同的時空背景及農工部門之間的競合。現在的臺灣與彰化農業已
不可同日而語，作物品項的多元化、生產技術進步、產量及產值不斷提

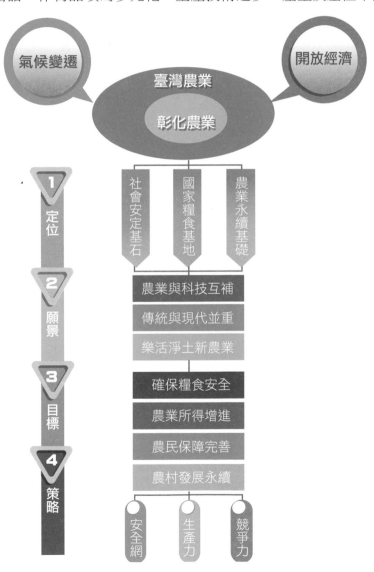

升，而農業也跟生態、環境更密切的結合，在在都可看到當前農業的廣度與深度。但也面臨缺工、農地、小農、老農、青農等問題，以及氣候變遷及開放經濟的挑戰。惟慶幸的是，當前科技日新月異，可藉助科技方式改善生產問題，而且資訊發達，消費者可多認識農產業及地方特色，有助於推廣行銷；同時，食安意識及環保觀念抬頭，也可因勢利導作為本地農業永續發展的基礎。

　　彰化農業依循「路徑依賴」（path dependence）理論，在臺灣農業發展過程中被賦予糧食增產，並因技術進步而持續提高農民收入，如今更應該要有突破就有框架及前瞻思惟，來面對未來的發展。

世紀展望

　　任何時空背景，都有其優劣條件，臺灣與彰化農業跨越數個世紀以來，至今依然屹立不搖，而且持續成長茁壯，我們相信未來仍將繼續為臺灣民眾提供糧食及各種農產品，也將繼續守護這塊土地與環境。

　　但在藉由資訊科技導入農業產製儲銷體系與供應鏈，未來的農民將不再只是會種不會賣，應該已具備市場觀念、經營管理與善用科技能力，而且農民還會組織成團體或與農企業合作，發揮市場影響力與規模經濟，不會被運銷商所剝削。農業政策在產業政策及福利政策也將有所區別，並引導農業經營的改變。小農將會萎縮，老農也會退場，大專業農與農企業的興起，將成為農業經營的主流。

　　農民參與農業活動，也將不會只是田間生產，因為有一定的規模及合作對象，有可能往後垂直鏈結到種苗、育苗、組織培養，或是向前垂直鏈結到次級品加工、產品行銷及物流、廢棄物循環經濟；也有可能水平化擴展為農事代耕服務中心、農業技術服務團，另也有可能跨界至綠能產業或碳產業。此外，因為科技應用，未來的農業經營者也可能是科技廠商，因看準了未來農業趨勢、風險與報酬，所以科技將成為未來農

業發展的關鍵。所謂生物科技、基因編輯、智慧農業、植物工廠、人工智慧、物聯網、大數據、區塊鏈等將被普遍應用，耐逆境品種、環控生產、病蟲害監測及防治、生長情形及品質監測，也將是未來的農業風貌。未來農業將是資本密集與科技含量的產業，由於有工業精準思維及商業模式建構，農業體質將脫胎換骨，不會是傳統農業的樣子。如此可預見未來農業的進入門檻將會提高，市場結構也將從完全競爭變為不完全競爭。

屆時政府的角色，將不會停留在補助或產銷失衡補救的階段，而是如何更強化在農業基礎設施的投資、輔導農民應用科技、參與各國政府之間的協調，以及更重要的是，提供充分且即時的產銷資訊給生產者及消費者；最後，市場機制與力量將決定農漁產業發展與農民生存，而不是依賴政府的補助或保護。

未來的農業將是專業化經營，一般人種菜或養花蒔草，只是享受休閒與田園之樂，與產業無關，不過也突顯農業在休閒產業的價值。未來的科技壓力或文明病日增，也惟有從農業體驗中獲得釋放，找回人與自然的和諧關係，以及人類應有的生活品質。因此，休閒農業將有更大發揮的空間，而且不一定要規模化、企業化，小而美，各具特色及巧思即可，這也可能是未來小農可以生存的空間，收入來源也將多元化。

展望未來彰化農業，可能出現大農與小農兩極化的發展，大農包括農企業及科技廠商，專注於農漁產業經營，而小農則定位為生產為輔的休閒農業。如此，科技與傳統仍將並存，各有不同的農業定位與市場利基。影響所及的是農會的角色，如何與時俱進，應用科技、提供資訊、組織農民、建立產銷橋梁、讓市場認同在地農業，如此才能延續百年來對農民服務的核心價值。

期待跨世紀的彰化農業，以其優良條件及前瞻思惟，展現新的農業風貌，繼續引領臺灣農業的發展。祝福彰化農業永續、農民樂活、農村富麗。

附錄

彰化與臺灣農業大事記

年	臺灣（含國際）	彰化
史前時期	• 臺東長濱的「長濱文化」（距今約 3 萬年至 1 萬 5 千年前），「八仙洞遺址」為其代表； • 新北八里的「大坌坑遺址」（約 7,000 年至 4,700 年前）； • 臺中清水的「牛罵頭遺址」（約 4,500 年至 3,500 年前）； • 臺中大甲的「番仔園遺址」（約 2,000 年至 400 年前）。	1922 年發現位於彰化市牛埔里的「牛埔遺址」，主要包括兩個文化層，下文化層為牛罵頭文化，年代距今 4,500 年至 3,500 年；上交化層為營埔文化層，年代距今 3,000 年至 1,500 年。
1621 年	• 明天啟元年，顏思齊、鄭芝龍在魍港（雲林、嘉義一帶）登岸。,.W • 漢人「登臺元年」。	
1624 年	荷蘭統治臺灣時期（1624 ～ 1662）。	
1630 年	在臺灣西南平原種植甘蔗和稻米，奠定南部「米糖經濟」的基礎。	
1650 年	• 荷蘭人前後進行九次戶口調查，其中以明永曆四年（1650 年）的調查最為詳細。 • 當時全台共約 15,249 戶，68,657 人。	二林社有 85 戶、419 人；大突社 60 戶、276 人。
1662 年	• 明鄭統治時期（1662 ～ 1683），寓兵於農並建立私有田。 • 持續開墾由南往北形成「水田化運動」。	
1666 年		• 漢人移居彰化平原。 • 設置半線營盤（花壇鄉白沙村），之後納入北路安撫司。
1683 年	施琅攻陷臺灣。	
1684 年	• 康熙 23 年，清朝將臺灣納入版圖，臺灣隸屬福建省臺廈道臺灣府。 • 清廷發布《展界令》及實行「開海通商」政策。	臺灣府轄下設置臺灣縣、鳳山縣與諸羅縣，彰化屬於諸羅縣。
1685 年	清廷在大陸東南沿海設置粵、閩、浙、江四大海關，不包括臺灣。	
1694 年	高拱乾撰《臺灣府志》。	
1705 年	臺灣各地旱災。	
1706 年	臺灣、鳳山、諸羅縣旱災（1 ～ 3 月）。	
1707 年	臺灣、鳳山、諸羅縣旱災（8 ～ 11 月）。	

1709 年		施世榜開鑿八堡一圳（施厝圳）。
1717 年	臺灣、鳳山、諸羅縣旱災。	
1718 年		大肚溪水災。
1719 年		八堡一圳（施厝圳）完工，灌溉面積達 18,770 甲。
1721 年		• 黃仕卿開鑿完成八堡二圳（十五庄圳）。 • 東螺溪（舊濁水溪）洪水。
1723 年		彰化建縣（雍正元年）。
1724 年		彰化縣興建孔朝，「建學立師，以彰雅化」。
1728 年	臺灣各地旱災（7～8 月）。	
1731 年	臺灣各地旱災（8～11 月）。	
1734 年		知縣秦士望植荊竹為牆，建彰化縣城。
1738 年		水災
1739 年	臺灣各地旱災（8～11 月）。	
1740 年	臺灣各地旱災（8～11 月）。	楊志申開築四股圳，施士安開築六股圳、東西第一、二圳。
1741 年		鹿港已開始繁榮，被形容為「水陸碼頭，穀米聚處」。
1742 年		濁水溪氾濫成災。
1746 年	臺灣各地旱災（8～11 月）。	
1748 年	臺灣各地旱災（8～11 月）。	水災。
1750 年		水災。
1754 年		9 月大風雨成災。
1758 年	臺灣鳳山縣旱災（8～11 月）。	旱災（8～11 月）。
1764 年	余文儀續修《臺灣府志》。	7 月大旱。
1766 年		楊志申開築「東西三圳」。
1782 年		爆發首次「漳泉械鬥」（在彰化荊桐腳庄）。
1784 年		鹿港開港，清廷正式將鹿港列為與泉州蚶江對渡口岸。
1786 年	發生「林爽文事件」，為清朝時期臺灣的三大民變之一。	
1789 年		• 胡應魁建太極亭於縣署後，以邑之主山定名曰八卦山，原稱望山、或定軍山。 • 旱災（3～4 月）。
1795 年		發生「陳周全事件」。
1802 年		濁水溪氾濫，北斗鎮陸地沙洲移位。
1806 年		濁水溪氾濫。

年份		
1811 年		• 清廷核准彰化縣改建磚城。 • 彰化縣旱災（4 月）。
1820 年	臺灣各地旱災（5 月）。	
1823 年		濁水溪大水。
1831 年		旱災（3～4 月）。
1836 年		周璽編纂《彰化縣志》，第一本彰化志書。
1842 年	清廷與英國簽訂《南京條約》，是因第一次鴉片戰爭戰敗所簽訂的第一個不平等條約。	
1850 年		• 道光 30 年，鹿港因淤塞已沒落。 • 濁水溪大水。
1858 年	• 清廷與俄、美、英、法簽訂《天津條約》，是第二次鴉片戰爭戰敗所簽訂的條約。 • 英法要求增開大員（臺南安平）、淡水、打狗（高雄）、雞籠（基隆）為通商口岸。	
1859 年		濁水溪氾濫。
1861 年	• 臺灣開港。 • 1861 年 12 月，淡水首先開港，英國於此設副領事館推展貿易。 • 雞籠在 1863 年 10 月、打狗在 1864 年 5 月、安平在 1865 年 1 月陸續開港，對外通商。	
1862 年		發生「戴潮春事件」，彰化縣有史以來最大民變。
1868 年	• 清朝與英國簽訂《樟腦條約》取消樟腦官辦。 • 清朝時期的臺灣三寶「茶葉、蔗糖、樟腦」（1868～1895），以出口為主。	
1869 年	「福爾摩沙烏龍茶」（Formosa Oolong Tea）外銷美國。	
1873 年	臺灣各地旱災（12 月）。	
1874 年	發生「牡丹社事件」即日本藉口出兵攻打臺灣南部原住民各部落。	
1885 年	臺灣建省，劉銘傳為第一任巡撫。	洪水氾濫。
1886 年	• 開始進行清賦工作，丈量全臺土地。 • 實施第二次樟腦專賣（1886～1890 年），設立腦務局。	
1888 年		因丈量土地爭議，在二林堡浸水莊爆發「施九鍛事件」。
1889 年	• 成立茶業公會「茶郊永和興」（今臺北茶商公會）。 • 丈田清賦，臺灣田地面積從 7 萬餘甲，增加為 30 萬甲。	

1892 年	基隆至新竹鐵路完工通車	
1893 年		濁水溪潰堤。
1895 年	• 甲午戰爭戰敗，清廷與日本簽訂《馬關條約》，割讓臺灣及澎湖群島，史稱「乙未割臺」。 • 日本統治臺灣時期（1895～1945）。 • 總督府成立「民政局殖產部」（之後在1919 年改為殖產局），管理臺灣農業糧食業務。 • 臺灣人口已增至 2,545,731 人，耕地面積達 350,574 公頃，其中水田 208,275 公頃，旱田 142,299 公頃。	爆發抗日的「八卦山之役」，又稱「乙未戰爭」。
1896 年	• 發布《臺灣製茶稅則》，徵收出口稅。 • 引進日本稻種進行試種，試種蔬菜，引進乳牛	
1897 年	臺灣米（在來米）開始輸日	河水氾濫。
1898 年	• 公布《臺灣地籍規則》。 • 臺灣全島開始進行土地丈量及地籍整理。	發生「戊戌年大水災」。
1899 年	公布《農會法》	
1900 年	• 公布《產業組合法》。 • 臺北縣原三角湧辦務署廳舍內設立「三角湧農會」。 • 於東京成立「臺灣製糖株式會社」（簡稱臺灣製糖）。	• 濁水溪大水。 • 辜顯榮成立「大豐拓殖株式會社」，在鹿港開闢 250 甲鹽田。
1901 年	• 公布《土地收用規則》，讓製糖會社能依法強制收買甘蔗的「原料採取地區」。 • 發布《臺灣公共埤圳規則》。 • 新渡戶稻造提出《糖業改良意見書》。 • 建置「茶樹栽培試驗場」。 • 於臺北、臺中、臺南設立農事試驗場，之後在 1903 年合併設立「臺灣總督府農事試驗場」（今農業部農業試驗所）。	「莿仔埤圳」為收歸官方的第一條水圳。
1902 年	• 於今高雄市橋頭區設置臺灣第一座新式糖廠「橋仔頭製糖所」。 • 公布「糖業獎勵規則」在高雄鳳山成立第一座鳳梨罐頭工廠。	• 彰化廳設立彰化廳農會（之後與臺中、南投廳農會，於 1924 年合併成為臺中州立農事試驗場，是為臺中區農業改良場前身）。 • 日本人於二林鎮成立「三五公司源成農場」。
1903 年	• 設置安平鎮製茶試驗場。 • 在臺南大目降（今臺南市新化區）設置甘蔗試作場及引進甘蔗新品種。	彰化廳核准成立「鹿港漁業組合」。

1904 年	爆發「日俄戰爭」。 公布《內地移出米穀檢查規則》。	在臺中州員林郡山腳，於第二期稻收獲前，推動行間插植甘藷之栽培方法，為臺灣進行水稻糊仔栽培最早記錄。
1905 年	• 發布《製糖廠取締規則》。 • 發布《臺灣土地登記規則》。 • 在來米品種改良。	開通彰化、二水間的鐵路。大肚溪鐵橋完成試車。
1907 年	• 成立「臺灣米穀公司」，專責辦理臺灣本島米穀移輸日本內地事宜。 • 設置《臺灣公共埤圳聯合會規則》，成立各地的「公共埤圳組合」（即各地水利會前身）。 • 公布《臺灣農會規則及施行細則》。 • 臺中州成立「東洋製糖株式會社」。	
1908 年	• 新竹至高雄（山線）鐵路完工通車。 • 發布《臺灣官設埤圳規則》。 • 全臺已設立 17 個農會。 • 公布《水產組合規則》。 • 農會組織改為法人團體（官辦），並將臺灣各農會整併成 10 個「廳農會」。	
1909 年		• 板橋林家成立「林本源製糖合名會社」（之後更名為「林本源製糖株式會社」）（溪州糖廠）。 • 彰化廳農會併入臺中廳農會。
1910 年	中部地區（特別是在臺中州員林郡員林街和新高郡集集庄）已成為香蕉的主要產地。	• 4 月員林菜市場落成。 • 莿仔埤圳完成擴大興建，為二林鎮水利灌溉的開始。 • 和美庄糖友里設立「新高製糖株式會社彰化工場」。
1912 年	• 中華民國成立。 • 公布《臺灣穀米檢查規則》。	陳梓成在大排沙成立大排沙製糖工場，之後由辜顯榮接手。
1913 年	• 公布《臺灣產業組合規則》及《臺灣產業組合規則施行規則》。 • 將各類產業組合整編為「信用、購買、販賣、利用」等 4 種事業兼營之產業組合，採取「一市街庄，一產業組合」的原則，提出「共存同榮」口號。	彰化郡鹿港街海埔厝設立「鹿港水產試業所」。
1914 年	發布《臺灣重要物產同業組合法》，推動生產者透過組合與批發業者交易。	
1915 年	成立「中部臺灣青果物輸出同業組合」（1925 年更名為「臺中州青果同業組合」，是為今臺灣省青果運銷合作社的前身），這是臺灣最早的同業組合。	
1916 年	興建「桃園大圳」。	

1917 年	發布《臺灣產業組合規則施行規則》。	
1919 年	發布《臺灣米穀移出限制令》。	辜顯榮在溪湖成立「大和製糖株式會社」。
1920 年	• 興建「嘉南大圳」。 • 實施「州廳制」、「郡市制」、「街庄制」，將地方行政區域變更為「五州二廳」（之後在 1926 年再新增為「五州三廳」）。 • 臺灣農業的第一次黃金歲月（1920 年～1940 年）（米糖經濟）。	彰化廳、南投廳與臺中廳合併改制為臺中州，原有農場即改稱「臺中州農會試驗場」，東勢林場即由臺中州農業組合所經營。
1921 年	• 日本內地公布《米穀法》（之後演變成1933 年的《米穀統制法》、1936 年的《米穀自治管理法》、1939 年的《臺灣米穀移出管理令》、1942 年的《食糧管理法臺灣施行令》、1943 年的《臺灣食糧管理令》），避免米價波動。 • 在臺灣建立「植物檢查制度」，此為今日的動植物防疫檢疫制度的濫觴。 • 從夏威夷與沙勞越的地區大量引進「開英種」種鳳梨。	依《臺灣輸出入植物取締規則》，規定於臺北、基隆、高雄、員林、新竹設置植物檢查所，以進行柑橘和輸移出入植物的檢查。
1922 年	• 公布《農業倉庫業法》，首批大型農業倉庫 11 座，至今碩果僅存彰化市農會倉庫。 • 直至 1942 年為止，總督府共興建或補助大小不等 134 座農業倉庫，農業倉庫的數量若再包括「產業組合」所經營的米穀倉庫則共有 304 座。 • 梗稻新品種培育成功。	• 彰化火車站扇形車庫完工啟用。 • 彰化街成為山海線鐵路交會的交通重鎮。
1923 年	• 設置「臺灣茶檢查所」，控管出口之品質。 • 官方成立「臺灣茶共同販賣所」，壟斷臺灣生產與製造市場。	臺中州廳將永基坤、深耕圳、莿仔埤圳等公共圳埤坤，合併設立「北斗水利組合」。
1924 年	公布《漁業組合規則》。	成立公立農事試驗場，故再改制為「臺中州立農事試驗場」。
1925 年	桃園大圳完工總督府許可設立臺灣農倉米共同販賣所。	• 6 月 28 日成立「二林蕉農組合」，為之後全島性「臺灣農民組合」之濫觴。 • 10 月 22 日發生「二林蔗農事件」。 • 「臺中州彰化農業倉庫」（現為彰化市農會倉庫）建築完工，具有特殊的半圓型屋頂（太子樓）和拱形迴廊。
1926 年	• 正式對外公布命名「蓬萊米」並推廣種植水稻，發生「米糖相剋」。 • 茶葉試驗所引進英屬印度的阿薩姆大葉茶種，並在臺中州新高郡魚池庄（南投縣魚池鄉）試種紅茶。 • 推廣紅茶種植並逐漸改為機械製茶。	溪州糖廠被日本鹽水港製糖會社收購。改名為「溪州製糖所」。

1927 年	• 公布《肥料取締法》。 • 設立「臺灣鳳梨組合」。	末永仁技師接任臺中州農事試驗場場長（1927 ～ 1938 年）。
1928 年	• 發布《稻米稻穀輸入限制》。 • 臺灣米庫組合協會成立。	
1929 年	在臺中州農事試驗場選育出「臺中 65 號」品種。	• 臺中州立農事試驗場之畜產部分離成立「臺中州種畜場」。 • 1 月員林興農倡和會成立。
1930 年	• 「嘉南大圳」完工。 • 廢除「臺灣製茶稅則」。 • 日本三井財團開始以「日東紅茶」為名行銷各國。 • 於臺北州新莊郡林口庄設置「茶業傳習所」。	八卦山為開英種鳳梨主要種植區。
1931 年	紅茶外銷超越烏龍茶與包種茶。	
1932 年		陸續在舊濁水溪新生地設立移民村。
1935 年	• 舉辦「始政四十周年記念臺灣博覽會」。 • 稻作面積達到最高為 67.8 萬公頃。 • 臺灣人口達 531 萬 5,642 人。	興建「福興穀倉」，保有完整傳統的「老虎窗」（之後在 2003 年登錄為「歷史建築」）。
1937 年	• 爆發「中日戰爭」。 • 公布《臺灣農會令》取代《臺灣農會規則及施行細則》，樹立二級制農會。 • 整併成立「臺灣合同鳳梨株式會社」（即臺鳳股份有限公司之前身），全臺工廠皆歸一家掌握。	創立位於秀水鄉的「彰化農林國民學校」（1941 年更名為為「彰化實踐農業學校」，今國立秀水高工）。
1938 年	• 公布《國家總動員法》。 • 依《臺灣農會令》成立臺灣農業會（臺灣省農會前身，今中華民國農會），州廳農會為其會員。 • 由臺灣總督府總務部長兼省農會會長，州廳街庄行政首長兼各級農會會長。	
1939 年	• 公布《臺灣米穀移出管理令》。 • 鳳梨種植面積達最高 10,392 公頃。	
1940 年	臺灣米輸出組合成立。	
1941 年	• 爆發「太平洋戰爭」。 • 耕地面積：水田 544,367 甲，旱田 341,751 甲，合計 886,118 甲。 • 農戶 440,105 戶，人口 3,069,989 人，占總人口的 49.95%。	北斗興農學校升格為「北斗實踐農業學校」。
1942 年	總督府規定農民不能種植政府指定以外的農作物。	

1943 年	• 發布《臺灣農業會令》 • 將二級制農會、產業組合再加上其他農業相關團體，全數統整為臺灣總督府、州廳及市街庄三級制之「農業會」。 • 公布《臺灣食糧管理令》。 • 發布《農會團體法》。 • 成立「臺灣總督府農商局食糧部」。	8 月臺灣合同鳳梨公司員林工廠開始釀造生產鳳梨酒。
1944 年	公布《水產業團體法》。	
1945 年	• 二戰結束，日本無條件投降。 • 10 月 25 日成立「臺灣省行政長官公署」。 • 11 月 1 日在農林處下設置糧食局，接管「臺灣總督府農商局食糧部」業務。 • 12 月 10 日改制直隸行政長官公署，更名為「臺灣省行政長官公署糧食局」。	4 月設立臺中州立員林農業學校。
1946 年	• 台糖公司接管四大製糖株式會社（大日本、臺灣、明治、鹽水港）。 • 實施「田賦徵收實物」，以掌握糧食。	臺灣省劃分八個糧區，糧食局彰化管理處設於員林鎮和平路（今農糧署中區分署）。
1947 年	• 行政長官公署改組成立「臺灣省政府」。 • 臺灣地區實施二五減租政策。 • 政府公有土地放租。 • 台糖從南非引進 N:Co310 新蔗種。	台糖公司強制收回租給農民的土地，引發「大排沙農場事件」。
1948 年	於南京成立「中國農村復興聯合委員會」（簡稱「農復會」）。	
1949 年	• 中華人民共和國成立。 • 中華民國政府遷至臺灣。 • 人口激增至 750 萬人，使得糧食供應更加緊張。 • 開始實施「三七五減租」。	
1950 年	• 韓戰爆發。 • 臺灣與日本簽訂貿易協定，正式將香蕉列為輸日貨品。 • 稻米產量恢復戰前最高水準。 • 農會開辦「毛豬共同運銷」。 • 實施「肥料換穀」政策。	• 彰化縣政府成立。 • 10 月 25 日彰化縣政府正式成立，以原彰化市長陳錫卿接替于國楨擔任官派縣長，縣治設在彰化市。
1951 年	• 實施「公地放領」。 • 通過《青果聯合運銷辦法》。 • 「臺灣區茶葉輸出業同業公會」成立。	• 陳錫卿當選首屆民選縣長。 • 彰化縣稻米產量居全臺各縣市之冠。
1952 年		12 月 25 日西螺大橋興建完成。
1953 年	• 公布《實施耕者有其田條例》。 • 臺灣農業的第二次黃金歲月（1953～1968 年）。 • 臺灣農業進入成長期（1953～1972 年）。	

1954 年	• 各級農會完成改組。 • 推動臺灣農村電力化，促使農民紛紛鑿井抽水，灌溉水源轉變成利用圳水和抽取地下水方式。	• 溪州糖廠和彰化糖廠併入溪湖糖廠。 • 成立「溪湖果菜批發市場」（舊址：湖東里員鹿路旁）。
1995 年		二林鎮農會設立「挖仔果菜市場」。
1956 年	台糖辦理代耕及代採作業。	彰化縣伸港鄉試種蘆筍。利用彰化糖廠舊址設置彰化副產加工廠生產甘蔗板。
1957 年		• 1957 ～ 1958 年美國人類學家葛伯納，在埔鹽鄉新興村駐村，撰寫成《小龍村—蛻變中的臺灣農村》一書。 • 溪湖糖廠設立「大排沙畜殖場」。
1959 年	• 8 月葛樂禮颱風造成「八七水災」，大肚溪潰決。 • 農損 14 億元，農業工程設施損失 21 億元，約占常年國民所得 11%。 • 柑橘黃龍病肆虐。	員林椪柑從此走入歷史。
1960 年	• 實施「加速推行農業機械化方案」。 • 實施農地重劃。	開始建設百果山風景區。
1961 年	聯合國統計，臺灣蔗糖產量居世界第一位	「八卦山大佛」完工。
1962 年	• 工業產值超越農業產值。 • 推動「農地重劃」。	
1963 年	• 日本實施香蕉進口自由化。 • 農會正式開辦「家畜保險」。 • 成立「臺灣洋菇罐頭廠聯合出口公司」。 • 成立「中華民國養雞協會」。 • 臺灣面臨 65 年來未曾有的旱災。	
1965 年	• 臺灣洋菇罐頭外銷量世界最多。 • 高雄 31 號碼頭新建巨型香蕉冷氣庫房。 • 因開發「留母莖栽培技術」，蘆筍種植面積激增，開始量產及外銷。	• 二林鎮西斗里開始試種釀酒葡萄。 • 新興經濟作物蘆筍、洋菇開始契作（1965～1988 年）
1966 年	香蕉出口金額超越砂糖。	• 臺鳳公司為配合洋菇罐頭增產計畫，也先後在彰化、員林擴建工廠。 • 「二林農業職業學校」改制為「二林農工職業學校」，代表工業人才的培育需求。
1967 年	• 臺灣蘆筍罐頭產量居世界第二位。 • 香蕉產業達全盛期，在日本市場占九成。	
1968 年		設立「北斗果菜市場」。
1969 年	公布《農業政策檢討綱要》。	農復會資助臺灣省農會於彰化設立酪農鮮乳加工廠。
1970 年	• 台糖總公司遷回臺北總公司。 • 通過「現階段農村建設綱領」，實施「加速推行農業機械化方案四年計畫」和「加速推廣稻穀烘乾機計畫」。	• 彰化縣竹塘鄉是全臺洋菇產量第一。 • 秀水鄉農會成立飼料廠。

年份	事件	彰化相關
1971 年	臺灣鳳梨罐頭外銷居世界首位。	
1972 年	行政院長蔣經國先生指示推動「加強農村建設新措施」（即「加速農村建設重要措施」）。	
1973 年	• 臺灣農業進入成熟期（1973～1991 年）。 • 1 月頒布九項「加速農村建設重要措施」，包括：(1) 廢除肥料換穀制度；(2) 取消田賦附徵教育費；(3) 放寬農貸條件；(4) 改革農產運銷制度；(5) 加強農村公共投資；(6) 加速推廣綜合技術栽培；(7) 倡導農業生產專業區；(8) 加強農業試驗研究所與推廣工作；(9) 鼓勵農村地區設立工廠。 • 9 月公布《農業發展條例》。 • 10 月爆發中東戰爭，造成第一次石油危機。	設置「田尾公路花園」（之後在 1981 年改為「公路花園園藝特定區」）。
1974 年	• 農產品開始出現貿易逆差 2.67 億美元。 • 實施「稻穀保證價格收購制度」。 • 成立臺灣區果菜運銷股份有限公司（「臺北農產運銷公司」前身）。	
1975 年	• 臺灣為當時世界最大的蘆筍罐頭外銷國。 • 「三罐王」（蘆筍罐頭、鳳梨罐頭、洋菇罐頭）在世界市場鼎足而立。	
1976 年	各縣市成立代耕隊，協助農地復耕。	員林果菜市場遷建現址。
1977 年		• 溪湖果菜批發市場遷建至現址。 • 北斗鎮農會設置水稻育苗中心。
1978 年	• 中國大陸與歐洲簽訂貿易協定，歐洲不再發給臺灣洋菇罐頭輸入許可證。 • 高速公路全線通車。	
1979 年	• 臺美斷交。 • 農復會改組成立「農業發展委員會」（簡稱「農發會」）。 • 歐洲共同市場取消臺灣洋菇、蘆筍配額。	
1980 年	• 「提高農民所得加強農村建設方案」（1980～1982 年）。 • 發生嚴重旱災，政府決定減免田賦，免收農田水利會費及荒地稅。 • 實施「毛豬產銷調節方案」。	臺中區農業改良場在二林鎮推廣蕎麥，示範生產 45 公頃。
1981 年	• 李登輝任臺灣省政府主席提出「八萬農業大軍」。 • 公布《農產品市場交易法》。	興建彰化縣肉品市場。
1982 年	公布「第二階段農地改革方案」。	二林鎮農會成立「蕎麥產銷推廣中心」。

1983 年	• 實施「加強基層建設提高農民所得方案」（1983～1985年）。 • 推動「八萬農業建設大軍培育核心農民計畫」。	二林鎮開始種植薏苡。
1984 年	實施「稻田休耕及轉作政策」。	
1986 年	• 實施「改善農業結構提高農民所得方案」（1986～1991年）。 • 毛豬產值超越稻米。	
1987 年		• 發生「鹿港反杜邦運動」。 • 公賣局在美國貿易談判壓力下，決定取消或減少契作面積，引發二林地區葡萄農抗議事件。
1988 年	520 農民運動。	花壇鄉姜仔寮楊桃觀光果園開園。
1989 年	• 開辦「農民健康保險」。 • 公布《銀行法》修正案，進入金融自由化。	
1990 年	申請加入關稅暨貿易總協定（GATT）。	
1991 年	公布《農業天然災害救助辦法》。	
1992 年	• 臺灣農業進入停滯期（1992～2000年）。 • 實施「農業綜合調整方案」。	
1993 年		成立「彰化縣雞蛋運銷合作社」。
1994 年	與美國簽署「臺灣輸美附帶栽培介質植物工作計畫」，可以將附帶栽培介質蝴蝶蘭輸銷美國。	成立「田尾花卉拍賣市場」，正式啟用國內首座仿荷蘭式拍賣鐘電腦系統。
1995 年	• 世界貿易組織（WTO）成立。 • 實施老農津貼。 • 公賣局取消小麥保價收購契作政策。	公告「大肚溪口水鳥保護區」。
1996 年	公布「農業政策白皮書」。	
1997 年	• 臺灣發生口蹄疫，重創毛豬產業。 • 推動「跨世紀農業建設方案」。 • 因要加入 WTO，政府辦理葡萄果園「廢園獎勵金調整案」。	• 公賣局停止釀酒葡萄契作，改採標購制度。 • 二林鎮葡萄果園面臨廢園、或轉作紅龍果、豐水梨。 • 溪湖糖廠結束員林、溪湖間鐵路貨運，客貨運年代結束。
1998 年	• 啟動臺灣省政府精省作業。 • 公布《畜牧法》。	執行「田尾公路花園形象商圈計畫」。
1999 年	• 九二一大地震。 • 公布《肥料管理法》。	
2000 年	• 公布《土壤及地下水污染整治法》。 • 開放農地自由買賣。	
2001 年	• 臺灣農業進入轉型期（2001～2015年）。 • 因逾放比過高，36 家農會信用部陸續被銀行接管。	

2002 年	• 臺灣加入 WTO。 • 「一一二三與農共生」運動。	• 溪湖糖廠停止製糖，轉型為觀光文化園區。 • 推動彰化縣休閒農業。
2003 年	公布《農業金融法》。	• 6 月農委會核定「二水鄉鼻仔頭休閒農業區」，為彰化縣第一個休閒農業區。 • 溪湖糖廠開始行駛觀光小火車。
2004 年	• 整併成立「行政院農業委員會農糧署」。 • 新設「行政院農業委員會農業金融局」。	• 1 月縣府舉辦「臺灣花卉博覽會」行，創下 157 萬人次參觀紀錄。 • 1 月農委會核定「二林鎮斗苑休閒農業區」。 • 彰化縣肉品市場設立臺灣第一條「羊隻屠宰線」。
2005 年	• 開放香蕉自由出口。 • 實施的「稻米產銷專業區」計畫。	
2009 年	• 莫拉克風災，農損高達 194 億元。 • 推行「小地主大佃農計畫」。 • 實施「精緻農業健康卓越方案」。	
2010 年	• 簽訂《兩岸經齊合作架構協議》（ECFA）。 • 推動「農村再生」。	
2011 年		• 大城鄉發生「反國光石化運動」。 • 溪州鄉發生「護水運動」，反對中科搶水。
2013 年	• 實施「調整耕作制度活化農地計畫」。 • 公布《濕地保育法》。	• 花壇鄉農會推廣茉莉花，並設立「茉莉花壇夢想館」。 • 縣府公告伸港鄉潮間帶 36 公頃為「螻蛄蝦繁殖保育區」。
2014 年		• 員林市地重劃完工，面積 184 公頃。 • 「竹塘米」在全國名米產地中勇奪臺粳 9 號組冠軍，連續九年。
2015 年	聯合國發表永續發展目標 SDGs。	位於田中鎮的高鐵彰化站通車營運。
2016 年	• 臺灣農業進入永續期（2016 年～）。 • 1 月發生霸王級寒流、7 月尼伯特颱風、9 月莫蘭蒂颱風、梅姬颱風。 • 實施養殖水產保險、釋迦收入保險。 • 漁業署公布《離岸式風力發電廠漁業補償基準》。	
2017 年	實施「對地綠色環境給付計畫」。	• 打造彰化成為發展綠能的「風光大縣」。 • 「彰化漁港」動工興建，結合漁業、觀光與綠能之多元漁港。 • 田尾鄉農會舉辦第一次「多肉植物展」，之後繼續辦理兩屆多肉植物展，並接力辦理觀葉植物展、熱帶雨林展。

2018 年	自 11 月起開始實施「農民職業災害保險」。	• 「壽米屋」以「馥米（臺中 194 號）」榮獲 2018 年精饌米冠軍及 2023 年「臺灣好米組」冠軍。 • 埔鹽鄉大有社區榮獲第一屆金牌農村。 • 田中鎮農會開始發展農村旅遊「田中農旅」。
2020 年	• 爆發 COVID-19 新冠肺炎疫情。 • 農委會農田水利署揭牌成立，農田水利會正式升格為公務機關，《農田水利法》亦於同日施行。 • 通過《農業保險法》。 • 通過《農民退休儲金條例》。 • 世界動物衛生組織（OIE）宣布臺灣為口蹄疫非疫區。 • 針對農業用地維持農糧作物生產者，提供「農業環境基本給付」。 • 實施香蕉收入保險。	• 啟用「彰化縣自然生態教育中心」。 • 彰化縣最大的養豬場漢寶牧場，通過環保署的碳權交易認證。
2021 年	• 上半年中南部發生嚴重旱災，烏山頭水庫灌區停灌休耕。 • 國際穀物價格高漲。 • 糧食安全受到世界各國重視。 • 開放含有萊克多巴胺的美國豬肉進口。	7 月核定「田尾鄉公路花園休閒農業區」。
2022 年	• 實施水稻收入保險、高粱收入保險。 • 發生雞蛋缺蛋風波。	• 10 月 24 日縣府及環保署宣布受重金屬污染農地全數完成整治改善還地於民。 • 和美鎮農會整建「書院和美農遊館」，為農民直銷站及展售中心。
2023 年	• 上半年南部再發生乾旱，烏山頭水庫灌區停灌休耕。 • 「農委會」配合行政院組織改制更名成立「農業部」。	9 月彰化縣政府完成《新修彰化縣志》，並辦理建縣 300「彰化博覽會」。

參考文獻

1. 二水鄉公所 (2002)。二水鄉志。彰化縣：二水鄉公所。

2. 二林鎮公所 (2000)。二林鎮志。彰化縣：二林鎮公所。

3. 行政院農業委員會 (2022)。農業統計年報。臺北市：行政院農業委員會 (現已更名為農業部)。

4. 行政院農業委員會 (2022)。農業統計要覽。臺北市：行政院農業委員會 (現已更名為農業部)。

5. 江昺崙、陳慧萍 (2022)。永遠的農業人：李登輝與臺灣農業。臺北市：財團法人豐年社。

6. 李登輝 (1972)。臺灣農工部門間之資本流通。臺灣研究叢刊第 106 種。臺北市：臺灣銀行經濟研究室編印。

7. 何鳳嬌 (2007)。日治至戰後初期的土地政策。臺灣學通訊 62。取自：https://wwwacc.ntl.edu.tw/public/Attachment/22917112296.PDF

8. 花壇鄉公所 (2006)。花壇鄉志。彰化縣：花壇鄉公所。

9. 秀水鄉公所 (2014)。秀水鄉志。彰化縣：秀水鄉公所。

10. 林文凱 (2012)。再論清代臺灣開港以前的米穀輸出問題。林玉茹主編，《比較視野下的臺灣商業傳統》。臺北市：中央研究院臺灣史研究所。

11. 林如森 (2004)。公共傳播與農民運動 -- 以「一一二三與農共生」為例。博士論文。臺北市：國立臺灣大學農業推廣學研究所。

12. 林英彥 (譯)(1969)。台灣米穀經濟論 (原作者：川野重雄)。臺北市：臺灣銀行經濟研究室編印。(原著出版年：1941)

13. 林滿紅 (1997)。茶、糖、樟腦業與臺灣之社會經濟變遷 (1860-1895)。臺北市：聯經出版事業公司。

14. 林朝棨 (1957)。臺灣地形。《臺灣省通志稿卷一土地志・地理篇第一冊地形》。南投縣：臺灣省文獻委員會。

15. 周國屏 (2007)。彰化縣眷村文化潛力發掘普查報告。彰化市：彰化縣文化局。

16. 胡忠一 (2014)。臺灣農會發展史。檔案季刊 13(1): 1-33。

17. 胡庭恩 (2021)，日據時代臺灣烏龍茶、包種茶及紅茶出口量的變化。國家文化記憶庫。

18. 周憲文 (譯)(1999)。帝國主義下の臺灣 (原作者：矢內原忠雄)。臺北市：海峽學術出版社。(原著出版年：1929)

19. 吳密察 (2017)。臺灣總督府「土地調查事業 (1898-1905)」的展開及其意義。師大史學報 10: 5-35。

20. 涂照彥 (1994)。日本帝國主義下的台灣。人間出版社。

21. 埔心鄉公所 (1993)。埔心鄉志。彰化縣：埔心鄉公所。

22. 埔鹽鄉公所 (2016)。文化生活圈發展史：埔鹽鄉文化生活史。彰化縣：埔鹽鄉公所。

23. 員林鎮公所 (2010)。員林鎮志。彰化縣：員林鎮公所。

24. 翁壹姿、盧慧真（2005）。臺灣蝴蝶蘭附帶栽培介質獲准輸美。農政與農情 153。臺北：農業部。

25. 陳秋坤、陳其南 (譯)(1979)。臺灣農村社會經濟發展。(原作者：Myers, Ramon H)。臺北市：牧童出版社。

26. 連橫 (2022)。臺灣通史。臺北市：五南圖書出版股份有限公司。(原著出版年：1920)

27. 黃登忠 (1997)。臺灣百年糧政資料彙編。臺北市：臺灣省政府糧食處。

28. 張素玢 (2015)。濁水溪三百年：歷史・社會・環境。新北市：衛城出版社。

29. 楊明憲 (1993)。臺灣稻米政策之政治經濟決策分析。博士論文。臺北市：國立臺灣大學農業經濟學研究所。

30. 楊明憲 (2002)。彰化縣農業發展策略與願景。兩岸加入 WTO 的商機與挑戰研討會。經濟部貿易調查委員會主辦。彰化縣：國立彰化師範大學。

31. 楊明憲 (2002)。濕地生態棲地復育與保育策略之分析。中部西海岸農漁產業永續發展與生態保育策略聯盟研討會。彰化縣：福寶生態園區。

32. 楊明憲 (2002)。彰化縣農業轉型與發展之分析。農業政策說明會。臺中區農業改良場。

33. 楊明憲 (2004)。中部地區農業發展與農業轉型規劃之分析。農業金融論叢 50: 133-178。

34. 楊明憲 (2004)。臺灣農業發展與農會變遷。農業與資源經濟 2(1): 1-12。

35. 楊明憲 (2005)。福寶濕地生態特性之評估。臺灣濕地 56: 10-12。

36. 楊明憲 (2006)。關稅調降與關稅配額擴大之抵換關係：敏感性產品談判策略之涵義。農業與經濟 37: 99-124。

37. 楊明憲 (2007)。臺灣肉羊運銷之現況分析：以彰化縣肉品市場羊隻屠宰線為例。農產運銷 134: 20-26。

38. 楊明憲 (2008)。WTO 杜哈回合農業談判之發展與分析。貿易政策論叢 10: 265-294。

39. 楊明憲 (2012)。全球糧食現況與我國糧食安全策略之芻議。農政與農情 246。

40. 楊明憲、盧永祥、戴孟宜 (2013)。糧商參與稻米產銷專業區營運之利潤效率分析。農業經濟叢刊 18(2): 43-71。

41. 楊明憲 (2021)。後疫情時代重建農業所得安全與糧食安全。興大農業 113: 7-12。

42. 楊明憲 (2022)。臺灣實施農業保險之回顧與展望。農業保險半年刊 1: 72-91。

43. 楊萬全 (1989)。濁水溪平原的水文地質研究。地理學研究 13: 57-91。

44. 楊選堂 (1949)。臺灣之鳳梨。臺灣銀行季刊 2(3): 103-122。

45. 溪湖鎮公所 (2012)。溪湖鎮志。彰化縣：溪湖鎮公所。

46. 彰化市公所 (1997)。彰化市志。彰化縣：彰化市公所。

47. 彰化縣政府 (1993)。彰化縣志《卷四》經濟志農業篇。彰化縣：彰化縣政府。

48. 彰化縣政府 (2023)。新修彰化縣志。彰化縣：彰化縣政府。

49. 鄒元燈 (2023)。精準調配 ---- 開創百日亢旱奇蹟。農田水利 69(9): 36-39。

50. 臺灣銀行 (1959)，東番記 (原作者：陳第)。臺北市：臺灣銀行經濟研究社出版。

51. 臺灣省行政長官公署農林處農務科 (1946)。臺灣農業年報。臺北市：臺灣省行政長官公署農林處農務科。

52. 臺灣總督府農商局 (1943)。臺灣農業年報。昭和 18 年版。

53. 農業部農業金融署 (2023)。農業金融機構資訊揭露。臺北市：農業部農業金融署。

54. 劉淑靚 (1999)。戰後臺灣與日本的香蕉貿易網絡 (民國 34 年至 62 年) ——以青果公會與青果運銷合作社的競爭為中心。史耘 5: 81-140。

55. 臨時臺灣舊慣調查會 (1909)。臺灣糖業舊慣一斑。

56. 韓宜、楊明憲 (2015)。我國區域農業可行機制之研究：以雲嘉南區域為例。農業調查研究特刊 32: 87-128。

57. 蘇兆堂 (譯)(1979)。小龍村－蛻變中的臺灣農村 (原作者：Gallin, Bernard)。臺北市：聯經出版社。

58. 蘇嘉全 (2006)。新農業運動－臺灣農業亮起來。農政與農情 169。臺北市：農業部。

59. 戴寶村 (2009)。世界第一‧臺灣樟腦。臺北市：國立臺灣博物館。

感謝訪談名單（共 190 位）

地方	單位	職稱	姓名	訪談內容
芬園鄉	芬園鄉農會	總幹事	黃翊愷	農業
芬園鄉	芬園鄉民代表會	代表	林育群	農業
芬園鄉	芬園鄉舊社村	村長	蔡福富	農業
芬園鄉	芬園鄉圳墘村	村長	陳煌濱	農業
芬園鄉		耆老	郭朝路	文史
芬園鄉	彰化芬園香莢蘭園	青農	莊岷逸	香莢蘭
芬園鄉	536 無毒草莓園	青農	洪浩軒	無毒草莓
芬園鄉	咖啡園	場主	薛傳忠	咖啡豆
芬園鄉	芬園鄉溪頭社區發展協會	理事長	吳繡廷	綠色照顧
芬園鄉	農業技術團	農友	張富吉 洪孟娟	農業
彰化市	彰化市公所	市長	林世賢	農業、環境
彰化市	彰化縣農會	總幹事	張建豐	農業
東勢區	彰化縣農會東勢林場	副場長	張銘鐘	農業
彰化市	彰化市農會	總幹事	白閔傑	農業
彰化市	彰化市農會	前推廣主任	盧柏亨	農業
彰化市	阿束社咖啡園	園主	鄭錫鴻	咖啡
彰化市	日月山景休閒農場	場主	許進生	乳牛
彰化市	文彬養蜂場	場主／青農	鄭文彬 鄭瑋欣	蜂蜜
花壇鄉	花壇鄉公所	鄉長	顧勝敏	農村
花壇鄉	花壇鄉農會	總幹事	顧碧琪	農業
花壇鄉	花壇鄉農會	前總幹事	顧金土	農業
花壇鄉	福全蔣氏農場、 白沙草堂文史工作室	場主／主持人	蔣敏全	水燭花、文史
花壇鄉	溫室小蕃茄	農民	蘇錦坤	小蕃茄、卡蜜拉
花壇鄉	溫室小蕃茄	青農	廖旭源	小蕃茄
花壇鄉	代耕中心	農民	梁致昌 梁世冠	水稻
花壇鄉	山富果園／花壇鄉青農聯誼會	園主／會長	余仁豪	茂谷柑、西施柚
大村鄉	農業部科技司／臺中區農業改良場	司長／前場長	李紅曦	農業

大村鄉	臺中區農業改良場	農業推廣課課長	楊嘉凌	農業
大村鄉	臺中區農業改良場	花卉研究室	蔡宛育	園藝
大村鄉	大村鄉農會	推廣主任	賴錫謀	農業
大村鄉	劍門生態花果園休閒農場	場主	賴仲由	柳丁
大村鄉	雅育休閒農場	場主	賴偉志	葡萄
大村鄉	展壯園藝股份有限公司	負責人	賴侯美邑	蘭花
員林市	農業部農田水利署彰化管理處	處長	陳文祺	水利
員林市	農業部農田水利署彰化管理處	工程師	鄒元燈	水利
員林市	員林市農會	總幹事	黃豐盛	農業
員林市	員林市農會	代表	曹森裕	酸楊桃
員林市	員林市農會	推廣主任	曹理貴	農業
員林市	泰泉食品公司	總經理	吳福泉	蜜餞
員林市	楊桃產銷班第一班	班長	黃煥奎	楊桃
員林市	荔枝產銷班第二班	班長	張鎮祥	龍眼、龍眼乾
員林市	荔枝產銷班第一班	農民	陳西彬	龍眼、龍眼乾
員林市	花卉班產銷班	班長	施鴻烈	文心蘭
員林市	員林市青農聯誼會	會長	陳建孟	洋香瓜
社頭鄉	社頭鄉公所／社頭鄉農會	鄉長／前總幹事	蕭浚二	農業
社頭鄉	社頭鄉農會	推廣人員	蕭智元	農業
社頭鄉	台香種苗股份有限公司	董事長	劉清尊	百香果
社頭鄉	伸達金剛橘農場	場主	蕭永仁	金剛蜜桔
社頭鄉	山腳芭樂	場主	陳建裕 陳建隆	芭樂
田中鎮	田中鎮農會	總幹事	張瑞欣	農業
田中鎮	279 順福天然農場	場主	陳耀南 鄒碧鑾	土肉桂 香藥草植物
田中鎮	禾果農場	場主	蕭和國	番茄、香瓜
田中鎮	畯富農場	場主	游畯富	紅龍果
二水鄉	二水鄉民代表會／二水鄉農會	代表／前總幹事	蔡文琳	農業
二水鄉	彰農業部農田水利署彰化管理處 二水工作站	督導	林政昌	水利
二水鄉		農民	蕭樹枝	茄子
二水鄉	彩和石藝	負責人	蕭竣友	螺溪石硯

和美鎮	和美鎮農會	理事長	郭德勝	農業
和美鎮	和美鎮農會	總幹事	謝燕如	農業
和美鎮	和美鎮農會	推廣主任	陳梅欣	農業
和美鎮	和田玉農場	場主	林箬昱	有機甘藷
和美鎮	青農聯誼會	會長	巫武恭	小黃瓜、美濃瓜哈密瓜、小番茄
和美鎮	我家幸福無花果	場主夫婦	胡宏瑜藍小雯	無花果
秀水鄉	秀水鄉農會	總幹事	吳明信	農業
秀水鄉	秀水鄉農會	推廣主任	白鴻恭	農業
秀水鄉	秀水鄉農會／水稻育苗中心／稻米產銷班班長	理事／場主／班長	李世琛	水稻
秀水鄉		青農	林俊豪	苦瓜、栗子南瓜
秀水鄉	岡聯牧場	場主	李岡明	乳牛
秀水鄉	秀水晶艷	青農	梁愛卿	小番茄
埔鹽鄉	埔鹽鄉公所	前鄉長	楊福地	農村
埔鹽鄉	埔鹽鄉農會	總幹事	楊鵪禎	農業
埔鹽鄉	埔鹽鄉農會	推廣主任	童淑珍	農業
埔鹽鄉	埔鹽鄉農會	信用主任	陳秀蓮	農業
埔鹽鄉	埔鹽鄉農會	供銷主任	黃淑滿	農業
埔鹽鄉	中華民國農會／廍子社區發展協會	理事／前理事長	施瑜銘	皺臉の麵
埔鹽鄉	廍子社區發展協會	理事長	陳貽正	社區發展
埔鹽鄉	埔鹽鄉鄉民代表會	代表	劉綉梅	農村
埔鹽鄉	永樂社區	專案經理	陳思帆	社區總體營造
埔鹽鄉	榮鴻無花果農場	班長	施東榮	無花果
溪湖鎮	溪湖鎮農會	總幹事	陳金源	農業
溪湖鎮	溪湖鎮農會／青農聯誼會	理事／會長	黃富聰	玉女蕃茄
溪湖鎮	溪湖鎮公所	前鎮長	黃瑞珠	農村
溪湖鎮	溪湖鎮果菜運銷公司	前總經理	蔡健文	果菜
溪湖鎮	萬元伯葡萄園	場主	楊哲榮	早春葡萄
溪湖鎮		農民	楊煥章	農業
溪湖鎮		農民	楊繼志	水稻
埔心鄉	埔心鄉農會	總幹事	張旗聞	三蜜香
埔心鄉	埔心鄉民代表會	秘書	王明郎	文史

埔心鄉	魔菇部落／ 葦優生物科技股份有限公司	創辦人／總經理	方世文	菇蕈
埔心鄉	古月葡萄農場	場主	胡志豪	葡萄
永靖鄉	永靖鄉農會	總幹事	陳翠玲	農業
永靖鄉	永靖鄉農會	推廣主任	林瑞敏	農業
永靖鄉	台盛農場	創辦人／執行長	詹仁銓 詹雅婷	有機蔬果
永靖鄉	豚屋生態農場／ 竹子社區發展協	青農／理事長	江家亨	休閒農業
永靖鄉		農民	張耿龍	苤葉
永靖鄉	傳勝種苗園	場主	高傳勝	果苗
永靖鄉	花卉產銷班第 11 班／ 臺灣農業設施協會	班長／常務理事	陳建興	水耕洋桔梗
田尾鄉	彰化縣議會／田尾鄉公所	議員／前鄉長	劉淑芳	農業
田尾鄉	田尾鄉農會	理事長	楊春枝	農業
田尾鄉	田尾鄉農會	總幹事	吳政憲	農業
田尾鄉	田尾鄉農會	推廣人員	江孟謀	農業
田尾鄉	田尾公路花園協會	理事長／ 總幹事	劉漢欽 張威智	園藝
田尾鄉	菁芳園／田尾休閒農業協會	負責人／理事長	巫鴻澤	園藝
田尾鄉	綠果庭院	負責人	張鑫源	多肉植物
田尾鄉	香久園	青農	謝丞傑	花卉育種
田尾鄉	豐園羊牧場	百大青農	黃建迪	肉羊
田尾鄉	彰化縣花卉生產合作社	經理	鐘嘉彥	花卉拍賣
二林鎮	二林鎮公所／二林鎮農會	鎮長／前總幹事	蔡詩傑	農業
二林鎮	二林鎮農會／ 彰化縣政府農業處	總幹事／前處長	邱士平	農業
二林鎮	秉森酒莊	莊主	楊秉森	葡萄酒
二林鎮	金玉湖酒莊	莊主	廖正興	葡萄酒
二林鎮	壽米屋企業有限公司	總經理	陳肇浩	稻米
二林鎮	新科果園	園主	謝新科	紅龍果
埤頭鄉	埤頭鄉農會	總幹事	王宋民	農業
埤頭鄉	埤頭鄉農會	推廣部主任	陳麗卿	農業
埤頭鄉	樂農發休閒農場 ／埤頭鄉青農聯誼會	場主／會長	許宏賓	桑椹

埤頭鄉	佳榮畜牧場／彰化縣養雞協會	場主／理事長	謝文龍	雞蛋
埤頭鄉	藝龍種苗場	場主	張義鑫	百香果
埤頭鄉	十三甲農場	場主	邱鈺卿 邱柏翔	小黃瓜、牛番茄
北斗鎮	北斗鎮農會	總幹事	張桂連	農業
北斗鎮	北斗鎮農會	秘書	張世興	農業
北斗鎮	全佑牧場	場主	張建豐	雞蛋
北斗鎮	洋桔梗產銷班班長	班長	黃鴻洲	洋桔梗
北斗鎮	北斗香菜生產合作社／ 香菜先生	經理	顏名源 顏佑任	香菜
北斗鎮	田野勤學	創辦人	陳光鏡	黑豆、黃豆
溪州鄉	溪州鄉農會	理事長	黃坤益	農業
溪州鄉	溪州鄉農會	總幹事	彭顯賦	農業
溪州鄉	溪州鄉農會	理事	謝健志	溫室蘆筍
溪州鄉	溪州鄉農會	推廣主任	黃淑嬌	農業
溪州鄉	茂盛香菇園	場主	陳文遠	香菇
溪州鄉	融梨芭樂	青農夫婦	鄭豐融 曾虹蓁	芭樂
溪州鄉	溪州尚水農產股份有限公司	共同創辦人	巫宛萍	稻米
溪州鄉	阿堂黑米有限公司	執行長	林佳祐	黑米
溪州鄉	主恩菇類栽培場	場主	陳明哲	香菇
竹塘鄉	竹塘鄉農會	總幹事	詹光信	農業
竹塘鄉	竹塘鄉農會	專員	黃純純	農業
竹塘鄉	人行牧場	場主	曾文昌	雞蛋
竹塘鄉	興家菇類栽培農場／ 竹塘菇類產銷班第八班（全國十 大績優農業產銷班）	場主／ 全國模範農民	莊孟引 李美玲	洋菇
竹塘鄉	蔬菜產銷班第九班	班長	蔡宜修	蔬菜
伸港鄉	伸港鄉農會	理事長	陳秀菊	農業
伸港鄉	伸港鄉農會	總幹事	楊忠諺	農業
伸港鄉	伸港鄉農會	推廣主任	柯景元	農業
伸港鄉	伸港果菜生產合作社	理事主席	柯志宏	洋蔥
伸港鄉	肉羊產銷班／飛羊牧場	班長／場主	陳閔彥	肉羊
線西鄉	線西鄉農會	總幹事	楊玲珠	農業
線西鄉	線西鄉農會	會務主任	王嘉琪	農業

線西鄉	臺灣優格餅乾學院	經理	吳珮淳	餅乾
線西鄉		青農	施孝崗	土雞
線西鄉	白馬的家（白馬酒莊）／線西鄉文化創業產業協會	莊主／理事長	林進行	產業文化
線西鄉	繽紛多肉	園主	黃淑菁	多肉植物
鹿港鎮	彰化區漁會	總幹事	陳諸讚	漁業
鹿港鎮	彰化區漁會	秘書	洪一平	漁業
鹿港鎮	彰化區漁會	推廣部主任	郭式雄	漁業
芳苑鄉	彰化區漁會王功辦事處	主任	李永同	金融
鹿港鎮	鹿港鎮農會	總幹事	梁竣傑	農業
鹿港鎮	鹿港鎮農會	推廣主任	許秀蘭	農業
鹿港鎮	鹿港鎮農會	專員	郭堯珉	農業
鹿港鎮	善緣農場／鹿港鎮農會	場主／理事	陳玉枝	有機米
鹿港鎮	紀氏源豐集團	執行長	紀信宇	高粱
鹿港鎮	品峻蜂業坊	青農	林昌峻	蜜蜂
福興鄉	福興鄉農會	總幹事	林坤宏	農業
福興鄉	福興鄉農會	供銷部	施俊吉	文史
福興鄉	福興鄉農會	推廣股	林宏偉	牧草
福興鄉	豐樂牧場／鮮乳坊	場主	黃常禎	牛乳
芳苑鄉	芳苑鄉農會	總幹事	謝介民	農業
芳苑鄉	天寶宮／中華民國養殖漁業發展協會	主委／前理事長	許煌周	文蛤
芳苑鄉	海牛驛站	老闆	陳信成	海牛文化
芳苑鄉	通利水產行	漁青	楊渝涵	大和黑蜆
芳苑鄉	通福華牧場／彰化縣水禽協會	場主／理事長	吳鴻基	蛋鴨
大城鄉	大城鄉農會	理事長	蔡隱居	落花生
大城鄉	大城鄉農會	總幹事	蔡南輝	農業
大城鄉	大城鄉農會	資訊主任	王碧玲	農業
大城鄉	大城鄉農會	推廣主任	劉双美	農業
大城鄉	大城鄉農會附設診所	醫師	蘇晴峰	農民
大城鄉	大城鄉農會	理事	蔡朝進	甘藷
大城鄉	中華民國農會	代表	吳一志	花生、小麥
大城鄉		農民	顏 省	大蒜
大城鄉	臺灣牛畜牧場	場主	陳清培	肉牛
大城鄉	囍洋洋畜牧場	場主	劉世賢	肉羊

國家圖書館出版品預行編目 (CIP) 資料

縱橫阡陌：彰化與臺灣農業發展 / 楊明憲著 . -- 初版 . --
臺中市：楊明憲 ,2023.12　面；　公分

ISBN 978-626-01-2003-0(精裝)

1.CST: 農業經濟 2.CST: 農業政策 3.CST: 農業史
4.CST: 彰化縣

431.2　　　　　　　　　　　　　　　112018998

縱橫阡陌 – 彰化與臺灣農業發展

作　　　者：楊明憲

出 版 發 行：楊明憲

編　　　輯：許綉珊

美 術 設 計：許綉珊

封 面 設 計：許綉珊

編 輯 助 理：江敏綺、周少弘、吳佳縈、游杰勳、黃盈樺、
　　　　　　　楊靜詩、廖昭容、賴煜勳

訂 購 資 訊：洽 andy201264@gmail.com
　　　　　　　或掃右方 QR Code （臉書）

經 銷 代 理：白象文化事業有限公司

　　　　　　　412 臺中市大里區科技路 1 號 8 樓之 2（臺中軟體科學園區）

　　　　　　　電話：（04）24965995　傳真：（04）24969901

印　　　刷：健豪印刷事業股份有限公司

出 版 日 期：2023 年 12 月初版二刷

定　　　價：650 元